当代西方学术经典译丛

《存在论——实际性的解释学》
　[德]海德格尔著，何卫平译
《思的经验（1910-1976）》
　[德]海德格尔著，陈春文译
《道德哲学的问题》
　[德]T.W.阿多诺著，谢地坤、王彤译
《克尔凯郭尔：审美对象的建构》
　[德]T.W.阿多诺著，李理译
《社会的经济》
　[德]尼克拉斯·卢曼著，余瑞先、郑伊倩译
《社会的法律》
　[德]尼克拉斯·卢曼著，郑伊倩译
《环境与发展——一种社会伦理学考量》
　[瑞士]克里斯多夫·司徒博著，邓安庆译
《文本性理论——逻辑与认识论》
　[美]乔治·J.E.格雷西亚著，汪信砚、李志译
《知识及其限度》
　[英]蒂摩西·威廉姆森著，刘占峰、陈丽译，陈波校
《论智者》
　[法]吉尔伯特·罗梅耶-德尔贝著，李成季译，高宣扬校
《德国古典哲学》
　[法]贝尔纳·布尔乔亚著，邓刚译，高宣扬校
《美感》
　[美]乔治·桑塔耶那著，杨向荣译
《哲学是什么》
　[美]C.P.拉格兰、萨拉·海特编，韩东晖译
《美的现实性——艺术作为游戏、象征和节庆》
　[德]H.-G.伽达默尔著，郑湧译
《海德格尔的道路》
　[德]H.-G.伽达默尔，何卫平译
《论解释——评弗洛伊德》
　[法]利科著，汪堂家、李之喆、姚满林译
《为濒危的世界写作》
　[美]劳伦斯·布伊尔著，岳友熙译
《文本：本体论地位、同一性、作者和读者》
　[美]格雷西亚著，汪信砚、李白鹤译

当代西方学术经典译丛

De l'interprétation—Essai sur Freud

论解释——评弗洛伊德

[法]利科 著

汪堂家 李之喆 姚满林 译

人民出版社

目　录

译者序　文本概念的扩展

　　保罗·利科力主在本体论解释学(或生存论解释学)和认识论解释学(或方法论解释学)之间架起一座桥梁:"我的问题恰恰是这样的:源自对于解经学、历史方法、心理分析、宗教现象学等进行反思的一种解释的认识论,当受到理解的存在论的接触、推动或者说吸取时,会发生什么呢?"①这座桥梁就是他的"文本"理论。因此,"文本"理论是利科解释学的核心理论。但归根到底,他的"文本"理论仍是一种本体论的文本理论,因为他不是探讨如何更准确地理解文本,而是讨论我们在理解文本时的各种处境和条件,以及通过"文本"理解,最终到达对人自身生存的理解。而当利科将文本理解看成通往存在的一条必经之途时,他的"文本"概念必然越出原有的范围扩展它的外延,而"文本"概念的扩展也意味着解释学应用范围的扩展。

　　解释学最早的对象是《圣经》解释和古典文献的解释。解释学在19世纪经施莱马赫和狄尔泰之手成为一门自觉的学科,狄尔泰将解释学定义为人文科学的普遍方法,海德格尔

---

　　①　利科:《解释的冲突》,莫伟民译,商务印书馆2008年版,第5页。

和伽达默尔更是从本体论的角度来诠释人的解释活动,这些发展,本身就预示着解释学的应用范围应处于不断的扩展过程中,作为解释活动对象的"文本"概念也处于不断的扩展过程中。伽达默尔在谈到"文字流传物"在解释学中的优先性时就说过,虽然"文字流传物"是最重要、最有代表性的"文本",但他也不否定非"文字流传物"的文本的存在①。作为当代解释学代表人物之一的保罗·利科的重要成就是不断扩展解释学的应用领域,他说:除了那些文字的叙事外,"更不要说不使用语言媒介的叙事模式:例如,电影,还可能有绘画和其他雕塑艺术"②也应该被纳入解释学的范围。从意志现象学转向解释学的《恶的象征》开始,利科不断为解释学开疆拓土,扩展着解释学的应用范围,从宗教、精神分析、到隐喻、叙事。其中《论解释——评弗洛伊德》这本出版于 20 世纪 60 年代的著作就是利科拓展解释学领域的尝试。在这本著作中,利科将弗洛伊德的精神分析学说定位为一种文化解释学。它和利科先前发表的《恶的象征》一起构成了利科从意志现象学转向解释学的标志性著作。和《恶的象征》相比,《论解释——评弗洛伊德》对利科解释学思想的阐发更加系统和完备。而将弗洛伊德的精神分析理论阐释为一种解释学的关键,就是将"文本"概念扩展应用到精神分析理论中。

一

文本概念是解释学的基本概念,人的解释活动的对象就

① 参见《真理与方法》中译本,洪汉鼎译,上海译文出版社 2004 年版,第 503—511 页。

② Paul Ricœur:"Du texte a l'action",Éditions du seuil,1986,p.12.

是文本。关于文本,利科曾这样定义道:"让我们说,一个文本就是被书写固定下来的任何话语。"①这句话提出了文本的两个基本特征,首先,它属于话语的范畴,其次,是用文字固定下来的。当话语用文字固定下来时,就具有了它的解释学意义,也真正成了解释学的对象②。因为和口头话语(或言语)相比,文本缺少了言语的"即时性",与原来的时空和作者脱离,具有了独立性,这样,就为别人对它的解释创造了条件。这是言语或口头话语不具备的。在言谈中,对话双方可以立即阐明自己的想法,堵塞了别人理解的空间。我们不能说,这一过程中不存在理解活动,但这样的理解显然不具有解释学的意义。利科在《文本的模式:被看作文本的有意义的行动》一文中,列举了文本的四个特征:(1)"意义的固定",(2)"意义与作者主观意图的分离",(3)非表面指称的展现,(4)接受者的普遍系列。利科这里所罗列的四个特征,依然彰显了他在对文本的定义中的文字相对于言语的特点。

利科有关文本的这些思想,并不是完全新颖的思想,它符合以往解释学应用的实际情况。因为解释活动原来就是对古典文献和《圣经》的解释,以及对法律条文的解释,这些都是用文字固定下来的话语。这一概念显然也符合伽达默尔关于"文字流传物"的精神,两者都强调"文字"这一特征对于"文本"的核心意义。但如果,"文本"仅仅局限于"文字流传物",那么,"文本"概念怎么可能得到扩展呢?《真理与方法》的第

---

① Paul Ricœur:"Du texte a l'action", Éditions Du Seuil, Novembre 1986, p.137.

② 这里涉及利科另一个重要的解释学概念:话语。话语包含了言语和文本两个部分,它的最小单位是句子,同时也包括了大于句子的单位。相关论述见利科的《文本是什么?》和《文本的模式:被看作文本的有意义的行为》两篇文章,载《解释学与人文科学》。

一部分是关于艺术作品中的真理问题的展现。伽达默尔甚至说:"一切科学都包含诠释学的因素。正如不可能存在抽象孤立意义上的历史问题或历史事实一样,在自然科学领域中的情况也是如此。"①利科自己认为绘画、电影等都应该成为解释学的对象。这样,"文本"概念应该超越狭义上的"文字流传物"的范围。具体到精神分析的问题上,利科是如何将"文本"范畴应用其上呢?我们的梦和神经官能症的症状能被当成文本吗?在什么意义上能被当成文本?

很显然,梦是以意象的形式出现在人的头脑中,它似乎不符合利科在《什么是文本》一文中对文本的定义。但正因为这种"不符合",我们才能说"利科扩展了文本的概念",将文本概念应用到原本不属于它的领域。归根到底,文字固定物表达的是意义,是意义的载体。而那些非文字的形式之所以可以成为解释学的对象,也是因为它们表达了意义。正是这点的相同,使得我们能将"文本"概念扩展到象征、梦、行动和艺术作品中。利科进一步指出,这些非文字的东西之所以具有意义,也是因为它们进入到人类语言之中。除了梦以外,他讨论了象征的另一种形式:有关大地、天空、生命、树木等宇宙象征,这都是些自然物,本身无所谓"象征",它们之所以进入解释学领域,是因为他们进入了人类的话语中,从而使它们具有了特定的意义,"'诸天述说着上帝的光荣';但诸天无言,或者诸天是通过预言家、通过颂歌、通过礼拜仪式说话"。②于是,这些自然物成为有意义的符号或象征。绘画、雕塑这些具象性的东西,之所以有意义,也是因为它们产生于人类的文

---

① 伽达默尔:《真理与方法》下卷,洪汉鼎译,上海译文出版社2004年版,第743页。

② Paul Ricœur:"De l'interprétation", Éditions du Seuil, 1965, p.26.

化世界中,而人类的文化世界就是人类的语言世界。我们可以扩大文本的概念,如同中世纪的人们那样,将文本从"经文"扩展到"自然之书",我们也可以将"文本"概念扩展到那样一些符号和象征:"对他来说,解释不仅涉及一种'经文',而且涉及能被当成任何有待辨读的文本的符号群,因而也可作为梦、神经官能症的症状,以及仪式、神话、艺术作品、信仰。"①利科承认,这是一种"类比性"地扩大,这种"类比"扩大的基础,是"意义"取代了"文字"成了利科解释学的核心概念。一个持久固定的意义对象取代了原来狭义上的"文本"成了解释学的对象。"文本"在理论上应该扩展到人类一切有意义的文化产物。但因为"意义"又是与语言紧密联系在一起的,一个事物之所以有"意义",是因为它进入了人类的语言世界。所以,解释学的领域最终位于语言之中,是语言世界的一部分。正如汪堂家教授总结的:"一开始,利科强调文本是以文字的方式而存在的话语。到后来,利科发现将文本仅仅限于文字系统大大限制了诠释学原则的运用范围。实际上,世界上有许多非文字的东西具有文字一样的功能,它们可以成为意义的承载者、传达者和创造者。因此,利科渐渐把文本概念的外延加以扩大。于是,他使用了广义的文本概念。他认为,文本的形式多种多样,但文本有自身的结构、规则并且是一种开放的意义系统,这个系统可能以话语的形式、行为的形式、被赋予意义的象征系统的形式,甚至梦和无意识的形式呈现出来。"②

于是,利科的解释学被称为现象学的解释学,"意义""意

---

① Paul Ricœur:"De l'interprétation",Éditions du Seuil,1965,p.36.
② 汪堂家:《文本、间距化与解释的可能性》,《学术界》2011 年第 10 期。

向"、"意指""指称"这些概念进入利科解释学中,利科正是通过"意向""意指"之间的关系和运动来阐述人们的解释过程。利科将"文本"与"意义"之间关系的渊源直接追溯到亚里士多德,利科指出:"在文本解经之确切意义上的解释与在符号领会之广义上的理解之间存在的这个连接,可以由解释学这个词的传统意义之一,即亚里士多德在《论解释》一文中所赋予的意义而得到证明;实际上,很明显,在亚里士多德那里,hermenêia 并不仅仅局限于譬喻,它还关涉任何能意指的话语。"① 将"意义"概念作为文本的核心概念,利科无疑接受了现象学的影响,但利科指出,他借鉴的"意义""意向"是源自意向性生命的"意向",并指向了人的存在意义,不是纯粹"观念论"意义上的"意向"。

但利科又没有将解释学的领域无限扩大,在扩展的同时进行了限制。这就是他的双重意义和多重意义的概念,不是所有有意义的东西都可以成为解释学的对象。在这里,利科区分了"符号"和"象征"。卡西尔所讨论的"符号"世界,虽然也是意义世界,但对于解释学而言,范围太广,它实际上涵盖了整个文化世界。"符号"只有一层的意指功能,即符号中的感性载体所具有的意义,而这种意义又指向了事物;"象征"除了"感性载体所意指的意义"外,还有第二层的意指结构,"象征的二元性以符号为前提,这种符号早有初始的、字面的、明显的意义,这些符号通过这样的意义指涉另外的意义"。② 在符号和事物之间,不是存在一层的意义关系,而是存在两层甚至多层的意义关系。"象征"表达的是双重意义

---

① 利科:《解释的冲突》,莫伟民译,商务印书馆 2008 年版,第 2 页。
② Paul Ricœur: "De l'interprétation", Éditions du Seuil, 1965, p.23.

甚至多重意义之间的关系,这种双重意义和多重意义的关系正是解释学的对象。因为双重意义或多重意义之间的关系往往是被掩藏和歪曲的关系,不像符号的意指关系那样一目了然。它的隐藏意义需要通过解释得到揭示。这样,他就将单层意指排除出了解释学的范围,如科学世界,它的陈述也是有意义的,但我们不能说科学世界是解释学的"文本",至于逻辑,这样的形式化语言更不可能成为解释学的对象。

于是,利科"文本"概念的外延确定下来了,它处于人类的语言世界中,是具有双重意义和多重意义的象征结构。这不仅是"文本"概念的外延,而且也是解释学的范围,因为利科认为,解释学和象征是相互规定的。

二

利科认为,弗洛伊德所讨论的梦和神经官能症就是供我们解释的文本。梦与神经官能症虽然最初是以意象的形式出现,但当梦被表达出来时,被告诉给精神分析医生时,梦是被叙述的,所以,梦也是一种叙事,虽然是荒诞不经的叙事,"不是被做的梦,而是对梦进行叙述的文本能够被解释"。[1] 精神分析活动归根到底是"主体间"的活动,即精神分析医生和患者之间的活动,被精神分析医生解释的梦只能是被叙述的梦,这种被叙述的梦,利科有时直接将其称为"叙事"或"文本":"精神分析想用另一种文本替代这种文本,而另一种文本可能如同欲望的原初话语。"[2]这样,梦就与语言、与文字发生了

---

[1]　Paul Ricœur:"De l'interprétation",Éditions du Seuil,1965,p.15.

[2]　Paul Ricœur:"De l'interprétation",Éditions du Seuil,1965,p.15.

联系。这就是利科将精神分析和英国语言哲学、维特根斯坦的探索、胡塞尔的现象学、海德格尔的研究、布尔特曼学派和其他《新约》注释学派的工作置于语言领域的原因。利科说："正是对人类的所有言说、对表达欲望的人类所要表达的意思的全新看法，使精神分析在关于语言的重大争论中占有一席之地。"①梦的叙事无疑属于文本，因此，将文本概念扩展到梦，有着充分的理由。

利科以后在《弗洛伊德精神分析著作中的证据问题》一文中，进一步指出，精神分析的经验具有叙事的特征，精神分析经验中出现的"事实"不是孤立的事实，而是意义整体的一个部分，"这不仅是回想某些孤立的事件，而是能够形成有意义的系列和有序的联系。简言之，这应该以故事的形式构成它自己的存在，在这个故事中，记忆本身仅仅是故事的一个片段。正是这样的生活故事的叙事结构使得事例成为事例历史。"②这样的意义的整体形成了精神分析的解释学方面，虽然这个意义整体一开始显得混乱和晦涩，但经过解释以后，它的清晰的意义就呈现出来。

梦与神经官能症呈现为解释学的文本，因为它们有着"双重意义或多重意义"的结构。但梦与宗教象征不同。虽然宗教象征的意义是隐藏的，解释工作是将被隐藏的意义恢复和揭示出来。但梦与神经官能症的文本是荒诞不经的文本，之所以荒诞不经，是因为欲望受到了压抑，所以，它在梦和神经官能症中以伪装和扭曲的方式表现出来。但弗洛伊德认为，梦表面上的荒诞不经不是无意义，它是我们平时被压抑思

---

① Paul Ricœur："De l'interprétation"，Éditions du Seuil，1965，p.16.

② Paul Ricoeur：〈Hermeneutics and the human sciences〉，Cambridge University Press，1981，p. 253.

想的曲折反映。因此,对梦的读解就有了解释学的意义,释梦就是通过对梦的荒诞不经的内容的解释,到达梦的真实思想的过程。《梦的解析》这本弗洛伊德最重要著作的书名就表明了精神分析理论是一种解释学。虽然弗洛伊德本人一直把他的学说当成科学理论,但精神分析理论的内在逻辑和发展表明了它的解释学属性。利科认为,如果对弗洛伊德思想发展的全貌加以分析,精神分析应该是一种文化解释学。

利科指出,梦和神经官能症的扭曲形式就在于,梦实际说出的东西与它想说出的东西并不相符,所以,梦的表面意义隐藏了它的深层意义,但梦的表面意义和症状又指向被其隐匿的真实意义,所以,梦既是隐匿者,又是揭示者,梦显示了一种既隐又显的关系。梦的表面意义的荒诞不经并不表示梦无意义,表面意义的荒诞和晦涩难懂恰恰激发了人们的理解要求,但梦的真实意义的显现不是一个自动过程的结果,而是需要通过解释的过程,这正是解释活动的意义所在。"解释是从较少可理解性的意义转移向更可理解的意义"①,"它意味着人们总是可以用另一个叙事(以及语义和句法)代替梦的叙事,也意味着人们可以把这两种叙事比作一种文本与另一种文本的关系。弗洛伊德有时——或多或少成功地——把文本和文本的关系与把一种原初语言翻译成另一种语言的关系进行比较。"②

利科指出,与弗洛伊德的精神分析类似的,还有马克思和尼采的工作。他们在各自的领域中通过解释活动揭穿充斥各种谎言和扭曲的"虚假意识"。所以,他们是怀疑大师,他们

---

① Paul Ricœur:"De l'interprétation",Éditions du Seuil,1965,p.101.

② Paul Ricœur:"De l'interprétation",Éditions du Seuil,1965,p.100.

工作的性质可以概括为"还原的解释学",而"还原"的目的是要展现更真实的话语,真理的新领域。

三

利科将对梦和神经官能症的解释描述为是对两种文本的解释或翻译。如果说,在梦和神经官能症中出现的是被掩饰、被歪曲的文本,那么,解释所要揭示或还原的是存在于梦的内容背后的文本,这一文本表达了梦的真实思想。弗洛伊德在《梦的解析》中将两种文本分别称为"梦的内容"和"梦的思想"。"梦的内容"就是梦显现出来的内容,也就是那被掩饰和被歪曲的内容,而"梦的思想"是"梦的内容"所要真正表达的东西。"梦的思想"存在于无意识中,反映的是人的欲望冲动。但"无意识"属于场所论,"欲望冲动"似乎是一个生物学概念,它们如何与文本联系起来呢? 这里就牵涉利科对弗洛伊德的冲动概念和无意识概念的理解。

弗洛伊德认为,人受到本能冲动的支配,在各种冲动中,性本能的冲动最重要。性冲动是一种身体的能量,是生物学意义上的冲动。利科认为,这种生物学意义上的冲动是不可知的,精神分析所涉及的"冲动",是一个心理学的"冲动"概念,我们所能知的只是这种心理学范围内的"冲动"。这里利科借鉴了康德的"自在之物"的思想,他说,这个生物学上的"冲动"就是 X:"我们不知道冲动在它们的动力论中究竟是什么。我们不谈论冲动自身;我们谈论冲动在心理方面的表现;同时,我们谈论作为心理现实而非生物现实的冲动。"[1]当

---

① Paul Ricœur:"De l'interprétation", Éditions du Seuil, 1965, p.147.

本能冲动出现在"无意识"中时,所说的"冲动"就是心理学意义上的"冲动",是"冲动"的心理表现。利科强调了无意识的场所就是心理冲动的场所:"弗洛伊德的独创性在于把意义和力量的吻合之点带回到无意识自身中"①。无意识中出现的,是"梦的思想",是"文本"。利科说:"无意识因此显得像一种由这些'分枝'的不确定的乔木状组成的多分枝的网络;由此,它构成了系统并适合于精神分析者所称的一种系统内研究。但这永远是一个心理表达的系统,整个精神分析包含了解释这些分枝的艺术,而这些分枝根据它们'疏离'和'扭曲'的程度,与冲动总是更原始地表达存在着关系。"②为此,他重点讨论了弗洛伊德的"表现"、"表象"、"情感"概念。我们能认识的,只能是冲动的心理表现。冲动的心理表现包括了"表象"和"情感"两个方面。"表象"指欲望冲动所表达的观念和思想,而"情感"则是心理表现的情感负荷,或"依附于表象上的冲动能量"③。如果"表象"作为观念和思想可被看成文本的话,那么"情感"则似乎与文本无涉,有关情感的经济学似乎不能还原为通过意义对意义的全部解释。利科不否认"情感"有别于"表象",它作为能量表现属于经济学说明的范畴(这里的经济学是利科阐释弗洛伊德理论时所使用的概念,指冲动能量的"投入"与"反投入"等,与一般意义上的经济学不同——笔者注),但"情感"附属于"表象"之上,它不能脱离"表象"存在。利科说:"但情感的独立结果不能使我们忘却情感仍是一种表象的情感"④。利科甚至说,一种暂时没

① Paul Ricœur:"De l'interprétation",Éditions du Seuil,1965,p.146.
② Paul Ricœur:"De l'interprétation",Éditions du Seuil,1965,p.152.
③ Paul Ricœur:"De l'interprétation",Éditions du Seuil,1965,p.154.
④ Paul Ricœur:"De l'interprétation",Éditions du Seuil,1965,p.156.

有表象依附的纯粹情感是一种寻求新的表象支撑的情感,只有寻求到了新的表象支撑,才能使情感通达意识。利科说,欲望从一开始就趋向语言,它希望被表达,它具有言说的潜能。这意味着欲望冲动总要寻找能够表达它的表象和观念,因此,一方面,我们不能将能量学和经济学归结为解释学,但能量学和经济学又离不开解释学。所以利科说:"如果经济学观点完全从通过意义解释意义中脱离出来,这个运动就是不可理解的。精神分析永远不是面对着赤裸的力量,而是面对着寻找意义的力量;这种力量与意义之间的联系将冲动自身变成一种心理现实,或更确切,变成在器官和心理边界上的极限概念。"①

利科认为,本能"冲动"只能以心理表现和它的派生物的形式出现。当心理表现要进入意识中,是因为意识与无意识之间因为压抑而存在着阻碍,无意识中的东西必须经过乔装打扮才能进入意识中,因此在意识中展现出来的,是心理表现的各种派生物。但无意识中的心理表现之所以能进入意识,虽然它经过了种种扭曲,是因为它们都是文本,有共同之处:"尽管有将这些系统分隔开来的障碍,但我们应该承认在它们之间存在着一种共同结构,这种共同结构使得意识和无意识同样成为心理成分。这种共同结构,就是表现(Repräsentanz)的功能。"②正是这种共同的结构和功能保证了无意识的内容可以转移和翻译为意识内容。

不仅本能冲动在精神分析中是以心理表现的形式出现,"无意识"这个所谓"场所轮"的存在也不是解剖学的空间意

---

① Paul Ricœur:"De l'interprétation",Éditions du Seuil,1965,p.162.
② Paul Ricœur:"De l'interprétation",Éditions du Seuil,1965,p.146.

义上的存在。利科认为,弗洛伊德的"无意识"是存在的,利科将其称作"无意识的实在论",但这种"实在论"是"经验实在论"。利科在这里很显然借用了康德有关时空形式的"先验观念论"和"经验实在论"的说法。所谓"经验是在论"意味着"无意识"不是"绝对实在论",不是那种生物学意义上的某个人身体中的部位。"无意识"是精神分析理论建构的产物。"无意识"的实在性相关于人的解释活动,相关于解释的规则。在这里,利科特别强调了"无意识"与我们的主观意识的分离,所以,"经验实在论"应与"先验观念论"相结合的,即不是主体或心理学的观念论,而是相关于一套解释的规则。具体而言,这种相关性体现在以下几个方面:第一,利科认为,无意识与辨读的规则有关。这意味着场所论的现实在解释学中构成了它自身,正是从派生物回溯到它的起源的运动中,无意识的概念具有一贯性并且它的现实标志得到了检验,"在无意识是由一组对其进行辨读的解释学方法'构建'起来的这个意义上,无意识就是一个对象;无意识并非绝对是一个对象,但无意识相关于作为方法和作为对话的解释学"。① 第二,"无意识"相关于主体间性。利科说:"正是对他者而言,我才拥有一个无意识。"②没有精神分析医生的诊断和治疗工作,就没有无意识的存在。利科将这样的相关性称为"主体间的相关性"。精神分析医生不仅仅向病人解释他的病情,更重要的,通过"移情"工作,克服病人对治疗的抵制。正是在治疗的过程中,并且因为治疗的成功,从而证明了"无意

---

① 保罗·利科:《解释的冲突》,莫伟民译,商务印书馆2008年版,第131页。

② 保罗·利科:《解释的冲突》,莫伟民译,商务印书馆2008年版,第130页。

识"理论的正确,"无意识"的实在性建立了起来。

于是,两种文本被利科在精神分析理论中建立起来了。出现在意识中的文本,是被歪曲的文本。出现在无意识中的文本,表达了梦真正想表达的思想。利科认为,弗洛伊德的精神分析理论向我们表明了,意识不是意义的中心,无意识才是意义的中心。精神分析的本质,就是用无意识中的那个清晰的、表达了真实思想的文本来替换意识中那个荒诞的、扭曲的文本。

利科认为,弗洛伊德的精神分析的世界是意义语言和力量语言的混合。一方面,他的发现是在意义效果的层面上进行,所以,意义的语言"就是这样整个词汇,它涉及症状的荒谬和意义、梦的思想、它们的复因决定以及于其中发生的文字游戏;我们在解释中要加以澄清的就是意义与意义之间的这些关系。"①但除了意义的话语外,弗洛伊德的理论中还包含了另一类话语,用以说明梦和神经官能症形成的机制,这类话语构成了"力量的话语",这类话语的概念包括了"投入"、"反投入"、"移置"、"压缩"等。精神分析的话语就是这样混合的话语,"人们明白,能量学蕴含着解释学,解释学则发现了一种能量学"。② 有时利科又将其称作"欲望语义学"。这两种话语不能相互取代,对意义的解释不能代替对梦的形成机制的说明,解释学不能取代经济学、能量学。但力量话语只能通过意义的话语才能被人们理解,对意义的解释是精神分析的必经之路,所以,利科说"梦是精神分析的高贵门廊"。这两者的关系也是"表象"与"情感"的关系,"情感"依附于"表

---

① 保罗·利科:《解释的冲突》,莫伟民译,商务印书馆 2008 年版,第 206 页。

② Paul Ricœur:"De l'interprétation",Éditions du Seuil,1965,p.77.

象"。所以,精神分析从对梦和神经官能症症状的辨读开始,然后才到达对梦和神经官能症形成机制的了解。

利科将文本概念扩展到精神分析的结果是将精神分析纳入解释学的范畴中。对于精神分析的性质如何,一直众说纷纭。作为一名心理医生,弗洛伊德本人一直把他创立的精神分析看成一门科学,而且,精神分析理论中,尤其是早期的精神分析理论确实包含着不少科学的因素,他最早的精神分析理论是按照物理学的框架建立的。但是很多人指出精神分析不符合科学的严格标准。利科将精神分析学说定位为一种解释学。精神分析理论与其说更接近科学,还不如说更是在讲述一个故事,它与历史更为接近。在这里,利科重点分析了精神分析中的"行为"与普通心理学中的"行为"的不同。精神分析的"行为"不是一个可观察的事实,而是意义整体的一个部分:"对精神分析学者而言,行为不再是从外部可观察的一种受影响的变量,而是主体历史意义变化的表达,就像它们在精神分析处境中被揭示的那样。"①因此,人们无法像在普通心理学那样在精神分析中对"行为"进行客观描述。弗洛伊德本人思想的发展也显示了,精神分析理论的非科学的本质,尤其是随着死亡冲动的引入,精神分析完成了从科学向自然哲学的转变。同样,精神分析理论也不是现象学。虽然利科也承认解释学和现象学有很多相似之处,因为精神分析和现象学同样谈论"还原"、"意向性"、"主体间性",但现象学的解释学是解释学而不是现象学。最重要的区别在于现象学是意识哲学,而精神分析恰恰建立在对意识哲学的批判上。"现象学的无意识就是精神分析的前意识,即,一种描述性的

---

① Paul Ricœur:"De l'interprétation",Éditions du Seuil,1965,p.384.

无意识,还不是场所论的无意识。"①所以,胡塞尔一直停留在"意向行为"和"意向内容"的相互关联的循环中。而精神分析的"无意识"的本能冲动的作用使得意识中呈现的是扭曲的意义。因此现象学属于反思哲学,使用的是"看"的方法。精神分析属于解释学,使用的是辨读的方法,从扭曲的表面意义到达隐藏的真实意义。

也因为利科将"文本"概念扩展到精神分析中,利科才可以展开与弗洛伊德争论,指出弗洛伊德对"文本"只是提供了一种有局限的解释方法,即"考古学"的解释方法,而利科本人则提出了他的解释学的"辩证法"的理论。

四

利科将"文本"概念扩展到精神分析中,从而扩大了解释学的应用范围。但笔者仍对利科有关"文本"的理论提出一些质疑。笔者认为,他用"意义"取代"文字",成功地扩展了"文本"的概念,但他的双重意义或多重意义的理论又限制了"文本"概念的扩展。双重意义的"文本"无疑是解释学的对象,但如果我们没有经过解释活动,如何知道这个文本具有双重意义或多重意义呢? 一个梦,在精神分析的理论产生之前,我们怎么会认为它在表面的荒诞内容背后还表达了某种真实的意义呢? 所以,双重意义的显现是解释的结果,不是激发解释的前提。我们直接面对的,往往是只有一层意义的"文本",即利科所说的"符号"。我们通过解释活动,才使这个"符号"变成"象征"。我们的解释活动并不因为知道了这

---

① Paul Ricœur:"De l'interprétation",Éditions du Seuil,1965,p.412.

个"文本"具有双重意义才开始。利科自己的在《论解释——评弗洛伊德》中的一些论述也与他的双重意义的理论不符。他对弗洛伊德解释方法的批评,他对解释过程中目的论的重视,无不说明了解释过程同时是一个意义的创造过程。双重意义是意义创造的结果,而不是原来就在那里存在的。利科对"象征创造力"论述中也说明这一点。利科区分三种"象征",一是沉淀的象征:各种流俗的及片段的象征残余;二是在日常生活中起作用的象征,但还有第三类象征:"前瞻性的象征出现在更高的层面上;这就是意义的创造,它们接受有着多重意义的传统象征并将它们作为新意义的载体。意义的这种创造反映了象征的活的根基,这个根基不是象征的社会沉淀和投入的结果。"①这段话表明,利科也承认,存在着很多约定俗成的象征,同时,还有很多象征处于有待生成过程中。

　　这一质疑的结论就是:利科虽然大大扩展了"文本"概念,并大大扩展了解释学的范围,但还远远不够。很多似乎不符合利科划定的"文本"标准的符号群,也潜在地具有成为解释学"文本"的可能。"符号"和"象征"之间的区别不是固定不变的。"符号"通过解释活动可以成为"象征",这种解释活动也是赋予意义的活动。可以肯定,除了完全形式化的语言外,其他语言都有成为解释学对象的可能,包括哪些只有单层意义的陈述语言。正因为科学中的语言不完全是形式化的语言,其中同样也包含着自然语言,伽达默尔才认为,自然科学中包含着解释学的因素。这也意味着我们可以将利科的工作发扬光大,利科将宗教、梦与神经官能

---

① Paul Ricœur:"De l'interprétation",Éditions du Seuil,1965,p.527.

症、隐喻、叙事、人的行动囊括进解释学范围，我们可以再接再厉将其他现在不属于解释学范围的人类文化现象纳入解释学的范围。

李之喆

前　言

　　这本书源于 1961 年秋季在耶鲁大学所做的名为特里讲座(Terry Lecture)的三次报告。我向报告会的筹委会,向耶鲁大学哲学系和它的主任,也向耶鲁大学出版社的社长表达我深深的谢意,正是他们的邀请使本书得以问世。

　　1962 年秋季在卢汶大学所做的八次报告标志着第二阶段,这些报告被纳入 Cardinal-Mercier 讲座。我请哲学系高等研究院的院长,以及在这个讲座中款待我的同事们,接受我的感谢,谢谢他们对一个精心设计的事业的要求和宽容。

　　我现在应该给读者一些提示,它们涉及他能从本书中期待什么或不能期待什么。

　　首先,本书涉及弗洛伊德而非精神分析,这意味着它缺少两样东西:精神分析经验自身和对后弗洛伊德学派的思考。就第一点而言,既不做精神分析医生又不做被治疗者,却去论述弗洛伊德,并把他的著作当做我们文化的一座丰碑,当做这个文化在其中得以自我表达和自我理解的文本,这无疑是一种孤注一掷的举动;读者将判断这样的举动是否是失败的赌注。至于后弗洛伊德文献,我有意识地加以排除,这或是因为它源于对弗洛伊德主义的修正,这样的修正是由那些我所没有的分析经验所致,或是因为它引入了新的理论概念,对这些概念的讨论使我远离了与精神分析的这个唯一创始人的严肃争论;这就是为什么我把弗洛伊德的著作当做已经完成了的著作,并且要么放弃讨论那些异议者的概念,他们变成了反对者(如阿德勒和荣格),要么放弃讨论那些门生的概念,他们变成了异议者(弗洛姆、卡伦·霍妮、沙利文),要么放弃讨论那些信徒的概念,他们变成了创造者(克莱恩、拉康)。

其次,本书不是心理学书,而是哲学书。它是对人的新理解,这个人是由对于我有重要意义的弗洛伊德引入的。我是罗朗·达尔比耶(Roland Dalbiez)①的同道,他是我的第一位哲学教授,我在此要向他表示敬意。我也是赫伯特·马尔库塞(Herbert Marcuse)②、菲利普·里夫(Philip Rieff)③、佛鲁吉尔(J-C.Flugel)④的同道。

我的工作在一个基本点上区别于罗朗·达尔比耶:我不相信人们能够把弗洛伊德限制在对人身上最少人的气息的东西的探索。我的事业诞生于相反的信念:正是因为精神分析理所当然地是一种对文化的解释,它就与人类现象的其他全面解释产生冲突。在这一点上我同意上面提到的后三位作者。然而,就我的哲学所关注的问题的本性而言,我又有别于

----

① 罗朗·达尔比耶(Roland Dalbiez):《精神分析方法与弗洛伊德学说》,德克莱·德·布劳威尔(Desclée de Brouwer)1936年版。"弗洛伊德的著作是对人身上最无人性的东西的最深刻的分析,历史已经了解这种分析。"出处同上,第二卷,第513页。

② 马尔库塞:《爱欲与文明。对弗洛伊德的哲学探讨》,波士顿,法文版,午夜出版社1963年版。

③ 菲利普·里夫(Philip Rieff):《弗洛伊德,伦理学家的精神》,伦敦,维克多·戈兰茨(Victor Gollancz)出版社1960年版。

④ 佛鲁吉尔(J-C.Flugel):《人,道德和社会》,1945年,百富勤图书(Peregrine Books)1962年版。

他们。**我的问题是关于弗洛伊德话语的可靠性问题**。首先这
是一个**认识论**问题：在精神分析中**解释**是什么？对人类符号
的解释如何连接于那声称到达了欲望根源的经济学说明？其
次，这是一个反思哲学的问题：对**自我**的何种新**理解**出自于这
样的解释，什么样的自我以这种方式达到了自我理解？这还
是一个**辩证法**问题：弗洛伊德对文化的解释完全区别于其他
解释吗？假如不是这样，它根据什么样的思想规则，与**其他的**
解释相**协调**，而理智又不会注定仅仅为了堕入折中主义而放
弃狂热？这三个问题是漫长的迂回，通过这种迂回，我重新拾
起《恶的象征》结尾处所悬置的问题，即，**一种象征的解释学**
与一种具体反思的哲学之间的关系。

　　这种规划的实施要求我将"对**弗洛伊德的解读**"尽可能
严格地与我所提出的**哲学解释**区别开来。读者因此可以将第
二卷当做独立的和自足的著作；我坚持接触弗洛伊德的文本；
为此，我重译了我所引用的几乎所有的文本①。至于哲学解
释，它围绕着我的"对**弗洛伊德的解读**"并游移于构成第一卷
（关于"问题"这一卷）的一些问题和形成第三卷（关于"辩证
法"这一卷）的那些解决尝试之间②。

―――――――

　　① 尽管方法笨拙，我决心首先引用在 Gesammelte Werke（sigle.G.W）
中的德语文本，因为这是原始文本；第二是伦敦的标准版本（sigle：S.E.），
因为它是唯一的考订版；第三是后备的法语译本，以方便读者在他们的背
景中可以替换引文并分别讨论这些翻译。
　　② 上述四个问题构成了这种辩证法的四个基准面。

第一卷

问题：弗洛伊德的处境

第一章　论语言、论象征和论解释

1. 精神分析和语言

本书的主干部分是与弗洛伊德的争论。

为什么对于精神分析表现出这种兴趣？精神分析医生的能力和被分析人员的经验均不能为它提供证明。人们永远不能完全为一本书的成见进行辩护：没有人被要求表现他的动机或沉迷在一种自述中。人们尝试这样做必然产生错觉。但这位哲学家比任何人都不能拒绝给出理由。我将通过把我的探究定位于提问的更广领域，以及将我的兴趣的独特性和提出某些问题的共同方式联系起来，来从事这项工作。

对我而言，这是一个今天所有的哲学探索相互印证的领域，即语言的领域。正是在这里，维特根斯坦的探索，英国的语言哲学，源于胡塞尔的现象学，海德格尔的研究，布尔特曼学派和其他《新约》注释学派的工作，涉及神话、仪式和信仰的比较宗教史和人类学的工作，最后还有精神分析交织在一起。

今天我们要寻找一种重要的语言哲学，这种哲学能解释人类意指行为的众多功能和它们之间的相互关系。语言如何能够胜任像数学和神话、物理和艺术这样五花八门的用途呢？今天提出这个问题并非巧合。我们恰恰是一群拥有符号逻辑、注释科学、人类学和精神分析的人，并且是或许第一次能够将人类话语的归并问题处理成单一问题的人；的确，我们刚刚提到的不同学科的进步显示并加剧了这种话语的解体；人类语言的统一今天成了问题。

这就是使我的研究得以在其中展现的最广阔视野。本研究绝不打算提供我们所期待的重要语言哲学。另外，我怀疑仅靠一个人能否完成这项工作：雄心勃勃和才华横溢的近代莱布尼茨应该是一个有成就的数学家，博学的注释者，在各种艺术领域擅长批评的行家，优秀的精神分析者。在等待这位使用积分语言的哲学家时，也许能够发掘与语言有关的一些学科间的某些主要关联；这部论著要对这项研究有所贡献。

我敢说，这位精神分析学家是这场关于语言的重要争论的主要参加者，从现在开始起我试图确定的就是这一点。

首先，精神分析通过弗洛伊德的作品而属于我们的时代；它也正是通过这种方式面向既非精神分析医生又非患者的人；我清楚地知道，没有实践，对弗洛伊德的解读只能断章取义并且冒着只是拥抱偶像的危险；但如果这种通过文本而接近精神分析的方式存在着只有实践才可能去除的种种限制，那么，这种方式相反具有使人专注于弗洛伊德著作的所有方面的优势，而实践可能掩盖这些方面，科学则忽视这些方面，这种科学只关心在精神分析关系中发生的一切。对弗洛伊德作品的沉思具有揭示其最远大目标的特权；这个目标不仅仅革新了精神病学，而且重新解释了属于文化的全部心理产物，这里的文化从梦一直扩展到宗教，其中还有艺术和道德。正因为如此，精神分析属于现代文化；通过解释文化，精神分析改造了文化;通过给予它一种反思的工具,精神分析持久地给文化打上深深的烙印。

在弗洛伊德作品中,这种在医学研究和文化理论之间的摇摆不定证明了弗洛伊德计划的广度。确实,在弗洛伊德后期著作中可以大量发现关于文化的重要文本①。然而不应把精神分析描述为一种很晚才移置于文化社会学中的个体心理学;粗看一下弗洛伊德著作目录就可发现,那些关于艺术、伦理、宗教的最初文本几乎紧随《梦的解析》问世②,然后与那些重要的学术论著同时发展,这些重要的学术著作包括了:《元心理学文集》(1913—1917),《超越快乐原则》(1920),《自我和原我》(1923)③。事实上,为了把握文化理论如何与关于梦和神经官能症的理论相关,我们需要追根溯源;与神话和文学的关系是在1900年的《梦的解析》(Traumdeutung)中开始建立的;从1900年起《梦的解析》主张:梦是睡者私人的神话,而神话是民族已醒的梦,索福克勒斯的《俄狄浦斯王》和莎士比亚的《哈姆雷特》属于与梦同样的解释。这就是我们的问题所在。

不管这样的困难是什么,精神分析处于关于语言的当代重大争论之中并不仅仅因为它对文化的解释。通过使梦不仅成为研究的首要目标,而且成为对人类欲望的掩饰的、替代

---

① 《一个幻想的未来》问世于1927年,《文明及其不满》问世于1930年,《摩西与一神教》问世于1937—1939年。

② 《风趣话及其与无意识的关系》问世于1905年,《无法忘怀的行为和宗教活动》问世于1907年,《詹森的〈格拉迪沃〉中的幻觉和梦》问世于1907年,《关于文学创作和被唤醒的梦》短文问世于1908年,《达·芬奇的童年回忆》问世于1910年,《图腾与禁忌》问世于1913年。

③ 《米开朗基罗的摩西》问世于1914年,《对战争和死亡的现实思考》问世于1915年,《歌德〈诗与真〉中对童年的回忆》问世于1917年,《令人担忧的古怪》问世于1919年,《群体心理学与自我分析》问世于1921年。

的、虚构的全部表达的一种模式——在我们以后将要讨论的意义上——弗洛伊德促使我们在梦自身中寻找欲望和语言的关联,采取的方式多种多样:不是被做的梦,而是对梦进行叙述的文本能够被解释;精神分析想用另一种文本替代这种文本,而另一种文本可能如同欲望的原初话语;因此,精神分析就从一种意义转向另一种意义;不是欲望本身,而是它的语言处于分析的中心。在弗洛伊德学说中,这种欲望语义学如何与释放、压抑、投入等概念所表示的动力学相关,这是我们以后要加以讨论的。但从一开始就应该提出的,是欲望和压抑的这种动力学——这种能量学,甚至水力学,仅仅通过一种语义学来表述:借用弗洛伊德的话说,“冲动的变迁”只能在意义的变迁中被触及。梦与风趣话之间、梦与神话之间、梦与艺术作品之间、梦与宗教“幻想”之间等所有类比的深层理由都存在于那里。所有的“心理产物”属于意义领域并属于一个独一无二的问题:话语如何表达欲望? 欲望如何无法言传? 它自身如何不能言说? 正是对人类的所有言说、对表达欲望的人类所要表达的意思的全新看法,使精神分析在关于语言的重大争论中占有一席之地。

2. 象征和解释

能更准确地确定将精神分析纳入这场重大争论的地点吗? 既然我们在弗洛伊德第一部重要著作的主题中发现了问题的起源,我们仍然可以在这本书中找到关于精神分析程序的第一个迹象。确实,我们还没有进入这本书。至少,《梦的解析》的书名可以作为我们的指导。这个复合词,一方面涉及梦,另一方面涉及解释。让我们依次沿着这个斜坡的两面走一遭。因此，解释所涉及的正是梦，"梦"这个词不是一个封闭的词，而是一个开放的词。它不是封闭在心理生活的有些边缘化的现象中，不是封闭在我们长夜的幻觉中，也不是封闭在梦中。它向处于疯狂和文化中的所有心理产物开放，因为这些心理产物是梦的相似物，不论这种相似的程度和原则如何；与梦一起被提出的是我刚刚所说的欲望语义学。然而，这种语义学围绕着某种核心主题：作为有欲望的人，我戴着面具（larvatus prodeo）出现；同时，语言首先并常常被歪曲：它所要讲述的是不同于它所宣称的东西，它有双重意义，它是含糊的。因此梦和它的类似物就被置于某种语言领域，这个领域作为复杂意指场所而出现，在复杂意指中，另一种意义在一种直接意义中既显又隐；让我们把象征称作这种双重意义的领域，我们稍后再讨论这种相当于这一领域的东西。

然而，这个双重意义的问题不专属于精神分析：宗教现象学也承认这一问题；有关大地、天空、水、生命、树木、石头的重要的宇宙象征，以及关于神话这类东西的起源和终结的奇怪叙事，也是它的日常食粮。然而，就宗教现象学是现象学而非精神分析而言，它所研究的神话、仪式、信仰不是寓言，而是人类与根本现实打交道的方式，不管这种现实是什么。宗教现象学的问题首先不是欲望被掩饰在双重意义中；它一开始不把象征视为语言的扭曲；对它而言，象征是另一种东西在感性——在想象、动作、情感中的显现——是一种深层内容的表达。关于这种内容，人们也可以说它是既显又隐。精神分析一开始达到的东西乃是对依附于欲望的一种基本意义的扭曲，宗教现象学一开始把它作为一种内容的显现，或者，干脆作为一种神圣的显露，我们以后对它的内容和确实性加以讨论。

　　既然没有牵涉单义语言的地位问题,一种有限的争论一下子呈现在关于语言的重大争论中,但这是一次重要争论,这场争论涵盖双重意义上的表达式的整体;这场争论的风格立刻显现出来,关键问题出现了:既显又隐的双重意义永远是欲望所要表达的事物的掩饰吗? 抑或它可能有时是神圣的显现、启示吗? 这样的取舍自身是真实的还是虚幻的,暂时的还是确定的? 这就是贯穿于本书的问题。

　　在下一章对争论的术语详加论述并勾勒出解决的方法之前,让我们继续探讨问题的轮廓。

　　让我们重新回到《梦的解析》这个书名并且沿着这个绝妙书名的另一线索追溯下去。它没有泛泛谈到科学;它明确地谈到解释。这个词是有意选择的,将它与梦的主题并置意味深长。如果梦揭示了——pars prototo——具有双重意义的表达方式的全部领域,解释问题相应地表示对与含混的表达方式有特殊关系的意义的全部领会,解释就是对双重意义的理解。

　　如此,在语言的广泛范围内,精神分析的位置被确定了:这既是象征或双重意义的领域,又是多种解释方式相互冲突的领域。这是一个比精神分析更宽广的领域,但又是比作为它的背景的全部语言理论更狭窄的领域,我们从此将它称为"解释学领域";我们将一直把解释学理解为有关支配注释的规则的理论,即有关对一种独特文本或能够被当成文本的一堆符号进行解释的规则的理论(我们以后将说明这种文本概念,并且说明将注释概念扩展到类似于文本的所有符号的过程)。

　　因此,假如具有双重意义的表达方式构成了解释学领域优先的主题,借助于解释行为,象征问题似乎就属于语言哲学了。

但将象征问题和解释问题联系起来的初步决定提出了一连串关键问题，我想在本书的开头就提出这些问题；这些问题在这一章将得不到解决，它们直到结束一直保持悬而未决。的确，这种联系使得解释学问题成为独一无二的问题；但它同时决定了象征的定义和解释的定义。这不是不言而喻的事情。在这方面，词汇的极度混乱要求决断、表态和坚持。但这种决断涉及一种需要得到澄清的全部哲学；我们的决断就是让象征和解释这两个概念相互定义，亦即相互限制。按我们的看法，象征是一种需要得到解释的具有双重意义的语言表达方式，而解释是一种旨在对象征进行辨读的理解工作。关键性的讨论将既涉及在双重意义的意向结构中寻找象征的语义标准的权利，又涉及把这样的结构认作解释的优先目标的权利。这就是在我们将象征领域和解释领域相互限制的决定中成为问题的东西。

在随后的语义讨论中，我们仍然将一种冲突悬置起来，至少在首次阅读中，这种冲突将精神分析的解释和被当成揭示、去神秘化、减少幻想的所有解释与作为对意义的回想和恢复的解释对立起来；在此涉及的只是确认解释学领域的轮廓；毫无疑问，一种未涉及这场冲突的讨论仍是抽象的和形式化的。但重要的是一开始不要将争论戏剧化，而是将它置于严格的语义分析的范围内，而语义分析忽略了扭曲和启示的对立。

3. 对象征的一种批评

让我们考察有关象征的问题。这个词的一些完全不相容的用法已流传很广，这需要一种审慎的决定。我所提出的定义位于其他两种定义之间,一种太宽泛,另一种太狭隘,对此我们现在就进行讨论。而且,这个定义完全区别于符号逻辑中的符号(symbole)概念(在法语中,symbole 这个词既表示"象征",也表示"符号"。利科正利用了这一点,当他使用 symbole 这个词时,有时指"象征",有时指"符号",而有时既指"象征"也指"符号"。这给我们翻译带来困难。在本小节中,我们根据语境,有时将其译为"象征",有时将其译为"符号"。从逻辑关系上讲,符号包含了象征——译者注);我们只能在详述解释学问题并将这个问题置于更为宽广的哲学视野之后才能阐明这第三种分别①。

一种太宽泛的定义是这样的,它使得"象征功能"成为中介化的一般功能,依靠这种功能,精神、意识构建了它们知觉和话语的全部领域;众所周知,这种定义是卡西尔在他的《符号形式的哲学》中的定义。卡西尔在康德哲学的启发下,试图摧毁先验方法过于狭隘的背景(先验方法仍禁锢在对牛顿哲学的原则的批评中),并且试图探索所有的综合活动和与它们相符的客观化领域,这对于我们的意图来说,不是无关紧要的。但把象征称作各种的综合"形式"(在这些"形式"中,对象被功能支配),以及把象征称作每一个都产生和提出一个世界的种种"力量",这样做是正当的吗?

应该公正对待卡西尔:他是第一个提出语言合并(re-membrement)问题的人。在形成一个答案前,象征形式的概念限定了一个问题:在卡西尔所说的 das Symbolische 的唯一功能中全部"中介化功能"的组成问题。"象征"代表了客观化和赋予现实以意义的所有方式的共同点。

---

① 参阅第三章。

但为什么把这个功能称作"符号"呢？

首先，是为了表达"哥白尼倒转"的普遍性，哥白尼倒转（即我们通常所说的哥白尼革命——译者注）用有关心灵的综合功能所进行的客观化的问题代替有关原原本本的实在性的问题。符号，是存在于我们和现实之间的思维的普遍中介；符号首先是要表达我们对现实把握的非直接性。它在数学、语言、宗教史中的用法似乎证实了这个词具有如此广泛的用途。

而且，symbole 这个词似乎适合于表示我们把握现实的文化工具：语言、宗教、艺术、科学；符号形式的哲学的任务是对每一个符号功能的绝对性的要求进行评判并对由其导致的文化概念的众多二律背反进行评判。

最后，当范畴（空间、时间、原因、数目，等等）理论逃避一种简单的认识论的限制，并从对理性的批判过渡到对文化的批判时，symbole 这个词表达一种范畴理论所经受的变化。

尽管继续支配客观化、综合、现实性概念的康德先验主义依我看损害了符号形式的描述和归类的工作，我不否认这种选择的好处，更不否认卡西尔的问题的正当性。卡西尔用符号这个词所表示的这个唯一问题，我从一开始就已经提及：这是语言的统一问题和它的多种功能在话语的唯一领域中相互联系问题。但我觉得这个问题通过符号（sign）或能指功能的概念得到了更好的刻画①。人们如何通过给感性内容充实意

---

① 卡西尔自己说出了这一点：象征概念"包含了这类现象的整体，这些现象以某种形式表明意义通过感性内容而得以体现（Sinnerfüllung im Sinnlichen），象征概念也包含了所有这样的语境，在语境中，无论它的存在样式是什么（in der Art seines Da-Seins und So-Seins），感性材料都可描述为一种意义的特殊融合、表现和具体化"。《符号形式的哲学》，III，第 109 页。引自汉堡（Hamburg）：《符号和现实》，尼伊霍夫（Nijhoff）出版社 1956 年版，第 59 页。

义的方式给予意义,这就是卡西尔的问题。

这是否因此涉及语词的争论呢?我不这样认为。这场术语讨论的关键是解释学问题的特殊性。在把所有的中介功能统一在 symbolique 的名称下时,卡西尔给这个概念一个范围,这个范围一方面与现实性概念,另一方面与文化概念范围相同;因此,一种根本的区别消失了,在我的眼中,这种区别构成了一条真正的界限:在单义表达式和多义表达式之间的界限。正是这个区别产生了解释学问题。况且盎克鲁-萨克森的语言哲学提醒我们意识到这个语义领域的划分。假如我们完全将符号功能称为能指功能,就不再有表示这样一组符号的语词,这组符号的意向结构要求在最初的、字面的、直接的意义中读出另外的涵义。在给一组表达式赋予固定的地位之前,我觉得语言统一性的问题不能被有效地提出,这组表达式在一种直接意义中并通过这种直接意义共同地表示一种间接意义,而且这组表达式以这种方式把某种东西称作解读,在更精确的意义上,称为解释。意指不同于人们所说的事情,这就是象征的功能。

让我们更深入到符号和象征的语义分析中去。在所有符号中,一种感性载体是能指功能的承担者,正是这种功能使它能指代别的东西。但我不会说,当我理解了这种符号所表示的东西时,我便解释了感性符号。解释涉及一种次级意向结构,它以第一层意义的形成为前提,在第一层意义中,某种事物首先被意指,但正是在这里,这种事物指涉仅仅通过它而意指的其他东西。

在此可能引起混乱的东西是,因为在符号中存在着二元性甚或两对因素,这两对因素每次可能都被认为组成了意指的统一;首先存在着感性符号和它所承载的意指的结构的二元性(在索绪尔的术语中是能指和所指);另外存在着符号(既是感性的又是精神的,既是能指又是所指)和它指称的事物或对象的意向的二元性。这种结构和意向的双重二元性可以在约定俗成的语言符号中充分地显现出来;一方面,因语言不同而在发音上不同的语词具有相同的意指,另一方面,这些意指使得感性符号等值于它们表示的某种事物;我们说,通过其感性性质,语词表达意义,并且因为它们的意义,语词表示某物。"意指"这个词覆盖了表达和表示的双重二元性。

象征所涉及的不是这种二元性。它属于更高的层次;象征的二元性既不是感性符号和意指的二元性,也不是意指和事物的二元性,后者与前者是不可分的。它作为意义与意义之间的关系补充并重叠于感性符号和意指的二元性;象征的二元性以符号为前提,这种符号早有初始的、字面的、明显的意义,这些符号通过这样的意义指涉另外的意义。我有意把象征概念限制在双重或多重意义的表达式中,它的语义结构是解释工作的相关物,而解释工作就是阐明它的第二层或多层意义。

假如这个限制首先似乎摧毁了卡西尔领会到的所有能指功能之间统一,它有助于打破一种潜在的统一性,应从这里开始,重新考虑卡西尔的问题。

让我们对如此设想的象征出现的区域做一个全景式的审视。

至于我,已经在语义学研究中遭遇了这个象征问题,在对罪的供认中做了这类研究。我注意到不存在关于供认的直接话语,但不论涉及的是忍受的恶还是所犯的恶,恶总是通过汲取于日常经验领域的非直接表达的方法得到供认,并且它具有通过类比表示我们暂时称之为神圣经验的另一种经验的显著特征。因此,在供认的古老形式中,污点的意象——人们去除、清洗、擦拭的污点——通过类比在神圣向度中把污迹表示为罪人的处境。表达和与净化相关的行为充分地证明了这涉及一种象征表达;没有任何这些行为可以归结为单纯的身体沐浴;每种行为都指涉其他行为,而不能穷尽在物质形态中的意义;焚、吐、埋、洗、排出:所有行为彼此等同或相互替代,但每次又都表示其他东西,即,正直与纯洁的恢复。这样,恶的情感和经验的全部转变就可以通过语义的转变被标示出来:我已经表明人们如何通过一系列象征的提升进入到对罪和罪行的实际经验中,这种象征的提升通过偏离的形象、弯路的形象、漂泊的形象、反抗的形象,然后通过秤砣的形象、重负的形象、罪过的形象,最后通过那包括这一切的被奴役形象,被标示出来。

这一系列例证仍然只涉及象征出现的一个区域,这个区域最接近于伦理反思,并且构成了人们所说的奴隶意志的象征;对这个象征不难展开整个反思过程,这个过程既通向圣奥古斯丁和路德,又通向贝拉基(Pelagius)或斯宾诺莎。我在别处展示了他们哲学的丰富性。在本书中我所关切的,不是一种特殊象征的丰富性而是它所显示的象征结构。换言之,此处关键不是恶的问题,而是象征的认识论。

为了很好地贯彻这种认识论,需要扩大我们的出发点并枚举象征出现的其他一些场合。既然问题恰恰在于知道什么是象征思想的各种表现的共同结构,那么这条归纳之路就是开始探索的唯一可行之路。那些我们已经考察过的象征早已精练到了文学的水平;它们早就踏上反思的道路;一种道德或悲剧的眼光,一种睿智或一种神学早已在这里生根发芽了。在回溯到尚不精致的象征时,我们从中辨出三种不同形态,它们之间的统一性还不马上清晰可见。

我们已提到了在宗教现象学里的象征概念,例如在莱乌、利恩哈特、伊利亚德那里,这些概念得以展开;这些象征与仪式和神话联系在一起,组成了神圣的语言,组成了"显圣"的语言;无论是作为高远和宏伟、强大和不变、至高的和睿智的形象的天空象征,还是作为生长、死亡、再生长的植物象征体系,抑或是威胁、清洗或赋予生命的水的象征体系,这些无数的显灵者或显圣者是象征化的不竭源泉。但是,要小心,这些象征作为直接表达的价值观念、作为直接可感受的外观并不与语言并列;这些实在正是在话语世界中具有了象征的维度。即使这是些具有象征的宇宙因素——天空、大地、水、生命等——话语——祝圣、祈祷的话语,神话的注解——借助于通过大地、天空、水、生命等这些词的双重意义,*说出*了宇宙的表现性。宇宙的表现性通过作为双重意义的象征进入语言中。

在象征涌现的第二个区域,梦(假如人们用这个词指白日梦和夜梦的话)出现的区域,情况没有什么不同。正如人们所说,梦是精神分析的神圣门廊。撇开学派问题不谈,梦证实了我们不断想说出与实际所说的东西不同的东西;存在着那一直不停地指涉被隐匿的意义的明显意义;这使沉睡者成了诗人。从这个观点看,梦表达了沉睡者的个体考古学,这种考古学有时与大众的考古学相符;这就是为什么弗洛伊德①经常把象征概念限制在那些重复了神话学的梦的主题。但甚至当它们不相符合时,神话和梦也有这种共同的双重意义的

———————————

① 参阅第二部分以下,第三章,对弗洛伊德的象征性的梦的概念的讨论。

结构;我们不熟悉作为夜间景象的梦;它只有通过苏醒后的叙述才能被我们理解;分析者要加以解释的就是这个叙述;分析者用另一个文本代替这个叙述,而另一个文本在他的眼中乃是欲望的思想,是欲望通过一种不受限制的拟人法可能表达的东西。必须承认,既然梦能够被叙述、分析、解释,它本身就是接近语言的,这个问题将长久地纠缠着我。

象征出现的第三个区域:诗的想象。我大概可以从这里开始;然而,如果不经过宇宙方面和梦的方面,诗的想象是我们理解的最少的东西。人们过于匆忙地说,想象是意象的能力;假如人们把意象理解成一种对不在场或不真实的事物的表象,一种使得在那里、在别处的事物或子虚乌有的事物出场——使它们现场化——的方法,那种做法是错误的;诗的想象丝毫不能被归结为这种形成不真实的心灵图像的能力;源于感觉的图像仅仅作为语词能力的一种载体和材料,梦和宇宙给我们提供了它们的真实维度。正如巴什拉所说,诗的意象"将我们置于会说话的存在者的源头";他还说,诗的意象"成为我们语言中的新的存在者,在使我们成为它所表达的东西时,它表达我们"①。这种贯穿着意象——表象的意象——语词,就是象征。

因此,通过这三方面,象征问题与语言问题本身等同了。即使象征的能力更深地扎根在宇宙的表达性中,扎根在欲望的意谓之中,扎根在主体的想象力的变化之中,在讲话的人类出现之前没有象征存在。但宇宙、欲望、想象每次是通过语言进入话语。确实,《诗篇》说:"诸天述说着上帝的光荣";但诸天无言,或者诸天是通过预言家、通过颂歌、通过礼拜仪式说

---

① 巴什拉:《空间的诗学》,第 7 页。

话;永远需要一种话语来重新拥有世界并使它显圣;同样,梦中人在他个人的梦境中,不能与所有人沟通;只有当他陈述他的梦时,他才开始告诉我们;正是这个叙述产生了问题,诗人的颂歌同样如此。因此,是诗人向我们揭示了语词的诞生,就像它被藏匿在宇宙之谜和心灵之谜中那样。再次借用巴什拉的话说,诗人的力量在于,当"诗将语言置于涌现的状态"①时,他亮出象征,而仪式和神话通过其他的圣事的稳定性来固定象征,梦则将象征重新封闭在欲望的迷宫,在这个迷宫中,沉睡者失去了他的被禁止和被删改话语的线索。

我通过一种共同的语义结构,即双重意义的结构来定义象征,是为了使象征的这些分散的表现形式具有一贯性和统一性。当语言产生多层次的符号时,就存在着象征,在这些多层次的符号中,意义不满足于表示某种事物,而是表示着另一种意义,这个另一种意义只能在它的意指对象中并只能通过它的意指对象而达到。

正是在这里,我们受到一种定义的诱惑,这种定义这次冒着变得过于狭隘的危险。它通过我们的某些例子暗示给我们。它旨在通过类比在象征里刻画意义与意义的联系。我们不妨回到恶的象征的例子。在污点和耻辱之间,在偏离和原罪之间,在重负与罪过之间,不存在着某种类比,而这种类比在一定程度上是身体与生存之间的类比吗? 不管这意味着什么,在天空的无垠与存在的无限之间不也存在着一种类比吗? 类比在根源上不就是诗人所吟唱的"相符"吗? 这个定义没有柏拉图主义、新柏拉图主义和关于存在类比(l'analogie de l'etre)的哲学的权威吗?

---

① 巴什拉:前引书,第10页。

可以肯定,那使象征产生意义和力量的类比绝不被归结为一种像通过类比推理那样的论证,这类推理在严格的意义上,就是通过第四比例项而进行的推理:A 之于 B 就好比 C 之于 D。存在于第二层意义和第一层意义之间的类比不是一种我可能置于面前或从外部考虑的关系;它不是一种论证;它远远不适合于形式化,它是一种附着于它的各词项的关系;我被第一层意义引领着,指导着转向第二层意义;象征的意义在字面意义中并且通过字面意义被构成,而字面意义通过给予相似物进行类比;与我们可能从外部考虑的相似不同,象征是初始意义自身的运动,它有意识地将我们吸收进被象征物中,而我们不可能在理智上支配这个相似性。

然而,对类比概念的这种改正不足以覆盖全部解释学的领域。我宁可设想类比仅仅是在明显的意义和潜在的意义之间产生作用的关系的一种。人们将发现,精神分析已经揭示了被置于明显意义与潜在意义之间的各种转化过程。做梦比类比的传统道路更为复杂;同样,尼采和马克思已经揭露了对意义的各种诈用和篡改。正如在下一章中所说,我们全部解释学问题出自一种朴素类比关系或一种“狡猾的”(如果我敢这样说的话)扭曲的双重可能性。正是这种象征的两极性在对精神分析解释的讨论中引起我的关注。意识到这一点就足以使我们寻找一种比卡西尔的象征功能更狭隘但比柏拉图学派的传统和文学的象征理论的类比更宽泛的象征定义了。

为了评判一个太“长”的定义与一个太“短”的定义之间的不协调,我建议通过参照解释,限制象征概念的应用范围。我要说,在语言表述通过它的双重意义或多重意义适合于解释工作的地方存在着象征。激起这项工作的东西是一种意向结构,这种结构不是由意义与事物的关系组成,而是由一种意义的建筑,由意义与意义、第二层意义与初始意义的关系组成,无论这种关系是否属于类比,无论初始意义是掩盖了还是揭示了第二层意义。正是这种结构使解释成为可能,尽管只有解释的有效进行才使得这种结构显现出来。

这种通过一个太"长"和一个太"短"的定义,对象征进行的这种双重研究,使得我们面对这样的问题:解释是什么?这个问题是下一研究的对象。我们早已意识到这个问题中内在的不一致。至少,对象征进行解释学理解具有一种哲学意义,我将在第一篇研究结束处阐发这种意义。

以前说过,象征问题通过解释进入了位于更广泛的语言问题。然而这种与解释的联系不是外在于象征,它不是作为偶然获得的观念被添加到解释上去。可以肯定,象征在这个词的希腊语意义上是一种"谜",赫拉克利特说:"在德尔斐神庙宣示神谕的神并不言说,也不掩饰,而是意指。"(οὒτε λέψει οὒτε χρύπτει ἀλλά σημαίνει)①谜没有妨碍理解,而是激发理解。在象征中存在着某种要被打开、要被显露的东西;激发理解的恰恰就是双重意义,就是在初始意义中并通过初始意义的第二层意义的意向目标;在构成了关于认罪的供词象征体系的奴隶意志的形象化表达中,我已经表明正是相较于字面表达的意义过剩本身推动着解释:因此,在更古老的象征体系中,忏悔者自发地在污点的意义中追求着耻辱的意义;为了刻画这种在类比中并通过类比的生活方式(而类比不应被承认为独特的语义结构),人们可以谈论象征的朴素性;但这种朴素性从一开始就根据位于象征结构内的意义

① 第尔斯-克朗兹(Diels-Kranz):《前苏格拉底残篇》,第一卷,赫拉克利特,B.93。

对意义的违反而趋近解释;一般说来:所有的神话包含着一种需要展示的潜在的逻各斯。这就是为什么不存在没有解释开端的象征;哪里有人做梦、预言或吟诗,哪里就会有人热心解释;解释有机地属于象征思想和它的双重意义。

对源于象征的这种解释的求助使我们确信,对象征的反思属于一种语言哲学,甚至一种理性的哲学,当我们把解释学中的象征意义和符号逻辑中的符号意义进行对比时,我们将表明这一点;象征包裹着一种固有的语义,它引起一种辨读、解读的理智活动。由于远远没有落于语言区域之外,象征将感情提升到意义表达的程度;因此,认罪对我们而言,似乎是一种将情感从它无声的幽暗中摆脱出来的话语;这样情感的所有变化都可以用语义的变化来标识;象征不是一种非—语言;单义语言和多义语言之间的鸿沟贯穿整个语言王国;可能正是解释的无休止的工作揭示了意义的这种丰富性或复因决定性,并且表明了象征对完整话语的附属关系。

现在该说说解释是什么以及精神分析的解释如何陷入了解释冲突。

只是在对解释学的理解的首次概述结束之时,我们才能回到关于话语的双重特性(单义性与多义性)的悬而未决的问题,我们才能够将解释学的象征概念和符号逻辑的符号概念对立起来。

第二章 解释的冲突

我们在前一研究的结束处问道:解释是什么? 这个问题支配了下一个问题:精神分析如何陷入解释的冲突中? 然而解释问题与象征问题一样令人困惑。我们相信通过求助于一种意向结构,即,双重意义的结构,能够评判有关象征的定义的对立观点,这种结构只有在解释工作中才能显示出来。

但这个解释概念自身产生了问题。

1. 解释的概念

首先让我们来解决一个还只是属于语词方面的困难,这个困难已经被我们对象征的间接定义暗中解决。

的确,如果我们参照传统,我们就会被两种用法吸引;一种向我们提出了关于解释得太过简"短"的概念,另一种向我们提出了关于解释得太过冗"长"的概念;这两种在解释概念外延上的变化几乎反映了我们在象征定义中已考虑过的传统。假如我们在此回忆起这些不和谐传统的两个历史根源——亚里士多德的 *Peri Hermêneias*(《解释篇》——译者注)和《圣经》注解——这是因为它们足以指出通过什么样的修正人们可以重返我们关于解释学的间接概念。

不妨从亚里士多德开始：众所周知，*Organon*（《工具论》——译者注）的第二篇论文叫 *Peri Hermêneias*（《解释篇》）。从这里出现了我们所说的关于解释得太过冗"长"的概念；它不免使人想起在卡西尔和许多现代人的象征功能意义上的象征的用法①。到亚里士多德的解释概念中去寻找我们自身的问题的起源并非不合理，尽管碰到亚里士多德的"解释"似乎纯粹是语词性的：事实上，这个词本身只出现在标题中；此外，它不是指一种涉及意指（signfication）的科学，而是指意指自身，指名词、动词、命题和一般话语的意指。解释是通过嗓子发出的全部声音并充满了意指——全部 phônè semantikè，全部 vox significativa②。既然我们在这里陈述了某事，在这个意义上，名词本质上早就是解释，动词也是如此③；但简单陈述或 phasis 是从逻各斯的全部意义中提取的一部分；Hermêneia 的完整意义因此仅是与复杂陈述、与句子一起出现的。亚里士多德将句子称作逻各斯，并且句子既包含了命令、誓言、要

———————

① 另外，在亚里士多德那里，sumbolon 表示声音对灵魂（ta pathèmata）状态的表现力。象征是表示灵魂状态的约定俗成的符号，而灵魂状态是事物的意象（omoiômata）。解释因此与象征有相同的外延。这两个词覆盖了约定俗成符号的全部，或在它们的表达价值方面，或在它们的意义价值方面。《解释篇》论文不再重新谈论象征（除了在 16 a 28），表达理论不属于这篇论文而属于《论灵魂》这篇论文。现在的论文只是与意指有关。奥邦克（Aubenque）（《亚里士多德中的存在问题》，法兰西大学出版社 1962年版，第 107 页）注意到亚里士多德有时在意指意义上使用象征这个词。支配性的理念仍然是约定俗成符号的理念；符号是思想和存在之间的中介，是那将我们置于卡西勒道路上的东西——经过了康德，这是真的！

② "名词是一种不涉及时间的约定俗成的言语，它的任何部分分别理解时没有意义。"《解释篇》，§2,16 a 19。

③ "动词是除了它自身的特殊意义外，还表示时间：它的任何部分都不单独表示任何东西，它总是表示被其他东西肯定的某种东西。"出处同上，§ 3,16 b 5。

求,也包含了陈述话语或 apophansis。在完整意义上的
Hermêneia,是句子的意指。但在逻辑学家强烈意义上,这是
可以有对错的句子,即陈述命题①;逻辑学家把其他类型的话
语交给了修辞学和诗学,仅仅保留了陈述话语,陈述话语的首
要形式就是这种"说出了某物的某种性质"的肯定。

　　我们不妨留心一下这些定义:它们足以使人理解在什么
意义上"有意义的声音"——起指称作用的话语——是**解释**。
在卡西尔那里符号是普遍的中介,在这个意义上,有意义的声
音是解释;通过表示实在的东西,我们把它说出来;在此意义
上我们在解释它。意指和事物之间的断裂早已在名词中实现
了,这样的距离标志了解释的场所;并非所有话语必然处在真
实之中,它不依附于存在;在这一方面,表示虚构事物的名
词——亚里士多德论文第三段落中的"公山羊—雄鹿"——
显示了一个没有设定存在的意指是什么。但假如我们没有根
据动词的意义和动词在语境中的意义来发现名词的意味深长
的意义,假如话语的意义没有集中于说出关于某物的某种性
质的陈述性话语,就不会想到将名词称为解释。说出某物的
某种性质,在完整的和强烈的意义上,就是解释②。

　　在什么意义上,陈述命题所固有的"解释"将我们引向解
释学的现代概念呢? 这种联系一开始不是很明显;"说出某

---

　　①　"肯定是断定某物具有某种性质的陈述;否定是将某物与某种性
质分离的陈述。"出处同上,§ 6,17 a 25。

　　②　正是在动词中,解释的概念到达了它的转折点。一方面,动词依
靠名词,因为既然它"把现存存在的意义加于名词的意义之上";另一方
面,"它总是表示被其他东西所确定的某个东西";亚里士多德如此评论
道:"而且,动词总是人们所说的另一件事的符号,也就是属于一个主词或
被包含在一个主词中的东西。"出处同上,§ 3,16 b 10;因此动词预示着句
子或陈述性语句;在这个意义上,它仿佛是起归属作用的工具。

物事的某种性质"仅仅因为它是真理和错误的场所才引起亚里士多德的兴趣;正因如此,肯定和否定之间的对立的问题成了论文的中心主题;陈述命题的语义学仅仅是作为命题逻辑的入门,这种逻辑学基本上是一种关于对立的逻辑学,它导致了《分析篇》,即论证逻辑的问世。这种逻辑学的计划阻止了语义学的自身发展。另外,通向一种双重意指解释学的道路似乎从另一个方向被阻塞了;意指概念要求意义的单义性:同一律的定义,在其逻辑学和本体论的意义上,要求这一点;这种意义的单义性最后消融在单一的和与自身等同的本质中;对诡辩学派论证的所有驳斥正是建立在这种对本质的求助上:"不表示一种东西,就不表示任何东西。"①因此,人与人之间的沟通只有在语词有一个意义,即一个单一意义时才有可能。

然而,一种扩展了对"说出某物的某种性质"适当语义分析的反思把我们带回到我们自己问题的领域。如果人们通过说出某物的某种性质来解释现实,这是因为真实的意指是间接的;我只是在把一种意义归于一种意义时达到了各种事物;"谓词",在这个词的逻辑意义上,赋予了意指关系以典型形式,而这种关系迫使我们重新考察关于单义性的理论;因此诡辩学派似乎不是提出一个问题而是提出两个问题:意义的单义性(没有它对话就不可能)问题,和意义的"交流"(没有它归属就不可能)问题(用柏拉图《智者篇》中的表述)。没有这样的对应,单义性就导向一种逻辑原子主义,根据这种逻辑原子主义,一种意指只是它所是的东西:因此,只与诡辩学派的含混性进行斗争是不够的;必须开辟反对埃利亚学派的单义

---

① Mét, I 10°6 b.

性的第二条战线。然而,这第二场战争在亚里士多德的哲学中不是没有反响。它甚至在《形而上学》的核心处产生了巨大反响;我们知道,存在概念是无法用一种单义的定义来规定的:"存在以多种方式被述说";存在要表达的是:实体、性质、数量、时间、地点,等等。这种对存在的多种意指的著名区分不是话语中的一种反常现象,不是意指理论中的一种例外;这种存在的多种意义是述谓关系的"范畴"自身,或是"词格"(figure);因此,这种复多性贯穿了整个话语。然而它是不可抗拒的;既然"存在"这个词的不同意义通过指涉初始的、原先的意义而呈现出秩序,它无疑不会构成语词的一种纯粹无序状态;但这种指称的统一——pros en legomenon——没有产生一个单一意义;如同最近有人所说,存在概念只是"意义的一种不可减少的复多性的有问题的统一"。①

我不想从"Peri Hermêneias"的一般语义和"存在"这个词的特定语义中得到超出被允许范围的东西;我不是说,亚里士多德以我们在此设想的方式提出了多重语义问题;我仅仅说,他将解释定义为"说出某物的某种性质"导致了一种有别于逻辑学的语义学,他对存在多重意义的讨论在有关单义性的纯逻辑学和本体论理论中打开了一个缺口。建立一种作为对多重意义的理解的解释理论,确实尚未完成。第二个传统使我们接近这一目标。

第二个传统来自于《圣经》注释;在此意义上的解释学是一种关于注释规则的科学,这种注释自身被理解成对一种文本的特定解释。解释学问题很大程度上处于这个《圣经》的解释领域中,这一点是无可辩驳的;人们传统上所说的"圣经

---

① 奥邦克,前引书,第204页。

的四种意义"构成了这种解释学的核心;在这一方面,我们不能很肯定地讲,哲学家应该更关注这些注释上的争论,在这些争论中,一种解释的一般理论发挥作用。① 类比概念、譬喻概念、象征意义概念尤其在这里被提出来;我们理应经常求助于这些概念。这第二个传统因此就通过类比把解释学与象征的定义联系起来,尽管它没有完全将解释学归结为这个定义。

限制这种释经学定义的东西,首先是它指涉一种权威,无论这是君主制权威、集体权威还是教会的权威,基督教社团内部运用的圣经解释学就是如此;但它尤其是通过应用于文学文本而受限制;注释学就是一种关于论著的科学。

然而,注释的传统为我们的工作提供了一个很好的出发点:文本概念自身的确可以在一种类比的意义上被采纳;中世纪正是借助于自然之书的比喻才可能谈论一种 interpretatio naturae(自然的解释——译者注);由于"文本"概念超越了"经文"概念,这种比喻使得注释概念可能扩大。自从文艺复兴以来,这个 interpretatio naturae 完全摆脱了它固有的经文的指称,以致斯宾诺莎能够用它建立一个圣经注释的新概念;他在《神学政治论》中说,正是对自然的解释创立了被《圣经》解释的原则独自规定的全新解释学;斯宾诺莎的这种方法从圣经特有的观点上看,在此激不起我们的兴趣,它标志着一种已成为模式的自然解释(interpretatio naturae)对《圣经》解释的奇特回击:前一种《圣经》模式已遭到质疑,而新的模式从今以后就是自然解释。

这样的"文本"概念——因此摆脱了"经文"概念——是

---

① 亨利·德·吕巴克(Henri de Lubac):《中世纪的注释》,第四卷,Aubier,1959—1964 年。

很有趣的:弗洛伊德常常使用它,当他把精神分析工作比作语言之间的相互翻译时尤其如此;梦的叙述是一种不可理解的文本,精神分析用一种更好理解的文本替代它。理解,就是实现这样的替代。我们已简单考察的《梦的解析》这个书名暗示了精神分析与注释之间的类似。

在这里我们可以将弗洛伊德与尼采加以初步比较是有趣的:尼采从语文学学科中借用了他的 Deutung 和 Auslegung 概念(Deutung, Auslegung 这两个德文词均指"解释"——译者注),并把它引入哲学;当尼采解释古希腊戏剧或前苏格拉底哲学时,他确实仍是一个语文学家;但在他那里所有的哲学变成了解释;解释什么呢? 这是当我们进入到解释的冲突时所要谈论的问题;先只说这一点:这条导向解释概念的全新道路与涉及一种表象(Vorstellung)的新问题联系起来;这不再是康德的主观表象如何能有客观有效性的问题;这个问题,处于批判哲学的中心,它让位于一个更根本问题;有效性问题仍然保持在有关真理和科学的柏拉图哲学的轨道中,错误和意见一直是它的反面;解释问题涉及一种新的可能性,它既不再是在认识论意义上的错误,也不是在道德意义上的谎言,而是我们以后将讨论其地位的*幻想*。我们暂且将马上要加以讨论的问题放置一边,也就是说暂且不去理会将解释用作怀疑策略和反对伪装的战斗的做法;这种用法要求一种很特别的哲学,它使真理和错误的全部问题从属于权力意志的这个术语。从方法的观点看,这里与我们有关的是给予解释的注释学概念赋予的新外延。

弗洛伊德的观点正好属于这个领域的极端之一:对他来说,解释不仅涉及一种"经文",而且涉及能被当成有待辨读的文本的任何符号群,因而也可作为梦、神经官能症的症状,以及仪式、神话、艺术作品、信仰。在不预先判断双重意义是掩饰还是揭示、是根本谎言还是通达神圣的情况下,我们不应该返回作为双重意义的象征概念吗?当我们以往把解释学定义成注释规则的科学,而把注释定义成对一种特定文本或对能被当做一种文本的解释或对能被当作一种文本的一个符号群的解释时,我们想到的正是一个扩大了的注释概念。

众所周知,这样的中间定义超出了一种单纯的经学而又没有消解于一种一般意义理论中,它从两种源头得到了它的权威性;注释的来源显得较近,但单义性和歧义性问题或许比在注释中的类比问题更为根本,这种单义性和歧义性问题是在亚里士多德意义上的解释所要解决的问题;我们将在下一章回到这个问题。相反,处于尼采的 Auslegung(解释)核心的幻想问题,引导我们到达那个支配着现代解释学命运的首要困难的入口。我们现在要考虑的这个困难不再是那个象征定义上的困难的一种复制;它是解释行为本身所特有的困难。

这种困难——这个促使我们研究的困难——就是:不存在一般解释学,不存在适用于注释的普遍规则,而只存在关于解释规则的分别的和对立的理论。我们已勾勒过其外部轮廓的解释学领域被它自己破坏了。

我无意,也没有办法——完整列举出解释学的风格。我觉得从最极端的对立出发乃是更有启发性的过程,正是这种极端的对立在我们研究的开始制造了最强烈的张力。一方面,解释学被设想为一种意义的显现和恢复,这种意义以一种信息的方式、一种声明的方式,或如人们时常所言,以一种宣教的方式传达给我们;另一方面,它被设想成一种去神秘化,一种对幻想的还原。精神分析正是站在斗争的这一边,至少在初看时是如此。

我们一开始就必须面对这双重的可能性:这样的张力、这样的极端拉扯是我们的"现代性"的最真实表述;今天作为其语言一部分的处境包含了这种双重的可能性,这种双重的请求,这种双重的急迫性;一方面,清除话语中的那些附赘悬疣,消灭偶像,从沉醉走向清醒,一劳永逸地对我们的贫乏作总结;另一方面,当意义重新出现时,当意义丰盈时,为了让人们谈论那曾经被谈论、每一次被谈论的东西,运用最"虚无的"、破坏性的、最毁坏圣像的运动;我觉得解释学被这种双重的动机所推动:怀疑的意志,倾听的意志;严格的誓愿,顺从的誓愿;今天我们一直在消灭偶像,并且我们刚刚开始理解象征。在其明显的困境中,这种状况或许是有教益的,或许极端的偶像破坏运动属于意义的恢复。

揭示今天使得我们摇摆于去神秘化和意义恢复之间的语言危机,就是以上述方式最初提出这个问题的深层原因;我想,一种对有关文化的精神分析的介绍应该经过这么大的迂回。在下一章中我们试图深化这些语言,并把这种语言危机和一种反思的苦行联系起来,这种反思始于让自己被剥夺意义的起源。

为了最终将精神分析置于关于语言的一般讨论中,让我们对冲突的各方进行概观。

2. 作为意义回想的解释

这个部分涉及作为意义恢复的解释。如果首先谈论与它彻底对立的东西,通过对比,我们将更好地理解关于文化的精神分析和怀疑学派的关键部分。

我会直率地说,怀疑的反面就是信仰。什么样的信仰?

无疑不再是淳朴之人的朴实信仰,而是经过解释的第二次信仰,是经历了批判的信仰,是后批判的信仰。我在一系列的哲学决定中寻找这种信仰,这些哲学决定暗中激活了一种宗教现象学,并且这些决定隐藏在它们表面的中立之中。既然它解释,它就是一种理性的信仰,它之所以是信仰,是因为它通过解释寻求第二种素朴性。对它而言,现象学是对意义倾听、回想、恢复的工具。为了理解而相信,为了相信而理解,这就是它的格言;这条格言就是相信和理解的"解释学循环"自身。

我们将从广义的宗教现象学中挑几个例子:它们在此包括利恩哈特(leenhardt)、莱乌(Van der Leeuw)、伊利亚德的工作,我自己在《恶的象征》中所做的研究是对它们的补充。

我们试图显现和展示理性信仰,它贯穿对宗教象征的纯粹意向性分析,并且它从内部"转变了"这个倾听性的分析。

(1)首先,在作为所有现象学分析的特征的对对象的关切中,我看到了这个信仰在通过话语而存在的启示中的第一个痕迹。众所周知,这样的关切表现为一种描述而非还原的"中性"意愿。人们通过原因(心理的、社会的,等等),通过起源(个人的、历史的,等等),通过功能(情感的、意识形态的,等等)而进行的阐述,进行还原。人们通过得到思维活动的意向和它的思想内容的相关物:即通过被意指的某种东西,通过内含在仪式、神话、信仰中的对象,进行描述。因此,在前面提到的纯洁性和不纯洁性的象征中,任务是理解什么东西被指称,什么样的神圣性质被意指,在污点和耻辱、肉体玷污和生存的完整性的丧失之间的类比中包含什么样的威胁。对我们而言,对对象的关切是服从意义的运动,这个意义的运动,从字面意义——污点、弄脏——出发,指向在神圣领域中把握到某物。总而言之，我们会说，宗教现象学的主题是在仪式活动、神话话语、信仰或神秘情感中被意指的某种东西；它的任务是从行为、话语和感情的各种意向中显出那个"对象"。我们不妨将这个被意指的对象称为"神圣"，而不确定它的性质，无论这种性质是鲁道夫·奥托的 tremendum numinosum（对神的巨大的敬畏向往之情——译者注），还是莱乌的强大者抑或伊利亚德的根本时间。在一般意义上讲，并且为了强调这种对意向对象的关心，我们说全部宗教现象学是关于"神圣"的现象学。现在，这种"神圣"的现象学能够保持一种"中立"态度吗？而这种中立态度是由"悬置"（epochè）、由将绝对现实和与绝对有关的全部问题置于括号中所规定的。这种悬置要求我们分享对宗教对象的实在性的信仰，但是以一种中立化的方式分享这种信仰；它还要求我与信仰者一起信仰，但绝不设定他信仰的对象。

但如果学者本身能够和必须运用这种加括号的方法，哲学家本身就不能够和不应该排除他的对象的绝对有效性的问题；假如我不从理解中得到期待这个传达给我的某物，即使经过了对原因、起源或功能的考虑，我还能对"对象"感兴趣吗？我还能强调对对象的关切吗？难道不正是对言说的期待推动着对对象的关切吗？最后，那内在于这种期待的东西，是对语言的信赖；这种信念就是：由人们说出的具有象征的语言与向人们说出的语言不可等量齐观，人类诞生于语言之中，诞生于逻各斯的光明之中，"这个逻各斯照亮来到世上的所有人类"。正是这样的期待，这样的信心，这样的信仰给了象征研究以它特殊的重要性。我应该实话实说，正是这种期待激励了我的探索。然而，在今天，它也恰恰遭到了解释学潮流的反对，我们不久就会把这种潮流加上"怀疑"的标题；另一种解释理论正是开始于怀疑,是否存在着这样的对象,以及这个对象是否能成为将意向内容(visée intentionnelle)转变为宣教、显现和声明的场所。正因如此,这种解释学不是对象的说明,而是对伪装的一种去除,是一种减少伪装的解释。

(2)根据宗教现象学,存在一种象征的"真理";按胡塞尔的"悬置"所采取的中立态度,这种真理仅仅意味着能指意向的"充实"——Erfüllung。宗教现象学要成为可能,必要而充分的条件是,不仅存在一种方式,而且存在多种方式,根据对象的不同领域来充实意指活动的不同意向。在实证主义逻辑意义上的"证实"仅仅是各种充实方式的一种,并且不是充实的标准模式;这是相应的对象类型,即物理对象所要求的方式,在另一意义上是历史对象所要求的方式——不是作为真理概念本身要求的方式,换言之,不是一般充实的要求所要求的方式。通过这种名目繁多的"充实"方式,现象学家以一种还原的、中立的方式,但不是通过类比,而是根据对象的特殊类型和根据在这个领域中充实的特定方式来谈论宗教经验。

然而,我们是如何在象征意义的范畴内遭遇充实问题的呢?基本上,在我们研究初级能指或字面能指与第二级所指之间的类比联系的时候,即:在我们研究污点与耻辱、偏离(或流浪)和罪行、负重(或负载)和罪行之间的类比联系的时候,我们碰到了这种充实问题。我们在此遭遇了一种初始的、牢不可破的联系,这种联系从不具有"技术性"符号的约定俗成的和任意的特征,这种"技术性"符号仅仅表示其中被设定的东西。

正是在这样意义与意义的联系中,存在着我所称的语言的丰满性。这种丰满性在于这样一个事实:第二层意义以某种方式存在于第一层意义中。伊利亚德在他的《论宗教的通史》中表明,宇宙象征的力量存在于看得见的星空和它们所表示的秩序之间的非任意的联系中:多亏了将意义与意义相联系的类比力量,它才能谈论贤明和正义,广大和有秩序的东西。象征在两种意义上是受约束的:约束于……以及*被*……*约束*。一方面,神圣与初始的、字面的、感性的意义相联系:这就形成了它的晦涩性;另一方面,字面意义与存在于其中的象征意义相联系;这就是我所说的象征的显示能力,尽管象征具有晦涩性,这种显示能力还是展现了象征的力量。这就是将象征与技术符号对立起来的东西,而技术符号除了被设定在其中的东西外并不表示任何东西,并且因为这个原因,技术符号可以被掏空、被形式化并且能被归结为计算的单纯对象。只有象征给*出*它所说的东西。

但在这样说时,我们不早就违反了现象学的"中立"吗?我承认这一点。我承认,这种深深地激起人对丰富的语言、对受限的语言的兴趣的东西,乃是这种思想活动的倒错,正是这种思想的倒错向我"讲话"并使我成为被述说的主题。这种倒错产生于类比中。如何产生?那将意义与意义联系起来的东西如何束缚我呢?将我吸引到第二层意义的运动将我同化进被述说的东西中去,使我分有宣示给我的东西。那象征力量存在于其中的相似性和它从中得到显示能力的相似性事实上不是一种客观相似性,我可以将这种客观相似性看做在我面前显露的一种关系;根据类比活动,这是将我的存在吸收进一般存在的一种生存性的同化。

(3)这种对古老分有主题的暗示让我们在说明的道路上迈出了第三步,这条道路也是思想诚实的道路:完全公开的并且激发了意向分析的哲学决定,乃是古代回忆说的现代翻版。在沉默和遗忘以后(对空洞符号的操纵和形式化语言的确立使这种沉默和遗忘扩散了），对于象征的现代关怀表达了有待关注的新欲望。

这种对全新《圣经》的期待，对《圣经》全新现实性的期待，是全部象征现象学的内在思想，为了最终向原始话语的显示能力致意，它一开始突出对象，然后强调象征的丰满性。

3. 作为进行怀疑的解释

通过不仅给弗洛伊德一个对话者，而且给他提供一个完整的伙伴，我们将完成给弗洛伊德的定位。我们将把我所说的怀疑派眼中的解释与作为意义恢复的解释对立起来。

因此，一般解释理论应该不仅要说明对解释的两种解释之间的对立，一种解释是作为意义的回忆，另一种是减少幻想和意识的谎言——而且要说明这两大解释"学派"的每一个学派为何分裂和分化成一般不同甚至格格不入的"理论"。这一点无疑更适用于怀疑学派，而不是回想学派。马克思、尼采和弗洛伊德，这三位表面上相互排斥的大师支配了怀疑学派。表明他们对一种神圣现象学的共同反对要比表明他们在一种去神秘化方法内部的相互联系更加容易，而这种神圣现象学被人们理解成"揭示"意义的预备工作。不难注意到，这三个伟人共同反对在我们对神圣的表象中"对象"的优先地位，也反对通过一种存在类比（analogia entis）而"充实"神圣的意向，而这种存在类比（analogia entis）通过一种同化的意向能力将我们嫁接于存在之上；也容易承认，这都是以不同方式进行怀疑；"作为谎言的真理"，乃是消极的标题，人们可以将这三种怀疑方式的运用置于这个标题下。但我们还远未吸收这三位思想家的工作的积极意义；我们过于注意他们的不同,我们对他们的时代偏见加之于他们追随者的限制更甚于这些偏见加之他们自己的种种限制。因此马克思被贬谪为经济主义,并被贬谪为愚蠢的意识反映理论;尼采被引向一种生物主义和一种透视主义,他不能不自相矛盾地说明自己;弗洛伊德被局限在精神病学中,并且被披上一种过于简单的泛性主义的面纱。

假如我们追溯到他们共同的意向,我们就会从中发现他们首先把整个意识看成"虚假"意识的决定。在那里,他们在各自的领域重新采纳了笛卡尔的怀疑的问题,并使之达到笛卡尔主义堡垒的核心本身。属于笛卡尔学派的那位哲学家知道,事物是可疑的,它们不是像它们显现的那样;但他并不怀疑意识就是它自我显现的那个样子;在意识中,意义和对意义的意识相重合;自马克思、尼采、弗洛伊德以来,这一点也是可疑的。在怀疑事物以后,我们已经开始怀疑意识。

但这三位怀疑大师不应被误解为怀疑主义的大师;三人确实是三位重要的"破坏者";然而这件事本身不应将我们引入歧途;海德格尔在《存在与时间》中说,破坏是全新建设的一个环节,按照尼采的说法,就宗教是一种"民族的柏拉图主义"而言,这里的破坏也包含宗教的破坏。正是超越了"破坏",思想、理性甚至信仰意味着什么的问题才被提了出来。

然而,三位大师不仅通过一种"破坏性"的批判方法,而且通过一种*解释艺术*的发明为一种更真实的话语,为真理的新领域,指出了视域。笛卡尔通过意识的自明性战胜了对事物的怀疑;他们通过对意义的阐发战胜了对意识的怀疑。从他们开始,理解就成了一种解释:从此以后,寻找意义,就不再是拼读意义的意识,而是*辨读*意义的表达。因此需要面对的,不仅是三重的怀疑,而且是三重的计谋。如果意识不像它自认为的那样，那么在外显的东西与潜在的东西之间应该建立起一种新关系；这层新关系与意识在事物的现象和实在之间建立的关系是相对应的。对于三位大师来说，意识的基本范畴是掩饰—显示的关系，或者如果喜欢的话，是伪装—表达的关系。马克思主义者们醉心于"反映"论，尼采在宣讲关于权力意志的"透视主义"教义时自相矛盾，弗洛伊德以他的"潜意识压制力"、"门阈"和"伪装"来制造神话：重要的不在于这些不便和困境。重要的在于，这三位大师，以现有条件，即，既承袭又反对时代的偏见，创造了一种关于意义的间接科学，而这种意义无法还原成意义的直接意识。这三人在不同的道路上共同努力的东西，就是使他们辨读的"有意识"的方法与"无意识"的编码工作吻合起来，他们将这种无意识工作归于权力意志、社会存在、无意识的心理。计谋将遇见双倍计谋。

因此将马克思、弗洛伊德和尼采区分开的，既是关于"虚假"意识过程的一般前提，又是关于辨读方法的一般前提。既然怀疑的人在相反意义上执行了诡计之人的作伪工作，那么，两者相辅相成。弗洛伊德通过梦和神经官能症的双重通道进入虚假意识问题；他的工作前提包含了与他的攻击角度相同的限制：正如人们以后纷纷指出的那样，那将是一种关于冲动的经济学。马克思在经济异化的限度内解决意识形态问题，这种异化是在政治经济学意义上的经济异化。尼采，围绕着"价值"问题——估价和重估价值——从权力意志的"力量"和"脆弱"方面寻找打开谎言和伪装之门的钥匙。

实际上，尼采意义上的《道德谱系学》，马克思意义上的意识形态理论，弗洛伊德意义上的理想和幻想理论，代表了去神秘化的三个汇合在一起的步骤。

　　或许还有某种东西更能表明他们的共同之处；他们暗中的相似更多；这三人都是从对意识幻想的怀疑开始，随后继续采用辨读的计谋；所以三人，远不是"意识"的破坏者，他们旨在扩展"意识"。马克思需要的，是通过对必然性的认识而解放实践；但这种解放是与意识的洞见分不开的，这种洞见胜利地反击了虚假意识的愚弄。尼采需要的，是人类强力的增长，是力量的恢复；但权力意志的意思应该通过沉思"超人"、"永恒轮回"、"狄奥尼索斯"这类密码加以恢复，没有这些密码，这个强力就只是世俗的暴力。弗洛伊德需要的东西，是被分析者，通过把他感到陌生的意义变成自己的东西，扩大他的意识的范围，生活得更好，最后能更加自由，并且可能的话，也更为幸福。给予精神分析最早的尊敬之一就是谈论"通过意识而痊愈"。只要说精神分析旨在用现实性原则教导的间接意识代替一种直接的和掩饰性的意识，这个词就是确切的。因此，将自我描绘成一个"可怜人"的相同怀疑者（这位"可怜人"服从于三位主人，本我、超我和现实性或必然性），也是重新发现无逻辑王国的逻辑的注释者，他以一种无与伦比的谦虚和审慎，以柔软但不倦的声音，敢于通过祈求逻各斯神来为他的论文《一个幻想的未来》做总结，这个神不是全能的，但是长期有效。

　　这个对弗洛伊德的"现实性原则"，以及对尼采和马克思的对等物（马克思的被理解的必然性，尼采的永恒轮回）的最后参照，导致被一种还原和破坏性的解释所要求的苦行有了积极的益处：与赤裸裸现实的对抗，与 Ananké 对抗，即与必然性的规训对抗。

　　我们的三位怀疑大师在发现他们的积极汇合时，对神圣现象学和作为意义回忆及存在回忆的全部解释学表达了最彻底的反对。

在这场争论中,问题的关键,就是我为简便起见称作想象的神话——诗的核心因素的命运。针对"幻想",针对虚构的功能,去神秘化的解释学制定了必然性的严厉规训。这是斯宾诺莎的告诫:人首先发现自己是奴隶,人理解他的奴役状态,人在被理解了的必然性中重新发现自由。《伦理学》是利比多、权力意志、统治阶级的统治应该经历的这种苦行的第一个模式。反过来,现实的规约、必然的苦行难道不乏想象的优美、不乏可能性的涌现吗?这种想象的优美与作为启示的话语无关吗?

这就是争论的关键。现在向我们提出的问题是知道在反思哲学的范围内,我们能在何种程度上对这场争议作出仲裁。

第三章　解释学方法和反思哲学

在这开头几章中,我们给自己赋予了把弗洛伊德置于当代思潮中的任务。在深入涉及他的技术性语言和专门问题之前,我们已重构精神分析的语境。我们已经首先把它的文化解释学置于语言问题的基础上。精神分析从一开始就向我们显现为揭示了我们言语的奥秘,并且对它提出了质疑。弗洛伊德就像维特根斯坦和布尔特曼那样属于我们的时代。精神分析在关于语言的重大争论中的地位可以比较确切地描述为各种解释学之间的一段插曲,而我们不知道它是否只是解释学派别之一,抑或以一种我们应该发现的方式,侵蚀全部其他解释学。在这一章中我们将走得更远,我们要在精神分析中、在解释学战争自身中和在全部的语言问题中发现反思的危机,也就是说,在反思一词的强烈的和哲学的意义上,发现我思的历险和来自我思的反思哲学的历险。

1. 象征对反思的求助

我要追溯一下我自己进行探究的历程。首先正是出于清晰、真实和严格的要求,我在《恶的象征》的结尾处遇到了我所说的"向反思的过渡"。我问道,能够以一种连贯的方式将对象征的解释和哲学反思连接在一起吗? 对于这个问题,我仅仅用一个矛盾的誓愿回答:一方面,我发誓要倾听各种有关象征和神话的丰富话语,而这些丰富话语先于我的反思,教育了它并养育了它;另一方面,我发誓通过对象征和神话进行哲学注解,继承哲学的理性传统,继承我们西方哲学的传统。我借用康德在《判断力批判》中的话说,象征引发思想。象征给予,它是语言的馈赠;但这个馈赠给我创造了思想的责任,创造了从总是先于哲学话语并作为其基础的东西出发开创哲学话语的责任。我没有掩盖这个誓言的矛盾特性;相反,通过先肯定哲学没有开端(因为语言的丰满性先于它),继而肯定哲学开始于自身(因为哲学提出了意义问题和意义基础的问题),我强调了这个矛盾特性。

在这个事业中,我被象征的*前哲学*的丰富性所鼓舞。正如我们在上一章所说,象征似乎不仅需要解释,而且事实上需要哲学反思。如果这一点没有更早向我们显示出来,那是因为我们迄今局限于象征的语义结构,即局限于因其"复因决定"而导致的这个意义的过分增加。

但对反思的求助与我们尚未考虑的象征的第二个特征有关;纯粹的语义方面只是象征的最抽象方面;其实,正如我们前面提到纯粹和不纯粹的象征时所暗示的那样,语言表达不仅仅体现在仪式、感情中,而且也体现在神话中,也就是说,体现在对恶的起源和终结的宏大叙事中;我已经研究过四套神话:关于原始混沌的神话,关于恶神的神话,关于被放逐在邪恶肉体中的灵魂的神话,关于一个人的历史错误的神话,这个人既是人类祖先又是一个人类原型。象征的新特征出现在这里,与此相伴随的,是对于一种解释学的新启示:首先这些神话引入了典型人物——普罗米修斯、Anthropos（人）、亚当——他们开始在一种具体的普遍性、一种范式的层面上总结人类的经验，根据这种范式，我们可以了解我们的状态和命运；另外，因为讲出了"在那时"突然发生的事件的叙事结构，我们的经验获得了一种时间的定向，一种扩散于开始和结束之间的跳跃；我们的在场充满了一种记忆和希望。更深刻的是，这些神话以一种超历史事件的方式叙述了非理性的断裂，叙述了愚蠢的跳跃，这个跳跃将两种信仰的表白分隔开来，一种与渐变的无辜有关，另一种与历史的罪感有关；在这个层次，象征不仅仅有表达价值，像在单纯语义层次上那样，而且还有启发价值，因为它们给我们的自我理解赋予了普遍性、时间性和本体论意义。因此解释不仅仅在于得到第二种意向，而第二种意向既是在字面意义中被给予又是在字面意义中被伪装；它试图将这种普遍性、这种时间性、这种包含在神话中的本体论探索主题化；因此，象征本身，以它的神话形式，趋向于思辨的表达；象征本身是反思的曙光。解释学问题因此不是从外部强加给反思，而是从内部被意义的变动本身所推动，被在语义层次和神话层次采纳的象征的内在生命所推动。

恶的象征以第三种方法求助于一种解释的科学，一种解释学：恶的象征，不论在语义水平上还是在神话水平上，总是一种更广泛象征系统、一种拯救象征的反面系统。在语义水平上这早就是对的：不纯洁对应纯洁，罪人的漂泊对应于在回归象征中的宽恕，负罪对应于拯救，更一般地讲，奴役的象征对应于解放的象征；更为清楚的是，在神话的层面上，终结的意象赋予开始的意象以真实意义：混沌的象征简单地构成了庆祝马杜克（Marduk）即位的一首诗的序言；悲剧神相应于阿波罗神的净化，同一个阿波罗，通过他的预言要求苏格拉底

"检视"其他人；流放的灵魂的象征相应于通过认识得到解放的象征；第一个亚当的形象对应于后继的各种形象：大王、弥赛亚、基督（受难的义人）、圣子、天父、圣灵。这位哲学家，作为哲学家，就宣教、使徒宣教（根据宣教，上述这些形象是在基督—耶稣的到来中实现的）什么也没说；但他能够和应该因为这些象征是恶的终结的表现而对它们进行反思。然而，在两个象征之间这种一一对应关系代表了什么呢？首先，它表示拯救的象征把它的真实意义给予了恶的象征：后者只是宗教象征内部的一个特定领域；况且基督教的信条不说："我相信原罪"，而是说"我相信原罪的赦免"；但更根本的是，这种恶的象征和拯救的象征之间的对应表示我们应该避免对恶的象征的迷恋，这种恶的象征是从象征和神话世界的其他部分中分割出来的，它也表示我们应该反思这些开始和终结的象征形成的整体；这里暗示了理性建筑术的任务，这个任务在神话的对应性的相互作用中早就被勾勒出来；正是这样的全体性本身，要求在反思和思辨的层面上被表达出来。

这就是象征自身所要求的东西。一个从中引出哲学意义的解释不是某种附加的东西；象征的语义结构，神话的潜在思辨，每一个象征都属于有意义的全体这一事实要求这样的解释，这个意义的全体提供了系统的第一个图型。

尽管我们还不知道恶的象征和神话在象征王国中占据什么样的有利位置①，我们在这里试图了解这一难题的全部普

---

① 通过优先提出方法问题，我们使得全部恶的象征归结为例子的层面。我们不应对此后悔：反思的后果之一将恰恰是：恶的象征不是众多例子中的一个，而是一个特殊的例子，甚至可能是所有象征的发源地，是在被全面思考的解释学问题的诞生地。但我们只有通过反思活动才理解这件事——这种反思一开始只把恶的象征视为特定的和任意选择的例子。

遍性并提出以下问题:一种反思哲学如何从象征源泉中汲取养分并成为解释学呢?

应该承认问题显得令人困惑;传统上——从柏拉图以来——这个问题以如下的方式被提出来:神话在哲学中的地位是什么? 如果神话需要哲学,哲学需要神话是真的吗? 或者,用现在这本著作的术语说,反思需要象征和象征解释吗? 这个问题在任何象征领域中先于所有从神话象征到思辨象征的尝试。首先必须确信,哲学活动,就其他最内在的本性讲,不仅不排斥而且要求像解释这样的东西。

这个问题乍一看似乎是无望解决的。

哲学,诞生于希腊,与神话思想相比,它带来了全新的要求;它首先建立了柏拉图的知识(Épistémé)意义上或德国唯心主义学问(Wissenschaft)意义上的"科学"理念。

根据这样一个哲学上的科学概念,求助于象征就是可耻的事情。

首先,象征依然是语言和文化的多样性的囚徒,并且支持其不可还原的独特性。为什么从巴比伦、希伯来、希腊出发——不管它们是悲剧或毕达哥拉斯学派? 因为它们滋养了我们的记忆吗? 因此,我将我的独特性置于反思的中心;然而,哲学的科学不需要将文化创造独特性和个体记忆纳入话语的普遍性中吗?

其次,作为严格科学的哲学似乎要求单义的指称。然而,因为它的类比结构,象征是晦暗的、不透明的;给它提供具体根源的双重意义给它增加了物质性的分量;不过,就类比意义、生存意义只是在字面意义中并通过字面意义被给予而言,这个双重意义不是偶然的,而是构建而成的;用认识论术语说,这种晦暗性只是要表达歧义性。哲学能够系统地培育歧义性吗?

最后,也是最重要的,我们发现在 mythos(神话)和 logos (逻各斯)之间存在有机联系的地方,为象征和解释之间的关系提供了一个新的怀疑动因:所有解释是可以撤销的;没有注解就没有神话,但没有争辩就没有注解。在柏拉图的意义上,在黑格尔的意义上,在科学这个词的现代意义上,解谜不是一种科学。上一章让我们瞥见了问题的重要性:我们已经考察了在解释学领域中能够想象的最极端对立,那被视为话语重新神秘化的宗教现象学和被视为去神秘化的精神分析间的对立。同时,我们的问题在变得明确起来时变得困难了:为什么不仅仅是一种解释,而是这些相互对立的解释呢? 任务不仅仅是为求助于某种解释做辩护,而是为反思对早已建立起的解释学的依赖做辩护,而这些解释学是相互排斥的。

在哲学中为对象征的求助做辩护,最终就是为文化的偶然性做辩护、为语言的歧义和反思内部的解释学战争做辩护。

假如人们能够提出反思在原则本身上要求像解释这类东西,问题将会得到解决:从这样的要求出发,我们可以同样在原则上证明通过文化偶然性、通过不可救药的歧义语言和通过解释的冲突而进行的迂回。

从开端开始,迄今我们一直仅仅在考虑象征对反思的求助,使这种求助变得可以理解的,是反思对象征的求助。

2. 反思对象征的求助

当我们说哲学是反思时,我们的意思无疑是指自我反思。但自我代表什么呢? 我们要比理解象征和解释这些词更了解自我吗? 是的,我们了解它,但只是抽象的、空幻的和空洞的了解。首先,我们不妨罗列一下这个空幻的确定性。或许正是象征将反思从它的空幻中拯救出来,与此同时,反思将为容纳所有解释学冲突提供结构。那么,反思代表了什么呢?自我反思中的自我代表了什么呢?

我在此承认,自我的设定是身处这个近代哲学的博大传统中的哲学家的第一真理,这个传统起始于笛卡尔,与康德、费希特和欧洲哲学的反思进程一起成长。对于这个传统(我们在把这个传统的主要代表人物对立起来前把它当成一个整体),自我的设定是一个自行设定的真理;它既不能被证明也不能被推演出来;它既是一种存在物的设定又是行动的设定;既是一种生存的设定又是思想行为的设定:我在,我思;生存,对我而言,就是思想;就我思想而言,我生存;既然这个真理不能作为事实被证明,也不能作为结论被推论出来,它应该在反思中被提出;它的自我设定就是反思;费希特把这第一个真理称作正题判断。这就是我们哲学的出发点。

但将反思与作为生存和思想的自我设定初步关联起来不足以刻画反思的特征。我们尤其不理解为什么反思需要一种辨读工作,一种注释和一种注释科学或解释学,而且不太理解为什么这种解释应该或是一种精神分析,或是一种关于神圣的现象学。只要反思被视为是一种向所谓直接意识自明性的回归,这一点就无法理解;我们应该引入反思的第二个特征,对它可以做这样的表述:反思不是直觉,或用肯定的方式说:反思是在它的对象、它的作品并最终在它的行动的反映中重新把握思维着的自我的努力。不过,为什么应该经过这些行动重新把握自我的设定呢?恰恰是因为它既不在一种心理自明性,也不是在一种理智直观,又不是在一种神秘幻象中被给予的。反思哲学是一种直接性哲学的反面。第一真理——

我在，我思——既是抽象的和空洞的，又是不可辩驳的；它需要以表象、行动、作品、制度以及将它对象化的标志物为中介；正是在这些最广义的对象中，自我应该隐没自身和发现自身。假如我们把意识理解成自我的直接意识，我们可以在某些矛盾的意义上说，反思哲学不是一种意识哲学。我们以后会说，意识是一种任务，而它之所以是一种任务，是因为它不是一个给定的东西……确实，我对我自身和我的行动有一个统觉，这种统觉是一种自明性；不能将笛卡尔从这个无可争辩的命题中赶走：我不能在没有感受到我在怀疑的情况下怀疑我自身。但这个统觉代表什么呢？是一种确定性，却是一种缺乏真理的确定性；正如马朗伯勒士在反对笛卡尔时所理解的那样，这种直接的把握仅仅是一种感受而非理念。如果理念是阳光和景象，就既不存在自我的景象，也不存在统觉的阳光；我仅仅感到我生存着和我思维着；我感到我是清醒的，这就是统觉。用康德的语言说，自我的统觉伴随着我所有的表象，但这个统觉不是对自我的认识，它不能转变成一种对实体性灵魂的直觉；康德给予全部"理性心理学"的决定性批判最终将反思与全部所谓的自我认识区分开来①。

这第二个命题——反思不是直觉，让我们能瞥见解释在自我认识中的位置；反思与直觉之间的区别间接地显示出这种地位。

一个新的步骤使我更接近目标：在把反思与直觉对立以后（我赞成康德反对笛卡尔），我想区分反思任务和对认识的单纯批判；这个新步骤这次使我们远离康德并使我们接近费

① 用胡塞尔的语言说：自我思维是无可置疑的，但不必然是适当的。

希特和纳贝尔(Nabert)。批判哲学的基本限制在于它对认识论的独一无二的关心;反思被归结为唯一的维度:思想的唯一典型的活动是为我们表象的"客观性"提供基础的活动。这种给予认识论的优先性解释了为什么在康德那里,尽管有种种假象,实践哲学仍从属于批判哲学;第二批判,即《实践理性批判》,事实上从第一批判,即《纯粹理性批判》那里借用了它的所有结构;唯一的问题支配了批判哲学:知识中什么是先天的,什么是纯经验的? 这个区别是客观性理论的关键;正是这个区别被纯粹而简单地移置到了第二批判;意志准则的客观性取决于责任的有效性(它是先天的)与感性欲望内容的区别。与把反思归结为一个简单批判的做法相反,我与费希特和他的法国继承者纳贝尔一样认为,反思与其说是一种对科学和责任的证明,不如说是一种对我们生存努力的重新占有;认识论只是这个更广泛的任务的一部分:我们应该在它全部作品的深处恢复生存活动和自我设定。那么,为什么要把这个恢复描述成占有甚至重新占有呢? 我应该恢复那首先失去的东西;我使得那已不再属于我的东西成为我自己的东西。我使得与我分开的东西成为"我的"东西,那与我分离的东西是通过空间或时间,通过娱乐或"消遣",或由于应受谴责的遗忘而与我分离的;占有意味着反思所从出的最初处境是"遗忘";我迷失了,"迷失"在对象之中,与我的生存中心分离,就如同我与其他人相分离并且是所有人的敌人。不管这"四处散播"、这个分离的秘密是什么,它表示我首先不拥有我所是的东西;费希特称作*正题判断*的真理存在于一种荒漠中,我并不在那里自动出场;这就是为什么反思是一种任务——Aufgabe(德文中表示"任务"——译者注)——把我的具体经验等同于设定"我在"的任务。这就是对我们的初始命题的最终设计：反思不是直觉；我们现在说：自我的设定不是被给予的，它是一个任务，它不是 gegeben，而是 aufgegeben，它不是被给予的，而是被安排的。

我们现在可以追问道，我们是否还没有强有力地强调反思的实践方面和伦理方面。这不是一种新的局限，与现行康德哲学的认识论潮流相似的一种新局限吗？不仅如此，我们不是比以往更远离我们的解释问题吗？我不这样认为；假如我们在宽泛的意义上采纳伦理概念（如当斯宾诺莎把伦理学称作哲学的完整过程时，他采用的伦理概念），在反思中对伦理的强调并不标志一种局限。

就哲学引导着从异化走向自由和至福来说，哲学乃是伦理学；在斯宾诺莎那里，当对自我的认识等同于对唯一实体的认识时，这个转变得以实现；但这个思辨的发展过程具有伦理的意义，因为被异化的个人是通过对整体的认识才得以改变。哲学是伦理学，但伦理学并不纯粹是道德。如果我们遵循斯宾诺莎对"伦理学"这个词的用法，我们必须说，反思在成为一种对道德的批判前是伦理的。它的目标就是在自我求生存的努力中，在它求存在的欲望中把握自我。正是在这里，一种反思哲学重新发现并或许拯救了柏拉图的下述观点：认识的源头就是爱洛斯（Éros），是欲望，是爱，也发现和拯救了斯宾诺莎的观点，即认识的源头是 conatus（努力）。这种努力就是一种欲望，因为它从不满足；但这种欲望之所以是努力，因为它是一个独特存在的肯定设定，不是简单的存在缺乏。努力和欲望是在第一真理"我在"中自我设定的两面。

我们现在能够通过一个肯定性命题来完成"反思不是直觉"这个否定性命题，而那个肯定性命题是：*反思是对我们生存努力和存在欲望的占有，这种占有是通过见证这种努力和*

欲望的作品而进行的；正因如此，反思就不只是一种对认识的简单批判，甚至不只是一种对道德判断的简单批判；在对判断的全部批判以前，它对我们展现在努力和欲望中的这种生存行动进行反思。

这第三个步骤将我们引领到了我们的解释问题的入口：这种努力或欲望的设定不仅仅被剥夺了全部直观，而且只是被其意义仍是可疑的和可撤销的作品所证实。正是在这里，反思求助于解释并进入解释学。这就是我们问题的最终根源：它存在于生存行动与我们在我们的作品运用的符号之间的这个原初关联中；反思应该成为解释，因为只有通过分散于世上的符号我才能把握这个生存的行动。正因如此，反思哲学应该包括试图辨读和解释人类符号的各门科学的结果、方法和前提。①

在原则上和最广泛的意义上，这就是解释学问题的根源。一方面，它是由需要反思的象征语言的事实存在提出来的；另一方面，它是由需要解释的反思的贫乏提出来的：在设定自身时，反思认识到它自身无力超越"我思"的空幻和空虚的抽象，并且明白有必要通过辨读散失在文化世界中的符号而重新恢复自身。这样，反思明白：它首先不是科学，在自我展示时，它需要重新采纳隐晦的、偶然的、歧义的符号，而这些符号分散在我们的语言深深扎根的文化中。

3. 反思和歧义的语言

将解释学问题置于反思活动中使我们能面对有人可能对

---

① 参阅拙文：《纳贝尔哲学中的行动和符号》，《哲学研究》1962 年第 3 期。

哲学提出的表面上无效的异议,而这种哲学是作为解释学出现的。我们在前面已将这些异议归结为三个原则:哲学能将它的普遍性与偶然的文化产物联系起来吗?它能将它的严格性建立在歧义之上吗?它最终能使连贯的誓愿取决于相互竞争的解释之间的起伏不定的冲突吗?

这些介绍性章节的目标与其说解决问题,还不如说在人们提出这些问题时,显示它们的正当性,以确保它们并非没有意义,而是存在于事物的本性和语言的本性中。哲学话语的普遍性贯穿于文化的偶然性,它的严格性依靠歧义的语言;它的连贯性贯穿于解释学之间的战争,所有这些可能也应该被看作必经的路线,看作很好形成的和很好提出的三个疑难。在这个研究的第一阶段的结尾(我故意把这个阶段称为"问题"),有一点应该是确定的:解释的疑难是反思自身的疑难。

我在此对第一个困难几乎没有谈及,在《恶的象征》的序言中,我已讨论过这个困难。我一直反驳说,从既有的象征出发,就是接受提供给思考的东西;但这同时也是将根本的偶然性、将遇到的文化偶然性引入话语。我因此回答说哲学家不是无中生有:他能提出的所有问题都出自他的希腊记忆;他研究的领域从此以后必然被规定了方向;他的记忆包含了"近"和"远"的对立。正是经过这种历史相遇的偶然性,我们应该察觉在分散的文化主题间的合理系列。今天,我要补充的是:只有抽象反思无中生有。为了成为具体的东西,反思应该放弃它直接到达普遍性的意图,直到它把其根本的必然性融进符号的偶然性中,正是通过这些符号,人们才得以认识它。恰恰是在解释活动中这样的融合才能完成。

我们现在需要把握更可怕的异议,根据这样的异议,诉诸象征就是把思想交付给有歧义的语言和健全的逻辑所谴责的错误论证。因为逻辑学家们已经为了试图消除我们的论证歧义性而发明了符号逻辑,这样的异议就更加不能回避。对于逻辑学家来说,symbole 这个词的意思与此词在我们心目中的意思恰恰相反;符号逻辑所呈现的重要性迫使我们解释这个冲突,而这个冲突至少构成了一种奇怪的同形异义词(hom-onymie,此处是一种比喻性说法,指 symbole 这个词既表示单义的符号,又表示多义的象征——译者注);因为我们已经经常通过委婉的方式对待这个单义的表达式和歧义的表达式的双重性,并暗中承认后者可能有不可替代的哲学功能,我们就更应如此。

只有当人们在反思性的思想本性中找到一种*双重意义的逻辑*的原则,解释学的辩护才是彻底的,这种逻辑是复杂的,但不是武断的,在表达上是严格的,但不能归结为符号逻辑的直线性。这种逻辑不再是形式逻辑,而是一种先验逻辑;它事实上建立在可能性条件的层面上;而这种条件不是一种自然的客观性的条件,而是我们对存在的欲望的占有的条件;正因如此,解释学所固有的这种双重意义的逻辑属于先验的层面。

现在需要建立双重意义的逻辑与先验反思之间的联系。

假如解释学家不把讨论提升到这个水平,他将很快陷入一个难以忍受的境地。他徒劳地试图把争论保持在象征的语义结构的层面上;如同我们迄今所做的那样,为了捍卫一种双重象征的理论和防止它们各自的应用领域遭到侵犯,他受惠于这些象征意义的复因决定(surdétermination)。

但认为在*同一层面*存在两种逻辑的想法确实是站不住脚的;将它们纯粹和简单地并列起来只能导致解释学被符号逻辑所消灭。

解释学家在面对形式逻辑时事实上能取得什么样的好处呢？他把每次都是作为遗产接受和重新采纳的基本上带有口头性质的象征体系与人为逻辑符号对立起来，而逻辑符号可以被书写、辨识，不是被言说的；用象征说话的人首先是一个叙述者；他传递他很少能支配的丰富意义，而是这种丰富的意义有待他思考；正是多种意义的厚重激发了他的理解；解释与其说在于消除意义的模糊性，还不如说在于理解和说明意义的丰富性。人们还可以说，逻辑符号是空的，而根据解释学的象征是充实的；它显示了物质世界的实在性或心理实在性的双重意义；我们在早些时候说象征是受约束时所表达的就是这个意思；我们说，感性符号被象征意义所约束，而象征意义则栖息于感性符号中并给予感性符号以透明性和轻盈性；象征意义相应地被它的感性载体所约束，感性载体则给它以沉重和晦暗性；人们可能补充说，正因如此，在给予思想以内容、血肉、充实时，象征性地把我们联系在一起。

这些区别和对立不是虚假的；它们只是缺乏足够的依据而已。一种限于符号的象征结构并且没有在反思中触及其基础问题的比较，很快会令解释学家感到困窘。逻辑符号的人工性和空洞性的确只是这个逻辑的真实目的的对等物和条件，这个目的就是确保论证的清晰。不过，解释学家称作双重意义的东西，按逻辑语汇是含糊的，即具有语词的歧义性和陈述的模棱两可性。因此我们不能平静地将解释学和符号逻辑并列；符号逻辑很快就使得懒散的妥协站不住脚。它的"不宽容"本身迫使解释学彻底地为它自己的语言提供依据。

为了从反面到达解释学的基础，我们必须理解这种不宽容性本身。

如果符号逻辑的严格性显得比传统形式逻辑的严格性更

具排他性,这是因为它不是传统形式逻辑的简单延伸;它不代表形式化的一个更高阶段;它出自关于全部日常语言的一个广泛决定;它标志着与日常语言及其不可救药的含糊性的决裂;它质疑的,是日常语言词义中的含糊性和错误性,是它的构造的含混性,是隐喻风格和特殊表达式的混乱,是最具描述性的语言的充满激情的共鸣。在解释学相信自然语言的内在"睿智"时,符号逻辑对自然语言深感失望。

这场斗争开始于把所有在语言中没有给出事实信息的东西驱逐出严格的认识领域;话语的其余方面被置于语言的表达功能和指导功能的名目之下;没有给出事实信息的东西表达激情、感受或态度,或导致别人的一种特定行为的产生。

由于语言被这样归结为信息功能,它应该没有词的歧义性和语法结构的含混性;因此,为了从论证中消除语词的含糊性,并且在相同的论证过程中以一贯的方式在相同意义上使用相同的语词,必须暴露语词的含糊性;定义的功能就是阐明意指和消除含糊性:只有科学定义在此取得了成功,科学定义不满足于阐明语词在使用中早就具有的意义(这个意义是独立于定义的),而是根据科学理论非常狭隘地刻画一个对象(因此,在牛顿理论框架中,对力的定义是根据质量和加速度乘积而进行的)。

但符号逻辑走得更远。对它而言,单义性的代价是在没有联系自然语言的情况下创造一种符号系统。这种符号用法排斥其他用法。的确,诉诸一种完全的人工符号在逻辑中不仅引入程度而且是本质的区别;逻辑学家的符号就是在这一点上起作用,即用日常语言表达的古典逻辑的论证碰到了一种不可克服的和几乎是残存的含糊性;因此,符号"V"排除了表达日常语言中的析取关系的语词(ou、or、oder,指"或者"——译者注）的含糊性，"Ⅴ"仅仅表示包含的析取命题（在拉丁文 vel 的意义上）和表示排斥的析取命题（在拉丁文 aut 意义上）所共有的部分意指——根据"包含的析取关系"，至少析取关系的一项是真的，但也可能是两项同时为真——根据"排斥的析取关系"，至少一项为真，一项为假；"Ⅴ"在表示包含的析取关系时消除了模糊性，这个包含的析取关系是析取命题的两种模态所共有的部分。同样，符号"⊃"使我们能清除了存在于蕴涵概念中的含糊性（它可能指示形式蕴涵，或者是逻辑的、定义的、或原因的蕴涵）；符号⊃表示共同的部分意义，即，在任何假言陈述中不能同时有真的前件和假的后件；这个符号因此是一长串符号的缩写，这一串符号表达了前件的真值和后件的虚假的合取关系的否定：—（p.~q）。

因此，在残存含糊性可被归结为日常语言结构的所有情况下，由逻辑符号构成的人工语言使人们确定论证的有效性。符号逻辑超越和反驳解释学的确切之点因此在于：词语歧义性和句法含混性——简言之，日常语言的含糊性——只能在这样一种语言中被克服，这种语言的符号具有完全由真值表所决定的意义，而这些符号又使真值表的确立成为可能。这样，符号 Ⅴ 有助于保护选言三段论的有效性，符号 Ⅴ 的意义完全由它的真值函项决定；同样，符号⊃的意义在构建假言三段论的真值表时耗尽了它的意义。这些构建保证了符号是完全清晰的，而符号的清晰确保了论证的普遍有效性。

只要双重意义的逻辑没有根植于它的反思功能，它就必然经受形式逻辑和符号逻辑的冲击。在逻辑学家眼中，解释学将永远被怀疑培育了一种对模糊的该受责备的自满，被怀疑偷偷地把信息功能赋予了只有传情功能或指导功能的表达式。这样解释学就陷入一种健全逻辑所谴责的*相关错误*中。

　　只有反思的问题能够帮助歧义的表达式并真正建立一种双重意义的逻辑。那能为歧义的表达式提供根据的唯一东西,是它们在自我对自身的占有活动中的先天性角色,这样的活动构成了反思活动。假如先验逻辑意味着建立一般客观性领域的可能性条件,这样的先天性功能就不属于形式逻辑而属于先验逻辑。这种逻辑的任务是通过回溯的方法得出一种经验构造及一种相应的现实构造所预定的概念。先验逻辑没有在康德的先天性中穷尽自身。我们已经在对我思,对作为行动的我在的反思,与散布在存在活动的各种文化中的符号之间建立了联系,这种联系打开了经验、客观性和现实性的新领域。这是与双重意义逻辑相关的领域——我们前面将它形容成复杂但不武断,并且表述严格的逻辑。对符号逻辑的要求进行限制的原则存在于反思的结构本身。假如不存在先验性之类的东西,符号逻辑的不宽容性就无可辩驳;但假如先验性是话语的一个真实维度,那么与逻辑主义意图相对立的种种理由就可以重新给人以力量,这种逻辑主义要求以论证的尺度去衡量所有话语,这些理由在我看来似乎是浮泛无根的东西:

　　第一,单义性的要求仅仅对作为论证的话语有效:然而,反思并不论证,它并不得出任何结论,它既不演绎,也不归纳;它指出在何种可能性条件下经验意识等同于确定的意识。从此,"歧义"的表达式只是这样的表述式:它在相同"论证"的过程中应是单义但实际又不是;在对多义的象征的反思性用法中,不存在含糊的错误:反思和解释这些象征是同一个行为。

　　第二,对象征的理解所展现的智慧不是对定义的无力替代,因为反思不是按"类"来进行定义和思考的一种思维方式。我们在此重新发现了亚里士多德的"存在的多重意义"问题：亚里士多德第一个完整地发现哲学话语不需要作单义和歧义的逻辑取舍，因为存在不是一个"类"（genre）；然而，存在被言说出来；但它"以多种方式被言说出来"。

第三，让我们回到前面考虑过的第一个选择：我们说过，一个没有给出事实信息的陈述仅仅表达了主体的情感或态度；然而，反思处在这种选择之外；那使得"我在"，"我思"成为可能的东西，既不是经验陈述，也不是感情陈述，而是有别于两者的东西。

这种对解释的辩护完全取决于它的反思功能。如果象征趋向反思和反思趋向象征的双重运动是有价值的，那么，进行解释的思想就有充分根据。因此，至少可以以否定的形式说，思想不以一种论证的逻辑来衡量；被视为语法结构的一种语言理论不能裁定哲学陈述的有效性；哲学的语义没有完全被纳入符号逻辑。

关于哲学话语的这些看法使我们无法说出肯定成为哲学陈述的东西；被言说只能完全为言说提供根据。至少我们可以肯定，反思的间接的象征语言可能是有效的，"尽管"它是歧义的，但不是因为它是歧义的。

4. 反思和解释的冲突

但解释学对符号逻辑的异议的反驳很可能只是一场虚幻的胜利：争辩不仅来自外部，它不只是"不宽容"的逻辑学家的声音；它也来自内部，来自被矛盾所撕裂的解释学的内在不一致性中。从现在起我们知道，不是一种解释，而是几种解释需要被纳入反思。因此，正是解释的冲突自身培育了反思过程并支配了从抽象反思到具体反思的转变。如果不"摧毁"反思,这一点可能吗?

当我们试图为求助于早已建立起来的解释学——宗教现象学的解释学和精神分析的解释学——进行辩护时,我们暗示了它们的冲突可能不仅仅是一种语言危机,而且更深刻的是一种反思的危机:我们问道,摧毁偶像或倾听象征难道不是同一回事吗? 的确,对话语的去神秘化和重新神秘化的深刻统一只有在一种反思的苦行结束时才能显现出来,在这样的反思过程中,那将解释学领域戏剧化的争论将变成一种思想的训练。

从现在起,这个训练的一个特点面向我们显露出来:我们一开始加以对立的两个事业——去除幻想与恢复最充实的意义在以下这点上是相同的:它们使意义的源头偏离中心而趋向另一个中心,这另一个中心不再是反思的直接主体,即"意识",不再是关注自己的在场、关心自己和依附于自己的警觉的自我。这样,最对立的极端所涉及的解释学,首先代表了对反思的争辩和检验,而反思的第一个步骤就是与直接意识同一。允许我们被极端的解释学的对立所撕碎,就是让我们感到惊奇,正是这种惊奇推动着反思:为了最终知道"我思,我在"意味着什么,我们无疑需要与我们自己分离,需要远离中心。

当我们在解释活动本身中寻找神话和哲学的中介,或更宽泛地说,寻找象征和反思的中介时,我们相信已经解决了神话和哲学的二律背反。但这个中介不是既定的,而是有待建立。

中介不是作为一种现成的答案被给予的。对自我的放弃是反思的第一个事实,反思恰恰不理解这一事实,与其他解释学相比,精神分析更加要求我们达到这一点。但与精神分析似乎极端对立的对神圣物的现象学解释,对于反思方法的风格和基本意向一样陌生;它不是将超验方法与反思哲学的内在方法相对立吗? 在它的象征中显露出来的神圣性,似乎不是更属于启示,而非反思吗? 不管人们向后关注尼采所说的"人"的权力意志,关注马克思所说的"人"的类存在,关注弗洛伊德的"人"的利比多,还是关注我们在此用"神圣性"这个含糊语词所表示的意义的超越,意义的中心不是"意识",而是有别于意识的东西。

两种解释学因此提出了同一个信任问题:为了意义的另一个中心而放弃意识可以理解成一种反思行为,甚至理解成重新占有的第一种方式吗? 这是悬而未决的问题;它比几种解释的共存问题更为根本,比显现解释的冲突的全部语言危机更为根本。

我们预言,这三种"危机"——语言危机、解释危机、反思危机——只能一起显示。为了变得具体,即,与它最丰富的内容相匹配,反思应成为解释学:但不存在一般解释学;这样的疑难使我们不安:裁决解释学的战争并把反思扩展到对解释进行批评的程度——这难道不是同一种事业吗? 反思应成为具体的反思和解释的冲突可以在双重意义上来*理解*,即通过反思来证明并纳入它的成果中,这难道不是同一种步骤吗?

我们的困境暂时是巨大的;这是三方的关系,是三个顶角组成的图形,它让我们感到困惑,这三方面是:反思、被理解成意义恢复的解释、被理解成减少幻想的解释。无疑,在看到使三者一起扎根于反思的方法(作为解释学战争的要求)出现之前,必须深入到解释的斗争中。但反思这次不再是"我思,我在"的定位,这个定位既专断又无力,既无可辩驳又空无内容;它将成为具体反思,它将通过解释学的严格训练成为具体的反思。

第二卷

分析论：对弗洛伊德的解读

引言：如何解读弗洛伊德

在进入我的"理解弗洛伊德的尝试"前，我想谈谈它是如何成书的，以及该如何阅读它。

我所建议的东西不是单一层面上的解释，而是一系列的解读，在那里，每一次解读不仅仅通过后续部分来完成，而且通过后续部分得到修正；在初次解读和最后的解读之间，人们甚至可能发现存在差距，初始解释似乎可以被否定；然而这不是真的。每一次解读必须并且应当被保留。

我想解释一下这个过程。

我将首先对这个研究的两个主要部分说几句话，将这两个部分称为"分析论"和"辩证法"，然后对"分析论"自身的进程发表意见。

（1）为了考察各种解释学的辩证法，我先做了一个单独的研究，这个研究只涉及对弗洛伊德的解释。我把这个单独的解释称为"分析论"，因为它与其他解释在某种机械的和外部的特征上存在对立。这种作为整体来加以考虑的"分析论"，如何与"辩证法"嫁接起来呢？

"分析论"与"辩证法"之间的关系对应于在"问题"中提出的主要困难。的确，与马克思和尼采一样，弗洛伊德一开始

就是一个进行还原的和去神秘化的解释学代表。我以前就是
这样介绍和描述的;因此,正是对极端的爱好首先引导着我;
在我的眼中,弗洛伊德在解释学争论中应有一个确定的地位,
他与一种非还原的和恢复性的解释学相对立,而与其他的一
些思想家站在一起(这些思想家正进行与其战斗类似的战
斗)。这本书的全部步调在于逐步调整初始的定位和支配它
的战场全景。最后,在这个非决定性的战斗中,弗洛伊德似乎
没有出现在某个固定的地方,因为他无处不在。这样的印象
是正确的:精神分析的界限与其说最后应被认为是一条外部
边界(在它的外边,存在着其他竞争者或同盟者的观点),还
不如说是一个研究前沿的想象的边界,这条边界不停地向外
扩展,而其他的观点从外部渗透进分界线的内部。一开始,弗
洛伊德是这些战斗者中的一位;最后,他将成为整个战斗的特
殊见证人,因为所有的对立都集中到他身上。

我们将从他自身中而不是在他的身旁首先重新发现他的
同盟者。我们渐渐地发现尼采的问题和马克思的问题涌现在
弗洛伊德问题的中心,而弗洛伊德的问题是语言问题、伦理和
文化问题。我们习惯加以并列的对文化的三种解释互相蚕
食,每一方的问题都变成了另一方的问题。

在相继的解读过程中,最大的变化将是弗洛伊德与他最
对立观点之间的关系,而与其最对立的观点就是关于神圣的
解释学。为了给我提供最大的思想间距,我首先想专注于最
鲜明的对立。一开始,在完全由他自己的体系规定的精神分
析的解释中,所有的对立都是外在的。精神分析之外有它的
对方。这种初步解读是必要的;它具有作为反思训练的优点;
它实施了对意识的驱逐,并支配了这种自恋的苦行,这种自恋
希望被当成真正的我思;正因如此,这种解读和它残酷的规训

永远不会被否定，而是在最后的解读中得到保留。只有在第二次解读中，即我们的辩证法的解读中，不同观点之间外在的和机械的对立才能被转化成内在的对立，每一个观点以某种方式变成它的对方，并在自身中具有了相反观点存在的理由。

有人会问，为什么不直接到达辩证法的观点呢？这是因为基本上要通过思想的训练（来达到这种观点）。首先需要分别公正地评价每一个观点；如果我敢于这样说的话，为此需要采纳它们有益的排他性。其次，需要对它们的对立进行解释；为此需要摧毁简单的折中主义以及把所有的对立当成外在的对立。我们将试图坚持这种思想训练：正因如此，我们要通过其最急迫的方面，通过系统化而进入精神分析，弗洛伊德本人已将这种系统化称为"元心理学"。

（2）但我们的"分析论"本身没有在同一层面上形成自我封闭的解读；从一开始，它就根据从最抽象趋向最具体的运动通向更为辩证的观点，这种具体的东西引领了一系列的解读。我在此不是在模糊和非本义上，而是在明确的本来的意义上，使用"抽象"这个词，根据这个模糊的非本来意义，当一个观念没有经验基础，当它远离事实，当它如同人们所说的那样是"纯理论的东西"时，它就是抽象的。在它们远离事实的意义上，场所论（la topique）和依附于它的经济学（l'économique）不是抽象的。在人文科学中，"理论"为事实本身提供根据；精神分析的事实是由理论确立的：用弗洛伊德的语言说，是由"元心理学"确立的；"理论"和"事实"只能一起被否定和肯定。

因此，是在一种特殊的意义上弗洛伊德的"场所论"是抽象的。在何种意义上？在这样的意义上：弗洛伊德的场所论没有阐明戏剧的主体间性的特征，而这些戏剧构成了它的重要主题;无论涉及的是父母关系的戏剧还是治疗关系本身的戏剧(在这里其他的状况进入到话语中),那给精神分析提供营养的总是意识之间的争论。然而,在弗洛伊德的场所论中,这场争论总是被投射在心理机制(l'appareil psychique)的一个表象上,在其中,只有孤立的心理现象内部的"冲动的结果"被主题化了。坦率地说,弗洛伊德的体系是唯我论的,而精神分析所谈论的情景和关系是主体间性的,并且这个情景和关系在精神分析中谈论的也是主体间性。这里存在着我们在"分析论"的第一部分所建议的初次解读的"抽象"特征。正因如此,一开始作为必要训练而采用的场所论,逐步成了指称的临时层面,它将不被放弃而是被超越和保留。在"分析论"本身的内部,对弗洛伊德的解读将逐渐丰富起来并转化到它的反面,直到它说出了与黑格尔同样说出的东西。

以下就是将我们的"分析论"引向它的"辩证法"的这个步骤的主要阶段。第一阶段,名为"能量学和解释学",在这个阶段,我们将提出精神分析的解释的基本概念;这个研究,带有严格的认识论性质,将关注 1914—1917 年的"元心理学论著";在这个研究中,一个问题将引导我们:精神分析中的解释是什么呢? 这种探究先于对文化现象的全部研究;因为解释的权利,以及解释有效性的限度,完全依靠对这个认识论问题的解决。在这第一组篇章中,我们几乎遵循第一个场所论(无意识、前意识、意识)建构的历史顺序和对经济学阐述的逐渐引入,这前几章文字将使我们面对一个明显的困境:精神分析时而在我们看来乃是通过力量的冲突来解释心理现象,因此是一种能量学——精神分析时而通过隐晦意义来解释显著意义,因此是一种解释学。这两种理解方法的统一将是这个第一部分的关键;一方面,把经济学观点纳入意义理论中似乎是仅有的能把精神分析转化成"解释"的方法；另一方面，根据我们所说的欲望的不可超越的特性，经济学观点似乎不可归结成其他的观点。

在名为"文化解释"的第二阶段，由内部向外溢出的运动开始进行。的确，人们可以把弗洛伊德的全部文化理论当成一种关于梦和神经官能症的经济学解释的简单类比性的移置。但反过来，将精神分析应用于审美象征、理想、幻想将进一步要求修正初始模型和在第一部分中讨论的解释图式；这种修改表现在第二场所论（自我—原我—超我）中，第二个场所论没有取消第一个场所论而是补充了它；新的关系，即那些基本上是与他人的新关系，将被揭示出来，只有文化状况和文化作品才能显示这样的关系。因此在这几章中，我们将开始发现第一场所论的抽象特征，尤其是它的唯我论特征；这样就准备了与黑格尔对欲望的解释和意识在自我意识中的复制所作的解释的对抗，我们将在"辩证法"中讨论这一点。但在这里，梦仍将是一个既被超越又不可超越的模式，欲望在第一部分中的地位就是如此；正因如此，在第二阶段的结尾，幻想理论显现为一种重复，是出发点在文化顶峰上的重复。

第三阶段最后致力于在死亡标记下对冲动理论进行最后改写。这个新的冲动理论具有重大意义。一方面，通过把它重新安置在爱欲和死亡冲动之间的战场，它只是让我们完成一种文化理论。另一方面，它使我们能把弗洛伊德的现实性原则的解释贯彻到底，这个现实性原则始终作为快乐原则的对立物。但当完成文化理论和现实性理论时，关于冲动的新理论不只限于重新质疑梦的初始模型：它推翻了场所论的出发点本身，更精确点说，是推翻了人们首先借以陈述场所论的机械论形式；这种机械论（我们在第一部分揭示了它的关于心理机制的功能的基本假设）从来没有完全从场所论的最终阐述中被排除；然而，它抵制将自身纳入通过意义对意义的解释中，并使得能量学与解释学之间的联系不再稳定，在第一部分中，我们描述过这种联系；只是在冲动的这个最后理论的层面上，机械论从根本上遭到了反驳。但矛盾的是，精神分析理论的这个最后发展标志着精神分析向一种神话哲学的回归，Éros（爱欲）、Thanatos（死亡）、Ananké（必然性）是这种神话哲学的标志。

这样，我们的"分析论"，通过连续的超越，逐步走向一种"辩证法"。正因如此，应当将这几章读成连续的阶段，在其中，"理解"从抽象走向具体而改变了意义。在第一次解读，即更加注重分析的解读时，弗洛伊德主义使它所还原的东西处于它的外部；在第二次解读，即更加辩证的解读时，它以某种方式把它在还原时似乎排斥的东西包含在自身中。我因此明确地要求读者悬置他的判断，并且从具有它自己标准的第一种理解过渡到第二种理解，在第二种理解中，人们可以在怀疑大师的文本本身中听到相反的思想。

第一部分

能量学和解释学

弗洛伊德学说的认识论问题

　　我们研究的第一阶段涉及精神分析话语的结构。这样，它就为探究文化现象开辟了道路，而文化现象就是第二阶段讨论的问题。

　　我把这个探究置于一个题目之下，这个题目立即显示出精神分析认识论的核心困难。弗洛伊德的作品一下子就作为一种混合的话语，甚至含混的话语出现，它时而陈述一种能量学的可证实的力量冲突，时而陈述一种解释学的可证实的意义关系。我想表明，这种明显的含糊是有充分根据的，这种混合话语是精神分析的存在理由。

　　在这个导论中，我将仅限于连续地表明这个话语的两个维度的必然性；组成这个第一部分的四章（这里法文本的表述明显有误，因为第一部分只有三章——译者注）的任务将恰恰是超越两类话语之间的距离并达到这样一种维度：人们明白，能量学蕴含着解释学，解释学则发现了一种能量学。正是在这一点上，欲望的位置在一种象征化的过程中并通过象征化的过程显示出来。

　　然而，解释（Deutung）的地位在一种场所论—经济学的阐述中首先表现为一种疑难。就我们强调场所论的故意反现象学的倾向而言,我们似乎取消了把精神分析读解成解释学的全部基础;用经济学的投入概念——能量的安置和置换——取代意向性意识概念和意向对象概念似乎要求一种自然主义阐释并排除通过意义对意义的理解。简言之,场所论—经济学观点似乎支持一种能量学,而不支持一种解释学。然而,毫无疑问,精神分析应是一种解释学,它力图给出一个有关文化的总体解释,这一点并非出于偶然,而是有意为之;然而,艺术作品、理想和幻想以各自的方式是各种表象形式。如果我们从周围回到中心,从文化理论回到梦和神经官能症的理论(这种理论构成了精神分析的核心),我们就一再地回到解释、解释行为、解释工作。我们要允分说明的是,正是在梦的解释工作中,弗洛伊德的方法被铸造出来。精神分析医生加以分析的所有"内容"逐渐成为表象,这些"内容"包括了从幻觉到艺术作品和宗教信仰的范围。可是,解释问题恰恰包含了意义问题或表象问题。这样,精神分析就是彻头彻尾的解释。

疑难就在这里形成了:相较于冲动概念、冲动目标和情感的概念,表象的地位是什么?如何把通过意义对意义的解释和一种投入、撤回投入、反投入的经济学结合在一起?初一看,在一种由元心理学原则规定的说明与下述解释之间可能存在着矛盾悖论,这种解释活动必然在意义中而不是在力量中进行,在表象中而不是在冲动中进行。所有弗洛伊德的认识论问题似乎集中在唯一的问题上:经济学说明如何才能涉及意义的解释?在相反意义上,解释怎样才能成为经济学说明的一个环节?投身于一种选择中更为容易,或者根据能量学进行说明,或者根据现象学进行理解。然而,应该承认弗洛伊德主义只是通过拒绝这种选择而存在的。

　　弗洛伊德学说的认识论的困难不仅仅在于它的问题,而且在于它的解决方案。的确,弗洛伊德没有一眼就看清在元心理学中观点的错综复杂。场所论连续的陈述具有一种初始状态的标志——真的,这种标志越来越弱——在初始状态中,这个场所论与解释工作脱节。我们后来所称的数量假设加重了经济学说明的分量。由此导致的后果是,所有以后的陈述遭受了一种似有似无的分离;我们将在 1895 年的《纲要》中寻找说明和解释之间的这个初始分离的关键。这将是我们第一章的目标。随后,我们将表明《梦的解析》中著名的第七章是如何重新采纳《纲要》的陈述,而且超越了《纲要》并且更清楚地准备将它纳入解释工作中去;这将是我们第二章的目标。最后,我们将在 1914—1917 年《元心理学论集》中寻找对理论的成熟的表达,我们将长久地停留在冲动和表象的关系上,在这种关系中,所有的困难和解决尝试同时得到证明。

　　或许,事实上正是在欲望的位置中既存在着从力量过渡到语言的可能性,又存在着在语言中完全恢复力量的不可能性。

第一章　一种没有解释学的能量学

　　1895 年的《纲要》①代表了人们所说的体系的非解释学状态。的确,那支配这篇文章的"心理机制"(l'appareil psychique)概念与辨读工作显不出任何的关联;然而,人们以后将看到对神经官能症症状的解释在这种概念化中依然存在。

---

　　① 被认为是《一种科学心理学纲要》的文章 1950 年第一次在伦敦发表,这些文章放在弗洛伊德给威廉·佛里斯(Wilhelm Fliess)书信(包括一些草稿和笔记)的最后,这些书信有一个总题目:Aus der Anfangen der Psychoanalyse(伦敦,印象出版社 1950 年版);法文版:《心理分析的起源》(法兰西大学出版社 1956 年版,第 307—396 页)。这些文章事实上没有确定的名称:弗洛伊德有时谈论他的"神经科医生的心理学"(书信 23,1895 年 4 月 27 日,《起源》,第 105 页)或简单地谈论为体系 ΦΨω(出处同上,第 109 页),理由我们以后再谈(注释 16)。关于《纲要》的名称和目标,可参见克里斯(E.Kris)对《起源》的介绍(第 22—24 页),以及他的《纲要》的前言(出处同上,第 309—311 页);还有厄内斯特·琼斯(Ernest Jones),《弗洛伊德的生平和著作》(翻译自法兰西大学出版社 1958 年版,卷 1,第 381 页)。关于"元心理学"这个词,见《书信》41 和 84。关于《纲要》的第一个大纲,见 1892 年 6 月 29 日给布洛伊尔(Breuer)的信(德文全集版,第 17 卷,第 5 页;文集,第五卷,第 25 页);这个文本将要出现在标准版,卷 1 中(它还没有出版);也可见重要的"初步交流",它写于 1892 年 12 月,于 1893 年初出版于柏林和维也纳,处于 1895 年的《歇斯底里研究》的前面(德文全集版,第 1 卷,第 77 页以下,标准版,第二卷,第 1—17 页;法文版:《歇斯底里研究》)。在先于《纲要》的笔记和草稿中,草稿 D 和 G 是特别引人注目的。

这种概念化建立在一种借自物理学的原则上——守恒原则——并且倾向于对能量作定量处理。但这种对守恒定律和数量假设的求助代表了弗洛伊德学说最强烈地抵制我所提倡的解读的方面，而我提倡的解读基于能量学与解释学之间、力量联系和意义关系之间的关联。但 1895 年的《纲要》恰恰还不是一种在《元心理学论集》意义上的"场所论"，而且重要的是不要从一开始就把"心理机制"的概念和"场所论的观点"视为同一；"心理机制"是简单地模仿物理模型，"场所论的观点"与通过意义对意义进行的解释相关。确实应该承认，心理机制这个近似物理学的概念从来没有完全从弗洛伊德学说中被清除掉；不过我认为，弗洛伊德学说的发展可以被认作将"心理机制"概念——在一种"即刻自动运转的机器[①]"的意义上——逐步归结为一种场所论的过程，在这个场所论中，空间不再是世界上的一个场所，而是角色和面具发生争论的舞台[②]；这个空间将成为编码和解码的场所。

可以肯定，因为守恒原则，能量学说明将始终保持相对于通过意义来解释意义的外在性；"场所论"一直保留着含糊的特性；我们将在这里能够同时看到有关心理机制的原初理论的发展和摆脱它的长期运动。我们也将很关注数量假设的命运，这一假设经历了从《纲要》到场所论（或多个场所论）的连续阶段；在这一方面，体系的四或五种表达方式根本没有相同的认识论意义。特别是，《梦的解析》的第七章在《纲要》和两种场所论之间具有最为模糊的位置。它确实是《纲要》的发

---

① 给佛里斯(Fliess)的信，书信 32，《起源……》，第 115 页。

② 我们在草稿 L 中读到（《起源……》，第 176 页）："心理人格的复杂性——认同的事实可以允许这个词在字面上被采纳。"（附属于 1897 年 5 月 2 日书信 61 的手稿）

展,是守恒定律和数量假设的发展,然而它以某种显示了以后的场所论的方式与解释联系起来。这种状况不应该困扰我们:我希望以后表明,对数量假设的彻底质疑不是发生在"场所论"中,而是发生在欲望的所有力量、利比多的所有形式与死亡冲动的对立中(这一对立是非场所论或超场所论的对立)。死亡冲动颠覆了一切:因为"超越快乐原则"的事物不能不通过反馈改变守恒定律,而快乐原则一开始就与守恒定律连接在一起(参阅"分析论",第三部分,第三章)。

1. 守恒定律和计量装置

《纲要》卷首的陈述值得引述如下:"在这个《纲要》中,我们曾试图使心理学进入自然科学的范围,即,试图把心理过程描述为可区分的物质微粒在数量上被确定的状态,以使它们一目了然并无可争辩。这个计划包含两个主要观念:(1)将运动与静止区分开来的东西属于数量范畴。数量(Q)服从运动的普遍法则。(2)此处讨论的物质微粒是神经元。"①

我们得感谢贝赫费尔德(Bernfeld)②、琼斯(Jones)③和克

---

① 《科学心理学纲要,起源……》,第315页。在1895年年底的一封信中,我们读到:"我被两种野心折磨着:当我们引入数量概念、一种神经力量的经济学时,去发现心理功能的理论具有什么样的形式,第二,从精神病理学中得出对于普通心理学有益的东西。"(出处同上,第106页)一些天以后,又写道:"神经元的三个系统,数量的'自由'和'被束缚'状态,第一和第二过程,主要的倾向,神经系统趋向折中的倾向,关注和防卫的两条生物学规则,质量的标志,思想的现实性,压抑的性欲决定,最后作为知觉功能的意识状态所依赖的各种因素,所有这些协调一致并继续如此。自然,我感到更加高兴!"(1895年,10月20日,出处同上,第115页)

② 贝赫费尔德(S.Bernfeld):《弗洛伊德最早期的理论和赫尔姆霍兹学派》,《心理学季刊13》,第341页。

③ 琼斯(Jones):《弗洛伊德的生平和著作》,卷1,第37—38、44—48页。

里斯(Kris)①细心重构了这样一个计划能够诞生的科学环境。精神分析也将不得不反对这样的环境;但至少弗洛伊德从未否认科学的基本信念:如同他在维也纳和柏林的老师们一样,弗洛伊德在科学中看到并将继续看到知识的唯一约束,所有理智诚实的唯一规则,一种排除了其他观点、尤其是古老宗教观点的世界观。在维也纳,如同在柏林,"自然哲学"和它的科学替代品,即活力论,在生物学中已经让位于一种物理—生理学,这种物理—生理学建立在力、吸引、排斥这类观念的基础上,所有这三者都受能量守恒定律支配,罗勃特·迈耶在 1842 年发现了这条定律,赫尔姆霍兹大力推崇这条定律;根据这条定律,力的总和(动能和势能)在一个封闭的系统中保持恒定。我们今天更好地认识到赫尔姆霍兹学派在维也纳的发展②,以及弗洛伊德在神经病学和胚胎学的第一批科学工作;因此,1895 年的《纲要》似乎不是很特别。它的兴趣与其说在于那些不属于它的前提,不如说在于它试图在新领域中将守恒假设坚持到底的计划,在这些新领域中,该假设还没有得到检验,这些新领域包括:关于欲望和快乐的理论,通过不快乐的现实性教育,将敏锐和判断的思想吸收进体系中。从这里,弗洛伊德不仅发展了赫尔姆霍兹,而且和赫巴特③的

---

①　克里斯(Kris):《精神分析的诞生介绍》,第 1—43 页。

②　布吕克(Brücke),弗洛伊德的第一个老师,他是联系赫尔姆霍兹和弗洛伊德的维也纳纽带。参阅琼斯,前引书,第一卷,第 407—416 页。

③　存在着两条线索:一条是赫尔姆霍兹-弗洛伊德,另一条是赫巴特-费希纳-弗洛伊德,这两条线索在布吕克那里交织在一起,也在格里辛格(Griesinger)和迈耐尔(Meynert)那里交织在一起。——关于在弗洛伊德中的"理念"这个词(在赫巴特的意义上),参看麦金泰尔(MacIntyre):《无意识》,1957 年,第 11 页——关于"压抑"这个词赫巴特学派的起源,参看琼斯有趣的评论,前引书,第一卷,第 310 页。

传统重新建立了联系,赫巴特从 1824 年起就反对自由意志,
把决定论的命运和无意识动机联系起来,并且把物理学术语
应用于一种观念动力学;同样,我们需要把在知觉和表象意义
上的观念这个词的用法,把观念比情感占有优势的主题(情
感在《元心理学论集》中扮演重要角色),或许甚至将
Verdrängung(压抑)这个词(假如不是概念的话)统统归于赫
巴特。赫巴特在守恒定律这一点上与弗洛伊德的亲缘关系是
无可置疑的:"追求平衡"是这个"数学心理学"的指导原则,
也是对力和数量进行计算的指导原则。最后,当弗洛伊德放
弃他的心理体系的解剖学基础,重新把心理学恢复到赫巴特
想给予它的地位时,弗洛伊德与赫巴特和费希纳(Fechner)①
是接近的。

这样,1895 年的《纲要》属于整个科学思想的时代。在发
展这种思想时,弗洛伊德如何改变它直到使它达到临界点,这
才是令人感兴趣的。在这一方面,《纲要》似乎是弗洛伊德为
将大量心理事实纳入数量理论范围所做的最大的努力,《纲
要》也似乎通过归谬法对内容超过框架这一点进行了证明:
甚至在《梦的解析》的第七章中,弗洛伊德没有试图将如此多
的东西纳入如此狭小的体系中;正因如此,人们可以说,没有
什么比《纲要》的说明计划更过时了,也没有什么比它的描述
规划更无穷无尽:随着人们深入了解《纲要》,人们会有这样
的印象:数量框架和神经元基础后退到了背景,直到它们只是
一种被给予的和可直接自由处理的指称语言,这种语言为重
大发现的表达提供了必要的限制;同样的历险将在《超越快

---

① 《书信,第 83 封信》:"老费希纳在他高贵的简单性中陈述了独一
无二的明智观念,这个观念就是:梦的过程在一个不同的心理场所展现出
来。"(《起源……》,第 217 页)

乐原则》中重现,在《超越快乐原则》中,生物学扮演了指称语言和发现死亡冲动的借口这双重角色。

让我们尝试分清这两条线索:守恒定律的普遍化和通过它自身的应用而被超越。

值得注意的是,弗洛伊德没有对他说的数量的起源和本质谈论很多;关于它的起源,它来自于外部刺激或内部刺激,并且几乎涵盖了知觉刺激和冲动刺激的观念;"数量"概念因此旨在将所有产生能量的东西统一在单独的概念之下;至于它的本质,弗洛伊德只是把它刻画为一种类似于物理能量的兴奋的总和:这是一种流动着的水流,一种"占据"、"填满"或"排出"和"负载"神经元的水流;"投入"这个如此重要的概念首先在这个神经元的框架中被设计成"占据"和"填满"的同义词(318—321):正是在这个意义上,《纲要》谈论"被投入的神经元"或"虚空的神经元";我们还将谈论负载水平的上升和下降、释放和对释放的抵制、接触的障碍、屏障、储存的数量、自由活动的数量或"被束缚"的数量。弗洛伊德因此采纳了一种出自布洛伊尔(Breuer)的概念,我们以后将看到为什么。我们将在另一个语境中发现所有这些概念,在一个越来越具有隐喻性的意义上发现它们。值得注意的是,在《纲要》中,弗洛伊德没有在决定"数量"的道路上走得更远。① 没有任何度量单位被陈述:人们只谈论"相对少的"数量(325)或"巨大数量"(326)或"过度数量"(327);但不存在任何关于这种数量的计数法则。确实是奇怪的数量! 我们将在这一章的结尾再讨论这个问题。

————————

① 麦金泰尔(MacIntyre)(前引书,第 16—22 页)比较了弗洛伊德的数量概念和恩格斯的运动着的物质的概念,并且把弗洛伊德和洛伦兹对立起来,对于洛伦兹,能量表象只是一种模型。

但如果数量不服从任何计数定律,它就被一个定律,即守恒定律所规定,弗洛伊德从惯性定律出发提出了守恒定律;惯性定律表示系统倾向于把它自身的紧张降低为零,即,释放它的量,"摆脱"它们(316—317);守恒定律表示系统趋向于尽可能低地保持紧张水平。守恒和惯性之间的差距本身是很有趣的①,因为它早就标志着以后被描述为"第二过程"的干预;那种消除所有紧张的系统是不可能的,那种不可能性源于无法逃避来自内部的危险:心理机制被迫储存和倾注了一大堆设计,这些设计是由一组永恒的被束缚数量组成,它们注定减轻紧张但不能消灭紧张。弗洛伊德在《纲要》的开始这样写道:"因此,神经元系统被迫放弃它原来的趋近惯性的倾向(也就是说,放弃把紧张水平降低为零的倾向);它必须学会支持被储存的数量($Q\acute{n}$),这种数量足以满足一种特定行动的要求。然而,按照它行动的方式,为了努力将数量保持在一个尽可能低的水平并避免一切提升,即,为了保持这个水平稳定,同样的倾向以一种改变的形式持续存在着。所有神经元系统的实现或者在第一个功能的角度下被设想,或者在被生命要求强加的第二个功能的角度下被设想"(317)。② 这样,从把它与惯性定律区别开的第一个表述开始,守恒定律就使其解剖学基础完全陌生的"第二过程"发挥作用:确实,为了

---

① 克里斯(前引书,第317—318页,注2)在这里看到未来在涅槃原则和快乐原则之间进行区分的纲要。人们可能要问,趋向空无是否不表明死亡冲动。任何情况下,都不可能说,爱欲(Éros)希望数量等于零(Q = 0)。参阅下面《分析》第三部分第三章。

② 我们以后将慢慢确立第一过程和第二过程之间的区别:在此,我们仅仅说,这涉及在近似幻觉形式下的反应和被一种正确利用现实迹象(这种现实迹象借助于来自自我的抑制)所规定的行为的对立(《起源……》,第344页)。

对称的原因,弗洛伊德不久后将假设一组被束缚的储存能量的神经元,他把这组神经元称为"自我"(340—342)。弗洛伊德总是试图把守恒定律看成一个器官的惯性定律的对等物,这个器官被强迫行动并对抗内在的危险,因为对于这种内在危险,不存在像感觉器官那样既作为障碍又作为接收器的屏障。①

如果我们考虑到它扩展到多样的器官(其中至少有一种与数量的反面,即质量有关),守恒原则的隐喻性就更明显了②:弗洛伊德写道:"意识状态给我们提供了我们称之为'质量'的东西[我们将看到这些质量对于现实性检验具有极大的重要性]……这是因为我们应有勇气承认存在着第三个神经元系统,我们可以把它们称为'知觉神经元'③……"(328)。"这个系统的任务在于把外在的数量改变为质量"(出处同上)。在赋予它们*时间*性质即周期性时,弗洛伊德已经试图把它们与数量系统联系起来;他说:"神经元运动的阶

----

①　这将是《自我和原我》的基本主题之一。当存在一种"知觉屏障"时,自我没有保护地受到它的冲动的刺激。知觉是一个关于外部世界的刺激的被选择的系统,而欲望让我们处于没有保护状态,这种观念是一个深刻的观念。人们可以将这个观念与尼采的"危险"概念相提并论。

②　人们可能问,神经元 φ(它们允许电流通过自己,并回到它们以前的状态)和神经元 ψ(它被电流"长久地改变")(《起源……》,第 319 页)之间的区别是否不是一种在它的质量基础方面的区别的复制,即,是接收和保持、感觉和记忆之间的对立。

③　弗洛伊德用字母 W(Wahrnehmung,在德文中这个词表示"感觉"——译者注)或 ω(W 的幽默化的改写)代表这些神经元,这使我们能称呼三种神经元为 φ、ψ、ω。这样,弗洛伊德在他的书信中谈论他的体系 φ、ψ、ω。《致佛里斯的信》,第 109、111 页。神经元 φ,基本上是可以渗透的,它们不提出任何抵抗,不保留任何东西,但这些神经元承担知觉功能;神经元 ψ,基本上不可渗透,它们保持数量:记忆以及一般的心理过程依靠它们(《起源……》,第 320 页)。

段不遇任何阻碍地到处蔓延,像感应现象一样"(329)①。这就使弗洛伊德能与身心平行论学派及副现象学派(épiphénoménistes)决裂:既然意识与特定的一组神经元相联系,它就不是一般神经过程的无效的对偶物。

这还不是最重要的。全部系统取决于一方面在不快乐和紧张水平上升,另一方面在快乐和紧张水平下降之间的一种简单假设的相等:"我们知道,在心理现象中存在着一种避免不快乐的倾向,我们因此试图把这种倾向与惯性的倾向混同起来。在这种情况下,不快乐可能与一种数量(Qή)水平的提升或一种紧张的扩大相吻合;当数量(Qή)在 ψ 中扩大时,一种感觉将被知觉到。快乐来源于一种释放的感觉"(331)。这是纯粹的公设,因为不快乐和快乐是弗洛伊德在神经元的第三空间、神经元 ω 中安置在感觉性质旁边的被感觉到的强度,因为他把这些强度形容成 ω 通过 ψ 的投入②;事实上,这是从数量转变为质量的一个新例子,弗洛伊德在重新求助于周期现象时,试图将这个例子吸收进前述的转变中(331—332),而周期现象早已被援引来阐述感性性质。③ 欲望自身借助于被快乐和不快乐的经验遗留下的痕迹位于这种情感的机械理论中(339—340):应该承认在欲望状态中,愉快记忆

---

① 时间的引入至关重要;我们将常回到这个问题:无意识漠视时间。值得注意的是,时间与质量密切相关,而质量又在对现实性的检验中起某种作用。因此,时间、意识、现实性是相关的概念。

② ω 和 ψ"有点像相连的导管"那样发挥作用(第331页)。麦金泰尔(前引书,第18页)是正确的,这是一种水力模型。

③ 弗洛伊德将一直寻找一条规律,这条规律说明,感性性质与快乐—不快乐的情感性质的交替,不同的感性性质存在于惰性的区域中,并且似乎要求一个连接于周期现象的接收的最佳点(《起源……》,第331—332页);超越或低于这一点,那被感受到的就是充满或释放。弗洛伊德很好地看到这种感觉遵循着总和与阈限的规律(出处同上,第335页)。

的投入比简单知觉的投入更加重要；这就第一次允许把压抑（在这里与初级防御混同起来）定义为把投入从敌对记忆意象中消除掉(340)①。

但甚至在这里，系统开始崩溃了：快乐—不快乐两者比心理机制的封闭功能发挥更大作用；它涉及外部世界（食物、性伴侣）；他人与外部世界一起出现了。弗洛伊德更喜欢谈论*满足的经验*，以表示他人救助被包括在内的完整过程，这是令人惊奇的："人类有机体，在他的早熟阶段，不能够激发起这种只是在外力帮助下才实现的特殊行为，并且这种行动只有在熟悉情况的成年人的注意力被引向了儿童状况时才能实现。后者引起成年人的注意，是由于一种释放发生在内在变化的途径上这个事实（例如，通过孩子的啼哭）。这样，释放的途径就获得了一个很重要的第二个功能：*相互理解*的功能。这样，人类原初的无力就变成了*所有道德动机的最初源泉*。"(336)这种满足的经验肯定是一种"检验"：它被联接在现实性检验上并且标志着从第一过程向第二过程的过渡。

通过把经过现实的调节重新引向唯一的不快乐原则，弗洛伊德确实试图把这个通过现实的迂回保持在守恒定律的背景中："不快乐是唯一的教育措施。"(381)但避免不快乐牵涉到几个不可数量化的过程：基本上，也就是一种在欲望幻觉和感性性质之间进行区分的工作，联接在自我的抑制功能的工作。

在第一次检查中，这些主题很好地与核心假设联系在一

① 关于防御和压抑概念间的区别，参阅彼得·麦迪逊（Peter Madison）很重要的著作，《弗洛伊德的压抑和防御的概念，它的理论语言和观察语言》，明尼苏达大学出版社，1961年；以下，第141页，注释58和第348页注18。

起:在器官几乎以惯性定律发挥作用的第一个过程中,释放沿着欲望对象的记忆意象的重新投入的途径,并且沿着得到它的运动的途径;我们承认这种重新活跃产生一种知觉的类似物,也就是一种幻觉:"我承认,这种反应首先提供了类似于一种知觉,也就是一种幻觉的东西。"(338)①这个错误产生了真正的不快乐和最初防卫的过度反应;这些反应一起构成了一种有害的生理效果;《梦的解析》的第七章还将假设在第一过程中意象和知觉的这种不加区分,并且为了阐明它,还将想象在心理机制的功能中一种场所论的回溯②;因此,应该承认欲望的过分满足产生了一个模拟知觉性质迹象的意象。关于这个假设,我们将在合适的时候要谈论很多。③ 现在,在第二过程中,区别如何产生呢?

弗洛伊德第一次在区别真实与想象和抑制的功能之间建立了联系,这个抑制的功能属于早已被称作"自我的组织"的东西(340—342)。这是一劳永逸的观点:自我的恒定的投入,抑制功能,现实的检验将总是汇聚到一起。④ "因此,如果自我存在,它应该妨碍最初的心理过程。"(342)为了把这个新观点和体系协调起来,弗洛伊德假设了一组恒定负载的神经元——"一个被投入的神经元网络,这些神经元间的相互

① 人们在此认识到精神错乱或迈耐尔(Meynert)的精神错乱(A-mentia),琼斯从这里看到了《梦的解析》第七章中最初体系的理论出发点(前引书,I,第387页)。

② 这个机制在《纲要》中得到陈述(390—391):"我们应该假设,在幻觉状态中,数量(Q)回流到(φ)并同时回流到(ω);一个被束缚的神经元不允许这样的回流产生(390)。"

③ 参阅下面《梦的解析》第七章的讨论和把梦解释成近似幻觉的东西。《分析》,第一部分,第二章,§2。

④ 克里斯在这个分析中看到了1923年的《自我和原我》中自我理论的雏形(《起源……》,第341页注1)

联系是便利的"(341)。我们在这个文本中甚至发现对自我进行基因阐述的第一个纲要。如同在以后的《自我和原我》中,这个被储存的能量是通过累积的借用从内生数量中得到;这个被束缚的能量形成了一个保持在恒定水平上的张力系统。

但什么是抑制呢?弗洛伊德这样陈述道:自我学会了不投入富于动力的意象,不投入被欲望对象的表象。这种"约束",这种"限制",早就表明了1925年著名的Verneinung(即经过否定的运动),在这里表现为一个不快乐危险的机械效果,但我们没有发现前面提到的"道德动机"和"相互理解"如何位于这个享乐主义的原则中。另外,弗洛伊德承认不知道,按机械论的观点,不快乐的威胁如何规定积累在自我中的数量不进行投入(381);正是在这样的场合他宣称:"从此以后,我将不再试图发现对这些生物规律的机械论阐述,如果我最终对这个发展可以进行一个清晰和可靠的描述,我就很满足了。"(381)

更加困难的是用机械的术语来阐释抑制和区别之间的联系;弗洛伊德承认,区别依靠来自系统 ω 的"现实的迹象";他说:"这种来源于 $W(\omega)$ 的释放的征兆为 ψ 建构了一个性质或现实的迹象。"(343)但抑制如何允许这些迹象起作用呢?弗洛伊德用这些词语勾勒出困难的轮廓:"正是归因于自我的抑制使得一条标准得以形成,这条标准允许在一种知觉和一种记忆间建立一种区别。"(344)但他所给予的阐述毋宁是对有待解决问题的描述:"欲望的满足,一直到达幻觉,到达完全产生不快乐和牵涉到所有防卫手段的干预,这个过程可以被形容为'最初的心理过程'。相反,我们把自我的一种良好投入使之成为可能的过程,以及最初过程的一种缓和使之成为可能的过程,称为'第二过程'。我们看到,后者只能通过对现实迹象的一种正确利用得到实现,这种利用之所以成为可能,只是因为一种来自于自我的抑制。——根据我们的假设,来自于自我的抑制在欲望的时刻倾向于减少对对象的投入,这使得我们认为这个对象是非现实的。"(344—345)

与区别一起进入体系的是这样一些功能,这些功能越来越少被归于可衡量的能量;《纲要》在它的第三部分甚至引入了描述主题,其中的一些只是以后才得到利用:"判断"——借自于耶路撒冷(Jérusalem)的词汇①——被设想成对在一种欲望的投入与一种现实的可感迹象之间的同一性的承认:这种对被欲望对象的真正承认构成了对现实、对信仰的评价的第一阶段。弗洛伊德满意于给它一个数量解释:但很清楚,"心理神经元的投入"是用一种习惯语言对心理学的一个简单摹写。

我们将同样谈论"关注",而"关注"被设想成在 ψ 中通过现实迹象被激发出来的兴趣;弗洛伊德提出的说明早就构成了一种经济学说明:这个兴趣包括自我准备过于投入知觉中(373)。但这仍是一种机械论的和数量的解释吗?

更引人注目的还是被归属于"敏锐的思想"的词语阶段②的角色:词语的意象不仅仅导致幻觉的形成——著名的"被听到的事情",在儿时场景的幻觉中,"被听到的事情"与"经

---

① 琼斯,前引书,第一卷,第406页;《致佛里斯的信,起源……》,第107页。

② 我们不能过于强调这个主题:书信46以同样的方法把生成意识和"词语意识"联系起来(《起源……》,第147页)。当我们研究《自我与原我》时,我们会回到这一点。同一封信预示了另一基本点:"在不受阻碍的过程中,一种强化产生了精神病,这种强化可以达到完全控制了途径的程度,而这条途径通达词语意识。"(《起源……》,第148页)

历的事情"混合在一起①；它们的积极作用与关注和*理解*同时
(376)；词语意象在成为被思想的而非被感觉的现实迹象时，促
进了第二个功能："这样，我们已经发现了刻画认知思想过程的
事情，这个事情就是，关注(attention)一开始集中于思想释放的
征兆，即语言的符号"(377)。弗洛伊德忠实于这个两种等级的
现实概念：第一等级，生物和知觉的等级；第二等级，理智和科
学的等级："*这样一种思想是认识的心理过程的最高级和最确
定的形式，它包含对思想现实迹象的一种投入或对词语迹象的
一种投入。*"(384)事实上，学者的无私，他在观念上定持的能
力被翻译成能量的术语。弗洛伊德为此重新采纳布洛伊尔"束
缚的"能量的概念，他把这个概念定义为一种"*状态，尽管是一
种明显的投入，这种状态只允许通过一个微弱的电流*"(379)。
"*这样，思想过程按机械论的观点被这个被束缚的状态刻画出
来，在这个被束缚状态上，一种强烈的投入与一种微弱的电流
结合起来。*"(379)但应该承认全部解剖学基础自此缺失了；不
仅如此，与幻觉和知觉的混合相反，思想的缺陷没有引起任何
生理上的惩罚："*在理论思想中，不快乐没有扮演任何角色。*"
(394)正是在这里，描述超越机械论说明表现得最明显。

2. 走向场所论

　　假如现在我们有所后退，并且将《纲要》重新置于连续的
场所论的轨道上，我们就必须提出两组评论：
　　第一，把说明从全部辨读工作、从对症状和符号的全部阅

---

　　①　参阅附属于 1897 年 5 月 25 日书信 63 的重要的手稿 M，《起
源……》，第 180—181 页。

读中分离出来的东西,是使得欲望的数量心理学(这种心理学可与费希纳的感性的数量心理学相比)与一种神经元的机械体系相一致的意图;然而,《纲要》在这一方面是弗洛伊德用解剖学语言翻译他的发现所作的最后尝试;《纲要》在幻想的解剖学形式下与解剖学告别。确实,场所论总以一种近似解剖学的语言来陈述;被设想成感觉器官、"表面"器官的意识仍将是一种准皮层;但弗洛伊德将永不再尝试任何对功能和角色的定位(这些功能和角色归属于以后场所论的"心理区分")。我们甚至需要走得更远:这最后的尝试也是"心理学"解放的最初行动;文本的方向是心理学而非神经学;甚至在弗洛伊德写《纲要》的年代,他的体系的解剖学基础就被削弱了。

介于临床和实验室之间,介于夏尔科(Charcot)和布吕克(Brücke)之间,弗洛伊德早就更接近于法国,更是临床医生,而不是接近德国,不是解剖学家①。太早了——从 1891年!——在与失语症斗争的时候,他对头脑定位理论的批判已使他反对对心理紊乱的所有不成熟的器质性说明②。但尤

①　琼斯,前引书,第一卷,第 204 页及以下;《致佛里斯的信,起源……》,第 51、53 页。应该给予弗洛伊德在运用实验方法中三个失败什么样的位置呢? 这三个失败分别发生在 1878 年、1884 年、1885 年。琼斯,前引书,第 59—61 页。可卡因的插曲(1884—1887)或许是更有决定性的,出处同上,第 86—108 页;弗洛伊德的自我分析应该将揭示那个插曲深刻和持久的反响,并且倾向于根据无意识罪行对它进行解释:参阅《伊赫玛(Irma)的注射的梦》,1895 年 7 月 24 日,《梦的解析》对此作了报告(琼斯,前引书,第一卷,第 388 页)。在这些点上,参阅迪迪埃·安杰伊(Didier Anzieu):《自我分析》,法兰西大学出版社,1959 年,第一章"弗洛伊德的自我分析和精神分析的发现"。

②　琼斯,前引书,第一卷,第 234—238 页;《我的生平和精神分析》,1925 年,法文版,第 26 页。在他出版于 1891 年的第一本著作《论失语症》中,弗洛伊德勇敢地攻击由韦尼克-利希泰姆(Wernicke-Lichtheim)提出的定位模式,并且提出了一种功能的说明,为此他援引了杰克逊(HughlingsJackson)的权威和他的"非退化"理论。

其是,这几年的重大发现,这个使他既失去大学又失去医院的科学环境的发现——对神经元的性病因学的发现①——没有伴随任何适当的器官假设,并且保持纯粹临床的性质;特别是,歇斯底里麻痹的临床实体是与解剖学工作者相对立地建立起来:弗洛伊德评论道,一切显得大脑解剖学一直不存在似的。②

　　对于把弗洛伊德和所有不成熟的器质性说明区分开,这个插曲和失语症插曲具有同等的决定意义。同时,他进入布洛伊尔的宣泄方法③,而这种进入又附属于对电疗法④的失望,使他相信症状的确切心理起源。布洛伊尔和弗洛伊德在《最初的交流》中说:"歇斯底里尤其受到记忆的折磨"⑤;那通过心理过程消失的东西理应通过心理的方法被建立起来。在《致佛里斯的信》中,以及在附注和草稿中,跟随观念的进展是引人入胜的,根据这样的观念,性欲的物理能量要求一个合适的心理阶段;基本上,在心理学上而非在解剖学上建立利比多概念是为了阐述影响这种性欲的心理设计的混乱状态;利比多是第一个人们可能谈论的能量学概念而非解剖

---

　　① 性欲和语言都处在一个类似于器官和心理变化的位置中。琼斯,前引书,第一卷,第300页。

　　② 琼斯,前引书,第一卷,第257页;《我的生平和精神分析》,第19页。

　　③ 《我的生平和精神分析》,第27页;琼斯,前引书,第一卷,第225页。

　　④ 《对精神分析运动历史的贡献》,1914年,德文全集版,第十卷,第46页;标准版,XIV,第9页;法文版,第1版,《精神分析文集》,巴若(Payot),1927年,第266页。

　　⑤ 《"最初的交流",对歇斯底里的研究》,德文全集版,第一卷,第86页;标准版,第二卷,第7页;法文版,第5页。

学概念①。《性学三论》将确定专注于"性冲动的心理能量"这个概念。

第二,我们或许能走得更远:《纲要》不仅仅是一个通过它的解剖学假设与解释相脱离的机械论体系;它早就是一种场所论,偷偷地与对症状的辨读重新联系起来。在这个文本中,早就存在着解释学。

首先是数量概念:我们很惊讶它从来不是可被衡量的概念;但它从一开始就包含了一个归属于临床的具体的感性特征。弗洛伊德在《纲要》一开始说道:"这个概念直接源于病理学的临床观察,尤其源于'超强度表象'的例子(如同歇斯底里和强迫性神经官能症。我们发现,在这些病症中,数量的特征比在正常例子中表现得更明显)"②(316)。

---

① 关于从"肉体上的性紧张"向"心理的利比多"的转变,见《致佛里斯的信》,前引书,第83页。主要是焦急这个事实迫使弗洛伊德思考"心理确立"(出处同上,第84页),更准确地说,是思考从"性的紧张""向情感的转变"。在克里斯1895年1月7日草稿G的注释中,人们发现他引用了弗洛伊德的一个重要摘录(1895),这是弗洛伊德论焦虑的神经官能症的两篇文章中第一篇的摘录;"表象"的角色在这篇文章中被明确地建立起来,我们在这个"分析"的第一部分第三章将强调这个"表象"的角色:当兴奋成为心理刺激,"表现在心理中的性表象群将充满能量,正是在这时将引发释放需要的利比多紧张的心理状态得以形成"。《起源……》,第91—92页注5。在同样的意义上手稿G谈论了"心理的性群组"(95)。全部焦虑的神经官能症建立在这样的观念上:某种东西阻碍兴奋的心理得以形成。琼斯,前引书,第一卷,第266—267、284—285页。

② 这个观念在《纲要》第二部分(第358—369页)被重新采纳,这一部分穿插在"普通大纲"和"一个常规过程的报告"(第二过程,等等)之间:"来自于超强表象的强迫",这种强迫通过歇斯底里表现出来,同时也是数量的展示。弗洛伊德评论道:"'过度强烈'这个词代表了一种数量的特征。"(361)正是从神经官能症的机制(在歇斯底里中情感的转变,在强迫症中情感的位移,在焦虑的神经官能症中情感的改变),弗洛伊德在《纲要》问世的前一年,"读懂"了数量。他写道(书信18,第77页):"'性情感'这个词在这里当然是在最广的意义上使用的,它就好像一个具有确定数量的兴奋。"草稿D很清楚地显示了在神经官能症的性的病因学与守恒理论之间的关联(《起源……》,第79页)。

在这方面,焦虑或许最明显地把一种感性的在场给予了数量;焦虑是一种裸露的量。数量的机械方面最终不如它的强度方面重要。

我们必须走得更远:所有在这一时期被描述的"机制"早就被安置在不久后被称为工作的层面上:梦的工作(le travail du rêve,该词中文既可译为"梦的工作",也可译为"梦的效果"。考虑到现有弗洛伊德著作的中译本中该词通译为"梦的工作",如商务印书馆出版的高觉敷翻译的《精神分析引论》,辽宁人民出版社出版的张燕云翻译的《梦的释义》,均将其译为"梦的工作",故此处采用"梦的工作"译法——译者注),哀悼的工作,等等。如同我们前面所说,所有的动力学概念:防卫、抵抗、压抑、移情①,在神经官能症的工作中、在"利比多的心理设计"中被辨读。同时,能量学概念早就与通过神经官能症的病因学起作用的所有解释活动有关。

最后,守恒理论和它的解剖学摹写给整座大厦提供了这样少的支持,以至于当《纲要》刚刚被草拟时,就受到怀疑,只有神经官能症的临床观察将继续存在。② 事实上,神经官能症的性病因学已经比全部机制和全部数量系统走得更远。弗洛伊德从一开始就有"他已经触及自然的重大秘密之一的明确的印象"(书信 18,1894 年)。

---

① 临床概念和经济学概念间的关联在这些最初的评论中是非常引人注目的,这些评论一方面涉及哀悼、仇恨、自责,另一方面是涉及防卫、冲突、抵抗、压抑(《致佛里斯的信,起源……》,第 112—116、121、130、145页)。我们将特别注意对哀悼的很好定义:"渴望失去的东西。"(出处同上,第 93 页)哀悼与忧郁间的关联早就建立起来了:"忧郁是由利比多的丧失引发的一种哀悼。"(出处同上)

② 《致佛里斯的信,起源……》,第 118—119、122 页:"或许我们应该最后满足于神经官能症的临床阐释。"

　　然而,我们不需要从这第二组评论中得出结论说,守恒定律和数量假设与虚假的解剖学摹写一起得到了清除。情感将继续被当成一种附属于表象的"数量",能转移的或被束缚的"数量";投入的概念将保持与永远得不到衡量的奇怪数量的紧密联系。我们甚至可以设想,自由联想方法(被用来取代宣泄方法)的发现和实践确实加强了某种观念,这个观念就是:心理现象显示了某种确定的安排。这样的信念,即心理现象不是一种混乱,而是展现为一种被掩盖的秩序,在它已经激发起解释方法的同时,强化了决定论的说明,如同琼斯在他的著作的一开始所说的:"弗洛伊德从未为了目的论而放弃决定论。"[1]守恒定律是方法,通过这种方法,欲望理论与它的"目标"观念和"意向"观念一起从属于决定论的假设(L,401)。我们将在第四章的结尾处阐释这种在解释观念与秩序和体系观念之间的重合,而解释涉及意义与意义之间的关系。这就是守恒定律比它根据神经元而进行的表达存在得更长久的原因,而守恒定律被设想成一种心理体系自我调节的定律:现实原则将长久地被视为一种复杂情况和一种迂回;只有死亡冲动严肃地对这条原则提出疑问;面对死亡,生命(Vie)展现为爱若斯(Éros)。人们可能问道,在这个元心理学的最后阶段,弗洛伊德理论是否没有恢复赫尔姆霍兹学派一直想清除的自然哲学,没有恢复燃起了年轻弗洛伊德热情的歌德的世界观(Weltanschauung)。因此,弗洛伊德将已经实现了关于他自己的被宣布的预言:通过医学和心理学回到哲学。[2]

———————

[1]　琼斯,前引书,第一卷,第50页。

[2]　"对于我,我在内心深处怀有通过同样的道路(医学)到达我的第一个目标的希望:哲学。在我明白我存在于世的原因之前,这就是我原初希望的东西。"《致佛里斯的信,起源……》,第125页。关于弗洛伊德与歌德,参阅琼斯,前引书,第一卷,第48页。

第二章 《梦的解析》中的能量学和解释学

《梦的解析》①(*Traumdeutung*)中难解的第七章无疑是承袭自 1895 年的《大纲》;这个《大纲》并非由弗洛伊德本人出版,人们能够说,它已被保留在《梦的解析》中②。然而至少两种转变横生枝节:第一种变化过于重大以致人们不能忽视它,《梦的解析》中的心理机制在没有解剖学参考之下发挥作用,这是一种*心理机制*;从此以后,梦就强加了一个人们能够将其说成是赫巴特式的主题:存在着一个梦的"思想";梦所实现的东西,或更准确地说,梦所完成(Erfüllung)的东西,就是

———————

① 为了给法国读者提供一个对原始文本更准确的翻译,我将经常引用《梦的解析》中的段落。标题本身,直接与解释学的理论相关,应该被准确地翻译:Deutung 不意味着科学而意味着解释。我所指的法语翻译——我保留改正的权利——是梅尔森(I.Meyerson)的翻译,法兰西大学出版社(译自德文第七版);另外,我在括号中标注出法语读书俱乐部 1963 年的版本页码。

② 人们能够在写于《纲要》后的《致佛里斯的信》中追溯理论的演化过程;尤其可参见接近于《纲要》的第 39 封和第 52 封书信。对于以后的讨论,重要的是注意到,早已在《纲要》(第 355 页)中引入的梦的幻觉特征早于那个最普通的命题:梦是欲望的实现,见第 28、45、62 封书信。参阅迪迪埃·安杰伊(Didier Anzieu),前引书,第 82—129 页。

一种欲望(或宁可说,意愿,Wunsch),亦即,一种"观念",一种"思想"。这就是《梦的解析》谈论被投入的观念而不再谈论被投入的神经元的原因。第一种变化引出了另一种不太明显的变化,但对于有关"模型"的认识论反思而言;这第二种变化或许是更重要的变化:心理机制的图式摇摆于一种真实的表象(如同《纲要》中的机器所是的表象)和一种形象化的表象(如同以后的场所论图式所是的表象)之间:我们试图理解这种含糊性并或许在某种程度上证明这种含糊性。

这两种变化表达了一种更加根本的转变,这一转变影响了场所论—经济学说明和解释之间的关系。这种关系在《纲要》中被掩盖着:对症状的解释引导了体系的构建(这一解释仿效了移情的神经官能症),而解释自身没有在体系内部被主题化。正因如此,说明似乎独立于分析者的具体工作,并独立于病人自己对于他的神经官能症的分析工作。《梦的解析》不是如此:系统的说明被安置在其规则已被设计好的有效工作的结束处;它注定了对发生在"梦的工作"中的事情进行图式摹写,而"梦的工作"自身只能在解释活动中并通过解释工作到达。因此说明显然附属于解释:如果这本书称作《梦的解析》,这不是偶然的。

1. 梦的工作和注释工作

"梦有一个意义"这个命题首先是一个有争议的命题,弗洛伊德在两个方面对它进行辩护:一方面,这个命题与以下观念相对立:这种观念把它当成表象的偶然游戏、当成心灵生活的废弃物,缺乏意义是它的唯一问题。从这第一个观点出发,谈论梦的意义就是宣布它是一种可理解的行为,甚至是人类的一种理智行为;理解,就是体验可理解性。另一方面,这个命题与对梦的不成熟的器质性说明相对立;它意味着人们总是可以用另一个叙事(以及语义和句法)代替梦的叙事,也意味着人们可以把这两种叙事比作一种文本与另一种文本的关系;弗洛伊德有时——或多或少成功地——把文本和文本的关系与把一种原初语言翻译成另一种语言的关系进行比较。我们以后将回过头来讨论这一类比的恰当性。我们暂且把这一点当成清楚明白的肯定,即解释是从较少可理解性的意义转移向更可理解的意义;这同样适用于字谜的类比,字迷属于同样的关系循环,属于从晦暗文本到清晰文本的关系循环①。

意义与文本的这种对比使我们能改正症状概念中仍然模糊的东西;症状早就是一种效果—符号,并且表现出我们的所有研究想要勾勒出的混合结构;但这种混合结构通过梦比通

---

① "我打算提出梦是能够被解释的(einer Deutung fähig sind)……在承认梦能够解释时,我与主流的理论甚至与所有梦的理论[除了谢尔纳(Scherner)的理论外]相反;事实上,'解释一个梦'意味着恢复它的'意义'(Sinn),意味着用位于(sich…einfügt)我们一连串心理行为的某种事情取代(ersetzen)它,这些心理行为如同一个很重要、与其他事情同等价值的链条。"德文全集版,第二、三卷,第100页;标准版,第四卷,第96页;法文版,第73(53)页。以后,在第三章的开始,弗洛伊德把分析者的处境(当分析者已经克服了解释的最初困难)与一个探索者的困难相比较,这个探索者从狭道中出来,到达光明。他写道:"我们处在一种突然的认识的光明中。"(wir stehen in der Klarheit einer plötzlichen Erkenntnis)德文全集版,第二、三卷,第127页;标准版,第四卷,第122页;这句话在法语翻译中被删去了,见第94(77)页。梦因此显得"在任何意义上(Vollgültiger)像是一种心理现象,也就是一种欲望(Wunsch)的完成;它应该被插入(einzureihen)在我们能理解的(uns verständlichen)清醒心理活动的链条中;构成它的精神活动属于一种非常复杂的活动"。德文全集版,第二、三卷,第127页;标准版,第四卷,第122页;法文版,第94(69)页。关于解释与在语言间的翻译之间的比较,或与字谜解答的比较,参阅德文全集版,第二、三卷,第283—284页;标准版,第四卷,第277页;法文版,第267—268(153—154)页。

过症状能更加清楚地显示出来。① 因为它属于话语，梦把症状作为意义显示出来并把正常和反常在我们所说的一种普通符号学中协调起来。

但我们能将解释保持在这个清晰的层次上吗？ 在这个层次上，关系将是意义与意义间的关系。不使用另一层次的概念（狭义上的能量概念），解释就不能展开；实际上，不考虑构成了梦的工作的"机制"［这种机制确保将梦的思想"转移"和"扭曲"（Entstellung）为明显的内容］，就不可能实现解释的第一个任务，这个任务就是重新发现什么样的"思想"、什么样的"观念"、什么样的"欲望"以一种伪装的模式而得以"实现"。根据《梦的解析》的方法论文本之一，这种对梦的工作的研究构成了第二个任务②。但这两种任务间的区别只有一

---

① 从年代学的观点看，布洛伊尔和弗洛伊德共有的有关症状的观念肯定是第一位；但从方法论的观点看，优先点应该颠倒："我已通过先前关于神经官能症心理学的工作得到了对梦理解的必要观点；我不应该在这里参照它；然而我不得不参照它，但我想的是行进在相反意义上并且从梦开始重新发现神经官能症的心理学。"德文全集版，第二、三卷，第593页；标准版，第五卷，第588；法文版，第480（320）页。神经症症状与梦的相同结构只是在场所论的结束处，在"妥协的形成"的名称下被建立起来（Traumbildung und Symptombildung）德文全集版，第二、三卷，第611—613页；标准版，第五卷，第605—608页；法文版，第493—495（329—330）页。但在《歇斯底里研究》中把症状解释成象征是基本的线索：参阅第104页，注15以下。

② 看看结束第六章的重要的方法论文本。"心理活动在梦的形成中被分成了两种行为：梦的思想的产生（Herstellung）和它们转变成梦的内容"；弗洛伊德补充说，梦的思想不属于一种专门的性质。相反，梦的工作专属于梦；这种行动"从性质观点看是完全不同于（苏醒的思想）的另一回事；这就是为什么一开始，这个行动与苏醒的思想是不可比的。这种行动不思想、不计算、不判断；它只限于改变"。德文全集版，第二、三卷，第510—511页；标准版，第506—507页；法文本，第377（275）页。这个主题在第七章中被重新采纳：德文全集版，第二、三卷，第507页；标准版，第五卷，第592页；法文本，第483—484（321）页。Entstellung这个词的翻译是

种教育学的价值:对梦的无意识思想的揭示只是显示了这些思想与清醒生活的思想相同;相反,梦的奇特集中体现在梦的工作上;转移和扭曲将梦与心理生活的其他部分区分开来,梦的工作就大量存在于转移和扭曲中,而对梦的思想的揭示将梦与清醒生活联系起来。

在书的写作进程中第一个任务与第二个任务区别不大。如果不运用"经济学概念"的作用,第一个任务就无法继续完成。事实上,重新发现梦的"思想",就是进行某种回溯,这一回溯过程超越了印象和身体上的实际兴奋,超越了清醒的记忆或白天的残余记忆,超越了睡眠中的实际欲望,发现了无意识,亦即*最古老的欲望*。我们的童年与它被遗忘、被克制、被压抑的冲动一起浮现出来,以某种方式浓缩在个人童年中的人类童年与我们的童年一起浮现出来。梦提供了通达本书中不停地引起我们关注的一个基本现象的入口:这个现象就是*回溯*现象,我们马上会不仅更深入地理解这种现象的年代学方面,而且更深入地理解其场所论和动力学方面。在这样的回溯中,使我们从意义概念转向力量概念的东西,是这种与废弃、禁止、压抑的关系,就是古老欲望和梦幻之间的紧密联系;因为这种幻觉是欲望的幻觉。如果梦被它的叙事特征引向了话语,它与欲望的关系就会将它置于能量、努力、渴望、强力意志、利比多的方面,或置于无论人们想说的任何方面。这样,梦作为欲望的表达就处

因难的,弗洛伊德通过这个词广泛地表示梦的工作,这个词包括转移、压缩和其他过程,它包含了两个观念:一种场所急剧变化的观念,一种使得不被认出的畸变、变形、伪装的观念。法语传统上用"transposition"翻译它,英语传统上用"distortion"翻译它[扭曲(distortion)也是一个好的法语表达],只是分别保留了原有词语的意向之一。这就是我写"移置"或"扭曲"的原因。

于意义和力量的交汇处。

解释(Deutung),还没有与对梦的工作的相关解析统一起来,并且更多依附于心理内容而不是心理机制,这种解释已经开始获得它固有的结构;这个结构是一个混合结构;一方面,根据意指活动,解释是一个从明显到潜藏的运动;解释,就是把意义的根源转移至另一场合;场所论,至少在它静态的形式下,确切而言,在地形学的形式下,形象地描述了解释从明显的意义向意义的另一场合的运动过程;但早在这第一个层面上,人们就不再可能把解释(Deutung)当成编码的话语与解读的话语之间的简单关系;人们不再满足于说无意识是另一种话语,是一种不可理解的话语;"转移"或"扭曲"(Verstellung)使解释由明显内容转向潜在内容,这种转移或扭曲发现了另一种转移,即将欲望变为意象。弗洛伊德在第四章中就谈论这个问题。用《元心理学文集》的术语说,梦早就是一种"冲动的变迁"。

但是,如果不过渡到第二个任务,即不阐释成为第六章对象的"梦的工作"的(Traumarbeit)机制,就不可能更精确地将这种 Verstellung(扭曲)主题化。第二个任务,比第一个任务更明显地要求将两种话语世界,即意义话语和力量话语结合起来。说梦是一种被压抑欲望的实现,就是把属于两种不同类型的两个概念结合在一起:实现(Erfüllung)属于意义的话语(与胡塞尔的相似性证明了这一点),压抑(Verdrängung)属于力量的话语;而 Verstellung(扭曲)概念把它们结合起来,表达了两个概念的融合,因为伪装是一种显明,同时也是改变这种显明的扭曲,是施加于意义上的强力。在伪装中隐匿与显示的关系需要一种畸形,或一种歪曲,它只能被描述为多种力量的妥协。与扭曲概念相关的"审查"概念属于这同样的混合话语:扭曲是结果,审查是原因。但审查意味着什么呢? 这个词是精心选择的:因为一方面,审查在文本的层面上表现出来,它使文本遭受空白、字词的替换、表达的减弱、影射、排版上的技巧、在无足轻重的短文间可疑的或颠覆性的新闻时隐时现;另一方面,审查是一种力量的表达,更确切地说是一种政治力量的表达,通过打击表达权,政治权力被用于反对它的对方;在审查的观念中,两种语言体系如此紧密地混合在一起,以至于必须依次说:只有当审查抑制一种力量时,它才改变一个文本,只有通过扰乱它的表达,审查才能抑制一种被禁止的力量。

假如我们分别考虑构成梦的工作的各种机制,我们刚才就"伪装"概念、"扭曲"概念、"审查"概念所说的一切,就更加明显,而这些概念大体上刻画了由梦的工作所运用的"转移"的特征;不求助于这相同的混合语言,就不能描述任何东西。

事实上,梦的工作是精神分析医生解读工作的反面;就此而言,它与在相反意义上经历过的解释的思想活动是同质的;这样一来,在《梦的解析》第六章中研究的两个主要方式,"浓缩"(Verdichtungsarbeit)和"移置"(Verschiebungsarbeit),是完全可与修辞手法相比较的意义效果;弗洛伊德自己把浓缩比作一种节略的、简洁的表达方式,比作一种不完全的表达;它同时是一种属于多个思想系列的复合的表达方式;至于移置,他把它比作一种从中心点的偏移,或比作重点或价值的一种倒转,而潜在内容的各种表象因此把它们的"心理强度"转变为显著内容。这两个过程在意义层面上证明了一种显然要诉诸解释的"复因决定"。关于梦的内容的每一个因素,我们可以说,当它"在梦的思想中数次再现"时,它就是复因决定的。① 无论以何种方式,这种复因决定同样支配了浓缩和移置;这一点对于"浓缩"来说是清楚的:在这里,重要的是通过自由联想的方法展现和说明意指活动的多样性。但移置,针对的是心理强度,而不是表象的数量,它同样要求复因决定:为了创造新价值,转移重点,"不考虑"强度,移置应该追随复因决定的途径。②

但这种复因决定——它在表达意义的语言中得到表述——是通过显示力量的语言来表述的过程的对应物:浓缩意味着压紧;移置意味着力量的移动:"人们倾向于认为,一种心理力量(eine psychische Macht)表现在梦的工作中,一方面,这种力量从它们的强度中去除从心理学观点上看的高价值因素;另一方面,它利用复因决定,以较低的价值创造了渗透在梦的内容中的新价值(Wertigkeiten)。在这种情况下,当梦形成之时,存在着不同心理强度的不同因素的移动和移置,由此导致了梦的内容和梦的思想之间的文本的差异。我们这样设想的过程确实是梦的工作的基本部分:它应得到'梦的移置'这个名称:梦的移置和浓缩是两个支配因素,我们应该基本上把梦的形式(Gestaltung)归于它们的活动。"③ 这样,在"复因决定"(或"多重决定")和"移置"活动,或"压缩"活动之间存在着与意义和力量之间关系相同的关系。

第三个进程要求同样的混合话语,这个过程赋予梦以特有的"场景"或"景象"的特征;当浓缩和移置阐明了主题的改

----

① Mehrfach in den Traumgedanken vertreten,德文全集版,第二、三卷,第 289 页;标准版,第四卷,第 283 页;法文版,第 212(157)页。

② 德文全集版,第二、三卷,第 313 页;标准版,第四卷,第 307—308 页;法文版,第 230(169—170)页。

③ 德文全集版,第二、三卷,第 313 页;标准版,第四卷,第 307—308 页;法译版,第 230(167—170)页。

变或"内容"的改变时，"形象化"（Darstellung）表示了弗洛伊德所说的回溯的另一方面，弗洛伊德将这种回溯称为形式回溯（这是为了将它与我们早就谈过的年代回溯区分开来，并与我们以后谈论的场所回溯区分开来）。① 但是，这种"形象化"适合于根据意指而进行的描述；这样，我们将注意到句法的崩溃，注意到所有逻辑关系被形象化的同等物所取代，注意到通过把对立面重新汇集在唯一对象中对否定进行形象化描述，注意到明显内容具有哑剧或字谜的特征，一般而言，也注意到向形象化和具体的表达的回归；让我们暂时将性象征问题搁置一边（对性象征，我们已经集中进行过很多讨论，我们将马上看到它的精确位置），并且让我们完整地提出弗洛伊德自己所说的"对形象化能力的考虑"②的问题。梦在这方面的典型特点，是超越了意象—记忆而回溯到知觉的幻觉化恢复。因此，弗洛伊德能够写道："在回溯时，梦的思想的严密结构（dsa Gefüge）分解成它的原材料。"③但这种向意象的回溯（我们刚刚根据意指将其描述成知觉的幻觉化恢复），同时是一种经济学现象，它只能根据"在各种系统的能量投入方面的变化"④来描述。

　　我们会暂且提出异议说，《梦的解析》在此受限于一种幻想，弗洛伊德在出版了他的主要著作后就应立即放弃这种幻

---

　　①　关于回溯的三种形式：形式的、场所论的、年代学的。参阅德文全集版，第二、三卷，第554页；标准版，第五卷，第548页；法文版，第451（299）页（1914年的旁注）。

　　②　Die Rücksicht auf Darstellbarkeit（对可描述性的考虑），德文全集版，第二、三卷，第344页以下；标准版，第五卷，第399页以下；法文版，第313（185）页以下；形象化的能力。

　　③　德文全集版，第二、三卷，第549页；标准版，第五卷，第543页；法文版，第447（296）页。

　　④　出处同上。

想;如同在 1895 年的《纲要》中一样,在有关梦的这种类幻觉的理论背景下,人们很容易承认相信那种儿童诱惑场景的现实性;的确,这是与这种场景相符的知觉痕迹,而知觉痕迹渴望重新获得生命并对被压抑的思想展现出一种吸引力,这些被压抑的思想自身渴望得到表达:"根据这个概念,我们或许能把梦描述成童年场景的替换品(Erzatz),这些场景通过转向最新因素而被改变"①。弗洛伊德将童年场景的模型当成典范,根据这样的模型,梦残存的核心因素在于一种"知觉体系的幻觉般的全部投入,在对梦的工作的分析中已经被我们描述成'对形象化能力的考虑'的东西可能与选择性吸引联系起来,对场景的视觉回忆展现了这种选择性的吸引力,而梦的思想能够触及这些场景"②。

这些文本不容置疑:弗洛伊德把梦的工作中的形象化的优先性当成了一种原始场景的幻觉性复苏,而原始场景确实是属于知觉的。然而,人们对此的异议与其说是针对梦的工作中的形象化描述,还不如说是针对第七章的场所论。通过把童年场景解释成一种真实的回忆,弗洛伊德注定了要把幻想和一种真实知觉的记忆痕迹混淆起来,这一点是无可置疑的;场所论的回溯因此是一种向知觉的回溯,并且想象的固有维度失去了。我们以后还会回到这个问题。就我们目前的建议而言,我们觉得唯一重要的是表明,构成"形象化"特点的形式回溯,即从逻辑向象征的回归提出了一个类似于压缩和移置的问题:形象化也是一种"转移",—— 因此,也是浓缩、

---

① 德文全集版,第二、三卷,第 552 页;标准版,第五卷,第 546 页;法文版,第 449(297)页。

② 德文全集版,第二、三卷,第 553 页;标准版,第五卷,第 546 页;法文版,第 450(297)页。

移置和形象化——梦是一种工作。因此,与它们相符的 Deu-
tung(解释)也是一种工作,它为了被主题化,需要一种既非纯
粹语言学的,又非纯粹能量学的混合语言。

解释是一种工作,这是困难的关键所在,在讨论第七章的
场所论之前,我对《梦的解析》的主要概念的研究将以这个难
点结束。这个困难涉及弗洛伊德对象征概念和象征解释概念
的使用。

这种使用一开始就足以令人困惑,因为一方面,弗洛伊德
将他的解释与一种象征解释对立起来;另一方面,他*明确地
在形象化的背景中给梦的性象征赋予一个重要的位置*,这本
书本身很快就与这样的象征等同起来。既然在我们"问题"
部分的词汇中,象征涵盖了具有双重意义的所有表达式并且
构成了解释的核心,对此问题的澄清对我们具有重要意义。
如果象征是意义的意义,全部弗洛伊德解释学应成为一种作
为欲望语言的象征的解释学。但弗洛伊德给象征的扩展以很
多限制。①

① 对弗洛伊德象征概念的一种系统研究还有待进行。盖伊·布兰
歇(Guy Blanchet)先生已着手这方面研究,他在有关象征的第一个弗洛伊
德概念,即关于*歇斯底里研究*的概念方面的工作已吸引了我的注意。从
1892 年的《初步交流》开始,(《研究……》第一章的副标题)象征联系代表
了决定性的原因和歇斯底里症状之间被掩藏的关系;象征联系就此与明
显联系相对立;同样的文本第一次在这个象征联系与梦的过程间建立了
一条平行线。这个联系首先局限在歇斯底里病人的痛苦中,它借助于逐
渐明显的象征和记忆间的关系逐渐扩展到所有的歇斯底里症状;象征因
此具有了痛苦记忆的价值,弗洛伊德采用了"记忆象征"的表述(《歇斯底
里研究》,第 71、73—74 页等)。这样,象征是对于已被忘却的受创伤场景
的记忆的对等物。如同"初步交流"早已言之,如果"歇斯底里尤其受到记
忆的折磨"是真的(德文全集版,第一卷,第 86 页;标准版,第二卷,第 7
页;法文版,第 5 页),记忆象征就是创伤延续在症状中的方法。"记忆象
征"不同于"记忆的残余"(fidèles),它在人们谈论歇斯底里转变的意义上

当他审视他的理论产生之前的有关梦的理论时,他在一般的解释中遇到了象征解释,他把辨读的方法作为"根本不同"的方法与象征解释对立起来:"这些方法中,第一个方法把梦的内容视作一个整体,并试图用可理解的和在某方面类似的另一种内容取代它。这就是梦的象征解释:这种解释对不仅无法理解而且错综复杂的梦自然无能为力。"①约瑟夫就是这样来说明法老之梦的,而诗人詹森[他就是弗洛伊德几年以后将评论的《格拉迪沃》(*Gradiva*)的作者]也是这样把人为的、容易显露的梦归之于他小说中的英雄们。第二种方法,即 Chiffrier-methode,或解读的方法,"把梦当成一种秘密材料,其中的每一个符号根据一种固定线索被翻译成众所周知

被曲解、被变形。象征化因此重新覆盖了全部扭曲领域,这一领域与压抑(在这一时期与防卫是同一的)联系在一起。1895 年的《纲要》还具有象征的这个最初概念的标志,而象征已是另一个被压抑创伤的记忆的对等物(《精神分析的起源》,第 361 页);因此,象征化倾向于代表在对被压抑记忆回归的抵制事例中替代品的形成。

弗洛伊德对象征这个词的最初使用因此比《梦的解析》的使用更宽广,因为这初次使用涵盖了被称作"转移"或"扭曲"的所有事物(Entsell-ung)。可是,在歇斯底里象征形成中被归于特定表达方式的中间角色显示了未来象征对文化成见的限制:"这就好像存在着通过一种身体状态表达一种心理状态的意向,也好像一种特有的短语充当连接这种效果的桥梁。"(1893 年 1 月关于"歇斯底里现象的心理机制"的会议,出版在标准版,第三卷,第 34 页)这样,被布洛伊尔和弗洛伊德共同治疗的一位女病人面部的痛苦象征了一种侮辱,感觉好像脸上挨了一记耳光;惯用的短语,由于滥用而衰落,在歇斯底里那里重新获得它们原始的意义;在生活中"不能挪动一步"的另一个女病人的腿部的痛苦——早就是由其他原因引起的,这是真的——象征着她道德上的困境。在《歇斯底里》研究中,弗洛伊德因此已经发现了象征化不仅仅是身体的一种幻觉移置,而且是语词原始意义的一种复兴,他在 1910 年关于《在原始语词中的相反意义》的文集中就试图表达这一点(翻译自《应用精神分析文集》),我们以后将对此加以研究。

① 德文全集版,第二、三卷,第 101 页;标准版,第四卷,第 97 页;法文版,第 74(54)页。

的意义的另一种符号"①。这种将词与词一一对应的机械翻译完全不顾移置和浓缩;至少,这种辨读比象征方法更接近于精神分析方法,因为它早就是一种"细节的"分析而非"整体的"分析②;如同辨读方法,精神分析把梦当成一个"复合体",一个"心理结构的混合体"③。因此是自由联想的方法把精神分析和 Chiffrierverfahren(译密电码方法——译者注)联系起来,并且把精神分析和象征的方法区分开来。

象征的观念因此与象征方法的观念一起被逐出精神分析的领域吗? 第二个暗示(仍是否定性的)表明了对象征的安排,《梦的解析》以后的版本以很连贯的方式对象征进行了持续关注。这种暗示伴随着对谢尔纳(Scherner)的讨论,弗洛伊德说谢尔纳是他在这方面保留了某种东西的唯一一个人。这个讨论是在有关梦的身体理论的背景中进行的。谢尔纳仍是这个狭窄背景的囚徒,但他已清楚地看到梦是一种"从清醒的羁绊中解放出来的想象(Phantasie)的自由操练"④,在这里,器官的本性和刺激的模式被"象征地表现出来"(symbolisch darzustellen,出处同上)。我们因此早就处在形象化过程中;尽管他的出发点很狭隘(刺激和身体器官),谢尔纳以象征的名义承认了形象化的方法,这种形象化方法往往将身体虚拟化,在严格意义上使身体成为虚幻的身体。这种解释的缺点首先就是古代人的解释方法的缺点,它有其广泛

---

① 德文全集版,第二、三卷,第102页;标准版,第四卷,第97—98页;法文版,第74(54)页。

② 德文全集版,第二、三卷,第108页;在文本中是法语。

③ 出处同上,法文版,第79(58)页。

④ 德文全集版,第二、三卷,第203页;标准版,第四卷,第225页;法文版,第170(125)页。

的对应性;但这种使身体"幻化"(phantasieren)的方法尤其使得梦成为无用的活动。必须将身体的象征和"释放刺激"的活动联系起来,并且因此与作为梦的真实源泉的深层力量的复杂游戏联系起来。

在本书的一系列的再版中①,象征的地位一直在提高,但总是处于一个附属的背景中;首先是在"典型的梦"(第五章)的背景中,然后在 1914 年以后,在"形象化"的名称之下(第六章);正是"典型的梦"(裸体的梦,有关心爱之人死亡的梦,等等)吸引弗洛伊德对象征特定意义的关注;弗洛伊德很早就注意到这些梦靠解释方法是最难把握的;他渐渐得出这样的结论:尽管可能不存在象征特有的功能(这些功能应被列入做梦的方式中),象征提出了一个专门的问题:梦中的所有象征的例子"将我引到了相同的结论:我们没有必要假设,在

---

① 直到斯特雷奇(Strachey)关键的标准版本问世,我们才能把 1900 年的文本和相继的旁注区别开来。重要的是我们要知道:第六章 E 节的基本内容(这一节被用于讨论"在梦中通过象征而形象化")在 1909 年、1911 年、1914 年一直在添加,弗洛伊德曾经在以后的版本中添加了一些段落和注释(1919 年、1921 年、1922 年、1930 年)。在第二和第三版,这些旁注包括在第五章(典型的梦)D 节中。象征仅仅在 1914 年版本中被置于形象化理论之后,这是把它真正的意指给予象征的转移。在这个新的一节的第一段落(1925 年)中,弗洛伊德宣布了他对于斯特克(Steckel)的报恩:*die Sprache des Traumes*(《梦的语言》)(1911 年);他早已在第三版中的序言中这样做了。对弗洛伊德思想发展的严肃研究应该同样考虑西尔贝雷(Silberer)、哈夫洛克·埃利斯(Havelock Ellis)的影响,以及他在这一时期与奥托·兰克(Otto Rank)的紧密合作的影响,奥托·兰克在 1909 年出版了《英雄诞生的神话》,弗洛伊德在第四、五、六、七版中将他的关于"梦与诗"和"梦与神话"两篇文章作为第四章的附录。卡尔·亚伯拉罕(Karl Abraham)在 1909 年出版了《梦与神话》,费伦茨(Ferenczi)在 1910 年和 1917 年间发表了大量关于梦的文章,他们的影响无疑也是重要的。最后,在这个过程中,关于弗洛伊德和容格关系的全部材料应该被放入。这场冲突对于理解 Traumdeutung(《梦的解析》)与理解出版于 1913 年的《图腾与禁忌》同样重要,1913 年就是与容格决裂的一年。

做梦时存在心灵的特殊象征活动;梦利用象征,它们早已出现在无意识的思想中;的确,它们的形象化能力(Darstellbarkeit,可描绘性——译者注),尤其它们对检查的逃避使它们能更好地满足梦形成的要求"①。

这句话为剩余部分提供了线索:形象化制造了问题,弗洛伊德为了探讨这一问题建立了一门关于回溯的元心理学;象征化没有产生问题,因为在象征中,工作早已在别处完成了;梦利用象征,它不制造象征;人们因此明白为什么做梦者无法记得他的典型之梦的主题:他仅仅在他的梦中使用一些日常生活领域的象征片断,如同使用一种惯用措辞,这些片断因使用而变得陈旧,并且他也仅仅使用他暂时激活的幻想;人们想起了胡塞尔的"沉淀"概念;弗洛伊德接受了它:"我们可能问,许多这些象征是否类似于速记的首字母缩合,一劳永逸地具有一种确定的意义,我们很想根据辨读方法概述梦的一种新线索"②。因此这就是来自分界线另一边的象征,这条分界线首先将象征方法和辨读方法分隔开来。但它在这里作为陈

① 德文全集版,第二、三卷,第345页;标准版,第五卷,第349页;法文版,第260(191)页。关于形象化和象征化之间关系的这个注解,在整个 *Traumdeutung*(《梦的解析》)中是最早的(人们在1900年的第一版中就发现了它);它可以被认为是以后有关《在梦中通过象征而形象化》的全部发展的最初核心;从第四版开始(1914年),从这种发展转移到对"形象化过程"的研究是从一开始就被感到的东西的逻辑结果;我们刚刚引用的短句事实上结束了第六章关于形象化的那一节、D节;它从1914年起充当了第六章的新的一节、E节的支撑点。

② 德文全集版,第二、三卷,第356页;标准版,第五卷,第351页;法文版,第261(192)页。1909年的文本与关于歇斯底里研究的注解重新建立了联系,这个研究与在象征联系的构建中的特定表达的角色有关。如同我们在注解15中所暗示的,我们无疑必须从这一方面的寻找弗洛伊德关于象征概念的连续性。对《精神分析引论》第十章的研究(梦中的象征)(1917年)证明了我们的解释,我们将在本书最后部分的第四章回到这个研究。

旧的密码获得了确切的地位;正因如此,不会令人惊奇的是,这种普通的象征似乎并不专属于梦,相反,它存在于人们无意识的表象中,存在于传说、神话、故事、谚语、格言中,存在于通常的语词游戏中;象征在这些地方甚至"比在梦中还完整(vollständiger)"①。在做梦者依靠他自己重新采纳这些象征时,他只是沿着被无意识开辟出的道路前进。正是在这里我们重新发现了谢尔纳的象征,并且发现了神经官能症象征的荒诞:"每当神经官能症隐蔽在这些象征下,它会重新追寻在古代文化中整个人类走过的道路,我们的日常语言、我们的迷信和我们的风俗在一层薄薄的面纱下仍然显示着这些道路"。②

这就是精神分析的解释在此应该被发生学的解释替代的原因:象征有一个特殊的复因决定,这个复因决定不是梦的工作的产物,而是文化的一个既定事实。这样,它就经常成为概念和语词的同一性的遗迹,但今天这种同一性已经消失了。因此要警告读者,警告精神分析的虔诚使用者,不要把梦的翻译还原为象征的翻译,而是要把象征下降到辅助行列中:解释的固有途径,是做梦者的联想而非在象征本身中已完成的联系。最后,象征解释和精神分析解释保持着两种不同的技巧,第一种作为"辅助方法"附属于第二种。③

弗洛伊德有理由把象征概念限于这些速记符号吗? 我们不需要区分象征的几个现实性层面吗? 除了惯用的象征(它

---

① 出处同上。

② 德文全集版,第二、三卷,第 352 页;标准版,第五卷,第 347 页;法文版,第 259(191)页。

③ 德文全集版,第二、三卷,第 365 页;标准版,第五卷,第 36 页;法文版,第 267—268(197)页(1909 年的文本)。

们最终因使用而陈旧,只有一个过去),甚至除了在使用中的有用的和被使用的象征(这些象征有过去和现在,并且在既有社会的共时性中,充当社会契约的保证),不是也存在用于承载新意义的新的象征创造吗? 换言之,象征仅仅是遗迹吗? 它不也是意义的曙光吗? 不论我们未来将重新开始讨论的结果如何,我们理解为什么在弗洛伊德的词汇中和在经济学说明的背景中不存在象征化的问题,而存在一个形象化问题。甚至在弗洛伊德规定象征的狭小范围内,问题也没有结束,因为我们将在这个"分析论"第二部分中重新发现对神话的精神分析,这一分析在象征层面得到了准确表达。对《俄狄浦斯王》和《哈姆雷特》的解释(对这两者我们以后将详加讨论①)与"典型之梦"的分析相衔接不是偶然的。

2. 第七章的"心理学"

第七章的系统化如何与经济学概念和解释学概念的作用相衔接呢? 这些概念散见于这难以理解的最后一章的前面章节中。

第七章与著作的其余部分的关系是复杂的:通过一种"辅助描述",它部分地说明了早已用暗含的或混合的语词进行构思和陈述的东西;但它也是一种理论的强加,这种理论保

---

① 值得注意的是,对《俄狄浦斯王》的解释在最近的版本中与第五章(D节)的"典型之梦"这一节联系在一起,没有在1914年重大修订后连接于"通过象征的形象化"这一节(第六章的E节)。对俄狄浦斯主题的分析继续在希望死亡的典型之梦的后面,尤其在孩子希望父亲死亡的后面。在俄狄浦斯神话中,弗洛伊德事实上更感兴趣"梦的来源"(这是第五章的标题),也就是在婴儿欲望中梦的根源,而不是在传说的伪装中形象化或象征化的角色。

持了对于它所收集和调整的材料的某种外在性。正因为此，这个理论对半经济学、半解释学的概念体系做了补充，我们已经从著作本身中挑出这些概念，它们与其说被反思还不如说被运用。

第七章的场所论被巧妙地分成了三个片段，这些片段被插入了描述和临床的主题，而这些主题使阅读变得混乱而非减轻混乱。第一，一种定向性的图式使我们能在心理机制的功能中区分前进方向和后退方向；[1]第二，这是一个发展的系统，具有一种时间维度；[2]第三，心理机制除了时间和空间，还容纳力量和冲突。[3]

这样的进展勾勒出我们试图在解释层面加以运用的进展。

我们不妨说，解释首先旨在确定梦的真实思想，我们一开始在身体的激动中寻找这个思想，然后在白天的残存物中，在睡眠的欲望中寻找这种思想；场所论被用于确定能够被当作梦的真实想法的原始地点的区域。这是场所论在纯粹静止状态下的第一个功能。

与作为梦的真实源头的欲望相比，睡眠欲望的处境使得问题更好理解。正如人们所说，弗洛伊德自己赋予梦某种与睡眠相关的功能；表现了梦的特点的欲望满足是保护睡眠活

---

[1] 德文全集版，第二、三卷，第541—555页；标准版，第五卷，第536—549页；法文版，第440—452（291—299）页。

[2] 德文全集版，第二、三卷，第570—578页；标准版，第五卷，第564—572页；法文版，第463—468（307—311）页。

[3] 德文全集版，第二、三卷，第604—614页；标准版，第五卷，第598—608页；法文版，第488—497（325—330）页。

动的一种替代品①。睡眠的欲望如此重要，以致外在刺激转化为意象和所有身体的非现实感都必须归因于它（被谢尔纳描述的象征转移是身体的非现实化的对应物）。既然审查只认可对与睡眠欲望相一致的刺激的解释，某些文本甚至会使我们认为这个欲望是支配性欲望。② 因此，我们似乎重新走向了亚里士多德，根据亚里士多德的看法，"梦是沉睡之人的思想"。③ 这个困难的解决是一种场所论的解决：睡眠的欲望被带到了前意识系统中，而产生了梦的深层的本能欲望属于无意识系统。④ 正因为此，睡眠的间歇欲望和在梦中寻找出路的永久欲望之间的确切关系直到著名的第七章仍保持悬置状态。⑤

这个讨论隐含的观点是，除非这种欲望对我们无意识的

---

① "在某种意义上，所有的梦都是舒适的梦（Bequemlichkeitsträume）；它们有助于延长睡眠而不是打扰它。梦是睡眠的保护者而不是破坏者。"德文全集版，第二、三卷，第570—578页；标准版，第四卷，第233页；法文版，第177（130）页。

② "至于想睡觉的欲望，它在任何情况下应被算作有助于形成梦的动机，有意识的自我集中于这样的欲望上，而这样的欲望与梦的检查和'第二次修改'（它以后将被讨论）一起代表了在梦中的有意识自我对梦的贡献；所有成功的梦都是这种欲望的满足。"德文全集版，第二、三卷，第240；标准版，第四卷，第234页；法文版，第177（130）页。

③ 德文全集版，第二、三卷，第555页；标准版，第五卷，第551页；法文版，第452（299）页。

④ "我不能在此指出睡眠状态在前意识系统中引起了什么确切变化；但毋庸置疑的是，睡眠的心理特征应基本在这个系统的投入变化（Besetzungsveränderung）中寻找，这个系统同样支配着在睡眠中发生瘫痪的运动机能。相反，以我的认识，在梦的心理学中没有什么让我们有权去设想这样一件事：睡眠在无意识系统的关系中产生了除第二种修正外的任何修正。"德文全集版，第二、三卷，第560页；标准版，第五卷，第555页；法文版，第456（302）页。

⑤ Zur Wunscherfüllung（论欲望的满足），德文全集版，第二、三卷，第555页以下。标准版，第五卷，第550页以下；法文版，第543（299）页以下。

"不可毁灭的"、"乃至不朽的"欲望进行补充,任何欲望,甚至睡眠欲望都是无效的,神经官能症证明了这个无意识欲望的婴儿期特征。①

这样,场所论的第一个功能是以形象的方式区分欲望的深度,一直到不可毁灭的程度。我们或许早就可以说,场所论是对不可毁灭的东西本身的隐喻说法:"在无意识中,没有什么结束,没有什么过去,没有什么被遗忘。"②人们早就想起"元心理学"的表达式:无意识在时间之外。场所论是象征了"时间之外"的场所。

但这种形象化的描述同时是一个陷阱:事物的陷阱。正因如此,从讨论场所论的第一个序列开始,弗洛伊德就努力减弱他的图式的空间方面并突出图式的方向性方面。这种修正的机会是重新采纳有关回溯的非常确定的问题提供的。我们记得,回溯既代表了从思想向形象化描述的回归,也代表了从成人向儿童的回归:对于这个形式性回溯和时间性回溯,弗洛伊德添加了另一种回溯,场所论回溯,即,通过幻觉的方式从动力端到知觉端的观念回流,因为这个观念的动力出口被堵住了。因此,第三种回溯与另两种回溯密不可分,其他两种回溯只能通过梦的解读来揭示。问题在于知道它是否补充了前两种回溯,抑或只是提供一种图

---

① 弗洛伊德回忆,一个企业家没有资本就无所事事,也不是资本家:"这个资本家总是无可争辩地是一个来自于无意识的欲望,无论白天的思想是什么,而他对梦的出现着手必要的心理投资。"德文全集版,第二、三卷,第566页;标准版,第561页;法文版,第460(305)页。关于"不可毁灭者"和"不朽者",参阅德文全集版,第二、三卷,第559、583;标准版,第五卷,第553、577页;法文版,第455(301)页和第572(314)页。

② 德文全集版,第二、三卷,第583页;标准版,第五卷,第577页;法文版,第572(314)页。

形式的描述。

弗洛伊德正在解释关于死亡儿童的著名的梦,这个儿童的尸体正在燃烧,并且儿童前来唤醒他父亲。正是在此时,弗洛伊德质疑梦的场景的"心理场所"①的性质,这个"心理场所"不是解剖学意义上的,而是心理意义上的。这个心理场所的观念从一开始就是类比的:心理机制*如同*一架复杂的显微镜或如同一架照相机一样工作;心理场所如同在那里形成影像的仪器的场所;这一地点本身已是理想的地点,仪器的任何可感部分与它都不一致;这个比喻因此导致了一系列场所的悖论,这些场所与其说构成了一个实际的范围,不如说构成了一个有规则的秩序:"严格说来,我们不需要设想一个心理系统的真实空间秩序。我们觉得做到下面这一点就够了:应建立一个稳定的序列(eine feste Reihenfolge),这是因为:在某些心理过程中,刺激在特定的时间次序中贯穿各个系统。"②因此,严格意义上的空间性只是一种"辅助的描述":它想再现的东西,不仅仅是不同系统的组合,而且是发挥功能的方向。

现在需要承认,实施这个规划具有幻想的标记,我们对这个幻想的考察一直推迟到现在。弗洛伊德仍受到有关孩子被成年人真实诱惑的理论的支配;正是这种幻想滋养了对回溯

---

① "Die psychische Lokalität"(心理场所),德文全集版,第二、三卷,第541页;标准版,第五卷,第536页;法文版,第530(291)页。值得注意的是,表述来自于费希纳(Fechner):Éléments de psycho-physique(心身因素),第二部分,第520页:"梦运动的场景或许不同于从表象中被唤醒生命的场景。"援引在德文全集版,第二、三卷,第541页;标准版,第五卷,第536页;法文版,第440(291)页。

② 德文全集版,第二、三卷,第542页;标准版,第五卷,第537页;法文版,第441(292)页。

的解释,即将回溯解释成记忆痕迹的吸引力,这种记忆痕迹临近知觉并源于知觉;正因如此,心理机制的两"端",一方面通过动力来定义,另一方面通过知觉来定义。记忆的痕迹被置于知觉端的"近旁",进行批判的心理区分被置于动力端的"近旁";痕迹接近于知觉,如同前意识接近于运动机能。最后,无意识被"更往后放",在此意义上,如果它不"经过前意识",就不能到达意识。以清醒功能为特征的前进方向是向动力端行进,而后退的方向代表了这样一种运动,通过这种运动,"表象(Vorstellung)返回到它所从出的感觉意象"①。毫无疑问,使这种场所论过时的东西,是将回溯端描绘成知觉端。这个图式与有关欲望的幻觉理论密切联系在一起,这个理论源于 1895 年的《纲要》,并且得到有关童年诱惑的理论的支持,而这种诱惑被认为是现实的回忆。在弗洛伊德眼中,决定性的现象并不意味着通向运动机能的道路被封闭了,而是意味着这样被从意识中排除出去的梦的思想被童年回忆所吸引,这些回忆在它们的感性活跃程度方面接近知觉:"根据这个概念,人们可能把梦描述为童年场景的替代品,这些场景被向最新因素的转移所改变。童年场景不能开辟它自己革新的道路;它应该满足于作为梦再次出现。"②人们理解,当弗洛伊德最后发现他的错误时,大概已经

---

① 在这后退的行进中,投入的旅程从无意识的层次向知觉的记忆痕迹折回,以便"在追寻从思想开始的一个相反进程时,投入知觉系统直到感觉充分的活跃(Gedanken)"。德文全集版,第二、三卷,第 548 页;标准版,第五卷,第 543 页;法文版,第 446(295)页。

② 德文全集版,第二、三卷,第 552 页;标准版,第五卷,第 546 页;法文版,第 449(297)页。

相信他整个体系会崩塌。①

　　人们可能会问:对这两种场景的混淆,即对知觉场景和幻觉场景的混淆,是否没有阻碍《梦的解析》中的场所论完全摆脱自然空间性,并从"心理场所"的观念中得出所有结论;正因如此,这种场所论漂流在两种水流之间,漂流在与物理场所同类的一系列位置的表象和一种"场景"之间,这个"场景"不再是世界的一部分,而是被描述为"形象化能力"(Darstellbarkeit)的简单的图形式再现。

　　然而,我不相信,这个场所论的本质会受到异议;有关实际诱惑的理论仅仅说明了场所论的含糊性,但没有解释它的根本存在理由。当我把无意识场所表示为"时间之外"的象征时,我开始发现这种理由。这就是场所论的下一个阶段将让我们得出的结论。

　　正是为了阐释这种回溯的时间方面,弗洛伊德在其功能的一种历史外表下将时间引入了体系。他回忆说:"*梦是今天被超越的童年心理生活的一个片断*。"②为什么弗洛伊德求

---

　　① 人们在《致佛里斯的信》中能够追寻这个解体的阶段,也能跟随对初始假设的抵抗,第 67、112、113、117、145—146、162—163、165(n.2)、170、173、174—175 页。然而,从 1895 年起,弗洛伊德谈论这些"看到的和一知半解的事情"(第 67 页)。也参阅《对升华的暗示》,第 173—175 页。通过他的自我分析,弗洛伊德发现了童年场景的纯粹幻觉的特征:琼斯,前引书,法文本,第一卷,第 313 页;安杰伊(Anzieu),前引书,第 61 页。同时,民俗和宗教历史,尤其是对疯狂的研究,向他证明了童年场景的不真实(第 165、166、168 页)。关于幻想,见《致佛里斯的信》,第 180 页。人们能够问,当人们在历史和人种学的重要支持下寻求重构一种游牧部落对父亲的一种真实谋杀,然后是对埃及摩西的一种真实谋杀时,这是否不是重新出现在弗洛伊德对宗教解释中的相同的根深蒂固的幻觉(参阅以下,第二卷,第三部分,第三章)。

　　② 德文全集版,第二、三卷,第 573 页;标准版,第五卷,第 567 页;法文版,第 464—465(308)页。

助于这种场所论—发生学的重构呢？是为了澄清欲望的谜一样的特征，即它的满足的冲动。人们应该设想心理机制的一种原始状态——人们在这里承认了《纲要》的第一过程——在这样的状态中，满足经验的重复在刺激和记忆意象间创造了一种坚固的联系："需要一旦重新显示出来，因为已建立的关系，一种心理冲动(psychische Regung)就将开展，心理冲动将重新投入这种知觉的记忆意象，并且重新激发起知觉本身，即，将重构第一次满足的情景；我们正是把这种冲动(Regung)称为'欲望'(Wunsch)；知觉的再现是欲望(Wunscherfüllung)的满足，通过需要的刺激对知觉进行完全投入是满足欲望的捷径，没有什么阻止我们设想心理机制的一种原始状态，在这个状态中，人们有效地经过这个行程，欲望因此以一种幻觉的方式在其中展开。这第一个心理活动因此趋向一种*知觉的同一性*，即，趋向知觉的重复，这种知觉的重复与需要的满足联系在一起。"①这是满足的捷径，但这条捷径不是现实教给我们的道路；欺骗和失败已教会我们停止向记忆意象的回溯，并发明思想(Denken)的曲折之路。按发生学的观点，这第二个系统是幻觉欲望的替代者(Erzatz)。我们现在理解，在何种意义上，梦的场所的回溯也是时间的回溯；激发这种回溯的，是对幻觉欲望的原始阶段的怀念；向第一系统的回复是形象化的关键②。

---

① 德文全集版，第二、三卷，第 571 页；标准版，第五卷，第 565—566页；法文版，第 463—464(307—308)页。

② "围绕着精神性神经官能症全部症状的理论在这个独一的命题中达到顶点：人们应能把它们当作无意识欲望的完成。"德文全集版，第二、三卷，第 574 页；标准版，第五卷，第 569 页；法文版，第 466(309)页。提到于杰克逊(Hughlings Jackson)不是没有益处的(发现有关梦的一切，你就将发现有关癫狂的一切)；杰克逊的功能解放的图式，在此恰恰与心理装置的纯粹场所论图式结合起来(参阅第三卷，第一章以下)。

最后——在"第一过程和第二过程。压抑"的标题下——《梦的解析》重新提出了关于心理机制的理论;现在,机制除了空间和时间,还容纳力量和冲突;提供这种修正的东西,是对梦的工作的重视,尤其是对压抑的重视,梦的全部机制是与压抑相关的。纯粹场所论的观点一开始就与梦的思想在无意识中的起源问题联系在一起;因此,把这种起源描述为一种场所,并把向知觉的回溯描述为向心理机制一端的回溯,这是正常的事情。现在,重要的是在系统边界上的关系;正因如此,需要把场所替换成"刺激的溢出"的各种过程和不同种类:"在这里我们又一次把场所论的表象模式替换成一种动力学的表象模式。"①从这个观点看,第一过程呈现为刺激数量的一种自由流动,第二过程呈现为这种流动的中止以及向静止的投入(ruhende Besetzung)的转变;自《纲要》以来,这种语言一直为我们所熟悉;根据无论两种系统中谁占有优势,因此成问题的就是刺激的流动的"机械状况"(mechanische Verhältnisse)。

这个问题表示什么呢? 关键在于通过不快乐的原则来进行调节的命运,以后,是守恒定律的命运。弗洛伊德的所有努力是使第二过程保持在通过不快乐原则调节的背景中;为此,他根据逃避的模式重建了压抑,这个模式是由外在危险引起的,并且是被对痛苦的预期表象支配的;压抑是一种"记忆的'躲避'(Abwendung),而这只是重复了原先对知觉的逃

---

① 德文全集版,第二、三卷,第615页;标准版,第五卷,第610页;法文版,第497(331)页。

避"①;弗洛伊德说,这就是"心理压抑的模式和第一个例子"②。这种对记忆意象的放弃被以经济学的方式解释成通过减少不快乐来进行的一种调整;人们把第二过程说成是在这些抑制条件下产生的东西。③

因此,与《纲要》相比没有什么新东西。相反,一个专注的读者惊讶于这一件事:在与对第二个过程描述相关的问题上,《纲要》先于《梦的解析》;相对于《纲要》,《梦的解析》的这种退后或许给我们提供了这种场所论的线索以及它的后果的线索。

的确,显而易见的是,《梦的解析》吝啬于对第二过程的说明,仿佛机制在朝前发展时的功能并不有趣。的确,人们发现了关于意识作用的几个零星注解,这种作用证明了《纲要》;也是在这里,意识既通达外围刺激,又通达快乐—不快乐;它被称为"具有心理性质的感觉器官";同样在这里,对意识进行把握的结果被归因于语词意象,而语词意象处于前意识的核心;因为语词意象,通过快乐—不快乐而进行的调整复杂化了;投入过程不再自动地由不快乐原则支配;意识现在不是被快乐—不快乐符号所吸引,而是被其他符号吸引;这是有可能的,因为语言符号系统构成了弗洛伊德所称的第二"感性层面"(Sinnesoberflächen)。意识不仅仅面向知觉,而且面向思想的前意识过程。人们承认对《纲要》的现实性的检验

---

① 德文全集版,第二、三卷,第606页;标准版,第五卷,第600页;法文版,第490(326)页。

② 出处同上。

③ 用 *Traumdeutung*(《梦的解析》)的语词表述就是:"让我们牢记——这是压抑理论的关键——第二个系统只是在它处于抑制不快乐的展开时(这个不快乐来自于它),才能投入一个表象。"德文全集版,第二、三卷,第607页;标准版,第五卷,第601页;法文版,第491(327)页。

的两个层次。但显而易见，《梦的解析》所展开的不是这个方面；正是在这前进的过程中，人们遇见做梦的过程之一，这是我们尚未谈及的过程，也是弗洛伊德所称的"第二次修正（Bearbeitung）"的过程；这个过程在梦的内部构成了第一次解释，一种理性化，这种理性化一方面将梦置于苏醒的过程中，另一方面把它和幻想联系起来。

当问题明显涉及第二过程的本质时，《梦的解析》的这种简洁仍是引人注目的。这样，在《纲要》中那个非常重要的问题没有得到展开，这个问题涉及因自我的心理区分而导致的抑制与对被感觉的性质的辨别之间的关系：从这里出现了"思想同一性"的界限的谜一样的特征，而这种"思想同一性"区别于"知觉同一性"①，并且效仿我们前面说明过的判断理论。正因如此，《梦的解析》远不像《纲要》本身那样接近体系的破裂点，亦即，思想从快乐原则中摆脱出来；弗洛伊德明确地说："思想倾向应该永远更多地摆脱通过不快乐的原则而进行的排他性调节，并且由于思想的工作，把情感的发展限制在只能被用作信号的微不足道的程度。"②弗洛伊德用谜一般的语词，把"意识"的这个任务展现为一种"变得高雅"（affinement），这种"变得高雅"是通过"过分投入"（Ueberbesetzung）而实现的③。我们承认由《纲要》提出的从观察者的思想向沉

----

① 德文全集版，第二、三卷，第607页；标准版，第五卷，第602页；法文版，第491（327）页。

② 德文全集版，第二、三卷，第608页；标准版，第五卷，第602页；法文版，第491（327）页。

③ 在前面，弗洛伊德写道："在某种条件下，有目的的思想投入过程能吸引意识注意它自己；通过意识，思想接受了'过分投入'（Ueberbesetzung）。"德文全集版，第二、三卷，第599页；标准版，第五卷，第594页；法文版，第485（323）页。

思过程过渡的问题,这个沉思过程不再运用于被察觉的现实的迹象,而是运用于被思想的现实的迹象。

如果《梦的解析》不如《纲要》那样深入研究第二过程,这是因为它的问题是另一个问题:《纲要》想成为一个神经科医生使用的完整的心理学;《梦的解析》则想要阐明梦的工作的奇特的、惊人的(befremdendes)现象。为什么心理机制更多是向回溯而非前进的方向发生作用呢? 这就是《梦的解析》的问题;正因如此,"思想"的研究比第二过程(相较于第一过程)的*迟滞*更无关紧要,也要比第一过程加于第二过程的*强制*更无关紧要。第一过程确是初始的:"一开始"(von Anfang an)它就被给予①;第二过程是迟缓的并且从未被确定地建立起来②。

这就是第七章的要点:初始系统的不可毁灭性是它的真正问题。正是因为快乐—不快乐原则从未被完全和确定地替换,守恒原则仍然是*我们*日常的真理。正因如此,可能使系统崩塌的东西不如证明它的东西重要;而证明它的东西乃是人类遵循快乐—不快乐原则;况且,我们以前谈论的只是"思想倾向于"摆脱这个原则。

不管这种"心理学"的最根本意向如何,在最后几页中给

————————

① 德文全集版,第二、三卷,第609页;标准版,第五卷,第603页;法文版,第492(327)页。

② "第二过程的这种迟缓出现(verspäteten Eintreffen)使得由无意识的欲望冲动(Wunschregungen)构成的我们的存在基础保持不受前意识的伤害和禁止;前意识的角色一劳永逸地被限制在向来自于无意识的欲望冲动指出最好的道路。这些无意识欲望对于我们以后的心理努力而言代表了一种限制,我们的心理努力应服从这样的限制,并且它们将至多能够试图避开这种限制和将其上升至更高的目标。因为这样的迟缓,记忆材料的大部分仍无法到达前意识的投入。"德文全集版,第二、三卷,第609页;标准版,第五卷,第603页;法文版,第492(328)页。

予压抑的位置证明了这一点。① 这个位置不是任意的位置。弗洛伊德把这本著作中对压抑的最后分析与一些悲观评论放在一起,这些悲观评论是有关第二系统比初始系统更迟缓的:压抑是被迫推迟出现的心理现象的日常状态,并总是被婴儿期,被不可毁灭性所折磨;从这种坚不可摧的基础中上升的欲望只能通过一种情感的转换、情感的转变(affektverwandlung)(它是压抑的本质)才会停止导致不快乐。② 确实,正是第二系统产生了这些效果,但不是通过进入我们刚刚所称的"思想"产生这些效果;通过情感色彩的倒置,第二系统在这里被限制在快乐—不快乐的内部起作用。因此,前意识离开了已变得不快乐的思想,快乐—不快乐的原则就此得到了证实。弗洛伊德能够做出这样的结论(这个结论在此是为了证明先前第二系统迟缓的观念和初始系统不可毁灭的特征):"压抑的预备条件,是从一开始就逃避前意识的大量童年记忆的存在(Vorhandensein)。"③

　　同时,我们都理解了那分别让我们感到惊讶的两种特征。一方面,《梦的解析》与《纲要》相比似乎在对守恒定律和不快乐原则的超越上有所退步;但回溯恰恰证明了人类不能有效实施这种超越,而梦就是回溯的见证和模式。另一方面,第七

----

① 德文全集版,第二、三卷,第 609—614 页;标准版,第五卷,第604—609 页;法文版,第 492—495(327—330)页。

② "我们在这里分辨出了儿时的*谴责*(Verurteilung),*即判断性的拒绝阶段*(verwerfung durch das Urteilen)"句子的这一部分既不存在于德文全集版,第二、三卷,第 609 页,也不存在于标准版的第 604 页,而是存在于德语的第一个版本,第 446 页;法语翻译,第 492(328)页,保留了这个很有意味的文本——关于判断的拒绝,参阅"压抑":"压抑是初级的拒绝,是某种处于逃避和拒绝间的中间物。"

③ 德文全集版,第二、三卷,第 610 页;标准版,第五卷,第 604 页;法文版,第 493(328)页。

章的场所论似乎使我们摇摆于关于事物的实在论与对过程的一种简单辅助描述之间,而这个过程要求一种不同于自然空间的场景。弗洛伊德关于童年场景的真实回忆的幻想只能部分地说明这种摇摆;最后,场所论的空间性表达了人类无力从奴役到达自由和至福,或用少一点斯宾诺莎的色彩和多一点弗洛伊德色彩的词语(然而,它们在本质上是相当的)说,就是人类无力从通过快乐—不快乐而进行的调节到达现实性原则。第七章以连续三篇文章集中讨论的"机制"就是人,因为人曾经是物并仍然是物。

第三章　在元心理学作品中的
冲动和表象

　　《梦的解析》没有成功地以协调的方式将继承自《纲要》的理论和解释工作所使用的概念体系融合起来。正因如此，第七章与这本著作的有机发展显得有点格格不入。这种在撰写过程中的不协调标志着解释工作所包含的意义语言与场所论所包含的近似物理的语言仍然没有完美地协调起来。

　　这个问题在《元心理学》①（几乎所有的文章都是在战争的早期所写）的文章中达到了顶点，同时，精神分析话语的两个要求也达到了平衡。一方面，这些文章以连贯的方式在人

---

　　①　五篇文章《冲动和它们的命运》、《压抑》、《无意识》、《对梦的理论的元心理学补充》、《哀悼和忧郁症》写于1915年，原本是十二篇文章的一部分，这十二篇文章旨在构成"一种元心理学预备"，标准版，第十四卷，第105—107页。它们守在《全集》第十卷 Gesammelte Werke，和标准版本的第十四卷；法语译文被收集在题为"元心理学"的著作中（巴黎，伽利玛出版社，《文集》丛书，1952）。人们在这里可以加上《关于精神分析的无意识概念的某些评论》，德文全集版，第八卷，第431—439页；标准版，第十二卷，第259—266页；《元心理学》，第9—24页，尤其是《对自恋的介绍》（1914），[德文全集版，第十卷，第138—170页；标准版，第十四卷，第73—102页；法文版在法国精神分析学会（Soc.Fr.de psychan.Paris）1957的非商业性出版物中]。

们所称的第一个场所论中将场所论—经济学观点主题化:无意识—前意识—意识;另一方面,它们显示了无意识如何能够通过"在"无意识本身中的冲动(Trieb)和表象(Vorstellung)之间的一种新的联系被重新整合进意义的区域中,一种冲动只有通过表象(Vorstellung①)才能在无意识中得到表达。我们将使所有的讨论集中于 Vorstellungs Repräsentanz 或"表象的表现"概念;在这个概念中,通过意义来解释意义与通过处于系统中的能量来进行说明走向一致和重合。因此,第一个运动是*趋向*冲动的运动,而第二个运动是*从*冲动的表象性迹象*出发*的运动。问题在于知道:《元心理学》的文章是否比《梦的解析》更成功地把两种观点,即力量的观点和意义的观点融合起来。

我们因此将经历两个历程:第一个历程使我们从意识的所谓的明证性回溯到意义在欲望位置中的源头;这第一个运动既是获得场所论—经济学观点的运动又是获得冲动(Trieb)概念的运动,其他的一切都是冲动的最终结果(Schicksal)。

但我们接着就需要经历相反的历程:冲动事实上如同康德哲学的自在之物——超验=X。它像自在之物一样,只能在指示它和表现它的事物中达到。这样,我们就从冲动问题转

---

① Vorstellung 和 Repräsentanz 这两个字给翻译者带来了巨大的问题:如何翻译 den Trieb repräsentierende Vorstellung(德文全集版,第十卷,第 264 页)?《文集》第四卷,第 98 页翻译为:一种本能的观念化表现;标准版,第十四卷,第 166 页翻译成:表现一种本能的观念。尽管有至少可以上溯到康德和叔本华的牢固传统,英语还是因此放弃了将 Vorstellung 翻译成表象;idea(观念)、ideational(观念化)在洛克和休谟的传统中是一个严肃的题目。在法语中,Vorstellung 只能被翻译成表象。困难因此就是翻译代表了冲动的心理表达的 Repräsentanz,不管它是属于表象(观念化)范畴还是情感范畴;我建议按照《文集》翻译者的建议,把 Repräsentanz 翻译成表现(Présentation)。

向冲动的代表(représentants)问题。①

　　所有的不连贯将得以消除吗？能量学话语和意义话语之间的全部距离将得以取消吗？这个问题无疑一直延续到本章结束。但至少我们能够理解它为何应该如此。

1. 场所论—经济学观点和冲动概念的确立

　　在这个旅程的开端,我们可以把 1912 年的文章《关于精神分析中的无意识概念的一些评注》②和 1915 年的《论无意识》头两章当作指导。

　　首先,这些文章对于人们所称的弗洛伊德的辩护是有趣的:它们努力使无意识的概念成为可能,一篇是写给非专业的公众看的,另一篇是写给有科学素养的群体看的(两篇文章都不再说服被意识的偏见所影响的哲学家们!)。在此,场所论尤其是对一种观点进行颠倒的结果,一种早已在解释工作中未加反思地产生作用的反现象学的结果。我们在弗洛伊德指导下恰恰要将这个颠倒主题化。

　　思想的运动从一个描述性概念转向了一个系统性概念,而无意识按描述性概念仍是形容词,按系统性概念,无意识则

---

　　①　在"辩证法"第二章中,我们将试图在一种反思哲学的范围内首先探讨这种双重运动:第一个运动是剥夺的运动,通过这种运动,反思完全摆脱了意识的幻觉、直接的和骗人的我思;第二个运动是重新占有的运动,即通过解释对意义的重新获得。为了到达欲望的根源,反思应该允许剥夺话语的有意识的意义,并且偏移到意义的其他位置;但如同欲望只能在它借以活动的伪装中实现一样,欲望的定位也只能在解释符号时被整合进反思中。

　　②　首先以英语发表在《心理研究学会年报》,1912 年,66 部,26 卷,然后以德文发表在《国际精神分析杂志》1913 年第 1 期("Intern Ztschft f. Psychoanalyse",1913,n° 1)。

变成了名词;它的描述意义的丧失以 Ubw 这个首字母的缩合来表示,我们把它翻译成 Ics。采纳场所论观点,意味着从作为形容词的无意识转入作为名词的无意识,从无意识的性质转入无意识的系统。既然一开始最容易认识的东西,即意识,被悬置起来并变成了最不容易认识的东西,那么,重要的是进行一种还原,一种被颠倒的 epochè(悬置)。一开始无意识的性质事实上还是通过与意识的关联来理解:它仅仅代表已消失,但又能重新出现的事物的属性;不知伴随着无意识;既然记忆从意识中消失又重新出现在意识中,那么,我们就借助意识的痕迹来承认无意识并重构无意识;尽管我们不知道一个这样的无意识表象如何能持续存在于这种不被察觉的存在状态中,我们还是要通过与意识的比较把无意识的第一个概念定义成潜在的状态。①

从描述的观点转向精神分析所要求的系统观点在人们开始考虑这种无意识的动力学属性时就已经实现:催眠后暗示的事实、歇斯底里主题的可怕力量、日常生活的心理病理学等,迫使我们将一种功效赋予"这些强大的无意识思想"②。但精神分析的经验迫使我们走得更远,并形成被排除在意识外的"思想"(Gedanken)概念,而阻挠它们接近的力量实施了这种排除作用;就是这个能量学图式引起了颠倒:首先存在着无意识的形态(弗洛伊德自此谈论"无意识心理行为");然后,意识的形成过程就是一种可能产生结果或不可能产生结

---

① 德文全集版,第八卷,第 433 页;标准版,第十二卷,第 262 页;法文版,第 12 页。德文全集版,第十卷,第 266 页;标准版,第十四卷,第 167 页;法文版,第 94 页。

② 德文全集版,第八卷,第 434—435 页;标准版,第十二卷,第 263 页;法文版,第 17 页。

果的可能性。意识对于无意识来说不是理所当然的而是偶然的。抵制的障碍把意识的形成过程重现为一种越轨、一种违反;意识的形成过程就是渗入到……;成为无意识就是远离……意识。① 场所论的表象并不遥远;事实上,意识的形成过程依次有两种形态;当有可能或容易时,人们将仅仅谈论前意识;当被禁止、"隔绝"时,人们将谈论无意识。这样,我们已有了三种心理区分:Ics(无意识),Psc(前意识),Cs(意识)。人们早就发现能量学观点与场所论观点是多么紧密地联系在一起:因为存在着一些排斥性关系,这些排斥性关系是一些力的关系(抵制、防卫、禁止),因而就存在着一些场所。这样,我们已经重返《梦的解析》第七章的范围;况且,恰恰是梦为弗洛伊德提供了无意识的最后证据:梦的工作,它的"转移"或"扭曲"的活动迫使我们不仅仅赋予无意识一种不同的场所,而且赋予一种固有的合法性:"无意识心理活动的规律显然有别于意识的心理活动的规律"②;对无意识过程、对规律自身的发现促使我们形成"从属于一个相同系统"的观念,这个观念是有关无意识的精神分析的真正概念。这个观点完全是非现象学的;它不再是意识之谜,而意识充当着无意识的征象;无意识完全不再因为意识的"在场"被定义成"潜在的";"从属于一种系统"使无意识因为自身而被提出来。③

---

① 德文全集版,第八卷,第434页;标准版,第十二卷,第263页;法文版,第15—16页。

② 德文全集版,第八卷,第438页;标准版,第十二卷,第265—266页;法文版,第22—23页。

③ "由于缺少一个更好地和更清晰的词,我们把无意识称作通过独有的特征向我们显示的体系,而组成这一特征的各种过程是无意识。""我建议用'Ics'这些字母、'无意识'的缩写代表这一系统。这就是无意识这个词的第三个、也是最重要的意义。"德文全集版,第八卷,第439页;标准版,第十二卷,第266页;法文版,第24页。

题为《无意识》(Das Unbewusste)的重要文本设想我们早就达到了中间层次,即我们刚刚所称的动力学层次;无意识,就是那被压抑,但未被取消和毁灭的事物的存在模式。既然一种界限决定了排除于意识……或进入……意识,被意识排斥和意识的形成过程从此就是两种相关和相反的变化,这些变化早就位于那可被称为场所论的视野中:界限造就了场所论。在这个层面上,无意识的证明具有了一种科学必然性的特征:意识的文本是一种被删节的不完整的文本;承认无意识相当于一种添加工作,这一工作把意义和连贯性引入文本。① 既然它没有完全与某种重构相区别(我们从他人的行为出发对他人的意识进行了这种重构),这个假设就是必然的,另外也是合法的,尽管这不是一种我们在精神分析中推断的第二意识,而是一种没有意识的心理现象。这个讨论隐含的观念就是,意识,远远不是最初的确定性,而是一种*知觉*,这种知觉需要类似于康德应用于外在知觉的批判上的一种批判。在把意识称为知觉时,弗洛伊德使意识成为问题,同时,他准备将其当做"表面"现象未来进行处理。极而言之,成为意识和成为无意识是次要特征:唯一重要的是根据它们的相互联系和它们对它们所从属的心理系统的归属,心理行为维持着与冲动和冲动目标的关系。

真正说来,弗洛伊德将只能在我们以后谈到的第二场所论中实现完全摆脱意识和无意识特征的夙愿;尽管"意识"和"无意识"这些词有描述的和系统的双重意义,我们为了表示系统本身,将把这些词保留在第一场所论中,并且我们仅限于

---

① 德文全集版,第十卷,第 265 页;标准版,第十四卷,第 166—167 页;法文版,第 92—93 页。

通过 Ics、Pcs、Cs 这些缩写表示系统意义。值得注意的是,弗洛伊德对"意识"这个词,只给出了唯一的一个有利理由,即意识"构成了我们所有探索的出发点"①。我们以后将回到这个供述。

既然意识的形成,是在某些条件下知觉对象的形成,意识至少就成了最少为人所知的了。意识问题成为意识的形成过程的问题,而这一问题绝大部分与对抵抗的压制相吻合。

为了使从简单的动力学观点转变为场所论观点能够让人觉察,弗洛伊德愿意冒一个表面愚蠢问题的风险:如果意识的形成过程是一种从无意识系统"转移"(Umsetzung)到意识系统中,我们可以自忖这样的移置是否不等于第二次登记(Niederschrift)在一种新的心理场所中(in einer neuen psy-schichen Lokalität②),或是否涉及与相同材料和在相同场所中有关的一种状态变化? 弗洛伊德承认这是抽象的问题,但如果人们想严肃地对待场所论观点,就要提出这样的问题。③只有人们不把这个心理学场所(Lokalität)和解剖学定位(Örtlichkeiten)混淆起来,这个问题才是严肃的。④ 弗洛伊德至少是临时主张接受从一个场所转移至另一场所和将同一表象登记在两个地方的单纯的、粗糙的假设。为什么会有这样的荒谬性? 值得注意的是,弗洛伊德在此援引精神分析实践,好像最单纯的、最粗糙的自然主义的说明是最忠实于在解释

①　德文全集版,第十卷,第 271 页;标准版,第十四卷,第 172 页;法文版,第 104 页。

②　德文全集版,第十卷,第 273 页;标准版,第十四卷,第 174 页;法文版,第 107 页。我们大概可译为:一种第二次"登记"。

③　出处同上。

④　德文全集版,第十卷,第 273 页;标准版,第十四卷,第 175 页;法文版,第 108 页。

中发挥有效作用的东西。他说,设想一个病人,人们在告诉他以前被他压抑的表象时,人们就把他困苦的意义传达给他:——他没有被减轻症状,也没有被治愈,因为他通过他的抵抗保持着与这个表象的分离,而这些抵抗重新使他拒绝表象。表象因此既位于听觉记忆的意识区域又位于无意识中,只要这些抵抗没有被解除,表象在无意识中就是封闭的。"双重登记"因此是注意到相同表象在意识表面和被压抑深处不同地位的临时方式。我们以后将发现关于双重登记的这个理论如何和为什么被超越。

我们刚刚陈述了将这种观点倒置的理由,即,从简单潜在的描述性概念到场所论系统的系统概念的倒置的理由;现在我们需要实现这样的观点倒置。胡塞尔的 epochè(悬置)是一种向意识的还原,弗洛伊德的 epochè(悬置)则表现为从意识的还原;这是我们在这里谈论被颠倒的 epochè(悬置)的原因。① 然而只有当我们把冲动(Trieb)当成基本概念(Grundbegriff),其余一切都被理解成是它的最终结果(Schicksal)时,颠倒才得以完成。我在继续从弗洛伊德的观点中得出反现象学特征时,试图使这种替换得到理解。一方面,被颠倒的 epochè(悬置)涉及我们停止把在面对着意识意义上的"对象"(object)当成指导,涉及我们用冲动的"目标"(but)来代替"对象"。另一方面,涉及我们停止把在"对象"向它显现或为它显现的意义上的"主体"当成一极:简言之,

----

① 这只是在弗洛伊德精神分析的意识 epochè(悬置)和胡塞尔的 epochè 间所作出的第一次近似的区别;我们将在"辩证法"第一章中将这个对立推进得更远。我们将找出一种更精微的区别。

需要放弃作为意识问题的主体—对象问题①。

弗洛伊德在题为《冲动及其结果》的文章中放弃了将"对象"作为心理学的指导,这篇文章将先前《性学三论》中的成果主题化了。

在将冲动作为基本概念时(这个概念承担了如同在实验科学中将经验事实系统联系起来的使命),弗洛伊德意识到不再处于描述的领域,而是处于系统的领域②。这种系统化不仅牵涉到习惯(对刺激的定义、对需要和满足的定义),而且牵涉到假设(Voraussetzungen),其中首要的假设就是守恒假设,即"通过快乐—不快乐系列的感觉得到自动的调节"③;这样的假设设定快乐—不快乐的质量与"涉及心理生活的刺激大小(Reizgrössen)"相吻合。④ 我们因此处于数量理论的熟知领域,并且自《纲要》以来从未放弃它。

因为有了冲动概念,我们迫使场所论转变成了经济学:"任何冲动是一些活动。"⑤可是,经济学观点首先是通过目标

———————

① 我故意使用了"对象的指导"、"主体的一极"这些词,它们使人联想起现象学的词汇。但这样被破坏的现象学可能只是一种意识心理学;为了重新获得作为先验指导的对象和作为反思和沉思之"我"的主体,我们应该放弃作为面对着意识的对象和作为意识的主体自身。我们将在"辩证法"第二章中系统化地重新论述这个主题。

② 正是在这样的情况下弗洛伊德写下了他最重要的方法论文本之一:德文全集版,第十卷,第210—201页;标准版,第十四卷,第117—118页;法文版,第25—26页。定义、基本概念、心理学中的习惯和经验间的关系被建立在自然实验科学的模式上;参阅"辩证法"第一章以下。

③ 德文全集版,第十卷,第214页;标准版,第十四卷,第120页;法文版,第32页。

④ 出处同上。

⑤ Jeder Trieb ist ein Stück Aktivität(每种冲突都是一种冲动——译者注)。德文全集版,第十卷,第214页;标准版,第十四卷,第122页;法文版,第34页。

概念压倒对象概念而得到表达的："一种冲动的目标永远是一种满足,这种满足只能通过在冲动之源中对兴奋状态的压制而达到"①；从此以后,对象是根据目标加以定义而非相反："冲动的对象是这样的事物,与之有关并依靠它,冲动能够达到它的目标。与冲动相比,这是最易变化的因素,它最初没有与冲动联系在一起,而只是根据它使满足成为可能的能力而附属于冲动"②；如此,它就可以成为世界上的一个对象(Gegenstand)或自己身体的一部分。弗洛伊德在《性学三论》中发现和说明的就是这个目标和对象的辩证法。③

从这个目标和对象的新问题出发,就有了"冲动的结果"。由于对刺激源头(Quelle)的研究属于生物学的范围,我们只是在它的目标中才熟悉了冲动：只有这些目标属于心理学。这是"我们所考虑的机制是心理机制,通过快乐—不快乐的调整尽管是数量上的,但属于心理范畴"的另一种说法。

在《冲动及其结果》中,弗洛伊德给出了一个关于"结果"的系统的但又故意有限制的观点；事实上,还需要接受一个预设：自我的冲动(自我保护)和性冲动的区别。但这个假设与守恒假设不处于同一平面上；后者是一个普遍假设；两种冲动的区别是一种以后将要修正的工作假设；既然临床允许将性冲动和其他冲动区分开来,它大致相当于生物学家的体质和种质间的区别,并且显得是精神分析实践的合意工具。然而,目标对对象的优势地位在性冲动中表现得最清楚：因为性冲

---

① 出处同上。

② 出处同上。

③ "让我们把人称作性对象,从他这里出现了性诱惑和性目标,冲动推动着行为趋向这个性目标",德文全集版,第十卷,第34页；标准版,第七卷,第135—136页；《性学三论》,法文版,第20页。"有关对象"的偏离和"有关目标"的偏离的区别贯穿了第一篇文章。

动容易交换它们的对象,弗洛伊德说它们是相互替代的
(vikarierende①)。

　　在限制于性冲动的情况下,我们可以认为冲动结果的名
单是系统的;事实上,在《梦的解析》中被单独考虑的压抑现
在被安插在两个方面:一方面,是冲动颠倒(Verkehrung)为它
的反面,以及针对着主体自身的倒转;另一方面,是升华。
(这本著作没有处理升华问题,而是处理了倒转和颠倒;一篇
单独的文章处理了压抑问题。)

　　然而值得注意的是,倒转和颠倒不是根据*被瞄准的对象*
而得到理解的;相反,被瞄准的对象自身将根据经济学术语得
到重新解释。当颠倒形成于在窥淫癖—暴露癖的对立中从积
极的角色到消极角色的转变时,目标在改变;相反,当颠倒形
成于在虐待狂—受虐狂中从其他内容到自我内容的转变(in-
haltliche Verkehrung②)时,只有对象在改变,但这是相对于一
个不变的目标——引起痛苦而言的。既然受虐狂可以被视为
一种针对自我的虐待狂,以及暴露癖把注视的目光转向了自
己的身体,人们也能够根据"倒转"来表述"颠倒"。我们在此
对这些各自结果的专门研究不感兴趣,而是对被使用的结构
原则感兴趣。在这一方面最值得注意的一点是:根据利比多
的经济学分配重铸对象概念本身。

————————

　　①　德文全集版,第十卷,第 219 页;标准版,第十四卷,第 126 页;法
文版,第 42 页。
　　②　德文全集版,第十卷,第 219 页;标准版,第十四卷,第 126 页;法
文版,第 43 页。文本开始于弗洛伊德还没有接受原始的受虐狂观点的时
期;参阅《受虐狂的经济学问题》(1924),德文全集版,第十三卷,第 371—
383 页;标准版,第十九卷,第 159—170 页;法译文载《法国精神分析学会
杂志》1928 年第 2 册,第 212—223 页。我们将回到这个概念,第二卷,第
三部分,第一章。

但对对象概念的经济学重铸通过反馈引发了主体概念的重铸。不仅仅在虐待狂—受虐狂中,而且在窥淫癖—暴露癖中的自我和他者之间角色的交换,早就使人们重新广泛地思考所有与主体和他面对的对象之间关系有关的所谓明证性问题。主体—对象的分类自身就是一种经济学分类。这是弗洛伊德毫不犹豫地谈论在从虐待狂向受虐狂倒转的事例中向"自恋对象"①的回归的原因,而这个"自恋对象"是作为主体转换的对应物。谈论自恋对象,关于最初的自恋和每一次向自恋的回归,这都是把对象的定义简单应用为到达冲动目标的途径。在这一方面,自恋回到了一种广大的经济学中,不仅仅对象,而且主体和对象的位置在其中也产生交换。根据同样的目标,不仅仅主体和对象产生交换,而且自我和他者,在从积极角色转向消极角色中,在从注视转向被注视中,在从引起别人痛苦转向引起自己痛苦中,产生着交换。和这些转换相比较,和这些经济学交换相比较,自恋充当了原始坐标:它代表了在爱外物和爱自己之间原初的混淆。为了表示这种混淆,弗洛伊德同样地谈论自恋对象和被投入的自我。

这种转换的结构允许弗洛伊德采纳一种借自于费伦茨(Ferenczi)的术语,这种术语预示着巨大的成功,同时也预示着巨大的流弊,这个术语就是*向内投射*,和它相对立的是"投射"这个术语。如果我们承认一个自恋阶段,在这个阶段,外部世界是毫不相干的,只有自我是快乐的源泉,外部和内部的区分、世界和自我的区分就是经济学的分配过程,

---

① 德文全集版,第十卷,第 224 页;标准版,第十四卷,第 132 页;法文版,第 52 页。

这个分配过程在自我能够加入其中的并把它当成"快乐自我"（Lust-Ich①）的财富的东西与自我将它拒斥为不快乐的源泉、敌对的东西之间进行。根据爱的线索（如果人们把爱理解成自我和快乐源泉的关系）的内部和外部的区别还被根据恨的线索的另一种分配过程复杂化了：爱事实上有一个"第二对立面"②：除了不快乐（快乐自我喜爱对象的反面），还存在着就自我保护冲动而言的全部可憎的东西。我们通常所称的对象——爱的对象、恨的对象——丝毫不是被给予的事物；它是内部和外部之间双重系列分裂的结果，为了将这个最终结果和自恋的最初阶段对立起来，我们可以将这个最终结果说成对象阶段③。

我们或许说，在这个过程结束时以经济学方式重建的事物，恰恰是现象学意义上的"对象"；在《冲动及其结果》文章的结尾，弗洛伊德重返日常语言：我们谈论进行吸引的对象；我们宣布我们爱这个对象；我们说我们——完全面对着对象的我——爱，但我没有说冲动恨或爱；语言的使用使对象成为动词"爱"和"恨"的管理者，它只是在对象功能的一种起源的结束时得到证明，是在一种欲望期间得到证明，我不妨说，在这一时期中，爱和恨构成了这些动词相互对立的对象并构成了它们的主体。对象的历史是对象功能的历史，这个历史就是欲望自身的历史。我们在此感兴趣的不是这段历史——著

---

① 德文全集版，第十卷，第 228 页；标准版，第十四卷，第 136 页；法文版，第 59 页。

② 出处同上。

③ 德文全集版，第十卷，第 229 页；标准版，第十四卷，第 137 页；法文版，第 60 页。

名的阶段理论①——而是它的方法论意义；在弗洛伊德那里，对象不是直接面对被赋予了直接意识的自我；它是一种在经济学功能中的变量。

这种自我和对象之间的经济学转换应被推进到这样的程度：不仅仅对象是冲动目标的一种功能，而且自我自身也是冲动的目标②。这就是将自恋引入精神分析的意义所在。确实，我们从未面对面地认识这种最初的自恋：这就是为什么在《介绍自恋》中，弗洛伊德从某些迹象的汇合开始：自恋首先代表了一种倒错，自己的身体被当成了爱的对象；自恋还是对自我的保护冲动的一种利比多补充；我们要补充的是：在精神分裂症那里对现实的冷漠，就好像精神分裂症已从对象中撤回它的利比多，甚至没有在幻想的对象中重新投入利比多；高估了原始人和孩子的思想能力。还存在着病人和忧郁症患者退回到自身；最后是睡眠的利己主义。在所有这些事例中，我们只认识到投入的退却；但在把它们设想成回归原始自恋时，设想成第二自恋时，我们在理论中引入了一种给场所论—经济学观点的成果以荣誉的新的可理解性。既然需要以比主体—对象关系更原始的方式设想冲动，这样的引入相当于使冲动概念本身根本化了；冲动成为经历了自我和对象之间全

① 弗洛伊德在《新演座》中出了全面的观点，法文版，第134—140页。

② 论自恋(Zur Einführung des Narzissmus)，德文全集版，第十卷，第138—170页；英译本《论文集》第四卷，第30—59页；标准版，第十四卷，第73—102页；法国精神分析协会法译本，1957年，第1—34页；对于一种反思哲学，引入自恋将是严峻的考验：人们将必须放弃被直接意识到的主体：一个失败的我思取得了第一真理的位置：我思，故我在。与现象学还原中的极端观点一起的，是我思危机中的极端观点。参阅"辩证法"，第二章以下。

部能量分配的能量储备；对象的选择自身成了自恋的相关概念，就好像出于自恋一样；从这个观点出发，只存在出自于——回归到——自恋。

我们将看到自恋理论在认同理论和升华理论中的重要应用时刻的到来。在这一方面，关于自恋的文章令人惊奇地先于1920—1924年的作品，并且显示了根据一种新序列而进行的场所论的重组（自我—原我—超我）。事实上，在考虑了某些其他应用后（妄想痴呆的机制，自恋目标的选择，性对象的高估，女人特性），弗洛伊德引入了重要的观念，根据这样的观念，理想的形成是通过自恋的移置进行的。[①] 我们还没有处于从这个重要发现得出所有结论的状态：至少我们被告知，主体衡量他的实际自我的那个理想能够服从利比多的理论，并恰恰借助于自恋；这种在*理想*和*自恋*之间的捷径尤其具有启发性：由于存在于似乎是自私顶点和一种对理想崇敬（在这样的理想面前，自我被忘却了）之间的这种共谋关系，*理想*自身进入到冲动移置的统计表上。这将是我们"分析论"第二部分的中心。

相反，从现在起我们能够把弗洛伊德在理想化和自恋关系这个背景中提及的另一个术语加入我们目前的反思中；这另一个因素，就是*升华*，它在题为《冲动及其结果》的文章中

---

① "理想自我现在是自我之爱的目标，而实际自我在童年享受着这种自我之爱。自恋似乎被转移到这个理想自我的层面上，如同婴儿期的自我，理想自我觉得拥有所有的完美。如同每次在利比多领域中发生的事例，人类在此再一次显示了不能够放弃他曾经享受的满足。他不想放弃他童年自恋的完美；假如他不能保持它，那是因为在他的发展过程中，他被其他人的警告所困扰，并且他自己的判断产生了，他寻求在理想自我的新形式下重新获得它。作为他的理想出现在他面前的东西都是他童年失去的自恋的替代品；在童年时期，他是他自己的理想"；德文全集版，第十卷，第161页；标准版，第十四卷，第94页；法文版，第24页。

被称为冲动的第四种命运。他在该书中说:"升华是一种与对象利比多有关的过程,并且包括冲动指向另一个远离性满足的目标;关注的重点在于远离性目标的偏离。理想化是与对象有关的一个过程,通过这个过程,对象没有改变它的本性,但在心理上变大和增强了。理想化在自我利比多领域中和在对象利比多领域中同样可能。例如,对对象在性上予以高估就是对它的理想化。这样,因升华代表了一种与冲动有关的过程,以及理想化代表了一种与对象有关的过程,我们应该保持对这两个概念的分离。"①因此,这就是区分理想化和升华的第一个理由。但尤为重要的是,在升华未成功之时,对一种理想的服从可以产生;神经官能症患者确实是因为自我理想的形成而对冲动有着巨大要求的牺牲品,这种要求伴随着升华的一种微弱能力。确实,为了获得成功,理想化要求升华;但不是总能实现,因为它不能通过暴力得到升华。② 我们在此接触到了很重要的事情:存在着理想形成的一条捷径:这是一条我们以后在同等地引入作为初始现象的受虐狂时才理解的暴力途径;相反,升华可能是一种温和的转变……如果我们理解了这一点,我们将理解它是一种不同于压抑的另一种命运:"升华代表了一种出路,它在不带来压抑的情况下能满足自我的要求。"③

但是,所有这些只是在从第一场所论向第二场所论的转化时,并且只是通过引入早已在《介绍自恋》中提出的"一种

---

① 德文全集版,第十卷,第161页;标准版,第十四卷,第94页;法文版,第25页。

② 出处同上。

③ 德文全集版,第十卷,第162页;标准版,第十四卷,第95页;法文版,第25页。

特定的心理区分"时,才具有意义。这便是超我。甚至需要进一步说:自我问题与超我问题一起被提出了,这个自我问题早就不再与意识问题严格吻合,而意识在一种场所论中被单独主题化了,这种场所论首先关心的是将无意识的设定从与意识明证性的关系中解放出来。

不要过早预期第二场所论和它所提出的新问题,在提出最后一个例子(或许是最强烈的例子),即哀悼工作的例子时(对此,弗洛伊德发表了值得佩服的短文之一:《哀悼和忧郁》①),我们能进一步研究自恋和对象利比多之间的关系。哀悼是一项工作:"哀悼永远是对失去所爱之人的反应,或者是对失去一种抽象概念的反应,这种抽象概念已经占据了所爱之人的位置,诸如祖国、自由、理想等。"②哀悼的使人全神贯注的工作,对这项工作独有的专注(这项工作的某些迹象是广为知晓的)——对外部世界兴趣的丧失,在与对消逝存在回忆无关的所有活动面前退却——提出了一个重大的问题,这个问题就是痛苦(Schmerz)的经济学问题[顺便说一句,痛苦是不同于 lust(欲望)—unlust(非欲望)这一对不快乐的事物]。这种痛苦经济学将我们引到了自恋和对象利比多的关系的核心。的确,现实性检验显示了被爱对象已经停止存在,利比多应放弃在它和消逝对象之间编织的所有联系;利比多反抗了;它一点一点地并且竭尽全力地执行了现实发布的命令,这种执行不折不扣并且以对消失对象的全面回忆的方式进行。

---

① 《哀悼和忧郁》,德文全集版,第十卷,第428—450页;标准版,第十四卷,第242—258页;翻译自《元心理学》,第189—220页。

② 德文全集版,第十卷,第428—429页;标准版,第十四卷,第243页;法文版,第189页。

这个工作吸引了自我并抑制了自我;当它结束时,自我重新获得自由和解放。可是,忧郁给这些特征增加了某种决定性的东西:自我感受(Selbstgefühl①)的降低,而在自我感受的降低之上又增加了一种对自我的无情批判,这种批判又一次将我们带到了超我问题的入口处:这种进行观察和批判的心理区分(instance)的确是道德意识(Gewissen②)的基础。在此与我们相关的,不是这种心理区分的结构,而是自我占据了爱恋对象的位置,指责原来是针对这样的对象的(Ihre Klagen sind anklagen)。发生了什么呢? 为了对这个自我进行打击(而这个打击原来是针对对象的),利比多不是转移到其他对象上,而是退隐在自我中,在那里,利比多尽力将自我与被抛弃对象等同起来:自我消失了,自我遭受了虐待。

这样,我们已经显示了某种新的事物,弗洛伊德称之为与对象的自恋认同,即用认同替代对对象的爱恋。③ 如此的认同以后将提出重大的问题:它在此为我们充当发现在对象选

① 这个术语也出现在《论自恋》的结尾处,出现在对阿德勒理论讨论的背景中。德文全集版,第十卷,第 166—170 页;标准版,第十四卷,第 98—102 页;法文版,第 29—34 页。

② "与意识审查和现实性检验一起,我们把道德意识安排在自我的重大创设之中,我们将发现对它能同时被疾病所影响的证明的某些部分。"德文全集版,第十卷,第 433 页;标准版,第十四卷,第 247 页;法文版,第 199 页。

③ 在这个文本中,弗洛伊德暗示了在对象选择和认同间的可能转变:这可能是在口腔阶段,在这一阶段,爱就是吞食。德文全集版,第十卷,第 436 页;标准版,第十四卷,第 249—250 页;法文版,第 204 页。从对象选择到自恋阶段的回溯因此被利比多的口腔期的回溯所替换;这要表达的是口腔期本身仍然属于自恋。从现在起要注意的是,弗洛伊德从未高估他对认同的阐释;认同确实是精神分析的肉中刺。如果弗洛伊德三次承认他错过了哀悼的经济学,这不是偶然的。德文全集版,第十卷,第 430、439、442 页;标准版,第十四卷,第 245、252、255 页;法文版,第 193、210、215 页。

择和自恋之间一种更隐蔽关系的迹象。为了这样的过程是可能的,我们的确需要:(1)对象选择在某些条件下能够回溯到原初的自恋中;对此似乎需要有一个自恋基础;这样的回溯是哀悼所缺乏的;(2)为使恨的成分(这种成分因为爱恋对象的丧失而得到某种释放)能够躲进自恋的认同中,并借助于认同而转变成自我谴责,爱恋关系必须包含一种重要的情感矛盾;因此存在着第二次回溯,一种向虐待狂的回归;这对于道德意识、内疚、自我惩罚的机制也将有重大意义。

　　但人们会说,恰恰因为哀悼不是忧郁,哀悼没有表现出它们与自恋的关系。不是这么回事:在讨论过忧郁后,弗洛伊德又回到哀悼,他评论道:"在让我们想起对象的每个处境中,或使对象有希望的每个处境中,以及显示了涉及消失对象的利比多的每个处境中,现实宣布着它的审判:现实告诉我们对象不再存在。自我,可以说被迫决定它是否想分享消失的对象的命运,通过考虑存留在生命中的自恋的全面满足,决定打破它与被消灭的对象的联系"。① 这是很残酷的妙语,但很深刻:哀悼的工作是为了在对象消失后还继续存在的工作;对自己的依恋带来了与对象分离的游戏。但这或许不是自恋在哀悼工作中的唯一功能:人们没有关注以往的一种评论:人们说,现实给予的命令只是投入大量时间精力后逐步实现的;然而,弗洛伊德补充道:"……当消失的对象的存在在心理上得以继续之时"②。消失的对象的这种内在化、这种将消失对象置于我们身上使哀悼和忧郁重新接近;哀悼和自恋的联系因

---

　　① 德文全集版,第十卷,第442页;标准版,第十四卷,第255页;法文版,第215页。
　　② 德文全集版,第十卷,第430页;标准版,第十四卷,第245页;法文版,第193页。

此不那么显得异乎寻常；自恋追求的不再仅仅是幸存者的人人为自己的态度，而是他者在自我中的幸存；人们可以和弗洛伊德一起说："通过逃避到自我中，爱恋就这样逃避了它的消灭。"①另外，在一种死亡后人们给予自己的不断责备证明了，哀悼也在某种程度上表现了爱与恨之间的情感矛盾的特点；从这里，这种情感矛盾的利比多以自我谴责的形式回溯到自我中。因而在这篇文章的结尾，作为哀悼和忧郁的共同基础条件，从利比多到自恋的回溯被建立起来了。

让我们在此停止对对象利比多和自我利比多之间的关系和转换的研究。我们只是想表明，精神分析的自我不是一开始在对意识的描述中显示为主体的东西；"自我冲动"（Ichtrieb）的概念，作为"对象冲动"（Objekttrieb）概念的对称物，使冲动自身成为先于主体—对象现象关系的一种结构。冲动的概念因此显得如同 quid（怎么——译者注），所有超越"意识"症状的回溯都针对这个 quid。的确，冲动不仅仅摆脱了对对象的指称，而且摆脱了对主体的指称，因为"自我"自身是从他者那里过渡来的：在 Ichtrieb（无意识本能——译者注）概念中，Ich（我）不再是"主体"，而是"对象"；在我们所说的目标的可变功能的意义上，它作为对象与冲动联系起来；与冲动相比，自我现在处于这样一个位置，以致它自己能够通过替换、通过投入的移置而与对象发生转换。借用另一种语言，一种因与阿德勒的争吵而被迫在此引用的语言，自我（Selbst）和自我感受（Selbstgefühl）（低级感受等）无法逃避利比多的经济学；借助于对爱欲投入进行的这些重要的重新分

---

① 德文全集版，第十卷，第 445 页；标准版，第十四卷，第 257 页；法文版，第 219 页。

配,自我感受进入一种普遍"爱欲"(Erotik)中。①

　　为了更好地理解场所论,我认为应该在思想中表现双重摧毁——对作为所谓指导的被瞄准对象的摧毁,以及对作为所有意识目标的所谓指称极的主体的摧毁。人们或许会说,场所论是这个非解剖学的、心理的场所,需要把它作为所有"冲动结果"可能性的条件引入精神分析的理论中;这是自我冲动和对象冲动在其中相互交换的投入市场。

　　在这个被颠倒的 epochè(悬置)的结束处,意识现在是最不被认知的;它已成为问题而不再是明证。这个问题,就是意识的形成过程的问题:这个问题属于场所论。

　　这似乎就是《无意识》困难的第五章的意义,这一章题为"无意识系统的特征",我们已经推迟了对它的考查;弗洛伊德把这一章作为一种描述,但它的意义的获得是与所有描述相对立的;它毋宁是以描述的语言、近似现象学的语言翻译反现象学的结果本身。这就是我在此将它作为结果而非被给予的东西放在这个位置上的原因:"当我们观察一个系统、无意识系统的过程具有不能在其上层的系统中被重新发现的特征时,两个心理系统之间的区别就获得了一种新的意义。"②我们用伪—描述的语言同样说:无意识在时间之外;无意识忽视对立;无意识遵循快乐原则而非现实性原则,等等。但这些特征丝毫不是描述性的;的确,"意识的特征[le conscientiel](Bewusstheit),直接呈现给我们的心理过程的唯一特点,一点

---

　　①　德文全集版,第十卷,第 167 页;标准版,第十四卷,第 99 页;《论自恋》,法文版,第 31 页。

　　②　德文全集版,第十卷,第 285 页;标准版,第十四卷,第 186 页;法文版,第 129 页。

不适合系统之间的区分"①。弗洛伊德进一步说："它甚至与系统、与压抑没有任何关系。"②他从此得出了如下结论："在我们想开辟出一条对心理生活进行元心理学思考的道路的范围内，我们应该学会将我们从'意识'（Bewusstheit③）特征的意指中解放出来。"我们在场所论中所要转述的，正是这种解放。

2. 表现和表象

我们现在必须作相反的旅程；《无意识》一文开宗明义地提出了以下问题：我们如何到达对无意识的认知？回答是："一旦无意识在某种意识中经过了一种转移（Umsetzung）或翻译（Übersetzung），我们当然只是把它作为意识来认识。"④弗洛伊德补充道："精神分析工作使我们每天都能体会到，这样的转移是可能的。"⑤

这种可能性在于什么呢？正是在这里我们触及了最困难的问题，即这一章的标题所指出的问题：*冲动和表象*。存在着力量问题和意义问题的交汇点；在这一点上，冲动自身显示出来，变得明显起来并出现在一种心理表现中，即，出现在一种"适应"冲动的某种心理事物中；意识中的所有显露物只是这种心理表现的转移，这种原初"适应"的转移。为了指出这

---

①　德文全集版，第十卷，第291页；标准版，第十四卷，第192页；法文版，第139页。

②　出处同上。

③　出处同上。

④　德文全集版，第十卷，第246页；标准版，第十四卷，第166页；法文版，第91—92页。

⑤　出处同上。

一点,弗洛伊德创造了一个极佳的术语:Repräsentanz(表现——译者注)。心理事物表现着作为能量的冲动;但我们甚至不需要谈论"表象",因为我们所说的表象,即某种事物的观念,已经是这种表现的一种派生形式,这些表现在表象某物——世界、自己的肉体、非真实事物——之前,就显示了冲动本身,并且纯粹而简单地表现*它*。这种表现功能不仅仅出现在第一页的开始,而且出现在《无意识》的第一行:"精神分析教导我们:压抑过程的本质不在于取消、摧毁表现了冲动(den Trieb repräsentierende)的表象(Vorstellung),而在于阻止它形成意识。"①

这种不仅仅支配表象,而且如同人们将看到的那样,同样支配情感的表现的功能在于什么呢?

如果我们在此涉及的问题从根本上不是新问题②,那么在弗洛伊德的立场上,它就是新问题。弗洛伊德的独创性在于把意义和力量的吻合之点带回到无意识自身中。他甚至将这种连接点假设为这样一种东西:它使无意识向意识的全部"转移"和"翻译"成为可能。尽管有将这些系统分隔开来的障碍,但我们应该承认在它们之间存在着一种共同结构,这种共同结构使得意识和无意识同样成为心理成分。这种共同结构,就是 Repräsentanz 的功能;这个功能使我们能把无意识行为"插入"意识行为的文本中;这个功能保证了意识心理过程和无意识心理过程的紧密"接触"(Berührung③),并且允许

---

① 德文全集版,第十卷,第264页;标准版,第十四卷,第166页;法文版,第91—92页。

② 我们在"辩证法"第二章将对弗洛伊德的这个概念进行讨论,这个讨论揭示了它与斯宾诺莎和莱布尼兹类似概念的关系。

③ 德文全集版,第十卷,第267页;标准版,第十四卷,第168页;法文版,第96页。

"以某种工作为代价,将无意识过程移置(umsetzen)并替换(ersetzen①)为"意识过程;最后,这个功能使我们能借助于我们应用到意识心理行为,诸如表象、倾向、决心等的所有范畴,描述无意识过程。是的,我们应该说:这些大量的潜伏状态应该说只是因为意识的缺乏(wegfall des Bewusstseins)而与意识状态区别开来②。

Repräsentanz 的这种功能肯定是一种公设;弗洛伊德没有给出关于它的任何证明;他把这种公设接受为允许将无意识改写成意识并把两者一起当作可比较的心理形态的东西;正因如此,他把这个功能纳入冲动的定义本身中。有一天,他会说:"冲动的学说也可以说是我们的神话。"③我们不知道冲动在它们的动力论中究竟是什么。我们不谈论冲动自身;我们谈论冲动在心理方面的表现;同时,我们谈论作为心理现实而非生物现实的冲动。确实,我们已经能够把它称为"一部分的活动":由此,我们已把它称为能量、推力、紧张,等等,但就它不是被器官能量所表现,而是器官能量的表现而言,这种能量的心理定性成为了它定义的一部分:"假如我们放弃从生物学观点思考心理生活,'冲动'就显得是心理与身体之间的一种限制性概念:它是来源于身体内部并到达心理现象的刺激的心理表现(Repräsentanz)";为了强调这个概念的混合特征,弗洛伊德把工作概念应用到它身上,在工作概念中,我们已经认识到精神分析所要求的复合语言的一种特有表述:冲动是"由于与肉体的联系而被施加于心理的一种工作要求的

① 出处同上。
② 出处同上。
③ 《关于精神分析的新演讲》,法文版,第130页。

度量"。① 因此，我们不应该仅仅说冲动是通过表象而得到表达——这是冲动的表现功能派生的方面之一。我们必须更加彻底地说，冲动自身在心理层面上(in die Seele)将身体表现、表达给了心灵。这是一个公设，或许是精神分析最基本的公设，正是它使精神分析成为精神—分析。我们只能展示这个公设的所有结论。

　　所有冲动的结果都是冲动的"心理表现"的结果；在"颠倒"和"倒错"的事例中，这一点是很明显的，这些事例只是在关于冲动及其结果的文章中得到详细讨论：从注视颠倒为被注视，从使别人痛苦倒转为使自己痛苦，这两者通过表象、情感得到表达，而表象和情感在心理领域中表现了能量的纯粹转移，在心理领域中，它们能够被表示、被认识，并因此通过一种专门的工作而成为意识。

————————

　　① 德文全集版，第十卷，第 214 页；标准版，第十四卷，第 121—122 页；法文版，第 33 页。在随后的术语讨论中，关于每一个相关的语词，弗洛伊德重新参照了指示或表现功能。"通过一种冲动的推动，我们理解了运动机能的因素，能量总和或冲动所表现(repräsentiert)的工作要求的程度。"(出处同上)"通过冲动的来源(Quelle)，人们理解了在一个器官或一个身体部位中的身体过程，而这些身体的刺激在心理生活中被冲动所表现(repräsentiert)。"(德文全集版，第十卷，第 215 页；标准版，第十四卷，第 122 页；法文版，第 35—36 页)这些文本很好地反映了冲动概念是完全含糊的概念：它时而代表了被"表现"的东西(被情感和表象"表现")，它时而自身是一种还未被认识的器官能量的心理"表现"。在《冲动及其结果》的介绍中(标准版，第十四卷，第 111—116 页)，标准版的编辑把弗洛伊德关于这个问题的主要文本：《性学三论》(1914 年，序言)，《Schreber 事件》第三部分(1911 年)，《论自恋》(1914 年)，《无意识，压抑》(1915 年)，《超越快乐原则》(1920 年)，《大不列颠百科全书》的条目，对照起来。我很赞同这位作者把这个含糊性当成是无足轻重的：对我们重要的是，冲动只能在它的心理表现中得到认识。这就是决定它心理内容的东西。至于含糊性的解决，无疑需要在原始压抑的概念中寻找，原始压抑在冲动中建立了心理表现的全部最初的"固恋"。我们以后再讨论这一点。

　　"心理表现"的结果在压抑事例中更具指导意义,我们还记得起,压抑事例构成了冲动的第三种结果。的确,压抑在冲动的心理表现中引入了弗洛伊德用"疏离"(Entfernung)和"扭曲"(Entstellung)(这后一个词早就被用于刻画构成梦的工作的总体过程)这些词所代表的全部复杂性。事实上,压抑将冲动从意识中分离出来;但它没有因此将冲动从它的心理表现中分离出来;既然冲动自身是器质性的表现,它就不能这样做;正因如此,弗洛伊德的无意识是一种心理无意识;它是由*心理表现*造成的[这被理解为:这个表述不仅仅涵盖了"表象"——*Traumdeutung*(《梦的解析》)命名为梦的"思想"的东西——而且涵盖了以后引起一个重大困难的情感]。

　　另外,压抑禁止我们直接把握冲动的最初心理表达:正因如此,我们只能假设它。相较于它的最初表达,冲动著名的和公认的表达的"疏离",总是比人们想象的更重大;这正是弗洛伊德所说的,严格意义上的压抑(eigentlich)自身早就是一种相较于原初压抑(Urverdrängung)的第二种压抑,"原初压抑就在于冲动的心理表现(représentative)[die psychische (Vorstellungs)Repräsentanze des Triebes]被拒绝进入意识"①。

――――――――

① 德文全集版,第十卷,第250页;标准版,第十四卷,第148页;法文版,第71页。对弗洛伊德压抑概念的系统研究今天应该考虑彼得·麦迪逊(Peter Madison)的著作《弗洛伊德的压抑和防卫概念,它的理论语言和观察语言》(明尼苏达大学出版社1961年版)。作者在此应用了卡尔纳普学派的认识论关切,并试图在区分和连接"观察语言"和"理论语言"两个层面时,澄清弗洛伊德的概念。第一种语言指出了在冲动和反投入间相互作用的可观察的表现,第二种语言指出了力量间这种相互作用的不可观察的结构。这种假设的相互作用的多种表现解释了弗洛伊德词汇的明显变化:在1892年的"初步交流"(《歇斯底里研究》,第一章)中,压抑代

正因如此，我们当做冲动原始表达的东西早就是一种*固*

———————

表了故意的忘却，这种忘却被无意识地引起，人们能够在歇斯底里事例中观察到这一点；或者，当歇斯底里遗忘症和压抑相互包含，如同弗洛伊德自己在《抑制、症状和焦虑》（1926年）的重要的第六章中令人想起的那样，防卫和压抑同样被当成了同义词："防卫，即把观念压抑在意识之外"；还有第二种复杂局面：存在着除了歇斯底里遗忘症外的其他防卫措施：例如改变、投射、替换、孤立（根据"鼠人"这个事例，孤立就是让表象来到意识中，而剥夺它在情感中的投入）。然后，防卫的概念从弗洛伊德的术语中消失而让位于压抑概念，直到1926年；在1915年的文章中，压抑明确地这样被定义："压抑的本质只在于使某物离开意识，与意识保持距离。"在这里，概念是在它的理论维度中被使用的：它覆盖了各种机制，但在三种神经官能症中得到应用；但压抑仅仅是冲动的结果之一；防卫功能似乎因此覆盖了这些结果的整体。人们因此不能确切谈论用压抑概念替代防卫概念的一种替换，尽管防卫概念直到1926年从弗洛伊德的词汇中实际上消失了。在《抑制、症状和焦虑》中防卫概念的恢复不是不可预料的，这个概念的恢复是为了指示自我在能够导致一种神经官能症的冲突中所使用的方法总体：弗洛伊德又一次提到——除了歇斯底里的压抑很好说明的排除意识以外——在强迫性神经官能症中可观察的"孤立"和"回溯"到一种早期的利比多阶段，以及提到在于神奇地"拆散"已经完成事物的一种方法；所有这些措施，在保护自我反对冲动要求的意义上是防卫性的。但只是在被称为"增补"的这一章中，压抑概念不仅仅附属于防卫概念，而且又一次限制在歇斯底里遗忘症中；在著作集中，防卫的其他措施有时被当作压抑形式对待。麦迪逊建议"防卫和压抑以一种方法而错综复杂地联系于意识，这种方法不允许通过一种在术语上的简单约定将它们分离开来"（同前书，第27页）。一种认识论能够提出的第一个任务是将可观察的各种事实排序，这些可观察事实是不可观察的内在心理冲突的见证，以及为了共同的基本主题保留防卫概念，即自我反对焦虑的预防性保护。正是这种排序占据了麦迪逊工作的第一部分。精神分析基本上与失败了的防卫有关；弗洛伊德在1915年说，其他的东西逃避了我们的检查。在防卫成功的措施中，弗洛伊德引用了"俄狄浦斯情结拆解"（在冲动自身在原我中被摧毁的意义上，"俄狄浦斯情结拆解""不只是一种压抑"），引用了建立在判断上的放弃，尤其引用了升华，在其他地方，我们在它与无性化的关系中讨论了升华的性质。在《文明及其不满》中，弗洛伊德提出冲动本身能被吸收、升华或压抑所修正；性格特征的形成是吸收的一个例子。至于失败的防卫，人们能将它们重新分成抑制性防卫和非抑制性防卫：第一种防卫在改变固定在危险冲动上的表象时，获得了保护的效果；遗忘症只是防卫的一个模式，这一模式与转变、转移、投射、反映形成、孤立、"拆解"、否认在一起。压抑的程度标准是由无意识的派生物在梦中，在被压

恋的产物;表达和冲动之间的关系似乎只不过是作为一种被

────────

抑冲动的症状和各种符号和面具中的"扭曲"和"疏离"的程度给予的。人们可以在回溯事例中谈论非抑制性防卫,这种回溯通过替代冲动进行(例如向性成熟前的兴趣的回归)而不是通过改变表象进行。但有一些防卫措施似乎没有落在这种抑制性防卫和非抑制性防卫的选择中:这些就包括了纯粹情感的抑制,弗洛伊德将它作为区别于情感的命运:在此,冲动被阻止发展到完全的情感显露。尽管情感的抑制没有通过对表象内容的扭曲得到,弗洛伊德还是在这样的事例中谈到了压抑(1915 年)。抵抗的概念最后表达了什么? 它与压抑的概念关系如何? 从某些文本中,人们能说抵抗是压抑的表现之一,治疗工作所遇到的作为它前进的障碍的一个表现;这个表现处于与症状的形成同样的位置;病人将它作为一种对痊愈的防止而使用它,自我将它当成一种新危险。但抵抗覆盖了可直接观察到的各种各样的措施(沉默、逃避、重复等);作为假设的力量,抵抗属于理论概念;在精神分析的环境中,这是反—投入的对应物;可是,反—投入概念明显是用于定义最初的压抑(第二次压抑还使用了前意识投入的退却)。因为这个概念链(抵抗—反—投入—压抑),抵抗概念在不同的层面上展开:在一种最普遍的意义上,这是在精神分析环境中给予压抑的名称;在理论层面上,在这个环境中起作用的反—力量与压抑理论所称的反—投入是相同的;在观察层面上,它包括了病人用于逃避理论规则的所有措施;在这一方面,抵抗最强大的形式,是将移情当成精神分析工作的一个障碍使用——压抑的理论因此不仅仅包括了可观察事物的很复杂的网络,而且也包括了一个其名称是无法观察的相互对立力量的系统;既然它与性构造的理论和相继的冲动理论无法分开,这个系统在弗洛伊德学说中变化很大。这个理论最抽象的形式是伴随着"初始"压抑和"以后"压抑("严格意义上的"压抑)之间的区别达到的。"初始"压抑将大量婴儿被压制的经验交给"以后"压抑支配;由于"初始"压抑,全部压抑包括了情感真实的改变,根据这种改变,原来产生快乐的东西自此后就在如厌恶的形式下产生不快乐;初始压抑理论表现得最完整的是在"Schreber 事件"中(1911 年),第三部分。1915 年的简单文本只是关于它的提纲;在这个最初的文本中,初始压抑所固有的固恋是第二种压抑的条件,这第二种压抑分解成两个过程:一是通过意识的排斥、过程,一是通过无意识的吸引。理论最抽象的形式是在 1915 年伴随着反—投入的概念达到的,这个反—投入概念设想了冲动压力和反压力的稳定特征,而冲动的反压力本身是被它唯一的能量和它唯一的反—冲动方向所定义。这个机械面貌的系统事实上是一个"动机论"系统。在此,这是最终关于压抑和防卫间关系讨论的全部兴趣:整个系统针对着防卫内部危险(利比多或道德)而非外部或物理危险。长久以来被当成压抑(在 1915 年,这是一种与情感相分离建立的、沉淀的、"固定的"关系；为了达到一种直接的表达，人们可能应该回溯超越这个初始的压抑（我们在此不讨论它的临床现实，而是讨论它的认识论内涵）。但就我所知，弗洛伊德从未说在什么条件下，人们可以回溯超越这个初始压抑。

初始压抑代表了我们早就一直在中介中，在早已被表达的事物中，在早已被阐述的事物中。更何况，严格意义上的压抑迫使我们活动在简单的派生物中；"压抑的第二阶段，*严格意义上的压抑*，与被压抑表现的心理派生物有关（die psychische Abkömmlinge der verdrängten Repräsentanz）或与出自于别处的、进入一种与被压抑表现有联想关系的系列思想有关"①。无意识因此显得像一种由这些"派生物"的不确定的分支组成的网络系统；由此，它构成了系统并适合于精神分析者所称的一种系统内研究。但这永远是一个心理表达的系统，整个精神分析包含了解释这些派生物的艺术，而这些派生物根据它们"疏离"和"扭曲"的程度，与冲动总是更原始的表

的命运之一，转变成了焦虑）结果的焦虑被理解成能够在 1926 年承担预期和信号的角色；创伤性的焦虑包含了对面对着一个超越它力量（创伤性环境）的危险的自我无力的消极评估，而焦虑—信号预期了这种创伤性环境；它在指导这个过程的希望中，在一种减轻的形式下积极地重复创伤自身。相反，初始压抑显得与我们现在所称的创伤性焦虑紧密联系；《超越快乐原则》早就把防卫刺激的盾牌的破裂称作创伤；在处理预期性焦虑前，自我只是在恢复以前的安静状态的冲动中有办法；初始压抑，似乎只是设想了婴儿需要的未满足，从此后清楚地与成功形成超我的措施区分开来，弗洛伊德现在将这些措施描述为一种"焦虑—信号"的启动，它通过使人想起一种以前的危险处境而作为预期的警告起作用。这就是刻画弗洛伊德压抑概念的事实和理论的错综复杂。——我们在"辩证法"，第一章，348 页中将谈到彼得·麦迪逊著作的第二部分和他把卡尔纳普规则应用到弗洛伊德思想中的文章。

　　①　德文全集版，第十卷，第 250 页；标准版，第十四卷，第 148 页；法文版，第 72 页。

达存在着关系。① 派生物的"疏离"和"扭曲"关系因此在被分析的心理现象方面是"翻译"(Uebersetzung)关系的担保人,我们一开始在精神分析自身方面提及了这种"翻译"关系。在心理表达层面上,由于压抑工作和精神分析工作间的这种关联,所有我们可以在"冲动结果(énergétique)"名义下加以处理的东西作为它们心理表达的结果进入语言。

因此,经济学和解释学相吻合于这种心理表达、心理表现的概念中;精神分析话语的两个世界间的距离似乎消失在《元心理学文集》中,而在《梦的解析》层面上这个距离似乎是不可克服的。

然而我们仍没有摆脱这个问题:如果我们能够简单地把心理表达(Repräsentanz)吸收进表象(Vorstellungen)中,即吸收进某物的观念中,一切皆佳。然而表象只是一种心理表达的范畴,我们已经假装着无视另一种范畴的存在,即情感范畴的存在,假装着无视情感是一种不同的结果,并且这个固有结果比起表象的结果对于精神分析或许更为重要。

我们不是被抛弃在茫茫大海中吗? 情感将不是一种与注释解释相分离的经济学说明的避难所吗? 情感不是纯粹的数量吗? 简言之,为了再一次在情感结果中相分离,解释和经济

---

① "精神分析还能向我们显示对于在精神性神经官能症中理解压抑效果的其他重要之事:例如,当冲动表现因为压抑而逃避意识的影响时,冲动表现更自由、更丰富地发展的事例。在这个事例中,冲动表现可以说在黑暗中膨胀,并且发现了极端的表达形式,这些形式当被翻译和被表达给神经官能症患者时,似乎不仅仅是陌生的而且是可怕的,因为他在这里如同在一面镜子中感到了一种特别的和危险的冲动力量(Triebstärke)。这种误导的冲动力量是在想象中(in der Phantasie)一种没有羁绊发展的结果和通过拒绝满足(infolge versagter Befriedigung)的一种郁积(Aufstauung)的结果。"德文全集版,第十四卷,第251页;标准版,第十四卷,第159页;法文版,第73页。

学说明只是在表象结果中，即在最不重要的结果中相吻合。

让我们回到文本。①

首先需要观察的是，弗洛伊德已经小心地将情感问题置于括号中，并把他无意识内容的理论设想在心理表达和表象（entre Repräsentanz et vorstellung）相一致的基础上；在这一方面，两个被考虑文本的原初方法是平行的。② 人们只是在第二阶段重新引入在第一阶段加以悬置的东西："在先前，我们已经处理了对一种冲动表现的压抑，并在这个名称下理解一种表象、或一组表象，这组表象被投入了来自于冲动（vom Triebher）的心理能量（libido, intérêt③）的一种确定的负荷（Betrag）。"然而这种"情感负荷"（Affektbetrag）构成了心理痕迹的"另一种因素"④；正是压抑自身，在将一种不同的结果给予"情感负荷"时，迫使我们为了"情感负荷"自身将其主题化。弗洛伊德将这"另一种因素"称为"冲动表现的数量因素"，或"心理表现的情感负荷"，或"依附于表象上的冲动能量"。他甚至有时谈论与"表象部分"对立的"数量部分"⑤。

---

① 《压抑》的结束处，德文全集版，第十卷，第 254 页以下；标准版，第十四卷，第 152 页以下；法文版，第 79 页以下和《无意识》的第三章，德文全集版，第十卷，第 275—279 页；标准版，第十四卷，第 176—179 页；法文版，第 111—118 页。

② "临床观察现在迫使我们分离迄今在独特性中加以考虑的东西，因为它向我们显示了，除了表象外，还需想象表达冲动的其他事物；这其他的因素服从于一种能完全区别于表象命运的压抑的命运。人们为了这个心理表现的其他因素保留了情感负荷这个术语（Affektbetrag；标准版翻译自 quota of affect）；就冲动与表象相分离，并在作为可感情感（als Affekte der Empfindung）的不被察觉的过程中发现一个与其数量相称的表达，情感相应于冲动。"德文全集版，第十卷，第 255 页；标准版，第十四卷，第 152 页；法文版，第 79 页。

③ 出处同上。

④ 出处同上。

⑤ 所有这些表述可在"压抑"第三章中读到。

这第二个环节不是纯粹能量的环节吗？我们不是被它还原成物质吗？不，因为这种甚至与表象分离的数量只是在情感中被注意和被感到，而这些情感是作为"与它的数量相称的表达"。这些数量的结果是情感的结果；弗洛伊德将它们分成三类：无情感［根据夏尔科（Charcot）的语词，如同在歇斯底里的"好的冷漠"中］；"在性质上有声有色"的情感；最后是"焦虑"；只有这后两种值得被称作一种从冲动能量到情感的"转移"。

这就是自从《纲要》以来妨碍我们的数量！既然除了表象结果外，数量只是在情感结果中是可把握的，我们很有理由说，数量不属于尺度，而属于诊断和解释。况且我们早就注意到，数量概念在其中具体化的守恒原则只是通过快乐—不快乐而进行的调节。然而情感的独立结果揭露了这种调节的意义；当压抑与情感作斗争时，压抑在与快乐—不快乐原则的关系中发现了它的真实意义："我们回想起压抑除了避免不快乐外没有其他动机、其他目标。于是，［冲动］表现的情感负荷的结果比表象的结果更重要，这就是决定我们关于压抑过程［成功或失败］判断的东西。"①正因如此，弗洛伊德从事于在"表象部分"结果和"数量部分"结果两个视角中重新解释神经官能症；假如不是为了所涉及的概念化（这些概念是："替代性形成"、"症状"、"被压抑的回归"等），这样做在这里并不重要。

《压抑》这篇文章无疑让我们说"数量部分"只是在情感中被认识；但通过区分两种结果，表象结果和情感结果，一个

---

① 德文全集版，第十卷，第 256 页；标准版，第十四卷，第 153 页；法文版，第 81 页。

问题产生了:情感的经济学说明是否不是不能被还原为对表象的解释,或用另外的术语,解释是否不固定在表象上,经济学说明是否不固定在情感上。如果"压抑的真实任务"与"情感负荷的清除"有关,压抑的经济学不是最终不能还原为通过意义对意义的全部解释吗?

既然它明确地把经济学观点和对情感的考虑联系起来,《无意识》的第三章似乎行进在这个方向上①;相反,场所论观点借助于心理表达和表象的一致被引入第二章中。在一种纯粹场所论而非经济学的意义上,弗洛伊德在第三章的开始提醒"一种冲动不能变成意识的对象,而只有表现它的表象能成为意识的对象;冲动甚至只能通过表象在无意识中被表现出来"②。情感的三重结果专门提出了一个经济学问题,"释放过程"的问题(Abfuhrvorgänge③)。在此意义上,我们需要谈论"到达情感",如同我们谈论到达运动机能一样;在这两个事例中,牵涉到释放,并且意识每次都保护释放。这是真的;但情感的独立结果不能使我们忘却情感仍是一种表象的情感;这就是首先将情感置于括号中是可能和必需的原因;当我们认为在表象和情感间建立一种严格的平行关系时,语言欺骗了我们;这样,当我们谈论一种无意识感受时——一种无意识焦虑,一种无意识的有罪感——我们忘记了,stricto sensu(在严格意义上——译者注),感受是被感受到的,因此是有

---

① 我们在这一章中发现根据情感释放程度对它们足够系统的列举;在一个极端,人们有"冲动"(Triebregungen),在另一个极端,人们有"感性印象"(Empfindungen)。

② 德文全集版,第十卷,第275—276页;标准版,第十四卷,第177页;法文版,第112页。

③ 德文全集版,第十卷,第277页;标准版,第十四卷,第179页;法文版,第115页。

意识的:"我们除了一种冲动(Triebregung)外不能表示任何东西,而冲动的表象的表现是无意识:的确,没有其他东西成为问题。"①我们总是用表象来表示情感,而情感是表象的情感;但如同我们误解这种表象并且把情感自身当成不同于自身的另一种表象的表达,我们用不合适的语词谈论无意识情感。

但人们将要说,这种词汇的严谨只与描述性观点有关;从系统观点看,数量因素的结果仍是一个不同的结果:自从人们考虑对情感释放的压抑所产生的特定效果以及早就提过的这个释放的三种结果,无意识情感的概念又一次成为必要。可是一种被压抑的情感是什么? 一种被压抑的表象仍然是"一种在无意识系统中的真实构造(reale Bildung)"②:如果不是一种干预能力(Ansatzmöglichkeit)(这种能力没有得到准许发展),人们就不知道一种被压抑情感是什么。③ 除了它们的心理表述、"感性印象"(Empfindungen)外,我们不知道关于这些"释放过程"(Abfuhrvorgänge)的任何东西。我们最多能够确定某种行程,标示出某种发展,从这些我们知之甚少的情感种子出发,经过冲动,直到明确的情感;当我们用我们谈论意识王国控制运动机能的语词谈论意识系统的王国控制情感释放时,我们以前就是被安置在这个行程上的。

但即使这样,我们也不应丧失这样的观点:一种纯粹情感,一种直接出自无意识的情感——例如没有对象的焦虑——是等待一种替换性表象的情感,而纯粹情感将它的命

---

① 德文全集版,第十卷,第 276 页;标准版,第十四卷,第 177 页;法文版,第 112 页。

② 德文全集版,第十卷,第 277 页;标准版,第十四卷,第 179 页(现实结构);法文版,第 115 页。

③ 出处同上。

运与这种替换表象联系起来。最后,一种我们描述为与表象分离情感的情感,是一种寻找新的表象支撑的情感,而表象将为情感开辟通向意识的道路。

我们因此不能将情感和它的数量因素还原为表象,也不能把情感当成一种不同的现实。场所论和经济学之间的区别至少就是建立在情感和表象的区别的基础上。《无意识》第四章走到了自律可能性的极限,这些自律可能性是由情感的前述理论在经济学观点上提供的。它甚至把这个观点表达为一个附加于动力学和场所论观点上的第三种观点;它声称"追逐刺激强度的结果,并达到对这些刺激一种至少相对的估计"①。弗洛伊德说,这是心理探索的完满结局:"我建议把一个陈述称为元心理学,在这个陈述中,我们能根据动力学、场所论和经济学方面的关系成功地描述一个心理过程。让我们提前说,在我们认知的当前状态,我们只是在一些孤立之点上是成功的。"②

这个"胆怯的尝试"和这些"孤立之点",是沿着《压抑》文章思路的一种关于神经官能症理论的新的系统尝试;但这一次,没有跟随表象和情感的被区分的命运,弗洛伊德建立了一种类型学或一种组合,以不同的方式包含了两个心理表达的序列。我既不在这里也不在别处进入到这个神经官能症全部临床症状的纲要中;我仅仅注意到在这一章中语言和概念体系的逐步转变。这种分析趋向了一种纯粹经济学;它只是冲动力量的安置和移动问题,投入的消退和反投入问题:"我们这样就有了:前意识投入的消退,无意识投入的保持或用一

---

① 德文全集版,第十卷,第280页;标准版,第十四卷,第181页;法文版,第121页。

② 出处同上。

种无意识投入替换前意识投入。"①弗洛伊德在这里设想了用
经济学说明对场所论说明的真正替换,我们已经在他带给双
重登记的纯粹场所论假设的解决方案中看到了这方面的某种
迹象;场所论假设被有关投入状态一种变化的纯粹经济学假
设所取代;他补充说:"功能性假设在此毫不困难地驱逐了场
所论假设。"②在这个系列上(消退、保持、投入的替换),弗洛伊
德补充了另一种经济学机制,反投入(contre-investissement)机
制,关于这种机制,他说它是原始压抑的唯一机制,前意识系
统正是通过这种原始压抑抵御无意识表象的冲击。不久以
后,他还将补充过分投入(surinvestissement)的机制。

无意识理论似乎就这样转向了一种纯粹经济学;在一种
意义历史中,引领游戏进行的不再是表象的结果;表象似乎只
是真实过程的抛锚地,这个过程属于经济学范围,弗洛伊德以
某种方式将它概括于投入的被支配游戏中。

我们不应该走得更远并说弗洛伊德的无意识最后具有更
多的能量的标志,而非能指的标志吗? 对于第五章("无意识
系统的特别属性"),我们已经暗示了它的反现象学主题,但
我们还没有真正探讨这一章,这一章更多根据情感释放而非
表象刻画了这个无意识系统:"无意识的内核形成于想释放
它们投入的冲动表现,因此也是形成于欲望的冲动(Wun-
schregungen)。"③

正因如此,我们早已枚举的无意识特征具有全部非能指

---

① 德文全集版,第十卷,第 279 页;标准版,第十四卷,第 180 页;法
文版,第 119 页。
② 出处同上。
③ 德文全集版,第十卷,第 285 页;标准版,第十四卷,第 186 页;法
文版,第 129 页。

的标志。①

"如果在这个系统中没有否定,没有怀疑,也没有确定的程度",这是因为冲动在没有能指关系的情况下共存着:"在无意识中只存在或多或少被强烈投入的内容。"如果第一过程起支配作用,这是因为在这里投入更灵活,转移和浓缩更容易。

如果无意识没有时间性(zeitlos),这是因为它与时间没有合适的关系:我们没有达到一种先验感性学;弗洛伊德告诉我们,"时间关系与意识系统的工作联系在一起"。

最后,快乐原则的统治代表了这一件事:无意识过程的结果"只依靠它们的力量和依靠它们对通过快乐—不快乐调节的要求的服从"。

至于获得意识——"意识的形成过程"——当我们考虑"它不被还原为知觉的一个简单行为,而是很可能也包括了一种过分投入,一种心理组织的额外进步时",②它自身以经济学的方式被定义。

系统的所有这些特征将我们重新引向更接近《纲要》,即更接近投入能量的两种状态:紧张地受约束的状态和机动状态。将关键界限转移至无意识和前意识之间(不再是前意识和意识之间)是对经济学观点压倒场所论观点的最后认可。③

让我们停留于此并对困难做出总结:我们所经历过的行程包括了一个优先权的逐渐颠倒。一开始,我们提出冲动的

---

① 《无意识》,第五章。
② 德文全集版,第十卷,第 292 页;标准版,第十四卷,第 194 页;法文版,第 142 页。
③ 德文全集版,第十卷,第 291 页;标准版,第十四卷,第 193 页;法文版,第 141 页。

心理表现问题;我们将情感置于括号中,并且我们从无意识的场所论构成中的表象优先性出发;然后,我们去除情感旁的括号并试图使情感负荷服从于表象;我们因此考虑这个数量因素的固有命运,正是这个考虑使我们将经济学观点添加到场所论观点上,并且给予投入作用超过意指的优先权。

我们从这整个讨论中得出两点结论,我认为这对于弗洛伊德的系统化是公平的。

1.如果我们将目前的结论与我们关于《纲要》章节的结论和我们关于《梦的解析》章节的结论加以比较,从经济学的观点出发——即在投入作用的观点上,情感不可还原的特征显露了一种其特点渐渐明确的状况:力量语言永远不被意义语言战胜。当我们提出场所论和它自然主义的天真适合于欲望自身的本质时(因为"欲望是不可毁灭的"、"不朽的",即永远先于语言和文化的),这并没有与我们在前几章的最后所说的有所不同。①

2.脱离可被表象和可被言说的东西就不可能去实现这种纯粹经济学;我们不能将欲望的不可命名性实体化,以致有脱离一种"心理学"的可能。这就是禁止我们构造 Repräsentanz 理论的东西。确实,既然情感表现了冲动以及冲动自身表现了"在灵魂中"的肉体,它不能被还原成一种表象理论。但词语的叠韵——它如此地困扰着翻译者——泄露了在 Repräsentanz 和表象之间深刻的亲缘关系。况且,没有什么经济学能够消除情感是表象的填充这种结构;情感的分离仍

① 我们将在"辩证法"第二章回到欲望的处境上,在情感中被表现出来和没有进入到表象中的东西,是作为欲望的欲望;精神分析在言说的根源处是对这个无名因素的前沿认识;正是在这里我们将在一种反思哲学的环境中寻找"经济学观点"的最后证明。

是这种意向性关系的一个方面,这层关系可能不确定地松弛,但永远不会被取消;正因如此,情感为了强化它对意识的通达而寻找其他的表象基础。

弗洛伊德如此少地将意义的解释还原为力量经济学,以致他的《无意识》没有意指的一种循环运动就无法结束,而这种循环运动将我们带回到了出发点,即带到了无意识在它的"派生物"中的辨读。这个向出发点的回归要求人们为了论证的结构而停留于此;正是场所论区分了系统,正是经济学在一种适合于每一系统(系统内的关系)的规律的理论中完成了这样的区分;但经济学要求人们对系统之间的关系进行思考;这就是《无意识》文章没有结束于"无意识系统的特点",而结束于"对系统之间关系的思考"①的原因。只有到那时,无意识才会真正得到"承认"②。可是,系统之间的关系只能在派生物的能指建筑物中得到辨读:"简言之,无意识延伸到了(setzt sich in)人们所称的它的派生物中。"③弗洛伊德在它们中间尤其注意到那既表现出意识系统高度组织化又表现出无意识特征的派生物;这些种类的混血儿,我们对他们知道得很清楚,这是正常人和神经官能症患者的幻觉;这也是替代性的构成。幻觉的这种混合特征确保了无意识应永远在我们用前面精神分析的术语所称的"意识症状"中得到辨读、得到诊断。进一步,这些无意识派生物,"两个系统之间的中介"让我们不仅仅到达无意识,而且影响了无意识,这就是精神分析

---

① 《无意识》,第六章。

② *Die Agnoszierung des Unbewussten*,《无意识》,第七章。标准版的翻译是:对无意识的评估。标准版,XIV,第 196 页;《文集》第四卷,第 127 页翻译成:对无意识的承认。

③ 德文全集版,第十卷,第 289 页;标准版,第十四卷,第 190 页;法文版,第 136 页。

治疗的本性①。

　　论证的这个循环运动意味着什么？

　　如果经济学观点完全从通过意义解释意义中脱离出来，这个运动就是不可理解的。精神分析永远不是面对着赤裸的力量，而是面对着寻找意义的力量；这种力量与意义之间的联系将冲动自身变成一种心理现实，或更确切，变成在器官和心理边界上的极限概念。人们因此能够尽其所能地松弛解释学和经济学间的关系——情感理论标志着在弗洛伊德元心理学中这种松弛的极点——这种联系不能被折断，否则经济学本身就不再属于一种心理分析。

---

　　① 德文全集版，第十卷，第 293 页；标准版，第十四卷，第 194 页；法文版，第 143 页。

第二部分

对文化的解释

我们"分析论"的第一部分关注于一种精神分析的认识论,即,关注于一种对精神分析的"陈述"和它们在话语中位置的研究。第二部分将关注于对文化的解释。我们已经在"问题"中谈到了它相对于一种宗教现象学和通常所说的神圣现象学的重要性,并且我们已经将其和马克思及尼采一起置于摧毁神圣性和去神秘化的众多形式中。我们在我们"分析论"基础上要证明的正是这样的位置;我们从此将陷于解释学的一个重大的矛盾中——建立和破坏的矛盾中——,而我们保留在"辩证法"中重提这个问题的权利。

在这第二部分中我们能够对文化现象所作的分析呈现了三个特征:

1.对文化的注解首先是精神分析的简单"应用"和对梦及神经官能症解释的一个类比。通过这第一个特征,我们既刻画了对文化进行精神分析解释的有效性,又刻画了这种有效性的限度。这种有效性和它的限度完全不从对象方面寻找,即不从主题方面寻找,而是从观点方面,亦即从操作概念方面寻找。精神分析的应用领域是没有界限的;在此意义上,它没有限度;但视角被场所论—经济学观点所决定,这个观点给予精神分析以权利;在此意义上,它有限度,如同在别处,这些限度与观点的有效性有关。所有精神分析关于艺术、道德、宗教所能表达的东西受着双重决定:首先被构成弗洛伊德"元心理学"的场所论—经济学模型决定,接着被梦的例子决定,梦的例子提供了一系列相似物的第一个选项,这些相似物能够从梦到崇高被无定限地拉长。

让我们强调这种双重限制：被模型限制，被例子限制。第一个限制代表了不应该向精神分析要求它被禁止给予的东西，即一种起源问题。在精神分析中所有"最初"的东西——最初过程（即第一过程——译者注）、最初压抑、最初自恋以及后面的最初受虐狂——在一种区别于超验的意义上是"最初"的。这与进行证明和奠基的事物无关，而是与在扭曲、伪装的秩序中最先出现的事物有关。这样，最初过程表达的是欲望幻觉般的填满，这种幻觉般填满先于其他所有幻觉建构；最初压抑决定着一个表象最初完全固定于一个冲动；最初的自恋代表了在所有对象投入的背后全部冲动所从出的蓄水池。但精神分析上的最初从来就不是反思上的最初；最初不是基础。正因如此，人们不应该要求精神分析解决根本的起源问题，既不在现实的范畴内解决，也不在价值的范畴内解决。这将被理解成人们将把理想和幻想只考虑为冲动的结果，只考虑为冲动的心理表达或多或少"远离的"、或多或少"变形的""派生物"；审美的创造和快乐，道德生活的理想，宗教领域的幻想只是作为冲动经济学负债表上的因素、作为快乐—不快乐的费用而出现；人们将只是以投入、解除投入、过度投入、反投入这些术语，根据前面概述的经济学组合（第158页）谈论它们并能够谈论它们。在这个意义上，关于文化的分析理论是一种"应用精神分析学"。

在它"应用"《元心理学文集》中所设想出的概念模型的同时，对文化的这种注解概括了梦这第一个例子；或宁可说它概括了通过梦和神经官能症形成的一对例子，就像《精神分析入门》以巧妙的方式将其置于精神分析所有应用的最前面那样。然而，梦向应用精神分析学所建议的，是《梦的解析》

加以辩护的这种结构，这种辩护在"意愿填满"（Wunscherfüllung）的名义下甚至到了不妥协的地步。场所论从《纲要》时代就被设计正是为了阐述这种填满和它的三重回溯，我们对此记忆犹新。精神分析这样就给对文化的解释提供了一个次模型："意愿填满"的次模型。对文化所作的精神分析解释概括出了这个所有文化表象的典范；正是在这第二种意义上精神分析是受限的；它只是在文化现象能被当成"意愿填满"的相似物的程度上认识它们，而"意愿填满"是被梦所说明的。给予弗洛伊德关于艺术、关于道德和宗教的文章正确评价的最好方法，是把它们考虑成"应用"精神分析学的尝试，考虑成一种仅仅"类比"的解释；我们没有——或至少还没有——面对一个完整的说明，而是局部的说明，尽管这个局部的说明是很精辟的。

这似乎就是对文化现象的这种解释的双重的内在限制——然而没有外部界限。

2.只要人们把对文化的这种注解简单刻画成一种应用精神分析学和一种类比解释，人们就没有触及本质。对于一个细致的阅读而言，这种应用和这种移置，由于通过反馈，改变了模型自身：经济学的形式模型和梦的质料模型。这是我们能把第二部分当成在更深层次上的全新解读的原因，在此过程中，精神分析溢出了梦与神经官能症的原初范围，将展现它自身的意义，并接近它最初的哲学境域（参阅以上，第 98 页）。

关键点在于向第二场所论的转变：自我、原我、超我。这个转变表现出了一些特别的困难；因为这个三段式没有取消第一个三段式；至少在同样的概念环境中，人们也不能说它是添加上去的。将它与第一种场所论区分开的对角色或机构

(institutions)的思考不是通过简单地修改来自于三个系统（无意识、前意识和意识）的理论。它属于另一种系列。正因如此，我们没有让第二场所论出现在精神分析的认识论的名称下，这样的精神分析的认识论，我们如果不是将其当成是完善的，至少被充分地当作是由第一场所论所引发的；我们宁可将它与对文化的解释联系起来，是为了强调：一方面，既然文化部分地与第二场所论的概念体系联系起来，对文化的解释就不止是精神分析的一个副产品；另一方面，第二场所论不是对第一场所论的修改，因为它出自于利比多与非利比多强大因素的对抗，而这种非利比多强大因素将自己表现为文化。第一场所论保持了与一种被当成唯一基本概念的冲动经济学的联系；只是通过与利比多的关系，场所论表现为三个系统；第二场所论是一种新型经济学：在这里利比多受到其他事物的折磨，受到一种创造了一种新经济状况的要求 放弃（demande en renoncement）的折磨；正因如此，场所论不再涉及唯我论利比多的一系列系统，而是涉及一系列的角色——人、非人、超人——这些角色是利比多在文化环境中的角色。正是为了标志第二场所论和对文化注解的这种紧密关系，我们使第二场所论出现在这个第二部分的结束处。我们可以说，有关文化的理论，作为精神分析的"应用"，出自于第一场所论，但通过反馈，它激发起了一种完满结束它的新的场所论；题为《自我和原我》的文章是精神分析的这种扩大的重要证明。

3.然而，在将它与第二场所论联系起来时，人们还没有充分公平对待文化解释；只有对冲动理论自身一种更为根本的重铸，将使我们从对文化现象的一种局部的、片面的和简单类比的观点转变到关于文化的一种系统看法自身。的确，文化问题将因为死亡冲动和将利比多重新解释成面对死亡的爱若斯而被设计成统一问题。从此,将不应该在《自我和原我》中寻找最后的解释,而应在《超越快乐原则》中寻找。在爱若斯和死亡之间,文化将代表"巨人之间战争"的最为广大的舞台。

与此同时,我们将到达精神分析从科学转向哲学,甚至或许转向神话的地点。我们"分析论"的第二部分仍未达到这一点,第二部分处在"应用的精神分析学"仍使人安心的山丘与所有"人物"都是虚构人物 [爱若斯 (Eros)、死亡冲动 (Thanatos)、必然性 (Ananké)] 的一出新戏的顶峰——或谷底之间的中途。这个神话—哲学的戏剧将成为"分析论"第三部分的对象。

第一章　梦的类比

1. 梦的优先权

梦的特权在文化相似物的系列中不是偶然的。在对梦的解释的范式特征感到惊讶之前,重要的是回想起在解释风格和它最初的说明之间存在着一种适宜的关系。我们总结以下几点,以说明为什么梦成为一种模型:

(1)梦有一个意义:存在着梦的"思想",这些思想在根本上与清醒的思想没有区别。所有将梦置于与心理生活其余部分同样趋势中的事物使梦适宜于转移到文化的相似物中。

(2)梦是一种被压抑欲望的被伪装的完成;这第二个主题指向了解释的一种确切类型,解读的解释学。解释用意义的明晰代替欲望的幽暗,这是因为在梦中,欲望被掩盖着。解释是明晰对计谋的回答。在这里,我们处于被设想成对幻想进行还原的整个解释理论的源泉。

(3)伪装是一种工作、"梦的工作"的结果,梦的机制比一种文字注解的总结所暗示的、或甚至一种根据尼采"道德谱系学"的钻研所暗示的更为复杂得多;转移、浓缩、感性表现、第二次制作,这些确切的过程开辟了到达未曾瞥见的结构类似物的道路。的确,如果梦的解释能够充当所有解释的范式,这是因为梦自身是所有欲望计谋的范式。

(4)由梦所代表的欲望必然是婴儿型的。根据被称作第一过程的幻觉完成的类型,梦代表了心理机制在三重意义上的回溯:形式上,——回到意象,年代上,——回到儿童,场所上,——回到欲望和快乐的融合。这样梦就让我们通达不停缠绕我们的一般现象,回溯现象;正是梦允许我们掌握关于回溯的三重表达。从现在起,我们能够把类比解释不仅仅刻画成解读,刻画成反对面具的斗争,而且把它刻画成每一个本质的古老根源的显现;我们将从这里看到对于伦理学的重要后果。

(5)最后,梦允许我们通过无数的吻合形成人们可能所称的欲望语言,即在它的典型和普遍特征中的一种象征功能的建筑术。如同人们知道的,性欲从根本上滋养了这种象征;它尤其是可被象征化的;Darstellbarkeit、"形象化的能力"在性欲那里达到顶点。梦所相遇的,作为被沉淀的、陈旧语言的东西,作为"象征"(在弗洛伊德给予这个词的确切甚至狭隘意义上),是在个人心理现象中民众伟大白日梦的痕迹,这个伟大的白日梦被称为民俗和神话。

这个梦的模型的概括不应被当成一种单调的重复。它扩展到清醒这件事同时构成了一个问题。如果我可以这样说的话,我们已回想的每一个特征要求摆脱梦的夜间特征以便使梦成为一般意义的梦。

(1)为了梦能给我们提供一种意义的普遍理论,本能生活的表达(在睡眠给予它的自恋形式下)应该包含了描绘清醒生活的关于世界的表达。

(2)如果梦的 Wunscherfüllung(意愿填满——译者注)应

该有一个典范价值,在它被转移到清醒中时,我们应该克服睡眠、睡眠欲望伴随的特征,这个特征是梦的不可转移的核心。"睡眠"也应该被总结为内在于清醒生活规律的一种夜晚的比喻吗?

(3)更强烈的是,梦的工作通过其获取意义扭曲的过程具有一种独特性、一种奇特性,弗洛伊德在《梦的解析》中强调了这一点并将它与清醒的思想对立起来。① 从梦的工作中提取一组与"骗过检查"的普遍功能有关的结构,这将是文化理论的任务之一;这种结构与功能的关系可以被妙语、被故事、被传说和神话重新发现,以某种方式形式化并超越严格意义上的梦。但回溯的概念因此应该延伸超越《梦的解析》所给予它的基本表象;趋向于知觉的场所论回溯没有完全显示幻想的特征;在这方面,文化解释将自始至终是一种与"原始场景"主题的斗争,弗洛伊德总是试图将这个主题从真实记忆方面提取出来,甚至在他已放弃了儿童被成人诱惑的所谓场景的最初表述后,他仍是如此。将一种有关文化现象的场所论—经济学理论建立在第一过程和"对知觉系统的幻觉填充"的模型之上,这似乎不大可能。

(4)梦的婴儿主题以不同的语词激发起了相同的困难。回溯的年代学方面从这里转到了前台。如何在一种完全关注心理机制"后退"步伐的解释中引入"前进"的主题呢?我们将看到,为了保持梦的模型的普遍有效性,弗洛伊德尽可能拒绝将前进与回溯对立起来;他的超我理论有一个目标,这个目标就是建立人类幻想必然是利比多被抛状况的一种恢复,而这种恢复是一种滞后运动。在这里就深植下了弗洛伊德的一

---

① 参阅以上,第102页和注5,以及第123页。

种文化悲观主义,而死亡冲动的发现更进一步强化了它。

(5)文化理论允许重新采纳象征化问题,《梦的解析》将此问题说成是外在于严格意义上梦的工作的。如果弗洛伊德在这本著作中求助于对神话的解释,这是为了援助象征解释,而象征解释是反抗自由联想方法的。在文化历史的层面上,一种发生论方法在此应替换在个人心理现象层面上的辨读的方法。① 自从第一过程和第二过程的区别起就被提及的发生论观点,甚至在一种对文化的解释中,能够被察觉到与场所论—经济学观点联系在一起了。

因为所有这些理由,对文化的解释将是根据它的普遍意指揭示出梦的模型的重要间接道路。梦似乎不是一种对夜间生活的好奇或一种到达神经官能症冲突的方法。它是*精神分析高贵的门廊*。② 梦有这样的模型的功能,因为在它这里人类的夜间状况,如果我敢这样说的话,白天以及睡眠的夜间状况都显现出来。人类是这样的存在者,他能够在伪装、回溯和流俗象征化的模式上实现他的欲望。在人类身上和通过人类,欲望戴着面具出现了。精神分析在艺术、道德、宗教是梦的面具的类似形象和变体的情况下是有价值的。所有梦的戏剧就这样处于被推广到一种普遍诗学的维度。

如果 *Traumdeutung*(《梦的解析》)的方法从未被背叛,而仅仅是被扩大和深化,这是因为"伪装"的主题自身被发现在冲动生出它们的代表和派生物的所有领域中被扩大和深化了,而"伪装"的主题是《梦的解析》的中心主题。在这些欲望

————

① 参阅以上,第113页。
② 《梦的解析》,德文全集版,第二、三卷,第613页;标准版,第五卷,第608页;法文版,第330页;"梦的解析是认识心理生活中无意识的高贵的道路"。

的面具中,在这些我们夜梦的类似物中,我们应重新发现充斥我们错误崇拜的偶像。论作为人类白日梦的偶像,这可能成为文化解释学的副标题。

一种最早的对立将证明"应用精神分析学"的独创风格,而这种对立还没有以明显方式涉及属于超我概念的令人生畏的困难:艺术作品将是大白天的第一个夜间形象,梦的第一个相似物;另外,它将我们置于随后几章加以探索的崇高和幻想的旅程中。

2. 艺术作品的类比

弗洛伊德将场所论—经济学观点应用到艺术作品上有着多个目的;对于这位临床医生(指弗洛伊德——译者注),这是一种消遣,因为这位临床医生也是了不起的旅行者,收藏者和热情的藏书家,古典文学的伟大读者——从索福克勒斯到莎士比亚,到歌德和当代诗歌— 人种志和宗教历史的知识渊博的爱好者;对于他自身理论的辩护者,尤其在先于第一次世界大战的孤独期间,这是对面向非科学公众的*精神分析*的一种*辩护和说明*;对于"元心理学"理论家,这更是一种对真理的证明和检验;最后,这是一个在哲学重大计划方向上的路标,这一个计划从未从弗洛伊德眼中消失过,并且既被精神性神经官能症理论所掩盖又被它揭示。

因为精神分析审美的活动的片断特征(为了保护这些精神分析审美的活动,我们不仅将要承认,而且要求这些特征),审美在这个重大计划中的确切位置没有马上显现出来;但如果我们考虑到弗洛伊德对艺术的同情只是与他对宗教幻想的严厉态度相同,并且另一方面,审美诱惑没有完全满足只有科学毫不妥协为之服务的真实和真理的理想,我们能够在表面最无根据的分析之下预计发现那只在最后得到澄清的重大张力,因为那个时候审美诱惑自身将已发现它在爱、死亡和必然性中的位置。艺术对于弗洛伊德是替代性满足的非强迫性、非神经官能症的形式:美学创造的魅力不是源于被压抑的回复;但在快乐原则和现实原则之间,何处是它的位置呢? 这就是在《应用精神分析短篇集》的背后仍悬而未决的重大问题。

首先需要得到很好理解的,是弗洛伊德审美论文同时具备的系统和片段特征。正是系统的观点施加和突出了片段的特征。的确,对艺术作品的精神分析阐释不能与一种治疗性或教导性精神分析相比,因为它不拥有自由联想的方法以及它不能把它的解释放置于医生和病人之间的双重关系领域中;在这方面,解释能够使用的传记资料不比在治疗时的第三方信息更说明问题。对艺术进行精神分析的解释是片段的,因为它仅仅是一种类比。

弗洛伊德自己就这样看待他的文章;它们类似于某种考古学的重构,从一种建筑上的细节出发,概述完全与可能背景吻合的遗迹。作为回报,在涉及人们以后将谈论的对文化作品的总体解释时,观点上的系统统一将这些片段结合成整体。这样,这些文章很特别的特征,细节令人惊叹的琐碎,理论的严密甚至生硬都表现出来了,这个理论将这些片段研究和梦与神经官能症的宏大画面协调起来。作为孤立的片段加以考虑,这些研究中的每一个都是受到限制的;《风趣话及其与无意识的关系》对在喜剧和幽默中梦的工作和虚构满足的规律进行出色而谨慎的总结;对詹生《格拉迪沃》的解释没有企图给出一个关于小说的普遍理论,而是通过虚构的梦和通过类似精神分析的痊愈来印证梦和神经官能症的理论,而这个虚构的梦是一个对精神分析无知的小说家提供给他的英雄,他并引导着他的英雄走向这样的痊愈;《米开朗基罗的摩西》被当作一本独特的著作,但没有天才或创造的一般理论被提出来。至于《达·芬奇》,尽管一些表面现象,它没有超越适度的标题——《达·芬奇的童年回忆》;被照亮的只有达·芬奇艺术命运的一些独特之处,如同整体黑暗中的一个场景上出现的几缕光线;几缕光线,光线中的黑洞,如同我们以后将看到的,这或许只是说明问题的黑暗。

工作与工作之间、梦的工作与艺术工作之间,——如果我敢说的话,命运与命运之间,——冲动的结果与艺术家的命运之间简单的结构类似从未被逾越过。

这种间接的理解是我们跟随着弗洛伊德的一些分析将要试图加以阐释的。我没有把自己强制在严格的历史秩序中,我从1908年的短文《文学创作和白日梦》开始。① 两个理由说明了为什么将它列为首位:首先,这篇看起来没什么的短文,完美地说明了逐步通过一种巧妙联姻的方法对审美现象的间接接近;诗人类似于游玩中的孩子:"他自己创造了一个他很重视的想象世界,即,他在把这个想象世界与现实(Wirklichkeit)区分开时,赋予了巨大的情感负载(Affektbeträge)。"②从游戏,我们进入到"幻想世界";不是通过空洞的类比,而是通过一种必然联系的前提:就是人类不放

① 《文学创作和白日梦》(*Der Dichter und das Phantasieren*),德文全集版,第七卷,第211—223页;标准版,第九卷,第143—153页;法文版,《应用精神分析文集》,伽利玛出版社,《文集》丛书,第69—81页。
② 德文全集版,第七卷,第214页;标准版,第九卷,第144页;法文版,第70页。

弃任何东西,而是仅仅通过创造替代物将一物与另一物交换;就这样,成年人不是致力于游戏,而是致力于幻想世界;可是在它替代游戏的功能中,幻想世界就是白日梦,清醒状态下的梦。我们在此已站在诗歌的门槛边了;中间环节是被小说提供的,也就是被叙事形式的艺术作品提供;弗洛伊德在英雄们的虚构历史中察觉到"自我尊严"①的形象;文学创作的其他形式被设想通过一系列连续的转变与这种原型联系起来。

　这样就出现了人们可能一般称为梦的东西的轮廓。在一种激动人心的概要中,弗洛伊德使得幻想链条上的两个极端相接近:梦与诗;两者都是同一命运的见证:人类不满的命运:"未被满足的欲望是幻觉(Phantasien)冲动的动力;全部幻觉是一种欲望的实现,是对令人不满现实的改正。"②

　这是说我们要简单重复《梦的解析》吗?两组轻轻的笔触提醒我们不是这一回事。首先,类比的链条包括*游戏*,这不是无关紧要的;《超越快乐原则》以后将教导我们,人们在游戏中早就能察觉一种对心不在焉的统治;然而这种统治在本性上不同于欲望的简单幻觉实现。*白日梦*的阶段也不是没有意指;幻觉与一种"时间印记"(Zeitmarke)一起出现,我们已说过的外在于时间的纯粹无意识表象不包含这种"时间印记";不同于纯粹无意识幻觉,幻觉具有将当前印象的馈赠、儿童的过去、计划实现的未来整合起来的能力。这两组笔触仍是孤立的,我们以后将把这两组评论统一

----

　① 德文全集版,第七卷,第220页;标准版,第九卷,第150页;法文版,第77页。参阅《论自恋》,德文全集版,第十卷,第157页;标准版,XIV,第91页;法文本,第21页。
　② 德文全集版,第七卷,第216页;标准版,第九卷,第146页;法文版,第73页。

起来。

　　另一方面,这个简短的研究在它的结束段落包含了一个重要的建议,这个建议把我们从片段方面带回系统的意图。由于缺乏在动力论的深度探索创作的能力,我们或许可以对它所激起的*快乐*和它所使用的*技巧*之间的关系说几句话。如果梦是一种工作,为了借助结构上的类似揭示一种更为重要的功能上的类似,精神分析从它的某种技艺方面对待艺术作品就很自然了。从此,研究的方向应该在于消除抵抗;我们能毫不迟疑并不觉羞愧地享受自己的幻觉,这可能是艺术作品的最普遍的目标;两个过程因此服务于这种目的:通过歪曲和适当的遮掩掩盖白日梦的利己主义,——通过附加于诗人幻觉的表象的纯粹形式的快乐利益进行诱惑。"人们把快乐的这种好处称为诱惑的奖励或初步快乐,这种快乐提供给我们是为了更大快乐的释放,而这种更大的快乐来源于更深的心理源头。"①

　　这种将审美快乐当成深度释放引爆物的全体概念构成了全部精神分析美学的最为大胆的直觉。这种技艺和享乐主义之间的联系能够在对弗洛伊德和他学派的最深刻的研究中充当指导线索。它同时满足了谦逊和一种精神分析解释所需要的连贯。与其提出创造性的宏大问题,人们探索存在于快乐效果和作品技巧之间关系的有限问题。这个合理问题存在于欲望经济学的能力范围内。

　　在《风趣话及其与无意识的关系》(1905 年)中,弗洛伊德已经提出了在这个初步快乐的经济学理论方向上的几个确

---

　　①　德文全集版,第七卷,第 223 页;标准版,第九卷,第 153 页;法文版,第 81 页。

切路标。这篇出色和细致的文章所建议的，不是一种关于艺术的总体理论，而是对快乐的确切现象和确切效果的研究，因为这种效果通过笑的释放而得到认可。但在这些狭小的限制内，分析发展得更加深入。

　　首先通过研究 Witz（幽默——译者注）的词语技巧，弗洛伊德在此重新发现了梦的工作的基本因素：浓缩、移置、通过对立面进行表达等——这样就证明了在隶属于一种经济学的工作和允许进行解释的修辞学之间不停地加以假设的相互关系。但在 Witz 证明了梦的工作的语言学解释的同时，作为回报，梦提供了喜剧和幽默的一种经济学理论的轮廓。正是在这里，弗洛伊德延伸和超越了李普士（Théodore Lipps）（《诙谐与幽默》，1898 年）；尤其在这里，我们重新发现了初步快乐的谜。的确，Witz 适合于一种严格意义上的分析，即适合于一种分解，这种分解把被单纯语词技巧产生的快乐泡沫从深层快乐中孤立出来，而这种深层快乐是前者发动的，也是下流语词、攻击性语词或玩世不恭语词的游戏推到前台的。这种技术快乐与本能快乐的连接构成了弗洛伊德美学的核心，并把这种美学与快乐和冲动的经济学重新联系起来。如果我们承认快乐与紧张的降低紧密相联，我们就将说技术工作的快乐是一种极小的快乐，与浓缩、移置等所实现的心理工作的消耗是联系在一起的；这样，无意义的快乐把我们从逻辑加于我们思想的各种限制中解放出来，并使理智的各种清规戒律的约束变得缓和。但尽管这种快乐是微弱的，如同它所表达出的消耗一般微弱，它有以余额的形式、以奖励的形式补充到性爱的、攻击的、愤世嫉俗的倾向中的明显能力。弗洛伊德在此使用了费希纳的关于快乐"聚集"或汇集的一个理论，并把它整合进一种与其说是费希纳，不如说是杰克逊的关于功能解放的图式中。①

艺术作品的技巧和快乐效果产生之间的联系构成了指导线索,如果我能说的话,构成了精神分析审美的强制性线索。我们甚至可能根据它们或多或少忠实于《风趣话及其与无意识的关系》的解释模式评定这些审美文章。《米开朗基罗的摩西》是第一组的突出例证,《达·芬奇的童年回忆》是第二组的突出例证。(我们将发觉在《达·芬奇的童年回忆》中首先误导我们的东西,或许也是随后在艺术领域和其他领域中有关真正精神分析阐释提供给我们思考最多的东西。)

在《米开朗基罗的摩西》中值得欣赏的②,是艺术杰作的解释从细节起就与对梦的解释的方式相同;这种特有的精神分析方法允许将梦的工作与创造工作,梦的解释与艺术作品的解释重叠起来。与其在最广大的普遍性层面上寻求阐明产生于艺术作品的满足的本质——很多精神分析者在其中迷失方向的任务——精神分析试图通过集中于一件独特作品和由这件作品创造出的意指的迂回道路,解决一般的审美之谜。人们认识到这种解释的耐心和精细。在这里,如同在一种梦的分析中,重要的是精确的和表现上细小的事实,而不是一种总体的印象:先知右手食指的位置,那唯一接触到胡须的食指,而其他手指向后握着,摇摆不定的石碑的位置,几乎支撑不住手臂的压力了。在这瞬间姿态的微妙中,并且如同凝固于石头中,解释重构了一连串对立的运动,这些运动在这不可

---

① 《风趣话和它与无意识的关系》(*Der Witz und seine Beziehung zum Unbewussten*)(1905),德文全集版,第六卷,第53—54页;标准版,第八卷,第136—138页;法文版,伽利玛出版社,《文集》丛书,第157—158页。

② 《米开朗基罗的摩西》(*Der Moses des Michelangelo*)(1914),德文全集版,第十四卷,第172—201页;标准版,第十三卷,第211—236页;法文版在《应用精神分析文集》中,第9—42页。

改变的动作中已经发现了一种不稳定的妥协;在一个愤怒的姿势中,摩西冒着石碑坠落的危险,可能首先将手指向胡须,而他的目光被崇拜人群的场景强烈地吸引到一边;但一个相反的运动制止了第一个姿势,并因为他宗教使命的强烈意识的激发,将手收回了。我们所看到的,是一个已发生动作的残余,精神分析者以他重建相反表象的相同方式致力于重建这个动作,这些相反表象产生了梦、神经官能症、口误、妙语的妥协结构。在这种妥协结构下深掘,弗洛伊德在表面意义的厚度下发现了一些层面!因为超越一种已被克服的冲突的典型表达(这个表达值得保护教皇的陵墓),精神分析察觉到一种对死去教皇暴力的秘密谴责,并且进一步察觉到艺术家对自己的一种提醒。

因为这最后的特点,《米开朗基罗的摩西》早就脱离了一种简单应用精神分析的限制;它不局限于证明精神分析方法,尽管有(或者通过)《达·芬奇的童年回忆》似乎产生的误解,它指向在《达·芬奇的童年回忆》中将更好看到的一种复因决定;这种由雕塑艺术建立的象征的复因决定暗示了精神分析没有终结阐释,而是使它面向意义的每一个层面;米开朗基罗早就表达出了比他说得更多的东西;它的复因决定关系着摩西、死去的教皇、米开朗基罗——或许还有在他与摩西模糊关系中的弗洛伊德自己……一个无休止的评注开始了,它没有缩小谜团,而是扩大了它。这不等于早就承认了,关于艺术的精神分析实质上是无止境的吗?

我进入到了《达·芬奇的童年回忆》。[①] 为什么我首先把

---

① 《达·芬奇的童年回忆》(*Eine Kindheitserinnerung des Leonardo da Vinci*)(1910),德文全集版,第八卷,第128—211页;标准版,第十一卷,第63—137页;法文版,巴黎,伽利玛出版社,《文集》丛书。

它称为误解的一个场所和源头呢？很简单，因为这篇充分而出色的文章似乎鼓励一种对艺术进行错误的精神分析，传记式精神分析。弗洛伊德不是试图，一方面与抑制、甚至与性倒错的关系中，另一方面与利比多升华为好奇中、甚至升华为科学投入中的关系中，突然发现一般意义上美学创造的机制吗？他不是在他对秃鹫幻觉解释的仅有基础上——况且这不是一只秃鹫！——重建蒙娜丽莎的微笑之谜吗？他不是说，对逝去母亲和她热吻的回忆既被转移到儿童嘴中秃鹫尾巴的幻觉中，又被转移到艺术家的同性恋倾向和蒙娜丽莎谜一般的微笑中吗？"他的母亲拥有这样神秘的微笑，对他而言，这样的时间逝去了，当他在佛罗伦萨妇女的嘴唇上重新发现这种微笑时，他陶醉了。"①这个同样的微笑在"圣安娜"的组合中重复于被分成两半的母亲形象中："因为，如果蒙娜丽莎的微笑在他记忆的阴影外使他回想起他母亲，这个微笑立刻把他推进到一种对母性的颂扬，这种母性使他母亲恢复了在贵妇那里被重新发现的微笑。"②他继续说道："这幅画综合了他童年的历史；作品的细节通过达·芬奇生活的个人印象得到说明。"③"离儿童最远的母亲形象，祖母，通过她在画中与孩子相比的外貌和处境符合真实和最早的母亲：卡特琳娜。当她不得不将她的孩子让给她高贵的对手，如同她曾放弃他的父亲时，艺术家使用圣安娜的幸福微笑掩盖不幸妇女感受到的

---

① 德文全集版，第八卷，第 183 页；标准版，第十一卷，第 111 页；法文版，第 147 页。

② 德文全集版，第八卷，第 183 页；标准版，第十一卷，第 111—112 页；法文版，第 148 页。

③ 德文全集版，第八卷，第 184 页；标准版，第十一卷，第 112 页；法文版，第 151 页。

痛苦和嫉妒。"①

根据我们从《风趣话及其与无意识的关系》中得出的标准,使得这种分析成为可疑的,是弗洛伊德似乎超越了仅仅对一种写作技巧的分析所准许的结构类比,并且他甚至提出作品隐藏和掩盖的冲动主题。不就是这个意图助长了坏的精神分析,对死者、作家和艺术家的精神分析吗?

让我们更仔细地观察事物。首先引人注目的是,弗洛伊德没有真正谈论达·芬奇的创造性,而是谈论他被他的研究精神所压抑:"我们工作所提倡的目标,是在他的性生活中和他的艺术活动中阐释达·芬奇的压抑。②"正是这些在创造性方面的不足构成了《达·芬奇的童年回忆》第一章的真正目标,并引发了弗洛伊德关于知识和欲望之间关系的最引人注目的评论。不仅如此,在这有限环境的内部,从本能向好奇的转化显得像是压抑的一种必然结果;弗洛伊德说,压抑或者可以导向好奇心自身的压抑,它因此分享性的命运,——这是神经官能症压抑的类型;或者可以导向着迷于性色彩,在其中思想本身被性欲化了,——这是强迫症类型;但"第三种类型,最罕见和最完美的类型,因为特殊的倾向,既逃避压抑也逃避理智上的强迫……利比多逃避压抑,它从一开始就升华到理智好奇心中去,并强化早就强大的研究本能自身……神经官能症的特征缺乏,服从于婴儿性研究的原始情结缺少,本能可以自由地投身于对理智利益的积极服务中。性压抑通过

---

① 德文全集版,第八卷,第 185(verleugnet und überdeckt)页;标准版,第十一卷,第 113—114 页(to disavow and to cloak the envy…);法文版,第 153—154 页。

② 德文全集版,第八卷,第 203—204 页;标准版,第十一卷,第 131 页;法文版,第 199—200 页。

升华的利比多所带来的东西使得理智利益更为强大,并使它们避免性主题时,在理智利益上打上自己的烙印"①。很清楚的是,通过这些,我们只是描述和分类,在把这个谜称为升华时,我们只是强化了这个谜。弗洛伊德在他的结论中自愿承认了这一点。我们很好地说,创造者的工作是一种性欲望的分流,并且这个冲动的基础通过回溯到婴儿记忆而得到解放,而这个婴儿记忆因为与佛罗伦萨妇女相遇而得到支持:"因为他的更为久远的爱欲冲动,他可以再一次庆祝对阻碍他艺术的压抑的胜利。"②但我们因此仅仅察觉了问题的轮廓:"既然艺术才能和工作能力紧密地联系于升华,我们应该承认艺术功能的本质在精神分析上是如此远离我们。"③弗洛伊德更进一步说道:"如果精神分析没有向我们解释为什么达·芬奇是一位艺术家,它至少使我们理解他艺术的表现和局限。"④

在这有限的背景中,弗洛伊德没有着手列举详尽的清单,而是在被当成考古遗迹的四五种谜一样特征下进行一种有限的挖掘。正是在那里秃鹜幻觉的解释——恰好被当成遗迹——担当了关键角色。然而,由于缺乏一种真正的精神分析,这种解释是纯粹的类比;它通过借自于各种来源的一种迹象的汇集而得到:一方面存在着对同性恋的精神分析和它主题的固有系列(对母亲的爱欲、压抑、对母亲的认同、对对象

---

① 德文全集版,第八卷,第 148 页;标准版,第十一卷,第 80 页;法文版,第 61 页。

② 德文全集版,第八卷,第 207 页;标准版,第十一卷,第 134 页;法文版,第 207 页。

③ 德文全集版,第八卷,第 209 页;标准版,第十一卷,第 136 页;法文版,第 212 页。

④ 出处同上。

的自恋选择、在一个同性别对象中投射自恋对象,等等);另一方面,存在着关于母亲阴茎的儿童性理论;最后,存在着神话的对照物(被考古学证明的秃鹫女神的阴茎);弗洛伊德以一种纯粹类比的风格写道:"诸如埃及穆特(Mut)的两性结构女神和达·芬奇孩童幻觉中秃鹫的'尾端'共同来源于有关母亲阴茎的婴儿假设。"①

可是,艺术作品什么样的可理解性就这样传达给我们呢?正是在这里,对弗洛伊德《达·芬奇的童年回忆》意义的误解可以比对《米开朗基罗的摩西》的解释把我们引导得更远。

在第一次的解读中,我们想我们已经揭示了蒙娜丽莎的微笑并显了背后所隐藏的东西;我们已经使人们看到被排斥的母亲毫不吝惜地给予达·芬奇亲吻。但让我们以更锐利的耳朵倾听如下的话语:"在这些他创造的形象中,或许达·芬奇通过艺术的力量否认和克服他爱情生活的不幸,并且在这些形象中,这样一种男性和女性的幸福融合代表了从前着迷于母亲的儿童欲望的实现。"②这些话语听起来就像我们前面在《米开朗基罗的摩西》的分析中所清楚表达的东西。"否认"和"克服"意味着什么呢? 实现了孩子誓愿的表象因此是不同于幻觉的对偶物、不同于一种欲望的展现、不同于使被隐藏的事物简单地大白于天下的其他东西吗? 对蒙娜丽莎微笑的解释隐含了比简单显示幻觉(这些幻觉在大师的画作中被童年记忆的分析所揭示)更多的东西吗? 这些问题把我们从

---

① 德文全集版,第八卷,第167页;标准版,第十一卷,第97页;法文版,第106页。

② 德文全集版,第八卷,第189页(verleugnet und künstlerisch überwunden);标准版,第十一卷,第111页(denied… triumphed over…);法文版,第163页。

一种过于确定的阐释带回到一种第二层次的怀疑中。分析没有把我们从知之甚少引导到所知甚多。达·芬奇母亲紧压在孩子嘴唇上的亲吻不是一种我从中出发的现实，不是一个我可能在上面建立艺术作品可理解性的坚实土壤；母亲、父亲、孩子与他们的关系、冲突、爱的第一次创伤，所有这些只存在于缺场的所意指模式中；如果画家的画笔在蒙娜丽莎的微笑中重新创造了母亲的微笑，应该说，对微笑的记忆只是存在于蒙娜丽莎这个非真实的微笑中，这个微笑只是通过绘画和色彩的存在而得到表示。蒙娜丽莎的微笑无疑将我们引向了"达·芬奇的童年回忆"——为了重拾文章的题目，但这个回忆仅仅作为可被形象化的缺场存在于蒙娜丽莎微笑的下面。如同记忆一样丢失了，母亲的微笑是在现实中的虚空之地；这是所有真实踪迹丢失的地方，已湮灭的东西陷于幻觉的地方；因此母亲的微笑不是一件说明艺术作品之谜的众所周知的事情；这是一种被意欲的缺场，没有驱散而是增加了原来的谜团。

正是在这里，学说——我想说是"元心理学"——保护我们反对它自己的极端"应用"。我们记忆犹新，我们从未到达冲动本身，而是到达它们的心理表达、到达在表象和情感中的它们的表现；从此，经济学求助于对文本的辨读；冲动投入的收益表只是在针对着能指和所意指的相互作用的一种注释网络中显示出来。艺术作品是弗洛伊德自己所称的冲动表现的"心理派生物"的一种引人注目的形式；严格说来，这是些被创造的派生物；由此我们想表达的是，幻觉只是一个已消失的被给予的所意指（对儿童回忆的分析准确指向了这种缺场），它在文化宝藏中作为现存的作品表现出来；母亲和她的亲吻第一次存在于提供给人类沉思的作品中；达·芬奇的画笔没有再创造母亲的微笑,他将其作为艺术作品创造出来。在此意义上弗洛伊德能够说"在这些他所创造的形象中,达·芬奇通过力量和艺术否定和超越了他爱情生活的不幸……"艺术作品就这样既是症状又是治疗。

　　这些最后的评注允许我们预期在辩证法研究中吸引我们的几个问题。

　　(1)直到哪一点上,精神分析被证明使艺术作品和梦服从于冲动的一种经济学的单一观点呢? 如同人们所说,艺术作品是我们白天一种持久的创作,并在语词的强烈意义上,是我们白天的值得记忆的创作,而梦是我们夜间一种短暂和无结果的产物。如果艺术作品持续和长存,这不是因为它以新的意指丰富文化价值的遗产吗? 如果它有这样的能力,这不是因为它源于一种特殊的工作,一种艺术家的工作,而这种工作将一种意义整合进坚硬的材料中,将这种意义传达给大众并因此产生了对人类自己的新的理解吗? 精神分析没有忽视这种价值上的区别;精神分析通过升华间接接近这种区别。但升华既是一种解决的名称,也是一个问题的标题。①

　　然而人们可以说,精神分析存在的理由不是接受梦的无结果和艺术的创造力之间的区别,而是把它当成在一种独特的欲望语义学内部产生问题的一种区别。由此,精神分析增加了柏拉图关于诗与爱欲的根本统一的观点,亚里士多德关于从涤罪到净化的连续性的观点,歌德关于信仰鬼神的观点。

　　(2)精神分析和一种关于创造的哲学的共同界限揭示了另一点:艺术作品不仅仅在社会上是有价值的,而且,如同

————————

　　①　我们将对升华问题的总体讨论保留到"辩证法"的第四章,那时将说明对这个讨论的推延。

《米开朗基罗的摩西》和《达·芬奇的童年回忆》的例子让人察觉得,如同对索福克勒斯的《俄狄浦斯王》的讨论以光彩夺目方式所显示的,如果这些著作是创造,这些作品就不是艺术家冲突的简单投射,而是它们的解决纲要;梦向后看,向童年、向过去看;艺术作品则超越艺术家自身:这是一个个人综合和人类未来的前瞻性象征,而不是一个尚未解决冲突的回溯的症状。但回溯和前进之间的这种对立或许只是在第一次接近时才是真实的;尽管这种对立有其表面的力量,我们或许需要超越这种对立;艺术作品恰好将我们置于关于象征功能和升华的新发现的道路上。通过动员首先投入在古老形象中的古老能量,升华真正的意义不是促进新意指吗? 当弗洛伊德在《达·芬奇的童年回忆》中从压抑和强迫中区分出升华,当他在《介绍自恋》中更强烈地把升华和压抑对立起来时,这不就是弗洛伊德自己邀请我们加以探索的方向吗?①

但为了超越回溯和前进之间的这种对立,我们需要先把这种对立设计出来并把它引导到自我毁灭的地步。这将是我们"辩证法"的主题之一。

(3)这种通过精神分析与其他截然相反观点的对立而深化精神分析的邀请让人们瞥见了精神分析界限的真正意义。这些界限一点不是固定界限;它们是移动的且无定限地可被超越的。严格说来,它不是如同一扇封闭的门的界限,上面写着:到此为止,不再雷池。如同康德教导我们的,界限不是一条外在的边界,而是一种理论内在有效性的一种功能。精神分析被证实了它的东西自身所限制,这个东西就是这样的决定:在文化现象中只认识那落到欲望经济学和抵抗范围内的

---

① 参阅以上,第 139 页(译者注:此页码为法文原书的页码)。

事物。我应该说正是这种坚定和这种严格使我喜欢弗洛伊德而不是荣格。与弗洛伊德在一起，我知道我在哪里和我去往何处；和荣格在一起，一切都有混淆的可能：心理现象、爱、原型、神圣。恰好是弗洛伊德问题的这种内在限制在第一阶段将邀请我们把它与其他观点对立起来，这些观点似乎更适合于文化对象的构建，然后，在第二阶段，在精神分析自身中重新发现它超越自身的理由。对弗洛伊德《达·芬奇的童年回忆》的讨论让我们瞥见了这些运动的某些方面：通过利比多的说明没有把我们引向终点，而是引向了一个开端；解释揭示的不是真实的事物，甚至不是心理上的事物；解释求助于的欲望自身求助于它的"派生物"系列和不确定的自身形象化。这种象征的丰富性正适合于另一些研究方法：现象学，黑格尔哲学，甚至神学；在象征自身的语义结构中，应该发现另外这些方法的存在理由以及它们与精神分析的关系。顺便说一下，精神分析学者自身通过自己的文化应该准备这样的对立；不是为了学会外在地限制他自己的学科，而是为了扩展它并在它那里重新发现将早已到达的界限推得更远的理由。精神分析就这样主动地请求从第一次解读，纯粹还原性的阅读过渡到对文化现象的第二次解读；第二次解读的任务将不再揭示被压抑和压抑因素，以使我们看到在面具背后存在的东西，而是解放符号之间相互参照的游戏：开始于寻求欲望缺场的所意指——逝去母亲的微笑，——通过这样的缺场，我们被转移到另一个缺场，——蒙娜丽莎的不真实微笑。只有艺术作品给予艺术家的幻觉以在场；如此给予它们的现实性是在一个文化世界内部的艺术作品的现实性。

第二章　从梦到崇高

　　崇高与其说指向一个问题,不如说指向分叉很多的一组困难;弗洛伊德没有谈论崇高而是谈论升华;然而升华这个词代表了一个过程,通过这个过程,人类用欲望造就了理想、至高无上,也就是崇高。

　　(1)这个词一开始显示了解释的重心从被压抑向压抑的某种转移。这种"主题转移"不可避免地将解释引入到文化现象中;压抑的要求表现为一个以前社会事实的心理表达,表现为权威现象,这些现象包括了被建构起来的历史形象:家庭、被理解成一个团体有效道德的风俗、传统、明确的或暗含的教育、政治权力、教士、刑罚和总体上社会的惩罚。换言之,欲望不再孤单;它有一个它的他者,权威。更进一步,欲望总是在压抑因素中,在一种内在于它的压抑因素中有它的他者。从此,对文化的精神分析更不可能被当成一种神经官能症和梦的理论的简单应用;确实,精神分析被它先前的假设所束缚;所有的事件和所有的状况,包括文化现象,将从快乐—不快乐方面的唯一观点加以考虑。文化自身只是在它影响了一个个人利比多投入收支表的情况下返回到精神分析领域;精神分析中的理想问题正是被这种将文化主题置于经济学问题中的行为所决定;但如果我们可以这样说,这个问题没有从这种对立中安然脱身;我们所称的第二场所论,在理论方面,陈述了施加于解释的深层变化,题为《自我和原我》(1923 年)的文章对第二场所论给了最引人注目的表述。人们或许说,第二场所论表达了新主题与旧问题碰撞所产生的反响;正因如此,我们不能从第二场所论出发而应该把它当成终点;它总结了将精神分析"应用"到文化所要求的对元心理学的所有修改;这些修改,首先被系统的初始状态所规定,已经真正地创造了恰恰是第二场所论的一种系统的新状态。

(2)但文化现象对"理论"的影响自身不是直接的;为了将这种新材料整合进解释中,精神分析应该广泛使用发生学说明。理由是清楚的:我们已说过,被压抑没有历史("无意识在时间之外");压抑则有一个历史;它是历史:从儿童到成年的个人历史,从前历史到历史的人类历史;因此,附加于主题变化之上的是方法论的变化;解释现在应该经历一种新类型模式的构建,一种注定要在一个基本历史内协调个体发生和系统发生的发生学模式,而人们把这样的基本历史称为欲望和权威的历史;的确,在这种历史中重要的是它影响欲望的方式;《图腾与禁忌》不是本人种学的书;《自我分析与群体心理学》不再是一本社会心理学的书;俄狄浦斯情结的历史同样不是儿童心理学的一章。在发生学方法和它吸收的人种学或心理学资料自身只是精神分析解释中的一个阶段的范围内,所有这些作品属于精神分析。我们因此需要把这些发生学模式——俄狄浦斯情结的形成和分解,谋杀父亲和兄弟之间立约,等等——不仅仅理解成注定协调个体发生和系统发生的操作工具,而且理解成注定使全部历史——风俗历史、信仰历史、制度历史——隶属于欲望与权威重大斗争历史的解释工具。从此,人们理解,经历了这样的争论,一种更基本的争论才被勾勒出来,如果我可以说的话,被中介了,这一点从关于精神分析争论的开始就被察觉到,并只在它的结束处被完全表达出来:这一争论就是快乐原则和现实性原则间的争论。人们可以设想在弗洛伊德作品中人种学的真正处境将不容易被决定;人种学是一个必需的阶段,但缺乏合适的意指。同样不容易说的是,直到哪一点上精神分析被它人种学假设上的脆弱和无效所影响。

(3)对伦理现象(在 ethos 代表了 mores、sittlichkeit,即风俗,或有效风尚的广泛意义上)的考虑所施加的主题转移和方法论转移,因此只是通向"理论"一种新表述道路上的阶段。我们应理解第二场所论如何认可这些种类的转移;在这个场所论的新表达中,什么是更重要的:将临床描述和发生论阐释的所有过程都还原为先前的场所论—经济学观点吗?或是在新事实的压力下,将颠覆场所论?容易预见的是,直到现在,在"冲动的结果"下被描述或宁可说被显示的升华,将标志着所有讨论的凝聚点。

1. 解释的描述和临床方法

我们已经通过将关注主题从被压抑转移到压抑粗略地刻画了新主题。真正说来,这个观点从来就有;在精神分析一开始就被理解成是一种与抵抗斗争的范围内,它甚至与精神分析同时诞生。[1] 在"崇高"名义下将成为问题的东西在精神分

---

[1] 第 72 封书信,1897 年 10 月 27 日,《精神分析的诞生》,法文版,第 200 页。

析经验自身内部一直是被对抗的。另外,同样的主题在神经官能症和梦的理论中以防卫和审查的名义引人注目;结果,"崇高"就处于我们所称的扭曲(Entstellung)的起源处。最后,所有的元心理学,在它围绕着名为压抑的冲动结果加以组织的范围内,与其说是一种关于被压抑的理论,不如说是一种压抑因素和被压抑之间关系的理论。

然而,我们有充分的理由来谈论主题转移。以后将成为问题的"心理区分"在一种人格学中更是"角色"而非"位置"。自我、原我、超我是在人称代词或语法主体上的变化;成为问题的,是在人的建立中人与无名者和超人的关系。①

的确,自我问题不是意识问题,因为意识的形成过程问题(第一场所论的中心主题)没有穷尽自我的形成(devenir-moi)的问题。这两个问题从未被弗洛伊德加以混淆,我们不能把意识和自我这两个词等同起来。自我问题直到现在显现在一系列的两极中:自我冲动和性冲动(在《介绍自恋》前),自我利比多和对象利比多(从《介绍自恋》开始)。在这后一种理论中,自我变成了主题并成为与对象交换的项,我们可以把这种理论称作泛利比多的理论;自我因此就显得能够被爱或被恨。人们在此意义上能够谈论自我的爱欲功能。然而自我的真正问题还未被决定;它超出于被爱或被恨的选择之外,并基本上表现在统治、被统治,成为主人或成为奴隶的选择中。然而,这个问题不是意识问题。意识越来越根据一种胚胎学模式加以对待,是所有与外在性关系的中心;弗洛伊德将说它是一个"表面"现象。意识,是为了外部东西的存在;人

① 最早暗示超我未来理论的是1897年的文本:"心理人物的众多性。认同事实或许准许对这个表述的字面上的使用。"(手稿L,附加于第61封书信,1897年5月2日)《精神分析的诞生》,第176页。

们早已在《纲要》中察觉到这一点:意识被运用在对现实迹象的检验中。可以肯定,形成意识是另一回事;但恰好弗洛伊德总是努力把意识的形成过程理解成知觉的一种变化,因此是在一种表面现象模式上的一种变化;对他而言,内在知觉是外在知觉的类似物;这就是在总结时他谈论意识—知觉(Cs-Pcpt)的原因。在关于《无意识》的重要文章中与无意识特征相对立的意识的所有模型与这个表面功能是相联系的;时间的构造、能量的连续等等属于它。意识这些功能的网络在弗洛伊德的作品中构成了一个真正先验美学的大纲,另外在它重新组合了"外在性"所有条件的程度上,完全可与康德的美学相媲美。

自我的问题,即支配的问题,是完全不同的问题。

人们可以从危险、威胁的主题,失去控制的原始现象引入自我问题。自我,就是被威胁的东西,为了自我防卫,应该控制局面。从一开始,弗洛伊德就提醒这一点:防备一种外在危险比防备一种内在危险容易得多;不仅仅逃跑可以是一种我们力所能及的方法,而且知觉能够被解释成一种反对外部刺激的过滤器,或更好被解释成盾牌。人类基本上是一个遭受内部事物威胁的存在者。正因如此,我们需要把本能的威胁(焦虑的来源),道德意识的威胁(罪行的来源)添加到外在危险上。这三重危险和这三重害怕正好构成了第二场所论所从出的问题。如同斯宾诺莎一样,弗洛伊德通过被奴役的原始处境接近自我,即,通过非控制状态接近自我。也因为如此,他把马克思的异化概念与尼采的软弱概念联系起来。自我,首先在面对威胁时是软弱的。人们知道《自我和原我》(第五章)给出的关于"可怜生物"的著名描述,这个"可怜生物"被三个主人威胁:现实、利比多、道德意识。我们在意识的形成和自我的形成之间所作的区别无疑是很简略的;警觉和支配的两个过程只能通过抽象加以区分;因为在第一场所论中归属于意识的特征转移到了第二场所论中的自我那里,如同归属于无意识的特征现在归属于"原我"一样,这就更加真实了;既然"自我和超我的大部分是无意识"①,无意识与原我不相符合。然而,抓紧这条引导线索是正确的:成为自我就是坚持他的角色,成为他行动的主人,进行支配。如同一篇我们以后谈到的文章所说的,神经官能症患者基本上不是"他屋子的主人",这篇文章就是"通向精神分析道路的一个困难"②。

然而,最引人注目的,并且首先最令人困惑的不在这里:不仅仅神经官能症患者不是他自己的主人,而且首先是道德的人、伦理的人不是他自己的主人。那使关于道德现象的所有精神分析研究成为有价值的东西,是因为人类与责任的关系首先被描述在一种软弱的、非支配的处境中。很明显,正是在这里,弗洛伊德和尼采间的接近程度是惊人的。

这种软弱、威胁和害怕的状况,弗洛伊德将其归咎于自我与超我的关系。

让我们从语词开始:在《自我和原我》第三章中,弗洛伊德说:"自我的理想或超我"。这两个术语是同义词吗? 严格地说不是同义的。区别甚至是双重的:自我的理想代表了一种描述性方面,一种在其中超我得到辨读的显示,而超我完全不是一个描述性概念,而是一个构造性概念,一个与第一部分

---

① 《新讲座》,德文全集版,第十五卷,第 75 页;标准版,第二十二卷,第 69 页;法文版,第 97 页。

② 参阅以下,"辩证法",第二章,第 413 页(译者注:此处页码为法文原书的页码)。

考察的场所论和经济学概念同等行列的一种实体;正因如此,我们推迟超我问题并从现在起处理自我的理想。但那使事情复杂化的,是因为自我的理想和超我不仅仅属于认识论观点上的不同层次,它们甚至在各自的层次上没有一种相同的外延。在《新讲座》中,弗洛伊德在这本书中将他的术语进行了严格的排序,自我的理想只是作为超我的第三种功能出现,与自我监督和"道德意识"(Gewissen)为伍。① 这种在术语上的变动一点不令人惊奇:除了这些概念都有探索的特征,精神分析固有的方法意味着这些概念保持了亲缘性。首先,它们不表示任何原始功能:对于精神分析,不存在伦理现象固有的可理解性;理解超我的诞生,就是理解超我;它就是它变成的东西;正因如此,如果我们不求助它们建构的历史,就不能在对这些"超我功能"的描述中走得更远;描述的某种不可靠就是引得我们转向发生学解释的东西。第二个理由,被描述的现象应该以分散的秩序表现自己;把它们联系起来的东西——超我——不是一种被描述的现实;它是一种理论概念。它因此收集许多描述加以区分甚至对立的不同现象,理论将这些现象重新联结起来,或甚至让它们相互等同。最后的理由,我们将考虑的几种现象自身是被解释的结果:这样,抵抗自身就不是一个简单现象;它同样通过心不在焉、遗忘、通过逃往另一主题或可怕感情的产生表现出来;抵抗因此与被压抑一样是被推断出的。"罪行的无意识感情"同样如此,它完全不是一种现象性现实,而是推论(我在此不讨论这个表达的合法

---

① "让我们回到超我。我们已赋予它自我监督、道德意识(das Gewissen)和理想的功能(das Idealfunktion)。"《新讲座》,德文全集版,第十五卷,第72页;标准版,第二十二卷,第66页;法文版,第94页。

性,弗洛伊德自己对这个表达提出异议)。① 然而,弗洛伊德在超我理论的起源处安置了两个重大的发现,这两个重大发现就是对意识的抵制和罪行感,也是在精神分析中作为痊愈的障碍被发现的。

已经做了这些保留,让我们考虑被《新讲座》所列举的超我的三个功能:监督、道德意识、理想。

弗洛伊德用监督来表示我自身的分裂,体验到作为被观察、被监视、被批评、被谴责的感情:超我表现得如同窥探的目光。

道德意识代表了超我的严厉和残酷;它就是在行动中不断进行反对的东西,如同说"不"的苏格拉底的恶魔,并且在行动开始后不断进行谴责;这样,自我不仅被它内在的他者和高一级的他者所监视,而且被它所虐待;需要强调的是,监督和谴责这两个特点不是来自于关于善良意志状况、关于责任的先验结构的一种康德风格的反思,而是来自于临床。监督部分和自我其他部分的区别在一种粗粝的畸形之下显现在监视的癖好中,并且它的残酷在忧郁中表现出来。

至于理想,它被这样描述:"超我相对于自我代表了一种理想;自我试图符合这样的理想,与这种理想相似……;在寻求不断自我完善的过程中,自我服从超我的要求。"②没有任何病理学模式似乎一眼望去支配这个分析;在此没有涉及道

---

① 关于谈论无意识感情的权利,参阅《无意识》,第三章。我们已讨论了以上第156页的问题。"罪行的无意识感情"是很旧的表达(《强迫性行为和宗教活动》,1907年,德文全集版,第七卷,第135页;标准版,第九卷,第123页),并重新出现在《自我和原我》第二章的结束处;在第五章中,它在死亡冲动的背景中被长久讨论。

② 《新讲座》,德文全集版,第十五卷,第71页;标准版,第二十二卷,第64—65页;法文版,第92页。

德憧憬吗？道德憧憬如同使我们符合典范、模仿典范的形象，充满了与一个典范同样内涵的欲望。前述的文本允许这种解释；然而弗洛伊德更关注自我对超我要求所给予回答的强制性特征，而非这个回答的自发性，更关注于服从而非冲动。而且，与前两个特征并列，这第三个特征从中接受了一种人们可称之为"病理学"的色彩，而"病理学"这个词是在临床的意义上和康德意义上使用的。康德谈论过"欲望病理学"；弗洛伊德在监督、谴责和理想化的三种模式下谈论"责任病理学"。

因为这种分析在道德意识中没有认识到任何原始性并在临床的栅栏中辨读道德意识，我们将拒绝这样的分析吗？弗洛伊德的"偏见"具有这样的优势：它从一开始就不把任何东西当成理所当然的：通过把道德现实当成一种被构建和沉淀的后天现实，它避免了附属于祈求先天事物的精神懒惰。至于临床方法，它允许我们通过类比的方法揭露日常道德意识的不真实性。进入到病理学中显示了道德原先被异化和异化的状况；一种"责任病理学"与欲望病理学一样具有教育性：前者只是后者的延伸；的确，被超我压迫的自我，面对着这样内在的陌生者，处于这样一种状况中，这种状况类似于自我面对着它欲望压力下的状况；通过超我，我们首先是自己的"陌生人"：由此，弗洛伊德把超我说成是"内部陌生的家乡"①。发生学解释试图说明的和关于理想的经济学努力加以系统化的就是欲望和崇高之间被隐藏的这种密切关系——用场所论的语言，就是原我和超我之间的密切关系。

没有必要向精神分析要求它不能提供的东西，即伦理问

---

① 《新讲座》，德文全集版，第十五卷，第62（inneres Ausland）页；标准版，第二十二卷，第57页；法文版，第81页。

题的起源,也就是它的基础和原则;但它能够给予的,就是来源和发生;认同问题的困难就扎根于此;这个问题是:如何从一个他者出发——父亲,目前这不很重要——我能成为我自己? 那一开始就拒绝伦理自我原始特性的一种思想的益处是把所有的注意力转向内在化过程,通过这样的内在化过程,原来外在于我们的东西变成了内在于我们的东西。由此,不仅与尼采的接近被发现了,而且一种与黑格尔和他的意识双重化概念对照的可能性也被发现了,通过双重化概念,意识变成了自我意识。的确,通过拒绝伦理现象的原始特性,弗洛伊德只能遇到作为欲望羞辱、作为禁止而非憧憬的道德;但他观点的限度也是其连贯性的对应物:如果伦理现象首先在欲望的伤口中被给予,一种普遍爱欲就是有理由的,而被不同主人折磨的自我,仍然处于与一种经济学相联系的解释之下。

2. 解释的发生学道路

"通过转向超我所从出的源泉,我们将更容易承认它的意义。"这个借自于《新讲座》①的宣示很好地表达了在一个系统中发生学说明的功能,这个系统不承认我思的原始特性,也不承认这个我思的伦理维度②;在这里,发生学占据了基础位置。

弗洛伊德思想在它根本意向中是否不同于进化论或道德发生学的一个变种,争论这一点是徒劳无益的。然而,对文本

① 《新讲座》,德文全集版,第十五卷,第72—73页;标准版,第二十二卷,第67页;法文版,第94页。
② 参阅以上,"问题篇",第52—53页(译者注:此处页码为法文原书的页码)。

的研究可以肯定,从一种独断论出发,弗洛伊德思想随着它的使用不断地使它自己的说明更成为问题。

首先,被提出的发生没有构成一个穷尽一切的说明:发生论阐释揭示了一种权威的来源——父母——它只是传递了强迫和憧憬的一种先在力量;前面提及的文本这样继续道:"儿童的超我没有按照父母的形象形成,而是按照父母超我的形象;它充实了同样的内容,成为传统、历经数代的全部价值判断的代表。"①因此,在发生论的说明中寻找责任本身和正当性本身的证明是徒劳的:正当性是某种在文化世界中被给予的东西。说明仅仅划出权威的最初现象的界限,没有真正穷尽它。在这个意义上,根据弗洛伊德的精神分析,道德的产生只是一种共生(paragenèse)。正因如此,道德,由于它无限性的特征重新返回到超我的经济学说明中,而超我属于与原我同样系统的心理区分;问题将在于知道经济学说明是否穷尽由超我的个人和集体历史遗留下的问题。

其次,我们不需要从发生论说明中期待一切。甚至被还原到临床描述和经济学说明中间的中介角色时,发生论显现为一种令人惊讶的复杂并最终令人失望。牵涉到心理学说明吗? 是的,如果我们考虑到俄狄浦斯情结是关键性的危机,每个人根据著名的认同机制从中产生出自我的个人结构。但超我的这种个体发生——除了它没有触及诸如责任问题,如同人们刚刚所言——在自身历史的平台上求助于一种社会学阐释:俄狄浦斯情结与家庭机构有关,并普遍地与权威的社会现象有关;弗洛伊德就这样从个体发生被转向了系统发生,希望

① 《新讲座》,德文全集版,第十五卷,第72—73页;标准版,第二十二卷,第67页;法文版,第94页。

在乱伦禁忌的风俗中并一般在仅此而已的风俗中发现俄狄浦斯情结的社会学回应；但如同对《图腾与禁忌》的研究将轻易表明的，精神分析注定要求助于一种异想天开的、有时是幻想的、总是第二手材料的人种学，并且局限于将社会现象心理化；正当它在社会现象中寻找它所缺乏的超我派生特征的证据时，它被迫设想出一种对禁忌的心理学阐释，因此锯掉了它安置其信用的旁枝。也为了这个理由，我们应该从无限的发生论转而求助于一种经济学阐释。如同人们所见，许多的惊奇和欺骗在这条发生论阐释的弯曲道路上等待我们。因此，让我们试着再次描述在个体发生和系统发生之间的来来往往。

弗洛伊德早期著作中打动读者的第一件事，是俄狄浦斯情结的发现所具有的闪电般特征，读者们一下子并完全被击中了，这个情节作为个体戏剧和人类的集体命运，作为心理事实和作为道德源泉，作为神经官能症的起源和作为文化的起源。

个体的、私人的、隐秘的，俄狄浦斯情结从弗洛伊德在自我分析中所产生的发现中接受了它的"秘密"特征。但同时，俄狄浦斯情结的普遍性特征在这个独特经验的细节中被一眼所见。首先，俄狄浦斯情结立刻在神经官能症的病源学中占据它的位置，因为它取代了一种是其反面的先前的假设：我们记得弗洛伊德给予成人对儿童的诱惑理论的信任，这个理论是由他的病人在分析中给予他的叙述所启发的；然而，俄狄浦斯情结是被颠倒的诱惑理论；或宁可这样说，父亲的诱惑事后显现为是俄狄浦斯情结被扭曲的表象；不是父亲诱惑孩子，是孩子想要占有母亲，希望父亲死去；应该理解的是，诱惑的场景只是与俄狄浦斯情结有关的"记忆屏"；俄狄浦斯情结完全自然地占据了先前幻觉的位置。①

　　但通过占领神经官能症病源学中的位置，它同样发现自己处于文化的大厦中："一种预感还告诉我，就好像我早已知道的——而我不知道任何事情——我正在发现道德的源泉。"②这个发现的奇特之处在于，它立即伴随着这样的信念：这个独特的冒险也是一种典型的命运。我就是这样解释弗洛伊德的自我分析和俄狄浦斯希腊神话的解释之间完全原始的平行关系。对自我的真诚在此与对一个普遍戏剧的把握相符合③；关系

---

　　①　1897 年的《致佛里斯的信》在这方面构成了一个重要的文件："当以前'应该谴责父亲的乖戾行为'时"（书信 69），俄狄浦斯情结现在代表了"父亲的无辜"；相应的，必须赋予儿童以性欲；最初场景的幻觉掩饰的就是这种儿童性欲（同样参阅《对精神分析运动历史的贡献》，1914 年，德文全集版，第十卷，第 55—61 页；标准版，第十四卷，第 17—18 页；法文版，见《精神分析文集》第一版，巴黎，巴若，1927 年，第 274—276 页）；关于弗洛伊德的自我分析和他自己的俄狄浦斯情结，参阅第 69、70、71 封信。父亲方面积极角色的缺乏，虔诚而爱偷窃的保姆（"我的性爱老师"），针对母亲的性好奇，对兄弟的妒忌，年长侄儿的模糊位置，等等。关于所有这些，请参阅琼斯，前引书，第十四章。另外，关于年青弗洛伊德将温情转移到他恋人佛里斯身上和他对他的同事布鲁尔的敌视，请参阅琼斯，前引书，法文版，第 336—339 页；安杰伊（Anzieu），前引书，第 59—73 页。人们在与 1897 年 5 月 31 日的书信 64 一起的手稿 N 中发现第一次提及俄狄浦斯情结。"记忆屏"的概念在 1897 年的一篇文章中被系统地处理（德文全集版，第一卷，第 531—534 页；标准版，第三卷，第 303—322 页）。

　　②　第 64 封书信，1899 年 5 月 31 日，在《起源……》，第 182 页。

　　③　"只有普遍价值的观念进入我的思想。如同在其他地方，我已在我身上发现对我母亲的爱的感情，对我父亲的妒忌的感情，我想，这种感情是所有的儿童共有的，甚至当它们的出现不是与具有了歇斯底里症的儿童一样早（以一种类似于在偏执狂那里起源'浪漫化'的方式——英雄，宗教的建立者）。如果是这样，人们理解了俄狄浦斯王的强烈效果，尽管所有这些理性的反对，这些反对是与一种无可逃避的必然性相对立的。人们也理解为什么新近表达命运的戏剧都悲惨地失败了。我们的感情反抗所有武断的个人命运，诸如 Aïeule（Grillparzer 一个作品的名称）中所显示的，等等。但希腊的传奇具有所有人承认的强迫性，因为所有人已感受到它。每一个观众曾是一个在萌芽中，在想象中的俄狄浦斯，并对移植到现实中他的梦的实现感到惊恐，他随着将他的婴儿状态和他的现实状态分开的所有压抑措施而战栗。"第 71 封书信，1897 年 12 月 15 日，在《起源……》，第 198 页。

是相互的：自我分析揭示了希腊传奇的"惊人的效果"，"强迫方面"；相应的，神话证明了必然性——我想说的是非武断命运的特征——这个必然性依附于独特的经验。或许应该在对独特经验和普遍命运之间一种吻合的广泛直觉中寻找弗洛伊德试图将个体发生——换言之就是个体秘密——与系统发生——也就是普遍命运联系起来的深层动机，任何人种学调查都不能穷尽这样的动机。

　　这个普遍戏剧的广度从一开就被察觉到；它被从对俄狄浦斯王的解释到哈姆雷特角色的延伸所证实：如果"歇斯底里的哈姆雷特"对杀死他母亲的情夫犹豫不决，这是因为在他身上蛰伏了"因为对他母亲的激情，希望对他父亲犯下同样重罪的朦胧记忆"①。明快而决定性的比较：如果俄狄浦斯揭示了命运方面，哈姆雷特揭示了附属于俄狄浦斯情结的罪行方面；如果弗洛伊德从 1897 年起就引用哈姆雷特的语词，而这些语词在《文明及其不满》中重新出现，这不是偶然的。这些语词是："Thus conscience does make cowards of us all…"（良心使我们所有人变得懦弱；）弗洛伊德用这些词评论道："良心是他罪行的无意识感受。"②

　　可是，如果不牵涉到风俗，什么样的东西使个人秘密成为一个普遍命运，而且是伦理特征的普遍命运呢？俄狄浦斯情结，就是被梦想的乱伦；然而，"乱伦是一种反社会行为，为了生存，文明有责任一点点弃绝它"③。这样，属于欲望个体历史的压抑，就与最严厉的文化风俗之一，乱伦禁忌相符合了。通过俄狄浦斯，文明与本能的冲突就被提出了，关于这一点，

---

①　同样的第 71 封书信（出处同上）。
②　同样的第 71 封书信。
③　手稿 N，1897 年 5 月 31 日，在《起源……》，第 186 页。

弗洛伊德从《性文化道德和现代神经质》(1908年)起,经过了《图腾与禁忌》(1913年)直到《文明及其不满》(1930年)和《为什么有战争?》(1933年)从未停止过评论。这样,压抑和文化,心理内部的机制和社会风俗在这典型事例上吻合起来。

从这直觉的纽带出发,一方面产生了心理学上的发生论,另一方面产生了社会学上的发生论。第一条线索是由《梦的解析》和《性学三论》开创,第二条线索是由《图腾和禁忌》开创。

《梦的解析》以几乎逐字逐句的方式写下了前些年的重大发现,《致佛里斯的信》今天已使我们认识了这一点;但同时,这些发现的文化影响被掩盖了;对俄狄浦斯情结的解释事实上被弃置在亲人死亡之梦的例子中,这些例子归在典型之梦的名义下,这些梦出现在"材料和梦的来源"这一章中——因此先于"梦的工作"这重要一章。① 这样的安排很有误导作用,而且,把俄狄浦斯情结当成简单的梦的主题:希腊传奇只是用于证明"为了儿童心理而出现的假设的普遍有效性"②;我们的梦证明了对悲剧的阐释存在于每人自身中:"俄狄浦斯王杀死了他父亲莱伊斯(Laïus)和娶他母亲约加丝塔(Jo-caste)只是完成了我们童年的梦想……一看见谁完成了我们童年的古老梦想,我们便惊恐万状,充满了压抑,这种压抑从此就在我们内部反对这些欲望。"③文明和本能的重大冲突因

① 参阅我们的讨论,以上,第113页和注释(27)第114页(译者注:此处页码和编码均为法文原书的页码和编码)。
② 德文全集版,第二、第三卷,第267页;标准版,第四卷,第261页;法文版,第197(144)页。
③ 德文全集版,第二、第三卷,第269页;标准版,第四卷,第262—263页;法文版,第198(144—145)页。

此就被投射在心理内部的平台上,更准确地说,投射在梦的屏幕上;"人们在索福克勒斯的悲剧文本中发现了俄狄浦斯传奇从一种古老梦的材料中喷涌出来的这个事实的一个无可争辩的迹象,而这些古老材料把被性欲的最初冲动引入到与父母关系中的痛苦混乱作为内容。"①约加丝塔自己向俄狄浦斯解释了他自己的作为典型和普遍之梦的历史:"许多人在他们的梦中已经分享了母亲的分娩。谁蔑视这些恐惧就很容易经受住生活的考验。"弗洛伊德总结道:"俄狄浦斯传奇是我们的想象对这两个典型之梦的反应(对母亲的欲望,父亲的死亡),如同这些梦在成年人那里伴随着厌恶的感情,俄狄浦斯传奇应该在它的内容中加上惊恐和施加于自己的惩罚②。"

为什么在《梦的解析》中明显地降低俄狄浦斯情结的文化意义呢?除了弗洛伊德的才能(他在这本书中提炼出了真理并使其既隐又显),我将提到他不停留在偶然的文化环境中的主要忧虑;这样,人们可能就想把某些父子间敌意的特征阐释成在我们资产阶级文化中古代罗马的 potestas du pater familias(父亲的权利——译者注)残余,如同弗洛伊德顺便暗示的③;如果人们不想局限在一种很多新弗洛伊德学派恰恰重回的社会—文化阐释,就必须回溯到性欲的古老构造中。这就是风俗方面在此从属于幻觉方面的原因,并且后者在神

---

① 德文全集版,第二、第三卷,第 270 页;标准版,第四卷,第 263—264 页;法文版,第 199(145)页。

② 德文全集版,第二、第三卷,第 270 页;标准版,第四卷,第 264 页;法文版,第 199(146)页。

③ "所有这些对照跃入我的眼帘。但对于我们解释人们的父母死亡之梦是没有帮助的,这些人长久以来已显示了对父母孝顺之情。另外,先前的讨论使我们准备将对父母死亡的希望回溯到童年的早期。"德文全集版,第二、第三卷,第 263 页;标准版,第四卷,第 257 页;法文版,第 194(142)页。

经官能症者和正常人共同的梦中去寻找。① 然而,在这适合于《梦的解析》的环境中,普遍命运方面(只被神话揭示)——我将称为神话的超心理学和超社会学维度——被一些明确的笔触所强调:俄狄浦斯和人类之间命运的相同这一突然的发现证明了乱伦冲动的普遍特征;俄狄浦斯传奇自身的"完全而普遍的成功"证明了这种命运的相同。神话确实被还原为一种梦的幻觉;但这个幻觉是普遍的,因为"它构成了古老之梦的一种内容"。即使精神分析似乎用梦的幻觉解释神话,这是这个情结永远具有神话的名称的原因;只有神话一下子将"典型的"标志授予梦本身。②

《性学三论》在对俄狄浦斯情结的特有心理学解释的道路上构成了一个重要的标志:在超我大厦中关于俄狄浦斯情结角色的所有今后命题的假设,就是儿童性欲的存在;《性学

---

① 德文全集版,第二、第三卷,第 263—167 页;标准版,第四卷,第 257—261 页;法文版,第 194—197(142—144)页。

② "如果现代观众像现代希腊人一样被《俄狄浦斯王》打动,理由不在于希腊悲剧从命运与人类意志的对立中提取了它的效果,而是这种效果包含了这种对立被运用于其上的内容的特定本质。在我们身上应该存在着一种声音,准备承认俄狄浦斯命运的强制力量……他的命运激动着我们是因为他的命运可能就是我们的命运,是因为在我们出生前神谕已向我们宣布了这同样的诅咒。"德文全集版,第二、第三卷,第 269 页;标准版,第四卷,第 262 页;法文版,第 198(145)页。几页后,关于《哈姆雷特》和《麦克白》,弗洛伊德总结道:"如同所有神经官能症症状——梦自身——能够被过度解释(der Ueberdeutung fähig),并且为了被充分理解要求如此,所有的诗歌创作同样起源于在诗人灵魂中的多个动机和多个激励并适合于过度解释。"德文全集版,第二、第三卷,第 272 页;标准版,第四卷,第 266 页;法文版,第 201(147)页。这种"过度解释"似乎不能被还原成通过浓缩和转移的普通的"复因决定"。"复因决定"似乎只导致一个唯一的解释,准确地说,就是解释了复因决定的解释。我试图在"辩证法"的第四章中构思出一个真正的"过度解释"。我们将发现弗洛伊德文本中关于索福克勒斯的俄狄浦斯的新的方面,这些方面充分证明"过度解释"这个概念。参阅以下,"辩证法",第四章。

三论》巨大的重要性存在于这一点上。更确切的，《性学三论》对于俄狄浦斯情结的解释提供了两个基本主题：儿童性欲结构的主题，它的历史或阶段的主题。

　　这本薄薄的书不仅特别关注了"性错乱"、"儿童性欲"或"青春期的转变"这样或那样的主题（这些是《性学三论》中的标题），它基本上想要显示的，是人类性历史中的前历史的重要性；某种前历史被一种细心的"遗忘症"泯灭了，我们以后还要回到这一点；当禁止我们接近儿童性欲的禁令被撤销时，重大而可怕的真理也被树立起来：就像我们在一种文化状态中所熟悉的，对象和目标是一种能够具有各种"违反"和"倒错"行为的更广大趋势的第二种功能；一捆松弛的冲动，包括了残酷，总是准备着被解开，构成了作为倒错否定的神经官能症；借助于对性冲动应用的限制和以反对性冲动所具有的倒错威胁的反应方式，文明以性冲动为代价建立起来了（在这一时期，弗洛伊德用升华这一普通术语覆盖了性力量从它们的目标和所有使用向社会上有用的新目标的转移）。①

　　这整个一组观念充当俄狄浦斯情结特定心理学的基础；应该承认，如果俄狄浦斯情结没有时时将《性学三论》的全部主题作为问题，就不存在对俄狄浦斯情结的讨论，这些主题是：儿童性欲的存在，它的多形态结构，它的潜在的反常结构；被俄狄浦斯情结所预设的儿童乱伦只是这个一般主题的特殊例证。

　　但对俄狄浦斯情结的解释，还是要把利比多的"阶段"或

---

　　①　"文明史家似乎同意说，性冲动力量偏离它们的目标和重新面向新目标——这个过程被称为升华——将力量的成分置于它各种形式下的文明进步中。我们自愿补充道：同样的过程在个体发展中扮演了一个重要角色，并且它的起源回溯到儿童的性潜伏期。"《性学三论》。德文全集版，第五卷，第79页；标准版，第七卷，第178页；法文版，第81页。

"构造"主题的最初详细构思归于《性学三论》;这个发生学主题是结构主题不可或缺的补充;第二篇论文确实还没有把阶段的分化推进得很远;在 1915 年版本中,有关性构造发展时期的部分还只认识到两个"性成熟前的构造":口腔构造和肛门虐待狂构造;但性与生殖的根本区别不仅仅在它的结构意指中被建立起来,而且在它历史构造中被建立起来;这是以后所有分析的基本条件;在《性学三论》的以后版本中,这种区别以后(1923 年)以更大的精确性允许我们把俄狄浦斯情结与另一种性成熟前的构造——阴茎阶段相联系,因此与后自恋阶段,与一个利比多早就有一个面对面的东西的阶段相联系,但作为交换,与性欲由于缺乏构造而失败的阶段相联系。阉割的威胁正是连接在这种阴茎构造之上,这在 1924 年使得俄狄浦斯情结的解体得到说明,而这一说明既因为阉割的威胁,又因为构造的缺乏和相应阶段的成熟而成为可能。所有这些在《性学三论》的阶段理论中处于萌芽状态;甚至认同主题在这个阶段理论中发现了一种支持,因为认同将口腔阶段或恋尸阶段的归并和吞噬当做"模型和意象"①。

人们看到这本小书对于说明俄狄浦斯情结的重要性——它在所有著作中被它的作者所欣赏;它沿着弗洛伊德思想最根深蒂固倾向之一的方向上前进,即他对"前历史"②的坚持——马克思和弗洛伊德共同的主题——,坚持一种有其固有规律的前历史,如果我们可以说的话,坚持有其自身历史的前历史。

前历史的重要性滋养了一种很具弗洛伊德特色的悲观主

---

① 德文全集版,第五卷,第 98(vorbild)页;标准版,第七卷,第 198 页(原型);法文版,第 110 页。

② 德文全集版,第五卷,第 73(vorzeit)页;标准版,第七卷,第 73 页(原始时期);法文版,第 75 页。

义,并且新弗洛伊德主义一直试图缓和与取消这种悲观主义;这种悲观主义早就以不同的形式向我们显示出来:根据《梦的解析》,是"欲望的不可毁灭性",根据《元心理学文集》,是无意识的非时间性;《性学三论》在这个重要主题增加的,首先是一种性欲的原始偏离的观念,对于对象的偏离,对于目标的偏离:弗洛伊德在总结中说:"倾向于倒错是性本能原始的一般倾向,性本能只是由于在它的发展过程中突如其来的器质性改变和心理压抑而变得正常。"①这就是为什么人类性欲是一种争论的中心,这种争论类似于智者们关于语言而开展的争论,在 *physis* 和 *nomos* 之间的争论;人类性欲,如同语言,既属于风俗也属于自然;倒错的主题,人们在其中有时看到资产阶级道德主义的残余,在这里让我们想起"在本性上"利比多保存着所有对日常道德观念的"违反"。生殖的结合总是对利比多原始分散的一个胜利,这种原始分散就是利比多趋向于偏离异性生殖轴心的区域、目标、对象。倒错和神经病是这种人类性欲原始偏离的人类证据。固恋和退化到被超越阶段是人类登记在这种"前历史"的结构和历史中的特定可能性。

正因如此,风俗必然是痛苦:人类只有在"弃绝"一种古老活动、"放弃"被超越的对象和目标时才得到教育;风俗是这种"多形态倒错"结构的对应物。因为成年人受着他曾经历过的童年的折磨,因为他可以滞留和退化,因为他能够追溯过去,冲突就不是一个偶然的东西,一个更好的社会组织或一个更好的教育方法不能使人们免于这样的冲突;人类只能以冲突的方式生活于文化中。存在着依附于作为一种命运的文

---

① 德文全集版,第五卷,第 132 页;标准版,第七卷,第 231 页;法文版,第 164 页。

化任务的一种痛苦,这种命运就是俄狄浦斯悲剧加以说明的命运。偏离的可能性和压抑的必然性是相关的①;文化上的弃绝,类似于前述的哀悼工作,占据了在黑格尔关于主人与奴隶的辩证法中恐惧的位置;对父亲的认同将立刻允许我们把这个与黑格尔"承认"的对比推进得更远。《性学三论》早就发现死亡本能了;所有对残酷的提及将使我们把黑格尔与弗洛伊德之间的对比推进得更远。

俄狄浦斯事件清楚地显示在这个阴暗的基础上。

为什么这一危机比其他危机更重要,如此重要以致弗洛伊德以排他性的方式使它既是神经官能症的入口又是文化的入口②?人们可能合法反对明显扩大俄狄浦斯事件,说:在目

——————————

① 在《性学三论》中,我们经常碰到"心理堤坝"的表述(法文本,第80、99、100、171页)。这个概念没有预判被使用的机制;我们考虑了三个"设计"(德文全集版,第五卷,第138—141页;标准版,第七卷,第237—239页;法文版,第174页以下):第一个导致了倒错:它与将其他目标和其他区域归属于生殖支配的失败联系起来;第二个导致神经官能症,这时,冲动忍受着压抑并继续着它的隐秘存在;第三个最终导致升华,这时,倾向在其他领域发现了一种分流和使用时:"在这里,这是艺术活动的源泉之一,根据升华完全或不完全,对有特殊天赋个人性格的分析,特别对那些表现了艺术禀性个人的性格分析,根据可变化的比例,指出了存在于效能(Leistungsfähigkeit)、倒错和神经官能症之间的一种混合"。德文全集版,第五卷,第140页;标准本,第七卷,第238页;法文版,第177页。压抑、升华和反应的形成(在此被当成升华的"亚种")(参阅"辩证法"第三章)是很接近的机制并形成于我们命名的"性格"中。(出处同上)。

② 一个1920年加的注释很准确:"人们有理由说俄狄浦斯情结是神经官能症的核心(Kerncomplex),它构成它们内容的最基本部分。正是在俄狄浦斯情结这里,儿童性欲达到了它的顶峰,这个儿童性欲通过它的事后效果将对成人性欲产生一种决定性影响。所有新来的人面临着克服俄狄浦斯情结的任务;谁没有完成这个任务就将成为神经官能症的牺牲品。随着精神分析教育的进展,俄狄浦斯情结的重要性变得更明显;对它的承认现在是把精神分析的拥护者和其对手分开的标志。"德文全集版,第五卷,第127—128页(注释)页;标准版,第七卷,第226页(注释);法文版,第220页。

标序列和对象序列中的所有转变都是危机和弃绝,并且俄狄浦斯戏剧只是在弗洛伊德自己所称的"发现对象"①的一般戏剧中的一个片断,并且从哺乳和断奶以来,通过经历对被爱对象缺场的体验,这个普通戏剧只是"对象选择"和"对象放弃"、挑选和欺骗的一个长久的历史;乱伦的压抑毕竟只是这些对欲望抑制的方法之一,可与其他方法相比较(断奶、失神、从情感中后退)。然而,那在对欲望进行严厉教育中和对对象选择的教育中(更准确地说)给予乱伦抑制一个独特位置的,恰恰是它的文化维度。《性学三论》对这一点说得很清楚:"一个这样的抑制是被社会支配的,社会有责任去阻止家庭吸收了所有力量,这些力量应被用于形成高级特征的社会组织;社会因此使用所有的方法松弛每一个人,尤其青少年的家庭联系,这些家庭联系只存在于儿童时期。"②

在这个文本中,乱伦禁忌显然是一个文明后天的产物,假如乱伦禁忌没有通过遗传得到确定,他就应该吸收这种文明的后天产物;对它起源的阐释因此就从心理学转向了人种学。

系统发生比个体发生引领我们走得更远吗?

这就是对《图腾与禁忌》的研究将让我们建立的东西。我们尽可能把宗教信仰的起源问题,即神存在的信仰问题放置一边,正如人们所知,弗洛伊德从图腾风俗中得到了神存在的信仰问题;既然弗洛伊德的命题正是存在于从原始的禁止—禁忌中得出道德禁令,并将原始的禁止—禁忌建立在自

---

① 德文全集版,第123页以下;标准版,第七卷,第222页以下;法文版,第151页以下。

② 德文全集版,第127(die Inzestschranke)页;标准版,第七卷,第155页;法文版,第225页。1915年的注释清楚地指出正是在这一层面,《性学三论》和《图腾与禁忌》的联系建立起来。第一本著作中的"乱伦的障碍"与第二本著作中的"禁忌"相符合。

身被解释成历史和集体俄狄浦斯情结的图腾的流传上,我们确实不能长期地把图腾和禁忌分开。然而,把对这本书的研究进行得尽可能深入,而不引入最薄弱的环节,即野蛮人历史上的俄狄浦斯是合法的①,野蛮人历史上的俄狄浦斯或许只是一个科学神话,被用来取代索福克勒斯的悲剧神话,以"一种原始场景"的方式被投射在弗洛伊德自我分析和对他病人的精神分析的背景中。

因此,如果我们首先避开图腾的科学神话,也就是停留在在《图腾与禁忌》的头两章的范围内("乱伦的禁止"—"禁忌和情感矛盾"),在《图腾与禁忌》中我们发现什么呢?几乎不超过一个"应用精神分析",即,不超过将梦与神经官能症移置于禁忌;弗洛伊德在这两章中所建议的,是通过精神分析对足够受限制的人种学资料进行解释;在其中通过人种学寻求对风俗问题的一种澄清将是徒劳的,这个风俗问题被精神分析解释提出,但被它悬置起来。从一个简单的"应用精神分析"(在这里梦和神经官能症模式延展到禁忌)转变到一种图腾的幻想(在这里人种学将被认为解决由俄狄浦斯心理学提出的谜)将恰恰是最后的人种学神话的功能。

如果在《图腾与禁忌》头两章中对禁忌的精神分析只不过是一种应用精神分析,这是因为这本书的两个假设——此

---

① 弗洛伊德批准了这种相对的分离:"给予这本小书以名称的两个主题:图腾和禁忌,没有以同样的方式被对待。对禁忌的分析提出了一种完全确实和详尽的解决方案。对图腾崇拜的研究局限于这样的宣称:这就是目前精神分析观点带给澄清图腾问题的东西。"(序言)在第一章的开始,弗洛伊德补充道:异族通婚的禁令——在时间上的开始和意义上——"原来与图腾崇拜无关,当婚姻的限制显得必需时,在某一时刻与它联系了起来(没有与图腾崇拜的深层联系)"。德文全集版,第九卷,第8—9页;标准版,第十三卷,第4页;法文版,第13页。

外,这两个假设对它并不是固有的—— 一方面,野蛮人是我们自身发展的一个先前阶段的滞后证明,并以此理由,构成了我们前历史的实验性说明;另一方面,因为他重大的情感矛盾,他是神经官能症患者的兄弟。通过把精神分析应用于人种志,弗洛伊德想着一举两得:一方面他向人种学家说明他们描述但不理解的东西,另一方面,他给公众们——和不轻信的同事们! ——提供关于精神分析真理的实验证明。这个行动的相应物,就是在没有图腾神话的情况下,对禁忌的精神分析阐释只是对神经官能症和梦的阐释,并且人们遭遇到了禁止的事实,和在禁止背后的风俗或权威的事实。

因此让我们跟随证明的步伐,不要止步于我们这里不感兴趣的论证细节。最初的核心,是乱伦的禁止:最野蛮的野蛮人——"这些裸体的食人者"——"给自己树立了最严格的乱伦性关系的禁令。似乎整个社会组织应该服从这种意图并与这种意图的实现相适应"①。这种禁止的社会工具是弗雷泽在《图腾与异族通婚》中提出的著名的异族通婚法律,根据这样的法律,"相同图腾的成员不应有性关系,因此也不应结婚"②。禁止的基础因此从属于图腾;正因如此,尽管我们努力把图腾崇拜的神话悬置起来并只考虑禁忌,我们必须立即引进支持禁止的图腾联系;用图腾亲属关系代替真实亲属关系支撑了整座大厦。然而,在这个分析的层面上,人们可以考虑到:重要的不在于对图腾的信仰,也不在于对血统或从属关系的神秘本质的信仰,而是用"群体婚姻"替代性混乱的社会事实本身。异族通婚是获取这种替代的方法;换言之,禁止是

————————

① 德文全集版,第九卷,第6页;标准版,第十三卷,第2页;法文版,第10—11页。

② 出处同上。

性欲层次改变的相应物①；因为降低到这个最低程度，在《图腾与禁忌》中对乱伦禁止的解释与《性学三论》中对俄狄浦斯情结的解释相一致。

这就是《图腾与禁忌》的头两章的人种学确实带来的东西。这本书的方向转向了反面；随后的内容都是通过精神分析对乱伦恐惧的一种说明，而不是对禁止是其否定方面的风俗的一种社会学说明；风俗之谜被留待以后的科学神话："所有能补充这个统治性概念的，是乱伦恐惧基本上构成了婴儿的一个特征，并以一种令人惊讶的方式与我们所知的神经官能症患者的心理生活相符。"②因此，对神经官能症乱伦主题的发现提供了指引线索；在野蛮人那里，对乱伦的厌恶仅仅带来这个今天已消失在无意识中的中心情结存在的证明，在当时，这种情结是以某种在野外的方式存在的。禁止固有的风俗上和构成上的功能从视野中消失了。我以两种方式阐释这

---

① 弗洛伊德在 L.H.摩尔根后很好地看到"分类"是这些新关系的语言；谈论到在一个有着两个类别和三个子类别的系统中的婚姻类别时，他注意到："但当图腾的异族通婚表现出一种神圣风俗的所有表象，这些风俗人们不知如何产生，因此是一种习俗时，婚姻类别的复杂风俗与它们的细分部分和附属于它们的条件一起，似乎是一个有意识和有意图立法的产物，大概因为图腾的影响已开始衰落，这种立法被用于加强对乱伦的禁止。"德文全集版，第九卷，第14页；标准版，第十三卷，第9页；法文版，第20页。分类因此是对具有神圣源头的禁止的一种强化并最终是一种替代。弗洛伊德在这里类似于现代结构主义——这是明显可被考虑的——不同在于分类相对于图腾的神秘联系是第二位的。然而差别不应被夸大；甚至在对图腾联系的求助中，重要的是包括了用社会关系取代自发性欲的文化事实；这个生物—社会层面的转变与乱伦禁止的否定和第二位事实相比是积极和第一位的事实。

② 德文全集版，第九卷，第24页；标准版，第十三卷，第17页；法文版，第30页。当弗洛伊德在印象杂志上分别发表《图腾与禁忌》的四个部分时，他给它们以这样的题目："野蛮人心理生活和神经官能症患者心理生活之间的某些一致。"

种逐渐转变:首先,在第一场所论形成时期,即在超我发现前,弗洛伊德还不拥有认同的理论概念,而只是关于一种高级心理组织的"通过反应形成"的笨拙观念①;人们将看到1921年《群体心理学与自我分析》在这方面的决定性角色;另外,弗洛伊德更加关注于证明俄狄浦斯情结在神经官能症中的病原角色,而非建立它的构成上的和创立上的角色;人种学扮演了一个实验证明的角色;这就是人们在对弗洛伊德人种学辩护上说得最好的东西:这只是神经官能症理论的附加的拼凑材料。在这方面,《图腾与禁忌》仍然属于"类比"解释的范围,通过这种类比解释,我们已描述了"应用精神分析"的特征。②

　　类比的引导线索由禁忌和强迫性神经官能症在结构上的接近所提供:强迫性神经官能症作为个人的禁忌起作用,而禁忌作为集体的神经官能症起作用;四个特征保证了这层平行关系:"第一,缺乏禁止的动机;第二,它们根据内在必然性的

――――――――

　　① 《性学三论》,德文全集版,第五卷,第78—79页;标准版,第七卷,第178页;法文版,第81—82页。在1915年的注中,弗洛伊德区别了升华和反应的形成,而1905年的文本将两者都算作"心理堤坝(厌恶、羞耻、道德)"(出处同上)。

　　② 我们无疑应将某种重要性赋予与荣格的争论,荣格在1912年出版了 Wandlungen und Symbole der Libido 并在1913年出版了 Versuch einer Darstellung der psychoanalytischen Theorie:"接下来的四章一方面提供了与冯特(W.Wundt)的广泛工作的一种方法论的对比,冯特想把非分析心理学工作的假设和方法应用于同样的主题;另一方面提供了与苏黎世(Zurich)的精神分析学派的工作的一种方法论对比,苏黎世学派与冯特相反,试图通过求助于群体心理学的材料解决个体心理学的问题。"德文全集版,第九卷,第3页;标准版,第十三卷,第XIII页;法文版,巴黎,巴若,第VIII页。在《我的生活和精神分析》(1925年)中,弗洛伊德更乐于承认与荣格的争论:"以后,在1912年,荣格对于神经官能症患者的精神产品和原始人的精神产品间的广泛相似的有说服力的意见促使我注意这个主题。"(《自画像》,德文全集版,第十四卷,第92页;标准版,第二十卷,第66页;法文版,伽利玛出版社,《文集》丛书,第104页)但这个争论恰恰包含了一种人种学的"心理学"解释。

固恋;第三,它们很容易转移和被禁止对象的传染性;第四,来自于禁令的仪式性行为和命令的存在。"①但这个比较的最重要之点是由对情感矛盾的分析建立的;人们可以说,在此对禁忌的解释充当了构建线索;禁忌既吸引人又使人害怕;这种作为欲望和害怕的双重情感的构造令人惊奇地照亮了诱惑心理学,并使人想起圣保罗、圣奥古斯丁、基尔凯戈尔和尼采;禁忌将我们置于这一点上:被禁止的东西因为被禁止所以是迷人的,法律刺激起了色欲:"禁忌是一种被禁止的行为,无意识被一种很强大的趋势推动趋向于禁忌。"②

从这里出发,证明的重点落在了神经官能症这方面:欲望与之对立的权威现象未经阐释地被设想;"堤坝"(如同《性学三论》所说)早就被强加给了欲望并与欲望对立,而欲望也早成了越轨的欲望;正因如此,在接下来对禁忌的说明中③,弗洛伊德继续他的解释而没有回溯到它的条件和假设。解释以某种方式展开以便包括越来越远离禁止和欲望矛盾核心的特征,而其中的大部分特征借自弗雷泽的《金枝》(对敌人、对首领和国王、对死亡的矛盾情感)。这是一种心理学,甚至是关于禁忌错综复杂的心理病理学,而关于禁止的特定风俗的因素从未被设想④。心理病理学常常影响深远:这样,在神圣仪

---

① 德文全集版,第九卷,第38—39页;标准版,第十三卷,第28—29页;法文版,第46页。

② 德文全集版,第九卷,第42页;标准版,第十三卷,第32页;法文版,第50页。

③ 第二篇论文。

④ 我们在下一章中将看到"投射"的机制如何阐释依附于禁忌和害怕的宗教来源的超越表面;吸收的机制(通过它,权威的一种来源建立在自我中)就这样被投射的机制复杂化了,通过投射的机制,思想的全能被投射进实在的能力中:恶魔、精神和神;投射不是注定阐释这样的机制,而是阐释附属于对精神和神的信仰,即附属于对超人能力的真实存在的信仰

式的事例中，与禁忌仪式和与强迫性仪式的接近让我们在尊敬表象下发现禁忌的形象化的完成，即，敌意和将敌意引入儿童的父亲情结中。原始人是心理生活矛盾的迟到的证明；最后在恐惧中显露的，是欲望的力量和"无意识过程的不可摧毁性和不可改变性"①。因为他是个大孩子，野蛮人就在一种幻觉的夸大中清楚地显示了在道德命令的隐藏和减弱的形式下向我们透露的东西，或在强迫性神经官能症的扭曲特征下向我们透露的东西。情感矛盾因此显得像"大地"，一方面为意识—禁忌（禁忌的内疚感）所共有，另一方面为道德命令所共有，这个道德命令就像被康德形式化的那样。②

　　弗洛伊德想到用情感矛盾来阐释道德意识吗？某些文本使人产生这样的想法，这些文本偷偷地将类比转变成真正的联系。③　但一旦禁止被提出（这种禁止来自于高于欲望的一

的超验幻想；投射是经济学方法，通过它，一种心理内部的冲突如果没有被解决，至少也被减轻了；权威的外在性似乎是不可被克服的，甚至被禁忌的定义所假设："禁忌是一种古老的（uraltes）禁止，从外部强加（被一个权威），并被用以反对人类最强大的欲望。"德文全集版，第九卷，第45页；标准版，第十三卷，第34—35页；法文版，第54页。

　　① 　德文全集版，第九卷，第88页；标准版，第十三卷，第70页；法文版，第101页。

　　② 　在这个场合，弗洛伊德比较了Gewissen和Wissen："'意识'（Gewissen）是什么？根据语言的见证，意识以最肯定（am gewissesten）的方式被应用到人们知道的事情中。一些语言在道德意识和意识［在认知意义上的］（Bewusstsein）间几乎不存在一种区别：道德意识，是对我们体验的某些欲望拒绝的内在知觉，当然，这种拒绝不需要引用任何理由，它自身是非常可靠的（gewiss）。"德文全集版，第九卷，第85页；标准版，第十三卷，第67—68页；法文版，第97页。

　　③ 　"如果我们没有弄错，对禁忌的理解在道德意识的本质和起源上投射了某种亮光。人们不用曲解概念，可以谈论一种意识—禁忌，并且因为违反了一种禁忌，可以谈论一种罪行—禁忌感。意识—禁忌可能构成了在其中道德意识现象被遭遇的最古老的形式"（出处同上）。更进一步："事实上，人们可以冒险提出这样的断言，如果我们不能通过对强迫性神

种联系的涌现),情感矛盾仅仅是我们感受某些人类关系的方式:在俄狄浦斯情结中的父亲形象,在图腾组织中从生物关系向"群体关系"的转变,将我们送回到权威或风俗最初的现象,关于这个现象,《图腾与禁忌》迄今更多地说明了情感的影响而非"外在"于欲望的起源。情感矛盾主题所从属的诱惑心理学只是使得一种欲望和法律更原始的辩证法的缺乏更加明显。这两章没有说的,只是风俗自身。①

为了填满这样的空隙,弗洛伊德在人类的起源处提出了一个真正的俄狄浦斯情结,一个原初的弑父者,以后的全部历史都带有它的伤痕。《图腾与禁忌》的最后一章设想了一种图腾崇拜理论,从各个方面借用了很多材料,用俄狄浦斯情结自身把这些材料连接起来,但把它们投射到人类的前历史中。尽管弗雷泽本人的犹豫和变化,以及早就被许多人种学家表达的将图腾崇拜和异族通婚区分开的趋势,弗洛伊德从弗雷泽——至少在《图腾与异族通婚》中——和冯特(Wundt)处借

————————

经官能症的研究发现罪行意识的起源,我们应该放弃将发现它的全部希望。这个任务能够在个体神经官能症患者事例中被完成;在与民众相关的事情上,我们可以希望推论出一个相似的结果。"(出处同上)道德以后的全部历史似乎被还原成矛盾自身的历史:"如果道德戒律不再影响禁忌的形式,原因应只在支配着隐藏矛盾条件的一种突然变化中寻找。"德文全集版,第九卷,第88页;标准版,第十三卷,第71页;法文版,第101页。

①　当弗洛伊德同意"禁忌不是一种神经官能症,而是一种社会构成(Bildung)"时(出处同上),当他同意"性冲动因素对社会因素的优势构成了神经官能症的特征"时,他揭开了帷幕一角。德文全集版,第九卷,第91页;标准版,第十三卷,第73页;法文版,第104页。但这是为了立刻补充道:"以前一直是问题的社会构成取决于出自利己因素和爱欲因素联合的社会冲动。"(出处同上)区别以另一种方式重新出现:神经官能症患者,为快乐原则所苦,逃避折磨他的现实性;可是"人类社会,和所有被它集体创造的风俗制度"是神经官能症患者被回避和被排除的"真实世界"的基本特征之一。这种集体创造和出自于它的风俗制度如何联系于现实原则而非快乐原则呢? 这是在《图腾与禁忌》中仍未被回答的问题。

用了禁忌的社会功能依靠图腾的宗教功能的信念,借用了异族通婚的法律出自图腾关系的信念①;根据弗洛伊德,因为野蛮人是图腾的后代,他不应该杀死图腾(或图腾的代表),也不应与同一群体的妇女通婚;人们早就承认了俄狄浦斯情结的两个主要禁令。为了获得俄狄浦斯情结的历史起源,所要做的只是在图腾中重新发现父亲的形象。

精神分析自身提供了关键性的环节:"小汉斯"的例子和费伦茨(Ferenczi)一个病人的例子使弗洛伊德相信父亲是儿童动物恐怖的被隐藏的主题;"对小汉斯的分析向我们揭示的新事实在图腾崇拜说明的观点上是很有趣的:儿童尤其把他所经历的对父亲情感的一部分转移到一种动物身上。"②这种将父亲的主题转移到动物形象上从此后将在人种学阐释的迷宫中提供指导线索,而人们在儿童的神经官能症中辨读出这种主题转移;另外,弗洛伊德在这个意义上被一种早就强调的平行关系所鼓励,这个平行关系存在于野蛮人对于禁忌的情感矛盾和孩子与父亲关系的情感矛盾之间,转移到动物形象身上是那个矛盾不成功的解决方式。人们所要做的只是发现一种在小汉斯的例子中被发现的幻想转移的历史等同物;这个例子中用小写字母表现出来的东西,应该被发现用前历史的大写字母书写出来。

---

① 德文全集版,第九卷,第 132、146、176 页;标准版,第十三卷,第 108、120、146 页;法文版,第 151(et la n. 1)、167、201 页:"与图腾系统的最新概念相反并与最古老的概念相符合,精神分析在图腾崇拜和异族通婚间建立了紧密的相关性,并把一种起源上的同时性授予它们。"

② 德文全集版,第九卷,第 157 页;标准版,第十三卷,第 129 页;法文版,第 179 页。费伦茨(Ferenczi)所带来的东西是第一位的:阉割的威胁就是从他这儿来的,这种阉割威胁随后扮演了一个重要角色,"不是直接与俄狄浦斯情结有关,而是非直接地与这个情结的自恋有关,与对阉割的恐惧有关"(出处同上)。这个主题在《俄狄浦斯情结的衰落》这篇论文中被重新采纳(1924 年)。

　　动物恐怖的父亲情结的发现似乎推动弗洛伊德在图腾理论的第一个核心上——弗雷泽-冯特核心——混合进两个决定性和更具冒险性的特征。他从达尔文和阿特金森①处借用了原始游牧部落的理论,这个理论使得男性的嫉妒发挥作用,这个男性是妇女的垄断者并且排除年青男性分享这些妇女,尽管人们至少没有看清楚在达尔文那里力量如何变成权利和嫉妒如何变成异族通婚的法律。② 但弗洛伊德尤其从《闪米特人的宗教》的作者罗布森·斯密斯那里借用了一种图腾会餐的理论,这种理论将填补阐释的漏洞。需要承认的是,在祭坛上的供品在宗教中总是扮演着同样的角色,每一次都涉及整个社会和神之间共餐的一个仪式,动物的供品是最古老的供品,牺牲品的死亡在部落中被允许但禁止于个人,最后,被牺牲的动物等同于古老的图腾动物;图腾崇拜的宴会因此提供了逐渐远去的著名图腾世系的人种学"证明";但在这个早就被简化的图式上还需加上"某些似真实的特征"③:图腾首先残酷地被杀死,生吞活剥,然后在欢庆节日前被哭泣和悔恨。

　　我们现在收集了材料:如果我们合并弗雷泽、冯特、达尔文、阿特金森、罗布森·斯密斯,我们有了前后相继的历史:

---

　　① 《原始法》,1903 年。

　　② 那唯一指向弗洛伊德阐释的暗示是:"那些被如此排除并到处流浪的年青男性,当他们最后成功找到一个伴侣时,十分注意不要在同一个家庭内的成员间有血缘关系很紧密的结合。" "The younger males,being thus expelled and wandering about,would,when at last successful in finding a partner, prevent too close interbreeding with the limits of the same family." 引自达尔文,《人类的由来》(1871 年),第二卷,第 362 页。德文全集版,第九卷,第 153 页;标准版,第十三卷,第 125 页;法文版,第 174—175 页。严格地说,人们可以在这个文本中发现对我们以后所称的兄弟协议有利的一个迹象。

　　③ 德文全集版,第九卷,第 169 页;标准版,第十三卷,第 140 页;法文版,第 193 页。

"一天,被驱赶的兄弟们重逢了,杀死并吞吃了父亲,这终结了父亲的游牧部落。一旦重逢,他们变得很大胆,能够实现他们每个人就个人而言以前不能做的事情。文明的一种新进步,一种新武器的发明,有可能使他们获得他们占优势的感受。鉴于他们是拙劣的野蛮食人族,他们吞食他们父亲的尸体一点不令人惊奇。狂暴的原始父亲肯定一直是这个兄弟团体的每个成员所羡慕和畏惧的榜样。可是,通过吸收行为,他们实现了与他的同一,每一个人占有他力量的一部分。图腾崇拜的宴会,或许是人类的第一场盛宴,可能是重现并作为这个值得纪念的犯罪行为的纪念节庆,它充当了这么多事情的出发点:社会组织、道德制约、宗教。"①

我们难以抵制这样的印象:在梦中和神经官能症中被辨读的俄狄浦斯情结让弗洛伊德从可自由处理的人种学材料中得出那些准许我们重建一个人类集体的俄狄浦斯情结东西,并以一个发生于历史起源处的真实事件的方式猜测它;与图腾认同以及在这一方面的情感矛盾以某种方式在一种字面解释而非象征解释中被实体化了:如果动物恐怖之梦中的动物等同于父亲,人种学的神话就允许用父亲替代动物:梦和神经官能症的象征转移就这样被一种发生在历史中的真实转移所重复和补偿:"所有我们已做的,就是把一个字面意义分配给这个人种学家只知道使用的称呼,并且他们因为这个原因把这个称呼压抑在背景中。相反,精神分析使我们揭示这一点,并将其与对图腾崇拜阐释的一个尝试联系起来。"②

---

　　①　德文全集版,第九卷,第171—172页;标准版,第十三卷,第141—142页;法文版,第195—196页。
　　②　德文全集版,第九卷,第159—160页;标准版,第十三卷,第131—142页;法文版,第182页。

对俄狄浦斯情结的精神分析解释因此被投射在一个实在论考古学中;它自身反映在对图腾崇拜的一种字面解释中。在梦和神经官能症字里行间被辨读的俄狄浦斯情结的意义凝结成一个真正的相等:图腾就是父亲;父亲被杀死和吞吃了;儿子们从未停止后悔;为了与父亲和解并与他们自己和解,他们发明了道德:我们现在有真实的事情而不再是幻觉;在这第一块基石上,有可能建立起仅仅得到辨读的所有其他的冲突状况;真相不幸的是,最初的弑父仅仅是一个用人种学碎片建立起来的事件,而这些人种学碎片在通过精神分析得到辨读的幻觉的保护下。《图腾与禁忌》被当成了科学资料,它只是一个巨大的恶性循环,在这个恶性循环中,分析者的一个幻觉相应于被分析者的幻觉。

我因此想到,给精神分析提供帮助不是把它的科学神话辩护成科学①,而是把它解释成神话。在《图腾与禁忌》的最后,弗洛伊德认为能够从真实的图腾宴会中得到希腊悲剧②;

---

① 弗洛伊德很好地感受到了求助于心理学遗产的所有困难,心理学遗产是后天特征遗产的令人困惑的变体(《图腾与禁忌》,第 213、216 页)。伴随着不断增长的固执,弗洛伊德在《摩西和一神教》中接受了它的所有的不便。至于人种学家的批评,参阅马里诺(Malinows),《性与野蛮社会的压抑》(1927 年),尤其是第 III 部分,第 3 章;基克罗贝尔(Kikrœber):《一个精神分析的人种学》,Am, Anthropologist XXII,1920,pp. 48–57,《图腾与禁忌回顾》,Am.J.of Sociology XIV,nov. 1939,pp.446–450;Antropology,1948(éd. revue),pp.616–617;克洛德·列维–斯特劳斯(Claude Lévi-Strauss),《亲属的基本结构》,1949 年。

② "但为什么悲剧英雄应该忍受痛苦,并且他的'悲剧'错误意味着什么?我们将用一个迅速的回答结束这个讨论。因为他是最早的父亲,我们已谈论的原始伟大悲剧的英雄,这样的英雄在这里以有倾向性的模式发现了一种重复,所以,他应忍受痛苦;至于悲剧错误,这是他为了将合唱队从他的错误中解放出来应该承担的。"德文全集版,第九卷,第 188 页;标准版,第十三卷,第 156 页;法文版,第 214 页。这种将悲剧英雄解释成合唱队的救赎者,而这支合唱队自身与这帮兄弟相等同,让我们把希腊悲剧置于图腾宴会与基督受难的中途。

真相恰恰相反:弗洛伊德的神话是用 20 世纪初人种志术语对悲剧神话自身进行的实证主义移置。通过这种实证主义移置,弗洛伊德认为在他病人的幻觉和他自我分析的幻觉前添加了一段真实历史。这个随后被他的学派采用的弗洛伊德人类理性幻觉可相比于柏拉图在《理想国》第四卷中的建构,在那里哲学家着手阅读人类灵魂的"小写字母"以及它的三个社会等级。《图腾与禁忌》正是如此:根据达尔文游牧部落的父亲和儿子,弗洛伊德辨读了父亲的嫉妒和在暴力中风俗的诞生;根据罗布森·斯密斯的图腾宴会,他辨读了爱与恨、毁灭与分享的情感矛盾,这种情感矛盾激励了宴会的象征,一直到它最野蛮的食人行为的表达;根据节庆开始时的哀悼,他辨读了对象的丧失,所有爱的变形的狭窄之门;根据内疚和回顾性服从,他辨读了在犯罪和放弃的双重痛苦中向风俗的转变;简言之,通过这种新的悲剧神话,他把整个历史解释成罪恶的继承者:"社会从此后奠基于一种共同错误上,奠基于一种共同所犯的罪恶上;宗教,奠基于罪行的感情上,奠基于悔恨之上;道德,一方面奠基于这个社会的必然性之上,另一方面奠基于由罪行感产生的赎罪需要上。"①

通过这个具有科学外表的新神话,弗洛伊德与所有可能取消黑格尔所称"否定的工作"的历史观决裂;人类的道德历史不是功利的合理化,而是一种具有矛盾情感的罪恶的合理化,一种同时保持了原来伤口的、具有解放作用的罪恶的合理化;这就是图腾宴会、哀悼和节日的含糊庆祝所要表示的东西。

---

① 德文全集版,第九卷,第 176 页;标准版,第十三卷,第 146 页;法文版,第 201 页。

同时,风俗制度问题以它全部力量又重新出现;用神话的术语就是:对"兄弟杀戮"的禁止如何可能源于"弑父"? 通过揭示父亲在所谓图腾中的形象,弗洛伊德只是使他要解决的问题变得更尖锐,这个问题就是自我采纳了外在禁止;确实,没有游牧部落父亲的嫉妒,就没有禁止;没有"弑父",就不再有嫉妒的中断;但"嫉妒"和"弑父"这两组密码仍然是暴力的密码:弑父打断了嫉妒;但什么打断了作为可重复罪行的弑父呢? 这早就是埃斯库罗斯在《奥瑞斯提亚》中提出的问题。弗洛伊德很自觉地承认这个问题:悔恨和回顾性服从使我们谈论一种"与父亲的协议",但这个协议最多阐明了对杀戮的禁止,而不是对乱伦的禁止;对乱伦的禁止要求另一份协议,一份兄弟间的协议;通过这份协议,人们决定不重复父亲的嫉妒,人们放弃一直是谋杀主题的暴力占有:"因此,兄弟们如果想生活在一起,只有拿定主意:或许在克服了诸多重大纷争后,建立对乱伦的禁止,以此他们都放弃对他们所渴望的妇女的占有,而就是为了确保这样的占有,他们杀死了父亲。"①弗洛伊德更进一步写道:"通过相互确保生命,兄弟们保证永远不像他们杀死父亲那样相互对待。他们排除了重复他们父亲命运的可能性。在属于宗教本质的禁止杀死图腾之上,他从此以后增加了一种具有社会性质的对兄弟杀戮的禁止。"②因为放弃暴力,在纷争的刺激下,人们接受了全部对于风俗制度的诞生是必需的东西:法律真正的问题是兄弟杀戮而非杀死父亲;在儿子之间协议的象征下,弗洛伊德遇到了精神分析阐

---

① 德文全集版,第九卷,第174页;标准版,第十三卷,第144页;法文版,第198页。

② 德文全集版,第九卷,第176页;标准版,第十三卷,第146页;法文版,第201页。

释真正必需的东西,这是霍布斯、斯宾诺莎、卢梭、黑格尔的问题:也就是从战争到法律的变化;问题在于知道这种变化是否仍属于一种欲望经济学。我们现在将考虑的全部超我问题出现在这一点上:不再是俄狄浦斯情结如何诞生,而是它在超我的建立中如何消失。

3. 元心理学问题:超我概念

我们已经在这一章的开始处建议区分自我的理想和超我这两个弗洛伊德概念,把自我的理想概念置于描述性的、现象的、症状性的层面上,把超我概念置于理论的、系统的、经济学的层面上。的确,超我是一种元心理学的构造,与那些我们在第一场所论背景中考虑的东西同列。但如果自我、原我、超我的序列在认识论观点上可比于意识、前意识、无意识的序列,人们就可合法地追问它是如何重叠于后者之上。说第一场所论涉及"心理场所",第二场所论涉及"角色"、人格学功能,这个话什么都没讲清楚,因为这个区别处于隐喻的范围内。①然而隐喻将研究指引到了正确方向上。的确,"角色"和"场所"之间的区别代表了一种对待经济学问题的区别。可以肯定,两者的问题仍是经济学问题;在第二场所论中,如同在第一场所论中,只存在投入变化这个问题;但是当第一场所论从排除出意识或进入意识(这种进入以伪装或替代、被承认或不被承认的形式出现)的观点出发处理投入变化,第二场所论从自我的力量或自我的脆弱,因此是从自我的支配和自我

---

①　三个区域的隐喻被三群人占据,对他们的分配时而与区域相匹配,时而不相匹配,参阅《新讲座》,德文全集版,第十五卷,第79页;标准版,第二十二卷,第72—73页;法文版,第102—103页。

的服从的状态出发处理投入变化。根据《自我和原我》章节之一的标题,第二场所论将"自我的依赖关系"作为主题(第五章)。这些依赖关系首先是主人—奴隶关系:自我依赖原我,自我依赖世界,自我依赖超我。经过这些异化关系,一种人格学呈现出来:自我角色、人称代词,通过与匿名者、崇高、现实的关系被构建起来,即通过与在人称代词上的各种衍变的关系被构建起来。

这种经济学的任务是什么?

它的任务在于使得至今仍外在于欲望的东西显现为一种冲动基础的"分化"。换言之,使得一个投入分配的经济学过程与一个权威向内投射的历史过程相一致。这样,在解释学和经济学之间就建立起了一种新的联结:俄狄浦斯情结在神话中和在历史中,在梦中和在神经官能症中被辨读:现在涉及用场所论和经济学的语词陈述相应的能量分配。因此,两种场所论表达了冲动基础的两种分化。平行于自我的分化(弗洛伊德将自我分化归属于外部世界的影响并将其分配给知觉—意识系统),还应该考虑另一种分化,这种分化是"内在的"而不再是"表面的",是崇高的而非感知的:这种分化,这种冲动的改变,弗洛伊德称为"超我"。以此理由,这个新经济学要远超过用一种传统语言记录收集来的临床、心理学、人种志材料。它承担了不仅在描述层面而且在历史层面解决尚未被解决问题的任务;权威事实经常被显现为个体或集体俄狄浦斯的前提;为了从个人或集体的前历史过渡到成年人和文明人的历史,应该接受权威、禁止。心理区分新理论的全部努力就在于将权威放置在欲望历史中,在于使得它显现为一种欲望的"分化";超我的建立就是回应这样的要求。发生论与经济学之间的关系因此是相互的:一方面,心理区分的新理

论标志着发生论观点和俄狄浦斯情结的发现在第一个系统上
产生的反馈;另一方面,它给发生论提供了一个概念结构,这
个概念结构如果没有让它解决,至少让它用系统的术语提出
了它的中心问题:*崇高从欲望核心处的诞生*。如果俄狄浦斯
戏剧是建立超我的关键,问题就在于在俄狄浦斯事件和超我
的来临之间建立起关系并以经济学术语陈述这种关系。

　　这个问题的解决——如果人们可以说精神分析已经解决
了它——在1923年著名的文章《自我和原我》中以很简洁的
语言得到陈述。如果人们把这个文本当成与第一场所论同时
的一系列元心理学纲要的综合,人们将更好地理解它的艰难
的、甚至成问题的特征。我们将提出有关这个综合行程的三
个或四个步骤。

　　1920年加于《性学三论》第三论的一个注解给人们指出
了在什么方向上寻找解决方案:"所有的存在者面临着战胜
自身内的'俄狄浦斯情结'的任务;如果这个任务失败了,他
将是一个神经病患者。"[1]关注的焦点是作为超我建立关键的
俄狄浦斯衰落的主题。这样,超我的经济学问题将兴趣从俄
狄浦斯情结的形成转移到它衰落的形成中去了(为了预期
1924年一篇文章的题目)。

　　第一个步骤在《论自恋》中被提出[2];这篇文章让我们明
白:以后的认同概念没有将全部的超我经济学集中于自身;的

　　① 德文全集版,第五卷,第127(注2)页;标准版,第七卷,第226(注
1,1920年)页;法文版,第220页。
　　② 我们回想一下弗洛伊德如何在精神分析中"引入"自恋,参阅以
上第136—137页和注31(译者注:此处页码和编码是法文原书的页码和
编码)。在"辩证法"中,我们将显示被理解成已破产我思的自恋的哲学意
指。因此,把握弗洛伊德以何种方式试图从这个已破产的我思中得出崇
高、更高的自我是重要的。

确,它提出了一个分化的图式,这个图式似乎既没有被以后的理论吸收也没有被以后的理论废弃。根据这个图式,理想的形成,或理想化,是一种自恋的分化。但如何分化? 弗洛伊德注意到,压抑源于作为个人的文化和道德表象端的自我。但如果人们考虑到这个自我同时是自我的自爱(Selbstachtung),将压抑的条件服从于利比多理论就是可能的:"我们可以说个人在自身中建立了一个*理想*,他把他现实的自我与这个理想相衡量……一个理想的形成对于自我将可能是压抑的条件。"①但理想化是什么呢? "这个理想自我是自爱现在的目标,实际的自我在童年享受着这种自爱。自恋似乎被转移到这个新的理想自我的层面上,这个理想自我如同童年自我拥有全部的完美性。"②不能够放弃早期的满足,不能放弃"他童年自恋的完美","他在自我理想的新形式下寻求重获这种完美:那作为他的理想投射在他面前的东西是从他童年消失的自恋的替代品,在童年时代,他是他自己的理想"。③ 因此,在把自恋移植到一个新形象的情况下,理想化是一种保持儿童自恋完美的方式。

我们在如此狭小的基础上能建立什么呢? 弗洛伊德不是很清楚;他满足于补充两点;理想化不是升华;升华改变了冲动目标,因此改变了在其方向上的冲动自身,而理想化只是改变了它的对象,冲动在它固有的方向上没有受到影响;这就是理想化"增加了……自我的要求",因此提高了压抑的水平的原因,而升华是不同于压抑的另一种结果,是冲动的一种内在

---

① 德文全集版,第十卷,第161页;标准版,第十四卷,第93—94页;法文版,第24页。

② 出处同上。

③ 出处同上。

转变;这第一个补充允许弗洛伊德断言理想化仅仅是超我形成的道路之一,这是一条自恋的道路。①

　　第二个步骤指出这个方法应与另一个方法相协调;弗洛伊德进一步写道:"我们发现一个特定的心理区分,这个心理区分完成务必使从自我的理想部分而来的自恋满足得到保证的任务,以及这个心理区分在这个意图中不停地观察实际自我并将其与理想衡量,这不令人惊奇。"②这个进行观察的心理区分,弗洛伊德早就不仅仅在监视的妄想中,而且直到梦的工作中,至少在做梦者被观察到做梦、沉睡和苏醒的梦中辨别出来了;在这个时候,弗洛伊德暗示了对睡眠和苏醒的自我知觉、对梦的审查、自我的理想、道德意识应该构建一个唯一和相同的心理区分;但这个唯一心理区分的显示宁可代表了一种外在于自恋的源泉③,父母方面的源泉。有必要想到:如果自恋能量的一个部分"转向"比现实自我更具理想性的自我,这是因为它被来自于父母情结的内核所"吸引"。换言之,就是自恋为了在理想的形式下既能被转移又能得到保持,自恋必须被权威所中介。理想化因此求助于认同。

　　然而,或许正是理想化的自恋基础给予认同以土壤,并且

---

　　①　真的,这是个重大的发现:它意味着我们"更好的自我"以某种方式与错误的我思、已破产的我思相一致。

　　②　德文全集版,第十卷,第162页;标准版,第十四卷,第45页;法文版,第26页。

　　③　"刺激主体形成自我理想的东西(道德意识承担起对它的保护),恰恰是父母通过他们声音施加的批评影响;在时间过程中还要加上教育者、教师和无数和不定的周围其他人(邻人,公共舆论)……道德意识的建立其实首先是父母批评的化身,然后是社会批评的化身;当一种压抑趋势从一开始都是外在的一种防卫或一种障碍中发展出来时,同样的过程重复着。"德文全集版,第十卷,第163页,标准版,第十四卷,第96页;法文版,第26—27页。

阐释了借自于他人的东西成为自己的东西;为了认同取得成功,或许形成自我理想的其他人的碎片应该聚合成一个扎根在自恋中的理想自我。这样的评注支持理想自我和自我理想之间的区别,这样的区别在弗洛伊德那里只有很薄弱的支持。① 如果弗洛伊德没有发展这种区别,这是为了达到他激进主义的顶点:超我被从外部引入到内部。

理想化所求助的这个认同过程也有一段很长的历史:在1915 年补充到《性学三论》第二论……并被用于性欲连续构造的部分中。② 弗洛伊德指出认同与所谓口腔或恋尸的性成熟前构造的联系:所有问题将恰恰在于知道被超我理论需要的认同是否与"拥有"、"具有"相一致,或"想要相似"的欲望与"具有"的欲望是否根本不同,而吞食是这个"具有"欲望最野蛮的表达。在《哀悼和忧郁症》中,弗洛伊德开始承认这个过程的范围;第一次,认同被设想成是对失去对象的一个反应;这个功能在忧郁和哀悼之间的对比中显现出来;在哀悼工作中,利比多服从于现实性的命令逐个放弃它的所有联系,通

---

① "Idealich——理想自我"这个表述是很少见的。我们已经在《论自恋》中见到它(德文全集版,第十卷,第 161 页);它重新出现在《自我和原我》中,被拼写为 Ideal-Ich;就我所知,人们在别处没有见过它。相反,Ichideal——"自我理想"——则被发现了近百次(在这方面,法语翻译常常将 Ichideal 翻成理想自我,让人产生错觉)。尽管少见,Idealich 应该被当成是有意图的:上下文指示着弗洛伊德谈论理想自我是与"实际自我"或真实自我相对立。"理想自我"是被转移的自恋自我。这个表述严格地与"自恋自我的理想"同义;因此就应该严格地把它的自恋语境保留给这个表述。通过依靠弗洛伊德关于尊重特征的评注[这个尊重原初地就与自恋相联系,并被弗洛伊德称为 Selbstachtung(自尊心——译者注),它恰恰是自恋自己的理想],这一点没有阻止我们加强这个差别:"在那个时候,它自己就是它自身的理想。"德文全集版,第十卷,第 161 页;标准版,第十四卷,第 97 页;法文版,第 24 页。

② 德文全集版,第五卷,第 98 页;标准版,第七卷,第 198 页;法文版,第 110 页。

过解除投入而获得自由；在忧郁症中，事情朝其他方向发展。自我与消失对象的认同允许利比多在内在性中继续它的投入；通过认同，自我就这样变成了他既爱又恨的双重对象；对象的丧失被转变成一种自我的丧失，而自我与被爱之人间的冲突持续到自我的批评能力与被认同改变的自我之间的新区分之中。①

　　这个关于认同的文本在自恋和理想模型的向内投射之间架起了一座桥梁，而我们随后需要这样的向内投射；的确，用经济学术语，认同——至少在忧郁中——是一种从对象利比多到自恋基础的回溯；跟随奥托·兰克(Otto Rank)的一种暗示，弗洛伊德在这个时候创造了自恋认同的表述："忧郁……从哀悼中借得了它特征的一部分，从把对象选择带回到自恋的回溯过程中借得了另一部分。"②"自恋认同"确实是一种病理学认同；它与吞食的相近证明了它属于利比多的古老构成，而吞食自身代表了利比多的一个自恋阶段；然而，经过这个病理学形象，一个普遍问题呈现出来：消失的对象在自我中的延续。

　　因此，在第一场所论时期，问题就特别复杂；一方面，弗洛伊德把升华说成是区别于其他一切的一种冲动结果，并主要

----

　　①　"对象投入显得没什么抵抗力并且被取消；然而利比多没有被转移到另一个对象上，而是被引导回自我中。在这里没有发现任何应用，它用于在自我与被放弃对象间建立同一。因此，对象的阴影伸展到自我上，而自我被一种特定的心理区分按照一个对象、一个消失对象的方式加以判断。这样，对象的损失就被转变成主体得损失，而自我和被爱之人的冲突被转变成自我的批评活动和被认同这样改变的自我之间的一种分裂。"德文全集版，第十卷，第435页；标准版，第十四卷，第249页；法文版，第202页。

　　②　德文全集版，第十卷，第437页；标准版，第十四卷，第250页；法文版，第205页。

与压抑区别开来；另一方面，他开始从自恋出发构想理想化概念；最后，他从利比多的口腔期出发概括了认同概念，并开始把自恋和认同重新连接在忧郁的自恋认同的模式上；但人们仍看不到这三个主题间的关系：升华、理想化、认同；人们也看不到它们与俄狄浦斯情结共同的关系；尤其是，人们看不到在忧郁中消失对象的认同与在俄狄浦斯情结中父亲认同之间的转换：自恋认同的回溯特征如何能够与通达超我的认同的构成功能相协调呢？

在这些与第一场所论同时的文本和《自我和原我》创造的综合之间，一座桥梁架好了，这座桥就架设在《群体心理学与自我分析》第七章（1921年）。在《自我和原我》前的这最后一部重要著作中，弗洛伊德思考"刻画了一种集体（Mass）①的利比多联系"的本性。与《图腾与禁忌》用精神分析的术语重新采纳由冯特和弗雷泽提出的乱伦禁忌的图腾起源问题相同，这篇重要而相对广泛的文章重新采纳了古斯塔夫·勒邦（Gustave Lebon）的"人群心理学"问题和西奥多·李普士（Theodor Lipps）的模仿和情感感染问题。正是为了把他自己的分析提高到模仿概念的层面、情感感染概念的层面、"情感同化"概念（Einfühlung）（这个词那时在社会心理学中很流行）的层面，弗洛伊德重新使用他的认同概念并第一次给了它比在以前文章中一种更重要的影响；但同时，认同变成了一个问题的名称，而非一种解决的名称，因为这个概念倾向于覆盖与模仿或"情感同化"

---

① 《群体心理学与自我分析》（*Massenpsychologie und Ich-Analyse*），德文全集版，第十三卷，第110页；标准版，第十八卷，第101页；法文版见《精神分析文集》，巴若，1951年，第112页。

（Einfühlung）相同的领域①："精神分析在认同中看到了情感上对另一个人依恋的第一个表现"；第七章在认同的标题下就这样开始了。

让我们进入这重要的文本。第一次，认同接近俄狄浦斯情结；但令我们惊奇的是，我们知道认同先于俄狄浦斯情结如同它后继于俄狄浦斯情结。在它形成的第一阶段，父亲代表了儿童"想成为和想是"的那个东西；然后——"与这个和父亲认同同时或稍后"——是趋向母亲的利比多运动："他因此显示了在心理上不同的两种依恋：对于他母亲，一种明确的性对象投入，对于他父亲，一种与作为榜样（vorbildliche）的认同。这两种依恋在某些时候并行不悖，不相互影响，不相互干扰。但随着心理生活无可阻挡地迈向统一，它们终于汇合，正是从这种汇合中，正常的俄狄浦斯情结产生了。"②因此，似乎是转向母亲的欲望迫使认同带有嫉妒的色彩；认同此时就变成取代父亲的欲望，欲其死的欲望；在这一阶段，认同是俄狄浦斯情结的结果，而不再是它的起源。但如果我们从这种认同—结果回溯到认同—条件，它就呈现为一个巨大的谜。弗洛伊德自己用了许多力量来陈述这一点："在一种程式中我们很容易表达与父亲认同和通过选择对象而与父亲建立联系之间的区别：在第一种情况中，父亲是人们想要所是的东西；

---

① "另外，我们可以猜测我们远未穷尽认同问题，并且我们面对着被心理学称为'情感同化'（Einfühlung）的过程，这个'情感同化'过程在对在别人那里不同于我们自我的东西的理解中占据着主要原则的角色。但我们在此将把自己限制于认同直接的情感效果，而把它对于我们理智生活的意指搁置一边。"德文全集版，第十三卷，第118—119页；标准版，第十八卷，第108页；法文版，第120—121页。

② 德文全集版，第十三卷，第115页；标准版，第十八卷，第105页；法文版，第117页。

在第二种情况中,父亲是人们想要具有的东西。区别因此就在于,在一种情况下联系连接于自我的主体,而另一种情况下联系连接于主体的对象,第一种类型的联系因此可以先于所有性范畴的对象选择。从这种区别中给出一种透明的元心理学表象是很困难的。人们所了解的,是认同力求根据被当成典范的其他人的形象制作出自己的自我。"①弗洛伊德将不用更多的力量表达认同的问题特征和非独断特征。

的确,这个认同如何与一种欲望经济学重新联系呢?困难比已解决的问题更多。首先,关于认同的口腔起源怎么样呢?似乎这只是"有"的欲望而非"像"的欲望,它来自于利比多构造的口腔期("从这样的时期开始,在这期间,人们通过吞吃和消灭被他欲望和欣赏的对象而吸收这样的对象")。另外关于认同的自恋根源怎么样呢?在下面章节中成为问题的神经症认同似乎被嫁接在对父亲神经症爱慕上,而非想类似他的欲望上;在模仿父亲咳嗽的 Dora 事例中,这个关系是很清楚的:弗洛伊德用这些话语概括了这层分析:"当我们说认同占据了对象选择的位置,而对象选择通过回溯被改变成一种认同时,我们能够描述状况"②;因此,这里所涉及的不是原初的、先于所有对象选择的认同,而是一种派生的认同,这种认同出自于通过回溯到自恋而进行的利比多的对象选择;我们处于被《哀悼和忧郁症》及《论自恋》描述的自恋认同的土地上。弗洛伊德注意到,如果人们承认,一种认同能够独立于所有与被模仿人物的对象关系而产生(如同在心理感染的

---

① 德文全集版,第十三卷,第 116 页;标准版,第十八卷,第 106 页;法文版,第 118 页。

② 德文全集版,第十三卷,第 117 页;标准版,第十八卷,第 106—107 页;法文版,第 119 页。

现象中发生的一样），而且这种认同经常在歇斯底里的土地上被认识，并同样被所有这样一些事实所说明（在这些事实中，模仿独立于任何同情而发生），那么，至少有两种认同，或许有三种；这第三种形式重返心理学家的"情感同化"。

认同的画面最终比我们期望的要复杂得多；弗洛伊德这样总结道："我们可以这样总结刚刚从这三个来源学到的东西：（1）认同构成了对一个对象情感依恋的最原始形式；（2）在一种回溯性转变之后，它变成了对一个对象的一种利比多依恋的替代品，这通过一种对象向内投射到自我中达到；（3）每当一个人显露与不是他性冲动对象的另一个人共同的特征时，认同可以发生。"①所有这些倾向于认为终结了俄狄浦斯情结的认同表现了这种多重认同的特征。

在这一章的结尾，弗洛伊德在他对认同的分析中加入了先前的两种描述，《哀悼和忧郁症》和《论自恋》的描述；忧郁将对消失对象的报复内在化的方式显然是认同的一个新变化；通过认同他仇恨的对象，自我因此被转变成反对自身的仇视中心，这个自我与被我们描述成自我的批评部分的东西很类似，这个自我的批评部分进行观察、判断、谴责。但弗洛伊德在这个文本中没有说，人们如何一方面把外在理想的采用与根据忧郁症模式而进行的消失对象的向内投射联系起来，另一方面把外在理想的采用与自恋的分化联系起来。通过它的组合自身，这个文本通过连续的比较向前发展而不是通过系统的构造向前发展。只有俄狄浦斯衰落的经济学允许将仍处分离的主题连接起来：认同一种外在理想，将一种消失对象

---

①　德文全集版，第十三卷，第118页；标准版，第十八卷，第108页；法文版，第120页。

放置在自我中,通过理想形成而导致的自恋分化。

《自我和原我》①由于它坚定的场所论—经济学特征而在合并这些材料方面标志着一个决定性的进步②:况且这就是使这个文本产生特别困难的东西。我们必须一劳永逸地相信在人们所说《自我和原我》第一章的意义上,没有任何涉及现象实体而是涉及"系统"实体;《自我和原我》把先前材料的综合提高到 1895 年《纲要》、《梦的解析》第七章和 1915 年《无意识》的元心理学水平。因此应该在系统之间关系的相互作用中寻找前面描述的过程统一的原则。

---

① 《自我和原我》(*Das Ich und das Es*)(1923),德文全集版,第十三卷,第 237—289 页;标准版,第十四,第 12—66 页;法文版,见《精神分析文集》,巴若(Payot),第 163—218 页。弗洛伊德很明确地向书名为 Das Buch vom Es 这本书的作者乔治·格罗德克(Georg Groddeck)借用了原我这个词,并经过他向尼采借用了这个词。为了指称以前被无意识这个词表示的力量的匿名的、消极的、无名的和不可控制的方面,这个中性代词被很好地挑选了出来。在《新讲座》中,弗洛伊德写道:"这是我们人格黑暗、无法到达的部分;关于它我们很少知道的部分,我们通过研究梦的工作和神经官能症的形成而获知;基本上,它具有一种否定的特征,只能通过与自我的对比而被描述。只有某些对比让我们接进原我;我们把它称为:混乱、充满了沸腾般兴奋的大锅。"德文全集版,第十五卷,第 80 页;标准版,第二十二卷,第 73 页;法文版,第 103 页。接下去的文本很清楚地指出了原我具有以前归属于无意识的所有特征:快乐原则、无时间性、初始过程的不可毁灭性等。

② 直到哪一点仍然涉及一种场所论?"第二场所论"形象的和隐喻的特征比第一场所论的这些特征更被强调,在某一点上,我们已证明了第一场所论的现实性。与第二场所论一样,我们很明显涉及的是一种图表(参阅《自我和原我》中第二章的图表)。另外值得注意的是,超我在这个图表中没有出现,这个图表试图通过在生存领域的深处表现原我和自我间压抑的阻碍物而合并两种场所论,然后是前意识和在表面中途的听觉踪迹,最后是在表面的意识感知系统。这个图表因此是两个表象系统的折中,在这个折中中,内在性的其他维度(崇高维度)没有发现它的位置。在 1933 年的《新讲座》的第三十一次讲座结束时,弗洛伊德试图构思出一个将包括超我的更完整的图表。

　　支配第三章的问题是:在历史观点上继承父母权威的超我如何在经济学观点上从原我获得其能量? 权威的内在化如何可以是一种心理内部能量的分化? 这两个过程在方法论观点上属于两种不同的层面,它们的一致解释了:在效果观点上是升华的东西,在方法观点上是向内投射的东西,或许能被吸收进一种在经济学观点上的"回溯"。这就是为什么用一种认同"取代一种对象投入"的问题在它的普遍性中被当成一种安置、转移、取代的代数。认同如此被描述,它在强烈的意义上更显得是一种公设,一种应该一开始就接受的要求。让我们考虑一下文本:"当人们应该放弃一个性对象这种事发生时,经常导致对自我的一种改变,我们只能把这种改变描述为把对象建立在自我中,如同在忧郁症中一样。通过一种回溯到口腔期机制的向内投射,自我有可能很容易放弃对象或使这种放弃成为可能。这种认同也有可能是一种条件,没有它,原我不能放弃它的对象。不管怎样,在这里,尤其在发展的可预测阶段中,涉及的是一个很频繁的过程,涉及的是使假设成为可能的本性,根据这种假设,自我的特征将是被放弃对象的投入的一种沉淀(Niederschlag)并将包含这些对象选择的历史。"①

　　因此,引起升华的欲望对象的放弃与作为一种回溯的某种事情相吻合了:这是一种回溯,如果不是在从时间上回溯到利比多构造的早期阶段的意义上,至少也是在一种从对象利比多回溯到自恋利比多的经济学意义上,这种自恋利比多被考虑成能量的蓄水池;的确,如果一种爱欲对象的选择转变成

---

　　① 德文全集版,第十三卷,第 257 页;标准版,第十九卷,第 29 页;法文版,第 18 页。

一种自我的改变是一种为了支配原我的方法①,对此付出的代价是:"通过采用对象特征,自我作为爱的对象被强加给了原我;为了弥补原我遭受的损失,自我对原我说:看着,你也能爱我,我如此地像对象。"②

我们为此后支配问题的概括做好了准备:"我们在此所参与的对象利比多转变成自恋利比多明显牵涉到纯粹性目标的放弃,一种无性化——因此是一种升华。的确,问题被提了出来并应得到详尽地讨论,就是要知道是否这不是升华的普遍方法,是否整个升华不是通过自我的中介而实行,这种自我中介开始于把性目标的利比多转变成一种自恋利比多,然后或许给它提供一个其他目标!"③

一旦主要的假设被提出(这个假设只在它使人理解的能力中有它的证明),我们现在理解了这个序列:升华(关于目标)、认同(关于方法)、回溯到自恋(关于投入的经济学)。

让我们把这个图式应用到俄狄浦斯的处境中:认同具有了具体的、历史的意义:"与个人前历史的父亲"④认同的处境。

直到哪一点上,弗洛伊德成功地使对父亲的认同进入通过放弃对象投入而认同的理论图式中呢?

---

① 我采用方法这个词与弗洛伊德在第三章使用这个词时具有同样的意义,他写道:"从另一观点看,人们可以说,这种爱欲对象的选择转变(Umsetzung)成一种自我的改变也是一种方法(ein Weg),通过这种方法,自我能够控制原我并且深化它与原我的关系,当然,这以与它所经历的一切进行无限的和解为代价。"德文全集版,第十三卷,第258页;标准版,第十九卷,第30页;法文版,第184页。

② 出处同上。

③ 德文全集版,第十三卷,第258页;标准版,第十九卷,第30页;法文版,第184—185页。

④ 德文全集版,第十三卷,第259页;标准版,第十九卷,第31页;法文版,第185页。

一开始，弗洛伊德就重新面对在《群体心理学与自我分析》中构思出的困难，即出自对象投入的认同被一种"直接的、立即的、比所有对象投入更提早"①的认同所占先。更进一步，正是这种先在的认同阐释了和父亲关系爱与恨的情感矛盾。父亲既是儿童对母亲爱恋的障碍又是模仿的榜样。如果人们就此不双重化认同，俄狄浦斯情结的经济学就无法被理解。的确，根据通过放弃对象而达到认同的图式，应加以期待的不是一种与父亲的认同，而是一种与母亲的认同；母亲是年青男孩放弃的对象；因此，他应该认同的是他的母亲。弗洛伊德坦承：事实显得与理论不相符合；这是为什么人们只能通过双重化认同，即，在冲突自身中，通过引入一种对象选择和一种先于任何对象选择的认同之间的对抗而与他所称的"完整俄狄浦斯情结"连接起来，以便对父亲的认同自身表现为一种双重认同，通过竞争成为否定的，通过模仿成为肯定的；最后，还必须引入两性倾向，这个主题回溯到与佛里斯②的友情时期，即使他没有纯粹而简单地向佛里斯借用了这个主题；两性倾向要求人们根据男孩表现得像男孩还是像女孩，第二次双重化这些关系的每一个；这就创造出了产生了两种认同的"四种倾向"，一种与父亲的认同，一种与母亲的认同，每一种都是既否定又肯定。

我们已经成功地使超我的产生与通过放弃对象而达到认同相吻合吗？初一看似乎如此；接下去的文本，被弗洛伊德自己所强调，似乎认可解释的成功："被俄狄浦斯情结支配的性阶段的最普遍利益似乎是在自我中一种沉淀的形成，这种沉淀包含了以某种方式相互勾连的两种认同。自我的这种改变

---

① 出处同上。
② 第113封书信："我也习惯于把每一种性行为考虑成一件牵涉到四个人的事件。"《精神分析的起源》，第257页。

单独地占有一个位置;它作为自我理想、或超我与自我的其他内容相对立。"①被放弃对象投入的这种沉淀(一个对象选择通过这种沉淀变成一种自我改变)使人想起康德的自爱(Selbstaffektion)。自我因为他自己放弃对象选择而感到不安。这种自我的改变对原我既是一种损失——原我放手不管,它为了自我而抛弃它的对象——同时又是原我的一种扩大,因为这种新的构造只有通过使自己像消失的对象被爱的方式被原我所采纳。"从原我最初的对象投入出发的,因此也是从俄狄浦斯情结出发的(超我)的产生,将其与原我系统发生的结果联系起来,并从中产生出自我先前构造的一种再生,这些构造已经把它们的沉淀物安置在原我中。因此,超我以持久的方式保持着与原我的紧密联系,并且可以作为它面对着自我的代表(Vertretung)。它深深地浸润于原我中,因此比自我更远离意识。"②这样,所有仍属分散的因素被收集起来了:与父亲或母亲的认同,通过被放弃对象而造成的自我改变,最初的自恋扩大成第二种自恋。

这个图式是如此复杂,但它远未满足问题的所有要求:除了它未触及与父母认同和与对象关系之间(或作为想与之相似的认同和作为想占有的认同之间的区别)的区别外,第二个认同自身也提出了许多问题:一种认同的"沉淀"如何可以表现为自我的"对立面"呢? 超我如何可以既出自原我并与原我对立,并且与它第一次的对象选择对立呢? 我们必须引入一种新的复杂情形,"反应形成"的情形;这个过程回溯到

① 德文全集版,第十三卷,第262页;标准版,第十九卷,第34页;法文版,第189页。

② 德文全集版,第十三卷,第278页;标准版,第十九卷,第48—49页;法文版,第206页。

《性学三论》并且在《自恋》中被采纳反对阿德勒，以省略掉他的男人抗议概念和过度补偿概念；它具有阐释超我与俄狄浦斯情结双重关系的功能：超我通过借用能量从俄狄浦斯情结中产生并反对俄狄浦斯情结；超我因此在既从中产生又压抑它的双重意义上是俄狄浦斯情结的继承者；俄狄浦斯情结"衰落"（Untergang）的表述与这种双重意义有关：衰落代表了利比多（阴茎阶段）的一种陈旧构造的衰竭，也代表了一种对象投入的崩溃、摧毁、"坍塌"（Zerstrümmerung）①。正是为了阐释这个"反应形成"，弗洛伊德被引导着强调自我与之认同的父母形象的好斗和处罚特征。

在《自我和原我》一年后，弗洛伊德贡献了一篇关于"俄狄浦斯情结的衰落"②的完整文章，在其中他强调了这个"认同沉淀"的抑制功能。确实，俄狄浦斯情结被要求自然死亡：它属于利比多的一种构造，这种构造一开始就注定接受"失望"（男孩与他母亲不能共同生育孩子，而女儿被她父亲拒绝作为情人），然后接受一种"根据命令的超越"（Programgemäss）；从这个观点出发，俄狄浦斯情结消失了，因为它所相应的利比多构造被超越了。但阉割的威胁加速了恋母情结构造自身的*崩溃*；其他分离经验先于这个威胁并准备了这个威胁；它也可以在恋母情结阶段前被大声说出；但它只是在这样的阶段才产生它迟到的效果，在这个阶段，有关在女孩那里失去阴茎的婴儿理论给予这个威胁以近乎经验的支持。

---

① "当俄狄浦斯情结解体时，针对母亲的对象投入应该被放弃。"德文全集版，第十三卷，第260页；标准版，第十九卷，第32页；法文版，第187页。

② "俄狄浦斯情结的衰落"（Der Untergang des Œdipuscomplex），德文全集版，第十三卷，第393—402页；标准版，第十九卷，第173—179页；（《文集》第二卷，第269页，翻译为：the passing of the Œdipus complex）；法文版载《法国精神学会杂志》，1937年，第三卷，第394—399页。

通过强调父母亲反击的好斗和惩罚特征,弗洛伊德在几个方面改善了他的解释。一方面,他更强烈地把放弃对父母对象的利比多投入联系于自恋;的确,儿童的自我"离开"俄狄浦斯情结(wendet sich vom Œdipuscomplex ab)是为了拯救他的自恋。对象投入就这样被认同"抛弃"和"取代"。通过把放弃对象和自恋联系起来,弗洛伊德强化了他的主题:"自我理想……是原我最强烈冲动和最重要利比多变化的表达。"另一方面,既然超我从父亲那里"借取"了严厉,并在自我的内部延续乱伦禁忌,我们更好地理解超我对抗自我的其余部分;我们甚至说,既然超我的威胁"确保"(versichert)了自我抵制对象利比多投入的回归,自恋的利益和超我的声音在这点上是一致的。最后,这个"崩溃"让我们在某种程度上把升华和压抑勾连起来,而以前的文本是将两者对立的;一方面,崩溃是一种无性化;它因此回应了升华的定义(人们知道,升华是目标的改变而不仅仅是对象的改变);冲动是"在目标方面被抑止"(zielgehemmt);它变成了温和的冲动;于是开始了潜伏期;通过总结这些被俄狄浦斯情结崩溃所发现的经济学关系,我们可以说"每当利比多转变成一种认同时,无性化和升华就产生了";另一方面,尽管以后的压抑出自超我,而超我是现在的压抑所要建立的,没有理由拒绝把压抑的名称给予自我"离开"俄狄浦斯情结的这个行动;然而需要指出的是,在正常的俄狄浦斯情结中,这个某种成功的压抑是无法区别于一种升华,因为它"摧毁"和"取消"这个情结。①

① 我已略去了对女性俄狄浦斯情结的讨论,在《自我和原我》的第三章,在《俄狄浦斯情结的衰落》的结尾处,在《性在解剖学上的区分》(1925年),在《女性性欲》(1931年),在《新讲座》的三十三报告,弗洛伊德不停地重回这个主题。

　　我们已经达到目标了吗？我们已经真正使"外在"权威表现为一种"内在"区别吗？

　　在《自我和原我》中，最后几章（第四、第五章）对获得的结果的不足一点不怀疑。认同不能够只由它自身承受超我的经济学负担。我们不仅仅需要通过一种对立或"反应形成"强化在原我中突然出现的区别，而且也应引入一种否定性因素，这个因素取自于冲动的另一个来源，我们迄今尚未谈论过它，弗洛伊德用"死亡冲动"来表示这个新因素。从此，一种超我经济学不仅仅要求修正第一场所论和利比多的一种新分化，而且要求对冲动理论在它基础水平上的一种修正，这一点必须得到承认。我们因此把超我的经济学发生停留在《自我和原我》应该被《超越快乐原则》替代的入口处；为了给出一个有待我们经过的路程的观念，我们满足于勾勒出这个结合：我们承认这个死亡冲动或者能够与爱若斯"交织在一起"起作用，或者能够处于"单纯"状态起作用①；利比多性虐待狂的成分或许是行为第一个模式的例子，而作为倒错的虐待狂或许是第二个模式的例子；我们将因此猜测：向被超越阶段的回溯奠基于冲动的"单纯性"上。如果现在我们把三种心理区分的分化——自我、超我、原我——与两种冲动的单纯性——爱与死亡组合起来，我们看到了在超我产生中一种新的错综复杂的状况。我们从我们研究的描述和临床阶段就强调超我的残酷，这种残酷不是死亡冲动的另一种"代表"吗？

――――――――

　　①　根据《超越快乐原则》，"交织"（Mischung，英语：fusion）和"单独"（Entmischung，英语：defusion）这些概念只是严格地应用于生命冲动和死亡冲动，和它们的结合；然而，它们在继承自《性学三论》的利比多概念中有一个基础……作为一束很松散的倾向：虐待狂的分解很清楚地在其中被预示了。

　　我们还没有处于掌握精神分析大厦这个彻底变革的影响的状态中;面对死亡冲动,利比多自身揭示了新的维度并改变了它的名称;人们从此后将谈论爱若斯。对于快乐原则、对于自恋这意味着什么?"由于沉默本性"①的死亡冲动与它的全部"代表",尤其是它的文化或反文化代表之间的关系是什么呢? 虐待狂和被虐待狂之间的关系是什么呢? 甚至在被虐待狂的内部,《被虐待狂的经济学原则》中将谈论的"道德"被虐待狂和其他形式的被虐待狂之间的关系是什么呢? 只要我们没有理解它的必死的成分,我们应该承认超我理论就是不完整的。

---

　　① 德文全集版,第十三卷,第 275、189 页;标准版,第十九卷,第 46、59 页;法文版,第 203、218 页。

第三章　幻　想

在弗洛伊德对宗教的解释中,人们并不容易指出什么是严格意义上的精神分析。然而,我们必须严格限定应该同样被信教者和不信教者考虑的东西。危险的确在于,信教者回避他对宗教的激进提问,因为他们认为,弗洛伊德只是表达了唯科学主义的不信教和他自己的不可知论;危险也在于,不信教者把精神分析和这种不信教及不可知论混淆起来。我在"问题"中就加以陈述的工作假设是,精神分析必然是破坏偶像崇拜的,与精神分析学者的信仰和不—信仰无关,这种对宗教的"摧毁"可以是清除了所有偶像崇拜的一种信仰的对应物。像这样的精神分析不可能超越破除偶像的必然性。这种必然性通向一种双重可能性:信仰的可能性和不—信仰的可能性,但在两种可能性中作出决定不属于精神分析。

我们在此按照与对崇高的分析同样的步骤进行;在第一个层面,与我们所称的"崇高的描述和临床方法"相称,我们试图规定精神分析管辖权的范围;两个主题吸引了我们:遵守和幻想。然后,我们进入"解释的发生学道路",并且在我们前面章节搁置的地方重拾神的起源问题;我们因此试图评价一种宗教系统发生的影响,这种系统发生在严格意义上应该是精神分析的。最后,开启"回归到被压抑"的严格经济学主题:宗教的整个精神分析事实上被包含在它的回溯特征的显露中。同时,幻觉的循环将被封闭了:从梦到审美诱惑、从诱惑到伦理的理想化、从崇高到幻想,我们将已重回我们的起点,欲望近似幻觉的填充。然而,既然宗教作为幻想将不再是一种私人的幻觉,而是一种公共幻想,这将处于不同的平台上;在梦和幻想之间,将需要加入文化,并且理解欲望的幻想填充如何可以在两个平台上进行,这两个不同的平台就是我们夜间私人的梦和民众的白日梦;这将是阐述回归幻觉的螺旋式起点的一种文化经济学的任务。

1. 幻想和欲望策略

关于宗教,弗洛伊德只是不断地评论两个主题;这两个主题立刻位于与神经官能症和梦相似的领域中:第一个主题与实践、与遵守有关,第二个主题与信仰、与针对现实性的陈述有关;第二个主题,幻想,构成了适合于宗教的主题;但第一个主题最好地证明了宗教与精神分析方法的彻底类似的特征;这就是我们从第一个主题开始的原因。

年代学同样给了我们理由,因为弗洛伊德关于宗教的第一个工作可追溯到 1907 年,它针对了"强迫性行为和宗教实践"之间的类同。[①] 尽管幻想主题还未被提出,人们可以说,这篇文章是有关宗教的以后全部理论的萌芽。在以后的讨论中不应被忘记的是,比较确切的层面是行为和姿态、表演的层

---

① 《强迫性行为和宗教实践》(*Zwangshandlungen und Religionsübungen*)(1970 年),德文全集版,第七卷,第 129—139 页;标准版,第九卷,第 117—127 页;法文版,载《一个幻想的未来》,Denoël et Steele,第 157—183 页。

面(标题甚至记录了它)。类似关系就这样在从礼仪到礼仪中建立起来,就如同以前在梦的工作和风趣话的机制之间的关系一样。这第一种方法不可能超越简单的类比;①在《图腾和禁忌》和《摩西与一神教》中,恰恰是人种学和历史重大构造的雄心把相似建立在同一性中。但重要的是首先停留在类比的层面上,并且考虑它属于双重意义;人们不应该忽视,弗洛伊德也是发现了神经官能症有一种意义,着魔之人的礼仪有一种意义。因此,比较在从意义到意义之间进行。从此后,标明多个相似的节点不仅是合法的而且具有启发性:由于遗漏了仪式引起的良心折磨,——保护仪式展开并反对一切外来骚扰的需要,——对细节的认真,——总是趋于一种更复杂、更奇特甚至更无价值的礼仪。另外,通过礼仪,人们可以首先窥视"罪行感"的深处:的确,礼仪——人们可以在其中包括忏悔和祈求的行为——对被预期和被害怕的惩罚具有一种预防的价值;这样,遵守就具有了一种"保护和防护措施"的意义。

这种类比因为它们的多种意指仍被悬置而更具教育意义;确实,弗洛伊德毫不怀疑信仰的意义在它们中消耗殆尽;但这不应阻止我们。甚至那著名的表达式有不止一个意义,而这个表达式将是关于宗教的全部精神分析的唯一主题;弗洛伊德写道:"一看见这些相似性和这些分析,人们就能够冒险把强迫性神经官能症当成一种宗教的对应物,冒险把这种神经官能症描述为一种个人的宗教体系并把宗教描述为一种普遍的强迫性神经官能症。"②是的,这个表达式开启了与它

---

① 菲利普(Philip),《弗洛伊德和宗教信仰》,着重指出了宗教的精神分析描述的类比特征。

② 《强迫性行为和宗教实践》,德文全集版,第七卷,第138—139页;标准版,第九卷,第126—127页,法文版,第181页。

所关闭的一样多的事物。首先,人类能够同时具有宗教和神经官能症,以致它们的类比可以构成一个真正的相互模仿,这是件令人惊讶的事情。这种模仿使得人们作为 homo religious(宗教的人——译者注)是神经官能症患者,并作为神经官能症患者是宗教徒;与前一个相近的弗洛伊德的另一个表达式,从前一个表达式中发现了问题特征:"强迫性神经官能症提供了一种私人宗教的悲—喜剧漫画。"①这样,宗教就是能够被漫画成神经官能症礼仪的东西:根据宗教的深层意向,事情就是这样吗? 或当它开始丧失它自己的象征意义时,宗教在它衰落和退化的道路上吗? 这个在遵守中对意义的忘却如何属于宗教的本质? 它属于一种更基本的辩证法吗? 这种辩证法将是宗教和信仰的辩证法。这就是应被悬置的东西,即使这对于弗洛伊德构不成问题。

唯一困扰弗洛伊德的事情"神经官能症患者的宗教"的私人特征与"宗教信徒的神经官能症"普遍特征之间的间距。系统发生的功能不仅仅在于在同一性中巩固类比,而且在明显内容的层面上阐明这种差别。

对宗教进行精神分析的第二个临床主题,在弗洛伊德那里是幻想的主题。与第一个主题相比,这里更难以区分精神分析的特定产物与弗洛伊德的固有信念。然而必须要这样,因为正是在这里宗教问题与崇高问题区别开了。

确实,伦理和宗教对于弗洛伊德有一个共同的躯干,即,来自于俄狄浦斯的父亲情结。在此意义上,幻想理论是理想理论的重要部分,并构成我们可能称作的一种超我幻想;这是

---

① 出处同上。德文全集版,第七卷,第 132 页;标准版,第一卷,第 119 页;法文版,第 164 页。

与禁止的环节联系在一起的虚构环节。但从俄狄浦斯躯干分叉出的伦理枝叶和宗教枝叶支配了这两个过程的区别：理想向内投射的过程和全能向外投射的过程，这个向外投射马上将是发生学阐释的核心。所以，重要的是在描述和临床的层面上抓住这个区别的意义。事实上，存在着两种不同的问题，理想问题和幻想问题。理想代表了权威以命令式的非个人方式的一种内在化；权威源泉的生存痕迹消失了；所留存的只是命令式的痕迹，并且排除了指示。现在对于被认为是幻想的宗教信仰成为问题的，是在现实性中相似于父亲的形象的设定。

　　我清楚，这个幻想问题在很大程度上不是精神分析特有的。在弗洛伊德的表达式中重新发现属于他的时代和环境的理性主义和科学主义的反响不是件困难的事情；根据这种理性主义，所有不表达事实的语言都缺乏意义；宗教教义与科学精神不符合无可挽回地指责着宗教："没有反对理性的手段"，《一个幻想的未来》这样说着。①

　　弗洛伊德同意这一点；他以非常严厉的方式对宗教的这种指责，没有一点精神分析的味道。② 然而，存在着关于幻想

---

　　① 《一个幻想的未来》(*Die Zukunft einer Illusion*)（1972），德文全集版，第十四卷，第 325—380 页；标准版，第二十一卷，第 5—56 页；法文版，Denoël et Steele："对我们而言，科学工作是可能认识外部现实的唯一道路……无知就是无知：没有任何权利相信从中得到的任何东西。"德文全集版，第十四卷，第 344—345 页；标准版，第二十一卷，第 31—32 页；法文版，第 85—86 页。

　　② "我只是将某种心理学基础增加到对我重要前辈们的批评上。……我所说的反对宗教价值的话没根本不需要精神分析的帮助；这些话早在精神分析存在前就被别人说过……如果人们在应用精神分析方法时，可以发现反对宗教价值的新论述，那是宗教活该；但宗教的辩护者将有同样的权利使用精神分析去给予宗教教义的情感重要性以充分的价值。"德文全集版，第十四卷，第 358、360 页；标准版，第二十一卷，第 35、37 页；法文版，第 95、100 页。

特有的一个精神分析问题;它与对信仰和欲望之间掩饰着的关系的辨读有关;对宗教的精神分析批判将掩藏在严格意义的宗教断言中的欲望策略作为它的对象。

正是在这里,我们的第二个问题表现得与第一个问题即遵守问题类似的相同结构。那属于幻想本质的东西,不是在这个词认识论的意义上使幻想与错误相似的东西,而是使幻想与其他幻觉接近并将其登记在欲望语义学中的东西。这个幻想特有的精神分析维度,弗洛伊德在《一个幻想的未来》第五章的结束处给出了很确切的限制:"幻想从人类的欲望中产生是它的特征……当欲望的完成是它动机的一种支配因素时,我们称一种信仰是幻想,而我们不阐述它与现实的关系,就像幻想自身放弃被现实所证实。"①这种欲望完成和不可证实性之间的共谋关系构成了幻想。幻想和妄想之间的区别因此只是程度的不同:与现实的冲突被掩藏在幻想中,而在妄想中它公开出来;弗洛伊德指出,某些宗教信仰在这个意义上是妄想的。

第二个类比的结构就这样被发现:以与宗教遵守展现了强迫礼仪的相同方式,被欲望促成的信仰指向了梦是其完成的模型。《一个幻想的未来》强有力地说道:"如同在梦的生活中,也是在这里,欲望如愿以偿(came into its own)。"②幻想标志着从幻觉到它最初表达的转折点。

宗教与欲望和害怕的关系确实是一个旧主题:精神分析所特有的,是辨读这个作为被掩饰关系的关系,并且把这种辨

---

① 德文全集版,第十四卷,第353—354页;标准版,第二十一卷,第31页;法文版,第82—84页。

② 德文全集版,第十四卷,第338页;标准版,第二十一卷,第17页;法文版,第45页。

读引入到一种欲望经济学中。这个事业不仅仅合法,而且必须;精神分析在其中没有表现为理性主义的变种;它完成了它自己的职责。对大家而言,问题仍在于知道:偶像的摧毁是否完成;这个问题不再是精神分析问题。人们说,弗洛伊德没有谈论上帝,而是谈论神和人类的众神①;这里所涉及的,不是基础的真实,而是宗教表象在放弃和满足平衡中的功能,通过这样的满足,人类试图使其艰苦的生活得到支持。

现在需要理解的是,幻想经济学为什么要求一种发生学模式的中介阶段,更准确地说,是系统发生模式的中介阶段,而这种要求比超我经济学对发生学模式的要求更为强烈。我们早就突出了神经官能症患者的私人宗教和宗教的普遍神经官能症之间的间距;然而个体心理学也不允许我们阐述另一种间距;一个意义的深渊将一种梦的幻觉——小汉斯的动物恐惧之梦——和神的巨大形象区分开来;个体的俄狄浦斯情结是不够的。需要种的俄狄浦斯情结。为了阐述宗教现象的力量、庄重和神圣,即,用《摩西与一神教》②的语言,阐述“宗教现象所固有的强迫性特征”③,需要历史的时间跨度和人类长长的童年。

正因如此,从 1907 年到 1939 年同样的主题没有保留同样的认识论因素(coefficient);在 1907 年,这是一种其最后的

---

① 路德维希·马尔库塞(Ludwig Marcuse):《西格蒙德·弗洛伊德》,Rowohlts deutsche Encyklopädie,1956 年,第 63 页。

② 《摩西和一神教》(*Der Mann Moses und die monotheistische Religion*),德文全集版,第十六卷,第 101—246 页;标准版,第二十三卷,第 7—137 页;法文版,伽利玛出版社,《文集》丛书。第一部分和第二部分在第二次世界大战前出现在*印象*杂志上(1937 年),第三部分于 1939 年出现在伦敦。

③ 德文全集版,第十四卷,第 208—209 页;标准版,第二十三卷,第 101 页;法文版,第 155 页。

意义仍未确定的类比;在 1939 年,弗洛伊德断言,这是一种被历史证明的同一性。所有区分开两个文本的人种学和历史研究只有一个目标:一方面,把宗教和神经官能症的双重类比转变成相同,另一方面,把宗教与欲望的梦的实现的双重类比转变成相同。

2. 说明的发生学阶段:图腾崇拜和一神教

宗教的产生不同于禁令的产生,就在于它是针对现实性的一种断言的产生,不再仅仅是一种心理机制的产生。正因如此,在宗教产生中投射的概念占据着向内投射概念在超我产生中同样位置;这需要超越图腾崇拜去重新发现这个投射过程出发点的理由。

在《图腾与禁忌》的第三章,弗洛伊德把一种阅读框架应用到宗教历史中,这种阅读框架使人回想起孔德的三种状态的规律:"应该相信这些作者,人类在时间的长河中已经连续经历了三种[……]知识体系,世界的三个重大构造:泛灵论概念(神话),宗教概念和科学概念。"[①]为什么是这三个阶段呢? 可以肯定的是,选择这种历史次序从一开始就被精神分析的考虑所指导;这三个状态事实上相应于欲望历史的三个典型环节:自恋,——对象选择,——现实原则。

从人种学材料的选择开始,精神分析的介入就是如此明显,以致为了在他第一个层面上建立起宗教历史和欲望历史的相称性,弗洛伊德被迫给予泛灵论的前泛灵论阶段,或万物

---

① 《图腾与禁忌》,德文全集版,第 96 页;标准版,第十三卷,第 77 页;法文版,第 109 页。

有灵论以优先地位,在万物有灵论中,对精神的明确信仰还没有被分辨出来,因此人们还没有分辨出任何对超验对象的投射。弗洛伊德承认人种学的支持是薄弱的;但这第一阶段从一开始就让他确保了两个系列间的相吻合,他勇敢地写道:"人类的第一个世界观是一种心理学理论。"[1]为了支持这个论断,我们应该承认这第一个世界观今天仍被表达在魔法中;弗洛伊德提出"魔法构成了泛灵论技术最原始和最重要的部分"[2];可是,魔法是一种欲望的技术。这种技术(对它的主要描述来自于弗雷泽)在它模仿魔法和传染魔法的双重形式下,显示了《梦的解析》和强迫性神经官能症理论以"观念的全能"或"心理过程高估"的名义所允许代表的东西:"总之,我们可以说:决定魔法的原则,泛灵论思维模式的技术,是观念全能的原则[3]。"我们理解,这个技术是第一过程迟到的证明,而这个过程在《梦的解析》第七章中仅仅被假设。在这里,欲望干涉现实;欲望近乎幻觉的满足标志着欲望对现实最初的侵蚀;从此后,现实的真正意义将根据欲望的这个虚假功效而获得。

这种平行关系不是没有困难:自恋和观念全能之间的关系不是很有说服力;在自恋中存在着自我价值的高估,但严格说来没有对它的效能的高估;在它这方面,魔法行为与其说是与自我的关系不如说是与世界的关系;在相反的意义上,人们

---

① 出处同上。

② 德文全集版,第九卷,第 97 页;标准版,第十三卷,第 78 页;法文版,第 111 页。

③ 德文全集版,第九卷,第 106 页;标准版,第十三卷,第 85 页;法文版,第 120 页。这个表述是由《鼠人》暗示给弗洛伊德的(参阅《关于强迫性神经官能症的一个例子的评论》,1909 年),德文全集版,第七卷,第 450—453 页;标准版,第十卷,第 233—236 页;法文版,《五例精神分析》,第 251—253 页。

没有看到魔法行为什么样的特征证明了"在原始人那里,思想仍然强烈地被赋予了性的特征,从中产生了对观念全能的信仰"①。相反,在弗洛伊德的这个最初直觉中显得很有力的东西,是他已经意识到宗教的第一个问题是一个全能的问题;对宗教的一种精神分析在一种欲望状态中寻找这个问题的对等物,这是很自然的事情。

一旦接纳了系列的等值——万物泛灵论、思想的万能、自恋——它提供了理论最初的基础,发展的规律就清楚了:它基本上包含了这个最初属于欲望的全能的一种转移;严格意义的泛灵论的精神,宗教的神,根据科学世界观的赤裸的必然性,标划出另一段历史,利比多的历史,这段历史从自恋出发上升到被对父母的固恋所刻画的客观性阶段,而这是为了在性成熟中的自我完成,在性成熟中,对象选择从属于社会习俗和现实要求。② 这层平行关系允许把宗教的相应历史考虑成一种对全能剥夺、放弃的历史。在此意义上,这段历史标志着必然性(Anankè)、与人类自恋相对立的必然性(Nécessité)的逐步发展。但为什么这种放弃不是一种为了自然、为了现实性利益的剥夺呢?

正是在这里需要引入一个新的机制,投射机制③,其模型是由偏执狂提供的。弗洛伊德在这里没有给出一个投射的完整理论;他是在投射为情感矛盾冲突提供了一种经济学解决

---

① 德文全集版,第九版,第 109 页;标准版,第十三卷,第 90 页;法文版,第 126—127 页。

② 出处同上。

③ 德文全集版,第九卷,第 113—115 页;标准版,第十三卷,第 92—94 页;法文版,第 129—132 页。弗洛伊德在"施赫贝(Schreber)事例"第三部分中构思了投射理论。参阅《关于一个偏执狂事例的自传叙事的精神分析评注》(1911 年),德文全集版,第八卷,第 294—316 页;标准版,第七卷,第 58—79 页;法文版,《五例精神分析》,第 304—321 页。这个文本代表了他对投射研究最重要的贡献,更准确地说,是对在宗教主题中投射的研

时采用投射的,这种情感矛盾冲突可与我们在哀悼行为中发

究。但在这里关于偏执狂起源的图型中,投射的功能比之它的机制得到
了更好的澄清,对于弗洛伊德,投射的机制仍是个谜。它的功能的确是清
楚的:如果人们承认施赫贝事例最初的中心是一种针对父亲的同性冲动,
然后通过转换,针对了他的医生,涉及其中的两个主要机制是,把被爱对
象转变成仇恨对象以及用性虐待的妄想(阉割的幻觉)取代同性冲动的
"转变到对立面"的机制,和包括了用"神的最高形象"取代弗莱希西格
(Flechsig)(医生)的"投射"机制(法文本,第295页)。这种替代的经济学
功能是清楚的:这个形象所产生的"神正论"把阉割的幻觉转变成女性化
的幻觉,并将主体自身转变成通过享受的赎罪者:这样"自我就被自大的
妄想所补偿,而女性欲望的幻觉显露出来并成为可接受的"(前引书,第
296页)。投射的功能因此是和解:"弗莱希西格上升"为神,让他"与他的
被虐待和解","接受应该被压抑的欲望的幻觉"(出处同上)。但投射的
机制比它的角色更晦暗不明:弗莱希西格和"施赫贝的神"属于一个相同
的系列就预设了紧随一种分裂的一个认同,通过这种分裂,虐待者分裂成
两个人,神和弗莱希西格(不包括神的形象自身的裂变):"这样的一种分
裂完全是类妄想狂精神病的特征。当歇斯底里收缩时,类妄想狂在分裂。
或者,这些精神病重新分解成它们实现在无意识想象中的压缩和认同的
因素。"(第297页)可是接下来的研究不让我们澄清这个机制。第三章被
不同的专注所推动:建立有关偏执狂的性病因学;我们因此必须暴露社会
因素的爱欲成分(社会谦逊等),把这种爱欲成分和对象选择的自恋阶段
相联系,并因此发现虐待妄想所"反驳"的"命题";最初的命题是:"我
(人),我爱他(人)";在虐待中,这个命题倒转成:"我不爱他,我恨
他",——三或四种可能解决方案之一的命题,通过这些解决方案,最初的
命题能够被反驳;通过令人叹服的技巧,弗洛伊德就这样把虐待置于对最
初命题的其他反驳方式中:嫉妒的妄想反驳主体,虐待的妄想动词,色情
狂补语,性高估完整命题。但在最后告诉我们涉及了转变为它的对立面
的投射包含了什么时,弗洛伊德承认了他的困惑;我们确实可以描述投
射:"在与形成于偏执狂中的症状相关的事物中,最打动人的特征是被称
作投射的过程。一种内在的知觉被压抑,它的内容在忍受了某种畸变后,
代之以在外来知觉的形式下进入意识。在虐待的妄想中,畸变包括了一
种情感的反转;应该被内在地感受为爱情的东西,在外部被感受到恨。"
(第311页)但投射与偏执狂不一致;它的概念时而更窄,时而更宽;更窄,
是因为"它在偏执狂的每一个形式中没有扮演同样的角色"(出处同上),
是因为"它不是只出现在偏执狂的过程中,而且还出现在其他心理条件
中"(出处同上),例如,当我们把一个外在原因归属于我们主观印象时。
这就是为什么弗洛伊德逐字逐句说:"如果我们想理解投射,注意到了涉

现的冲突相比拟。当忧郁症向内投射恨（恨以前与爱混合在一起）并使其反对自我时，偏执狂向外投射了自我的心理过程。精神就是这样产生的：它们产生于我们自己心理过程投射到现实性中，不论是在场的心理过程还是潜在的心理过程，不论是意识的还是无意识的。①

及更普遍的心理问题这个事实，我们将对投射的研究并同时将对偏执症症状的形成机制的研究推迟到其他时候，并将回到这个问题：在偏执狂中我们关于压抑机制可以形成什么样的观念？从现在起我将说，我们有正当的理由暂时放弃对症状形成的研究，因为我们将发现：压抑过程表现的方式更紧密地与利比多历史的发展和其涉及的禀赋联系在一起，而非与症状形成的方式有关。"（第311页）精神分析的确更容易应对压抑的机制，不容易应对通过投射的症状形成。正是在这样的情况下，弗洛伊德对压抑的三个阶段给了最清晰的分析：固恋、反投入、回溯到固恋的出发点（见以上，第127页）。这就是对"施赫贝事例"分析最清晰结果关涉到"在偏执狂中占上风的严格意义上的回溯机制"的原因，也就是在自恋阶段的事先固恋及其程度"被利比多为了从升华的同性恋回到自恋应该经过的道路所衡量的回溯"（第316页）。至于症状的形成，弗洛伊德自己提醒我们，我们没有权利设想它"必然追随与压抑相同的道路"（第310页）。人们理解这一点：压抑的回归是一回事，投射是另一回事；"我们当成病态产物的东西，妄想的形成，事实上是痊愈的尝试，是重建"（第315页）。这个过程，通过从外部，从超验外在性的迂回对消失对象的恢复，"取消压抑"。弗洛伊德总结道：这个过程"通过投射的道路在偏执狂中自我完成了：说在内部被压抑的感情在外部被投射是不正确的；人们应该说，就我们现在所见，在内部被抛弃的东西又从外部归来。对投射过程的深入研究（我们将其推迟到其他时候）将把我们带到我们现在还缺乏的确定之点"（第315页）。——我们还不能说"施赫贝事例"就阐述了投射；它仅仅划定了投射的范围。另外，它没有触及这样的问题，这幅"施赫贝之神"的上帝漫画的产生是否泄露了"宗教构建性力量"的完整秘密，如同这篇文章的"附录"所宣称的。我们说，人类是可以有宗教的，如同可以有神经官能症；让我们补充道：人类可以有宗教，如同可以有偏执狂。这样的命题——确实很重大——是一个有启发性的问题，而不是一个封闭性的回答。

① 这种关系一方面通过归属于情感矛盾的角色（其重要性已被对禁忌的解释所揭示）而获得支持，另一方面通过"精神"和"死亡"之间的关系而获得支持；可是我们也知道在情感矛盾基础上的情感冲突的严重性，被爱者的死亡在生者那里揭示了这一点。

　　诚然,投射没有阐释作为第一个关于世界完整理论的泛灵论的系统特征:我们因此①求助于一种附属机制,这个机制这次是借自于"梦的工作"的理论,但也得到了偏执狂的说明,这就是第二次制作的机制,或更准确地说,是第二次"修改"(Bearbeitung)的机制;这种内在于梦的工作的理性化,注定了将统一、连贯、可理解性的表象给予梦的工作,这种表象使得梦成为可接受的,这种理性化在我们称作迷信的证明工作中有其宗教的对称物。在这两个事例中,涉及知识和现实之间一块被安置的屏障,涉及为了到达冲突的根基应该被识破的临时的构造;因为这种表面的合理性自身是欲望策略的一种工具,扭曲的一种附属因素。②

　　这就是这些根本的机制——思想全能和这种能力在现实中的投射——与俄狄浦斯情结同时的新机制就连接在这些根本机制上。③ 图腾崇拜自己所带来的东西,是*和解*的主题。

────────

　　① 德文全集版,第九卷,第116—119页;标准版,第十三卷,第94—97页;法文版,第132—136页。

　　② 在《图腾与禁忌》第三篇的最后几页中,弗洛伊德缓和了一些他对泛灵论的病理学解释:"如果[至少],我们把冲动压抑当成被达到的文化的衡量标准,迷信的动机为文化真实因素、首先为禁止也提供了一个'伪装'";同样,魔法的理性化覆盖了各种审美和保健的目的。

　　③ "在这种黑暗中,精神分析的经验只是投射了一束和唯一的阳光。"德文全集版,第九卷,第154页;标准版,第十三卷,第126页;法文版,第176页。这次,小汉斯提供了必不可少的环节;参阅《对一个五岁小孩恐惧症的分析(小汉斯)》(*Analyse der Phobie eines fünfjährigen Knaben*,1909),德文全集版,第七卷,第243—377页;标准版,第十卷,第100—147页;法文版,《五例精神分析》,第165—197页。精神分析的材料可以显得分散:偏执狂一方面,恐惧症另一方面;但存在着一些实现了转换的症状;费伦茨的病人动物恐惧证明了阉割恐惧的角色,这种阉割恐惧针对了俄狄浦斯情结的自恋因素;可是自恋被发现与在泛灵论中的思想全能的主题是相联系的;另一方面,两种情感矛盾很相近,一种是俄狄浦斯的情感矛盾,而偏执狂投射是对另一种情感矛盾的解决的。这样,《图腾与禁忌》第三篇与第四篇之间的转换被确保了。

根据《图腾与禁忌》第四章，我们想起人种学特有的核心是被图腾崇拜的宴会所构成，这是神与其信徒共生的表达。可是，弗洛伊德告诉我们，这是从中产生出"社会组织、道德限制、宗教"①的最初细胞。在这样的风俗中，什么是合适的宗教因素（对于这个风俗，我们迄今所考虑的只是能够在心理内部区分的形式下被内化的方面）？基本上这个宗教因素是继承自俄狄浦斯情结的罪行感。从最初的星云中，三个中心凸显出来：出自于兄弟协议的社会制度，从中产生的回顾性服从的道德风俗；至于宗教，它则抓住了罪行感；从此后，我们可以把宗教定义为解决由谋杀和罪行提出的情感问题的一系列尝试，以及获得与被冒犯父亲和解的一系列尝试。②

这还不是全部。图腾崇拜的宴会允许我们在这幅画面上加上一个额外特征：所有宗教不仅仅是忏悔，而且是对战胜父亲的加以掩饰的纪念，因此是被遮掩的子女反抗；这个子女反抗隐藏在宗教的其他特征中，主要在"儿子们占据作为神的父亲的位置的倾向"中。"在所有这些儿子的宗教中，基督教明显有一个重要位置；基督，是一个人子，牺牲自己的生命，把他的兄弟们从原罪中解救出来。"在这样的牺牲中，情感矛盾的两个特征被重新发现了：一方面，谋杀父亲的罪行被承认和补偿；另一方面，儿子自己变成了神，用他的宗教取代父亲的宗教；图腾宴会在圣体中的重现很好地表达了这种情感矛盾：那被指称的东西，既是与父亲的和解，又是儿子取代父亲，而

---

① 德文全集版，第九卷，第 171 页；标准版，第十三卷，第 142 页；法文版，第 196 页。

② "所有以后的宗教只是为了解决同样问题的足够尝似……一切瞄准了同样的目标，代表了针对重大事件（Begebenheit）的反应，文明开始于这样的重大事件，从此后，人类在发展道路上就永不停息。"德文全集版，第九卷，第 175 页；标准版，第十三卷，第 145 页；法文版，第 199—200 页。

这个父亲正是信徒啖其肉饮其血的父亲。①

在这段历史中,引人关注的是它没有构成一种前进、一种发现、一种进步,而是它自己起源的没完没了的重复;严格说来,对于弗洛伊德,不存在宗教历史:它的主题是它自身起源的不可摧毁性②;宗教确实是最富戏剧性的情感状况表现为不可超越的地方;它的主题尤其古老:它谈论父亲和儿子,谈论被杀和被痛惜的父亲,以及谈论悔恨和反抗的儿子;以此理由,它是情感停滞不前的地方。这是这段历史的那些空隙在原则上不重要的原因。《图腾与禁忌》承认了其中的两个:弗洛伊德承认从图腾转向神覆盖了"其他的起源和意指,精神分析不能在它们上面投射任何光亮"③;这个转变在《摩西和一神教》中部分地被填满;另外,母性神的角色(在《达·芬奇的童年回忆》中,这个角色在母亲阴茎的幻觉出现的时候被领会到)仍晦暗不明:"在这种演化中,母性神的位置在哪里,她可能到处都先于父性神,这是我不能说的。"④弗洛伊德更感兴趣于宗教的重复方面。思想的全能、偏执狂的投射、父亲转换到动物上、谋杀父亲仪式的重复和儿子反抗仪式的重复,构成了宗教"不可摧毁"的基础。人们理解弗洛伊德几次三番宣称纯朴宗教是真正宗教的原因;理性神学和独断论只是添加在"扭曲"

---

① 德文全集版,第九卷,第184—178页;标准版,第十三卷,第152—155页;法文版,第209—213页。

② "对牺牲的第一个重大行动的回忆就这样显现为不可摧毁。"德文全集版,第九卷,第182页;标准版,第十三卷,第151页;法文版,208页。

③ 德文全集版,第九卷,第177—178页;标准版,第十三卷,第147页;法文版,第203页。神的形象的人形化(一开始隐藏在动物特征中),早就是提出了很复杂问题的父亲形象的回归:当兄弟部落为了生存让位于父系社会时,弗洛伊德在其中看到了对父爱强化的一种效果。

④ 德文全集版,第九卷,第180页;标准版,第十三卷,第149页;法文版,第205页。

上的"合理化",远远没有使宗教接近理性和现实。①

从此以后，人们会惊诧于弗洛伊德花费了如此多的时间，如此细心地撰写了有关起源的一种新历史，不再在图腾崇拜的层面上，而是在一神教，更准确地说，是在犹太人伦理一神教的层面上撰写。然而，我们不需要在《摩西和一神教》这本书中期待对《图腾与禁忌》的任何修正，相反，是他的重复和回溯理论的一种最后完成和强化。不仅如此，这本书有驱魔的价值。它标志着犹太人弗洛伊德放弃了他的自恋仍然自夸的价值，就是属于一个种族的价值，这个种族产生了摩西并把伦理一神教传播给世界。但如果摩西是埃及人，以及耶和华只是游牧部落父亲的崇高再现，那么面对着自恋和快乐原则的意图，除了对严酷必然性的服从外，就不存在任何东西了。或许我们需要补充说，摩西对于弗洛伊德代表了一种父亲的形象，这种相同的形象早在《米开朗基罗的摩西》的时代中就被正视过了；这个摩西，需要把他当做审美幻觉加以颂扬，又需要把他当做宗教幻觉加以摆脱。人们可以预测，在纳粹的迫害已经暴发的时候，在他的书已经被烧和他的出版社被毁的时候，也是在他自己逃离维也纳并寄寓伦敦的时候，触犯犹太人的高傲使弗洛伊德付出多大的代价：所有这些对于弗洛伊德这个人应该代表了一种可怕的"哀悼工作"②。

---

① 《文明及其不满》(*Das Unbehagen in der Kutur*) (1930)，德文全集版，第十四卷，第 431 张；标准版，第二十一卷，第 74 页；法文版，Denoël et Steele，第 12 页。

② 《摩西和一神教》开始于这样沉重的宣告："从一个民族中把一个人驱逐出去，而这个人被这个民族认作是他的子孙中最重要的，这不是件令人高兴的任务，也不会以轻松的心情完成，尤其是完成这个任务的人自己属于这个民族。"德文全集版，第十六卷，第 103 页；标准版，第二十三卷，第 7 页；法文版，第 9 页(句子最后的成分被省略)。

摩西的主题是什么呢？它的主题涉及的是"形成通常建立在一神教起源基础上的一种观点"①。因此需要以某种真实性重建谋杀事件，这一事件之于一神教就相当于原来对父亲的谋杀之于图腾崇拜，并且对于后者它扮演了继续、强化和扩大的角色。

这本书的一些大胆的假设是令人印象深刻的。第一个假设：埃及的摩西的假设，他是阿腾（Aton）祭祀的信徒，一个伦理的、普遍的和宽容的神的信徒。但不幸的是，没有什么以摩西之名得出的假设，也没有什么关于他出生的叙述所暗示的假设，甚至没有割礼的埃及起源，给出许多对埃及摩西假设的支持。

第二个假设：阿腾一神教的假设，阿腾以一个和平王子、著名的阿肯那坦（Ikhnaton）法老为模型所建立，摩西将其强加于闪族人的部落中。然而，即使设想阿腾宗教和阿肯那坦的迷人人格没有被高估，它们与希伯伦宗教的关系仍是被怀疑的。

第三个假设：在奥托·兰克（Otto Rank）意义上——他的影响在这里很大——的摩西"英雄"已经被人民杀死了，摩西神的祭祀已经融合于耶和华的祭祀中，耶和华是一个火山神，在它的伪装下，摩西神掩饰它的起源，人民试图忘却英雄被弑。不幸的是，在 1922 年被塞林（Sellin）在一个完全不同的地理和历史环境中暗示的摩西谋杀假设，以后被它的作者所抛弃。另外，它强行双重化了摩西，阿腾祭祀的摩西和耶和华祭祀的摩西，这样一个假设在专家那里得不到任何支持。

---

①　德文全集版，第十六卷，第 113 页；标准版，第二十三卷，第 16 页；法文版，第 22 页。

第四个假设:犹太先知是摩西神回归的设计者;在伦理神的特征下再现创伤之事;摩西神的回归同时是被压抑创伤的回归;我们因此占据着这样的位置,在表象层面上的一种再现与情感层面上的一种被压抑的回归在这里相吻合了:如果犹太人给西方文化提供了它的自我谴责的模式,这是因为它的罪行感不断给他们同时试图掩饰的谋杀记忆提供养分。

或许正是因为第四个假设,人们更好地突然发现弗洛伊德的思想机制:弗洛伊德对宗教感的进步一点不感兴趣。他对阿摩司或何西阿的神学,对以赛亚或以西结的神学不感兴趣,对《申命记》的神学也不感兴趣,对先知主义与文化和僧侣传统之间的关系,对先知主义和利未主义之间的关系同样不感兴趣。"被压抑回归"的观念使他免除了一种通过对文本的注释进行迂回的解释学,而是投身于一种教徒心理学的捷径上,从一开始,这条捷径就模仿他的神经官能症模式;但最令人惊奇的无疑是事业本身的指导观念:如果弗洛伊德在一个他绝不是这方面专家(《摩西和一神教》仅仅代表了一部庞大著作的片段,弗洛伊德原计划在这本著作中把精神分析的方法应用于整部圣经!)的领域进入历史重建的道路,这是因为这个理论在他眼中需要一次真正的谋杀;对他而言,向一神教的转变需要①革新谋杀自身,以使得父亲的形象被加强和被升华,罪行被扩大,与父亲的和解被颂扬,以后,在基督教中,人子的替代形象被赞美。

犹太人的一神教就这样接受了在这段被压抑的回归历史

---

① "犹太人杀死摩西……是我们的建构的不可或缺的部分,它构成了原始时期被我们遗忘的事件和它以后在一神宗教形式下的重新出现之间的重要联系。"德文全集版,第十六卷,第196页;标准版,第二十三卷,第89页;法文版,第137页。

中的图腾崇拜的清单。犹太人在摩西这个人的基础上重新开始了一种原初大罪,而摩西是对父亲的杰出替代。对基督的谋杀是另一种对原初记忆的强化,而复活节则复活了摩西。最后,圣保罗的宗教完成了这个被压抑的回归,将其带回到它前历史的起源,给它以原罪之名:一种针对上帝所犯的罪行,只有死亡可以救赎它。同时,弗洛伊德在此重新使用他以前的儿子反抗的假设:赎救者应该是主要罪犯,是兄弟部落的首领,如同希腊悲剧的反抗英雄。"诚然,伴随着他,是原始游牧部落的最初父亲的归来,改头换面,作为儿子,占据了他父亲的位置。"①只有重复一种真实的谋杀才允许我们获得这种强化效果,弗洛伊德将从图腾到神的转变归之于这种强化效果。

正因如此,弗洛伊德倾向于不缩小这条创伤事件链的历史现实性。他承认:"集体,如同个人,在无意识记忆踪迹的形式下保留了过去的印象"②;对于弗洛伊德,"语言的象征普遍性"相较于探索语言、想象、神话其他维度的刺激因素,更是人类重大创伤记忆踪迹的一个证明③。这种记忆的扭曲是应加以探索的想象的唯一功能。至于这个不能被还原为全部直接交流的遗产自身,肯定是令人困惑的,但它应该被假设,因为有人想越过"分开了个体心理和集体心理的深渊[……

---

① 德文全集版,第十六卷,第 196 页;标准版,第二十三卷,第 90 页;法文版,第 138 页。

② 德文全集版,第十六卷,第 201 页;标准版,第二十三卷,第 94 页;法文版,第 144 页。

③ "这些事实似乎足够有说服力,并让我敢于断言,人类古老的遗产不只包括了倾向,而且包括了内容,先辈们所提供经验的记忆踪迹。以此方法,影响以及古老遗产的意指以引人注目的方式增加。"德文全集版,第十六卷,第 206 页;标准版,第二十三卷,第 99 页;法文版,第 152 页。

并且]如同对待神经官能症患者个体的方式对待人民……如果不是如此,让我们放弃在我们追随的道路上再前进一步,既在精神分析的领域,又在集体心理学领域。勇敢在此是不可避免的"①。人们因此不能说这里所涉及的是一种附属的假设;弗洛伊德看到了确保体系连贯的榫头:"一个只是建立在口头传播上的传统不包含适合于宗教现象的强迫特征"②;除非创伤性事件发生,被压抑的回归就不会发生。

3. 宗教的经济学功能

弗洛伊德对宗教的解释将给我们提供一个最后的机会,显示解释学和经济学是如何在弗洛伊德的元心理学中勾连起来的。弗洛伊德后期的作品标志着一个新主题的出现,就是文化主题,在文化主题下,弗洛伊德集结了各种表象——审美、伦理、宗教——一种现象学将把这些表象分散在根据对象目标的不同区域中。通过这个文化概念的制定,弗洛伊德着手阐述宗教的经济学功能。的确,作为私人宗教的神经官能症和作为普遍神经官能症的宗教之间的区别,基本上存在于迄今我们尚不理解的这个从私人向公共的转变中。另外,父亲形象在图腾,然后在精灵和魔鬼,然后在神以及最后在亚伯拉罕、以撒、约伯的上帝和耶稣基督的上帝中的移置,迫使我们把幻觉的产物重新放置在一种历史、风俗、语言和文学的环境中,这个环境标志了在一种简单的梦幻觉和文化对象之间

---

① 德文全集版,第十六卷,第 207 页;标准版,第二十三卷,第 100 页;法文版,第 153 页。

② 德文全集版,第十六卷,第 208 页;标准版,第二十三卷,第 101 页;法文版,第 155 页。

的距离;因此如果在集体层面上的被压抑回归有一种经济学功能,这经过了这种文化功能;因此,我们应该设计出全能的转移、类偏执狂的投射、与父亲形象的和解和儿子秘密的报复位于其中并具有意义的环境。

在这一章中,我们不能完成对文化问题的讨论。忠实于我们连续解读的方法,我们将谈论那足以在我们这里的层面上,即一种欲望策略的层面上阐释宗教问题的东西。人们以后将看到一种对死亡冲动的沉思和对爱若斯反对死亡斗争的沉思对于文化自身意味着什么,而文化位于爱若斯和死亡冲动巨人之间冲突的十字路口。让我们中途停下,这正是《一个幻想的未来》的范围。

文化是什么? 首先,以否定的方式说,不存在将文明和文化对立起来的场合①;拒绝进入即将成为经典的一种区别自身就具启发性;不存在一方面一种支配自然力量的实用事业,这将是文明,另一方面是一种价值实现的无利害关系的、理想主义的任务,而这将是文化;这种区别,从非精神分析的观点出发,可以有一种意义,但自从人们决定从利比多的投入和反投入平衡的观点涉及文化后,就不再有意义了。这种经济学解释支配了弗洛伊德关于文化的所有考虑。

在弗洛伊德那里,文化概念部分地代表了超我概念,部分地代表了新的和更广大的事物。只要它的第一个任务是禁止与一种社会秩序不符的性欲望或侵略欲望,文化就只是超我

---

① 《一个幻想的未来》,德文全集版,第十四卷,第 326 页;标准版,第二十一卷,第 6 页:"and I scorn to distinguish between culture and civilization";法文版,第 11—12 页:"我嘲笑区分文明和文化";人们在《为什么有战争?》(1933 年)的结束处发现一个相似的评注。《一个幻想的未来》的头两章就致力于这种普遍文化现象的"经济学"。

的另一个名称;用经济学语言,文化涉及一种本能的放弃:我们只要回想以下三种最普遍的禁令,乱伦禁令、同类相食禁令、谋杀禁令。向内投射的机制向我们确保文化和超我在此是同一现实的两种名称。

弗洛伊德顺便增加了两个补充特征:一方面,审美满足确保了文化一种更好的内化,被感觉为升华的欲望而非简单的禁止;另一方面,个人骄傲和好斗地与他的团体(他拥护它所有的仇恨)的认同给他带来一种自恋类型的满足,这种满足反对他对于文化的敌意,并且强化了社会模型的纠正行为;但这两种满足——审美和自恋——没有使我们离开冲动现在熟悉的环境,而冲动隐藏在理想形成的背后。

如果我们考虑文化除了它禁止和纠正的任务外,还有保护个人反对自然霸权的任务,我们此后就迈出了超越对超我经典分析的新的一步。我们马上就将把幻想连接于这个任务上。这个任务分成三个主题:减小加于人类身上的本能牺牲的负担;使个人与不可避免的放弃和解;为这些牺牲给他提供满足性补偿。这就是弗洛伊德在这里称作"文化的心理馈赠"①,并且文化的真实意义正需要在这个馈赠中加以寻找。

这就是《一个幻想的未来》对文化现象的分析所推进的范围;《文明及其不满》在死亡冲动的影响下走得更远;当我们重新开始对超我未完成的分析时,我们将回到死亡冲动。

如果人们把它与弗洛伊德熟悉的另一个主题:生活艰难的主题联系起来,这种文化功能特有的经济学意义就显露无

---

① *Der seelische Besitz der Kulture*,德文全集版,第十四卷,第331页;标准版,第二十一卷,第10页;法文版,第24页;同样,更进一步:"因为文化的主要任务,它真正存在的理由,是保护我们对抗自然。"德文全集版,第十四卷,第336页;标准版,第二十一卷,第15页;法文版,第39页。

遗了。这个主题展现在两个阶段中;它首先代表了人类面对自然压倒性力量、面对疾病和死亡时正常的软弱;其次,它与人在人类中受到威胁的处境有关(《文明及其不满》在著名的 homo homini lupus 意义上走得很远;人使人遭受痛苦,如同工人般地剥削他,如同性伴侣一样地奴役他)。但在他最初服从三个主人的处境中,生活的艰难仍然是自我软弱的另一个名称,这三个主人是:原我、超我、现实性;生活的艰难,是这种害怕的初始的首要因素。① 在这三种害怕上——对现实的害怕、神经官能症害怕、对意识的害怕——《文明及起不满》还将加上一个特征:人类在根本上是一种"不满的"存在者,因为他既不能在自恋的模式上实现幸福又不能完成他的攻击性加以阻碍的文化的历史任务;正因如此,在他的自我评估中受到威胁的人类如此钟情于慰藉。② 就在这时,文化前来迎接这种渴望。文化面对人类的新面孔不再是禁止,而是保护;这张仁慈的面孔就是宗教的面孔。

因此,在经济学观念以及描述和发生学观念上,宗教区别于道德;宗教在我们分配给文化的三个任务的层面自身接触人类,超越了本能的弃绝;它所承诺给人类的,是有效地减轻它本能的负担,与它最不可避免的命运的和解,以及对它的全部牺牲做出补偿。但这个超越过程也是一个回归到弃绝的过程:因为慰藉面对的仍是欲望。的确,与所有无力和依赖的处境重复了困苦的婴儿处境相同,慰藉自身通过重复所有慰藉形象的原型,父亲的形象而进行。因为人类总是如同儿童般软弱,他一直被对父亲的思念所折磨。可是,如果所有的苦恼

---

① 《原我和自我》,第五章,《新讲座》,XXI(III)。

② 关于"生活的艰难"这个主题,也参阅《文明及其不满》;德文全集版,第十四卷,第337页;标准版,第16页;法文版,第41页。

是对父亲的思念,所有的慰藉就是重复父亲。面对自然,人类—儿童根据父亲的形象铸造了神。

事实上,正是这样一种仁慈形象能够完成我们刚刚描述的经济学任务。通过在人的形式下表现自然敌对的存在,个人把自然作为能够被安抚和被影响的存在者面对自己;通过用心理学取代自然科学,宗教完成了人类最深层的愿望。在这个意义上,人们可以说,是欲望产生了宗教,其作用还超过害怕。①

因此,文化经济学的功能允许我们建立的是关于上帝的一种精神分析;能够完成这个任务的神只能是一个仁慈的形象,超越全部严厉;只有一个被这样有利的、公正的和睿智的意志所统治的自然才与人类的欲望保持相称。

对弗洛伊德认为是宗教高级形式的直接推论有一个明显的好处:它在一条吸引人的捷径中,使宗教的终结环节表现为向上帝观念历史起源的一种回归。神重新变成了一个唯一的人;从此以后,人与神的关系能够恢复儿童与父亲关系的亲密性。另外,这个推论一下子把宗教置于一种文化环境中,并使宗教摆脱个人神经官能症的私人圈子;宗教起源于与文化其他功能相同的需要:出自于保护人类反对自然霸权的必然性。

相应地,这个一神教的直接推论显然省略了经过先前形象的长长迂回,这个迂回从图腾动物到精灵到泛神论的神,这样的直接推论使人们相信弗洛伊德用人类苦恼的主题取代了《图腾与禁忌》中的父亲情结;可这样的主题,被单独考虑,比

---

① 出处同上,德文全集版,第十四卷,第 352 页;标准版,第二十一卷,第 30 页;法文版,第 79 页。

起父亲情结"隐藏的不那么深"①；因此需要不停地重建"在最深的动机和明显的动机之间,在父亲情结和人类需要被保护的苦恼之间"②的联系。用我已采纳的语言,文化解释学在精神分析中总是一种欲望经济学的对应物:在被宗教给予的慰藉的文化功能与被掩饰的对父亲思念之间,存在着与梦的明显内容和梦的潜在内容相同的关系。确保两种观点联系的,是成年人苦恼的意义自身,因为这个成年人继续并重复着婴儿苦恼;人类"注定保持儿童状态"③；因此他将父亲意象的特征注入不熟悉和可怕的力量中。

这就是针对宗教的专门的精神分析解释:宗教"被掩饰"的意义是对父亲思念的不断重复。

我们现在能够将在临床描述中引导我们的双重类比重新置于这种经济学的环境中:梦的类比和神经官能症的类比④；这种类比变成了一种同一;如果宗教没有自己的真理,谁给了它力量和有效性呢? "宗教的观念不是经验的残余和反思的最后结果;它们是幻想,是人类最古老、最强大、最坚韧欲望的实现,它们力量的秘密就在于这些欲望的力量。"⑤在经济学观点上,幻想和梦的幻觉的这种根本同一有一种重要的必然结果,当我们讨论弗洛伊德那里现实性原则的意义时,我们将从这个结果中得出结论。如果宗教是欲望的实现,它实质上

---

① 关于与《图腾与禁忌》的这个对立,参阅德文全集版,第十四卷,第334—336页;标准版,第二十一卷,第22—24页;法文版,第61—64页。

② 出处同上。

③ 出处同上。

④ 德文全集版,第十四卷,第367—368页;标准版,第二十一卷,第42—45页;法文版,第119—122页。

⑤ 德文全集版,第十四卷,第352页;标准版,第二十一卷,第30页;法文版,第79页。

不是道德的支持者;况且历史证明了"不道德在宗教中得到的支持不比道德少"①;如果情况如此,文化与宗教之间关系的一种根本修正就不可避免:如果作为慰藉的宗教最后与欲望而不是与欲望的禁止有更多的关系,文化就将比宗教存在更长的时间:在这种后宗教文化中,文化禁止将只有一种社会证明;法律和风俗将只有一种人类起源。

另外,既然宗教包含了"历史重要的记忆"②,宗教不是纯幻想。《摩西和一神教》在这个意义上谈论"宗教中的真理部分"③。为什么坚持回忆的真实性呢? 是为了将宗教和强迫性神经官能症的类比建立在真实性之上。的确,如果幻想和梦的类比是建立在父亲情结的婴儿特征中,并且如果"人类儿童不经过或多或少明显的神经官能症阶段就不能完成他的文化发展"④是真的,宗教与神经官能症的类比有相同的基础。

《一个幻想的未来》所明确指出的这个主题形成了《摩西和一神教》的指导观念。主要的机会是由弗洛伊德发现的一种相符提供的,这是神经官能症特有的潜伏现象和弗洛伊德认为发现的在犹太人的历史中的"潜伏现象"之间的相符,犹太人历史中的"潜伏现象"存在于谋杀摩西和摩西宗教在先知时期复兴的期间;人们在这里突然发现了临床描述、发生学

---

① 德文全集版,第十四卷,第361页;标准版,第二十一卷,第38页;法文版,第103页。

② 德文全集版,第十四卷,第366页;标准版,第二十一卷,第42页;法文版,第116页。

③ 《摩西和一神教》,德文全集版,第十六卷,第230页以下;法文版,第183页以下。

④ 《一个幻想的未来》,德文全集版,第十四卷,第366—367页;标准版,第二十一卷,第42—45页;法文版,第116—118页。

阐释和经济学阐释的交织："创伤性神经官能症的问题和犹太人一神教的问题之间在一点上存在着一致。这种类似存在于人们所称的潜伏中"：弗洛伊德注意到，这种类似"是完美的：它近乎同一"①。一旦承认了神经官能症演化的图式——早期创伤、防卫、潜伏、神经官能症的爆发，被压抑的部分回归——人类历史和个人历史的接近就是余下的工作："人类也遭受性侵略事件，尽管其大部分已被排斥和遗忘，但仍留下了一些永久的踪迹。以后，经历了一段长时间潜伏，它重新变得活跃，在它们结构和倾向性上产生可与神经官能症症状相比的现象。"②

　　这就是被很好建立的类比，关于宗教的精神分析就结束于这个类比上：在弗洛伊德著作中，它无疑构成了梦与神经官能症解释和文化解释学之间相互作用最具吸引力的例子。我们将在我们的"辩证法"的最后讨论它的有效性。

　　① 《摩西和一神教》，德文全集版，第十六卷，第 176—177 页；法文版，第 111 页。
　　② 德文全集版，第十六卷，第 186 页；法文版，第 123 页。

第三部分

爱若斯,死亡冲动,必然性

　　我们对弗洛伊德著作前面的解读有意绕开了在 1920 年著名的文章《超越快乐原则》所显示出的重要变化。[1] 这种修改在规模上超过了在 1914 年《介绍自恋》中施加于对象和主体概念以及人类心理现象整体经济学上的修改。将死亡冲动引入到*冲动*理论中,在冲动这个词的严格意义上是对它从头到脚的重铸。这种修正首先影响了精神分析话语自身,就像我们试图在第一部分它的认识论中所表达的那样,然后,逐步地,影响了对构成欲望语义学的全部符号的解释,直到影响文化概念,我们已在第二部分临时描绘了有关文化的整体图画。

　　死亡冲动在这点上与精神分析话语有关,即冲动的新理论重新质疑弗洛伊德最初假设,尤其是心理机制概念服从于守恒原则这一点。我们想起,通过假设快乐原则与守恒原则的相等,弗洛伊德想把精神分析置于赫尔姆霍兹和费希纳的科学传统中。精神分析能够作为科学使人相信,要感谢心理机制这种近似物理的特性,并由于将隐藏在解释下的经济学现象进行了数量改写。我们已经在第一部分显示了精神分析固有的天赋存在于别处,在解释和说明之间,在解释学和经济学之间的相互性上。但同时,我们应该承认:建立在数量假设上的思辨与精神分析话语的固有特征不完全一致。然而,冲

---

　　[1]　《超越快乐原则》(*Jenseits des Lustprinzips*),德文全集版,第十三卷,第 3—69 页;标准版,第十八卷,第 3—64 页;法文版,载《精神分析文集》,第 5—78 页。

动的新理论联系于对生命和死亡的一种思辨上,这种思辨与数量理论有重大区别,而是接近于歌德的观念和浪漫主义的思想,甚至恩培多克勒和前苏格拉底思想家的观点。《超越快乐原则》标题自身足以提醒我们,概念革命应该在这个层面,有关生命功能的最普遍假设的层面进行。我将第三部分置于爱神(Éros)、死亡冲动(Thanatos)和必然性(Ananké)这些重大象征的标题下,是为了阐述这种格调的替换,这种从科学主义到浪漫主义的转变(Éros、Thanatos、Ananké 是古希腊神话中的神——译者注):面对着死亡,利比多改变意义并接受爱若斯的神秘名称;面对着爱若斯—死亡冲动,与快乐原则相对立的现实性原则展现了必然性(Ananké)这一同样神秘的名称包含的整个意义层级。

我们先决的任务将是建立贯穿于弗洛伊德著作重要的对立:快乐原则和现实性原则的对立:这将是第一章的目标。这种对立紧密地与弗洛伊德思想的最初假设相联系:守恒假设和数量假设,将心理现象表象为一种自我调节机制,等等。快乐原则和守恒假设之间的联系如此紧密,以致我们有理由询问对这些最初假设的提问是否不仅仅牵涉到超越快乐原则,而且还牵涉到超越现实性原则。更重要的是确定现实性原则意义的位置,并且衡量被弗洛伊德初始假设给予它的意义的变化范围:在知觉功能(我们已经常发现它与意识和自我的建立相联系)和屈从于不可抗拒之间,无疑存在着一种足够大的意义余地。问题因此将是知道直到哪一点上,冲动的新理论成功地将现实性概念的重心从一端移到另一端。

在一种对死亡冲动的详细解释前,我们不能肯定回答这个问题。正因如此,我们为第三章保留了对在弗洛伊德理论中的现实性概念新的和最后检查,在第三章中,我们重新集结了由这种对理论的新解读所引起的几个批评性问题。让我们现在就说人们不应该从这个重新解读中期待过多的东西:为了与现实性原则针对欲望世界和幻想的批判功能紧密相联的一些理由,现实性原则最古老的表述就是:将最强烈地抵制在理论中由死亡冲动的引入而造成的大混乱。

现在如何正确谈论关于生命和死亡的重大假设? 这是第二章的目标。

我们的第一部分教导我们,弗洛伊德思想的思辨假设不能在自身中得到证实;它们的意义在解释和说明的相互作用中被决定;思辨假设被它们把解释学概念,如:明显意义、隐藏意义、症状和幻觉、冲动的代表、表象和情感,——与经济学概念,如:投入、移置、替换、投射、向内投射等联系起来的能力所证实。我们已能够说,精神分析话语的特性最后存在于作为第一个能量学概念的冲动和作为第一个解释学概念的冲动表现之间的关系中,精神分析话语将力量和意义的两个世界联结在一种欲望语义学中。我们的第一个问题因此是:当关于生命和死亡的更具浪漫特征的思辨加入到关于守恒假设和它的心理对应物(快乐原则)的更具科学特征的思辨时,这个话语变成什么? 这个欲望语义学将变成什么?

我们“分析论”的第一部分因此给我们提供了一条很好的线索:一种冲动只不过是一种被辨读的现实——在它的冲动“表现”中的辨读。死亡冲动的“表现”是什么呢? 辨读工作的一个新阶段因为这个问题被开启了;同时欲望和它符号之间的一种新关系也被开启了。从解释学和经济学之间这种新关系出发,我们将有节奏地评估在有关生命功能的根本假设层面上的革命范围。

我们以前说过,施加于冲动理论上的修正是一种从头到脚的重铸:《超越快乐原则》告诉我们:对基础的修正在文化理论中的大厦顶端有其回应,而我们在"分析论"的第二部分已经开始了对文化理论的阐释,并且在《文明及其不满》中如果没有发现它的完成,至少发现了它的开花结果①。

正是在文化层面上,死亡冲动,作为典型的"缄默的"冲动达到了历史的"喧哗"。这样,死亡冲动的经济学和解释学之间的联系形成了;基本上,在1920年文章的元生物学假设和1929年文章的元文化理论之间,这种联系形成了。这种联系属于两层意义:一方面,通过在战争的明显层面上结束一种文化理论,弗洛伊德引出了死亡冲动的意义;另一方面,通过在冲动理论中引入死亡冲动,弗洛伊德能够将文化的意义领会为一种艺术、道德和宗教的部分现象被安排于其下的独特的任务:通过与"巨人之间战争"——爱若斯与死亡冲动——的关系,文化事业取得了它根本和广泛的意义。

对冲动理论的新解读因此要求对我们在第二部分中分别加以考虑的现象总体进行重新解读:这些现象是审美现象、伦理现象、宗教现象;前面的解读是从梦的模型和神经官能症的模型逐渐扩大到所有文化表象;因此这是一种类比解读,具有类比所有不完整和欠缺说服力的特征:的确,问题在于知道区别是否比类似更有意义。通过将文化的任务重新置于爱与死亡冲动的战场中,弗洛伊德就将他对文化的解释提升到一个简单和强有力观念的行列。当第一次解读,不完整和类比的解读将精神分析刻画成思想的训练时,广泛而有效的第二次阅读把它刻画成世界观。通过一点点的类比,鹰的注视……

---

① 《文明及其不满》(*Dsa Unbehagen in der Kulture*),德文全集版,第十四卷,第 421—506 页;标准版,第二十一卷,第 60—145 页;法文版,Denoël et Steele。

　　但同时,弗洛伊德学说打开了通向重新思考最高确定性的更根本提问的道路;这是些没有解决的问题,我喜欢将它们收集在第三章中,并置于三个标题下:否定性是什么? 快乐是什么? 现实性是什么①?

―――――――――

　　①　"我们很感谢所有的这类哲学理论或心理学理论,这些理论告诉我们关于快乐和不快乐(Lust und Unlustempfindungen)的感觉的意指(die Bedeutungen),而这些快乐和不块乐感觉如此强制地作用于我们。不幸的是,在这方面,人们没有给我们提供可用的东西。这是心理生活最黑暗、最难以接近的区域,既然我们不能完全避免接触它,最灵活的(lockerste)假设似乎是最好的。"德文全集版,第十三卷,第3—4页;标准版,第十八卷,第7页;法文版,第5页。

第一章 快乐原则和现实性原则

　　"超越快乐原则"……在 1920 年是想要表达:将死亡冲动引入冲动理论中。然而,在弗洛伊德学说中,一直有一个超越快乐原则的原则,它被称为现实性原则。因此,不事先建立起最初的对立,快乐和现实性的对立,就不可能评价死亡冲动施加于冲动理论上的革命影响。

　　可是在弗洛伊德那里,现实性概念比它显现的要更复杂。通过以下方式,我们可以概述它的发展。

　　(1)一开始,"心理功能的"的两条原则(为了使用与 1911 年一篇重要短文相同的语言)几乎覆盖了我们所称的"第一过程"和"第二过程";我们前面已经展现了这些表述的意义,并且我们满足于用我们在此感兴趣的相对立的术语翻译这种分析。因此,现实性的最初概念是在一种临床语境中——神经官能症理论和梦的理论的语境中——被构思的;1914—1917 年的元心理学著作通过给予现实性一个经济学意义第一次扩大了现实性概念,这种经济学意义与第一场所论给予无意识概念、前意识概念和意识概念的意义相同;现实性大体上是意识功能的相关物。通过从一种描述意义和临床意义向一种系统意义和经济学意义转变,我们就以一种新的笔调改写初始概念,但不是真正改变这个概念。

(2)我们在对象关系研究中发现了现实性原则的进一步丰富;我们不仅仅仍然停留在冲动理论的第一个层面(性冲动和自我冲动的对立),而且停留在第一场所论中(心理机制被表象为一系列的位置:无意识、前意识和意识)。

(3)现实性概念更具决定性的改变是与我们在前几章中考虑的理论更重要的两种形式相联系的:一方面是自恋的引入;另一方面是向第二场所论的过渡。因为不同但又趋同的理由,这两种改变通过快乐原则和现实性原则之间对立的一种不断的戏剧化而被表达出来:现实,不仅仅是幻觉的对立面,而是严酷的必然性,就像它放弃自恋以后和在俄狄浦斯时代达到顶峰的失败、欺骗和冲突以后所暴露的。现实性因此被称为必然性,有时早已被称为 Ananké。

冲动理论重要的"重新神话化"必然对这个戏剧化过程产生影响,我们将在以后章节中对这个"重新神话化"加以考虑,并且爱和死亡象征了这个"重新神话化";为了在我们关于死亡研究结束时重新发现它,我们将把弗洛伊德现实性概念留置于入口处。我们因此将两次谈论现实性原则:在死亡冲动前和在死亡冲动后。从心理机制的一种"科学"表象向爱与死亡相互作用的一种"浪漫"解释的转变不可能不影响到现实性概念在弗洛伊德思想中具有的意义:在死亡冲动前,现实性是与快乐原则同等地位的规范性概念;这就是它也被称为"原则"的原因;在死亡概念以后,现实性概念充斥了一种意义,这种意义把它提升到共同分享整个世界的近乎神秘的重大力量的水平:这种改变将由 Ananké 这个词来象征,Ananké 使我们既回想起希腊悲剧的命运,又回想起文艺复兴哲学和斯宾诺莎哲学的自然,以及尼采的永恒轮回。简言之,那首先只是一种"心理调节"原则的东西将成为一种可能智慧的密码。

1. 现实性原则和"第二过程"

弗洛伊德关于现实性评论的临床出发点是毋庸置疑的；1911 年的短文《有关心理功能的两条原则的表达》①从头几行起就使人想起这个出发点：如同皮埃尔·雅内（Pierre Janet）所观察的，"现实的功能"，就是神经官能症患者所丧失的东西；或者，为了立即表示弗洛伊德和雅内的区别，"现实的功能"就是神经官能症患者所远离的东西，因为现实性难以忍受。因此，没有什么特别的哲学意义一开始就被联系于现实性概念上；现实性没有成为问题，它被认为是熟知的；正常人和精神病医生是它的衡量尺度；它是适应的物理环境和社会环境。

然而，从这基本层面起，重要的是对快乐—现实性这个对立很少有同质性感到惊讶。为了使它们有同质性，从一开始就需承认，快乐原则作为幻觉的源泉作用于现实性；有强烈幻觉的精神病［或梅内赫（Meynert）的意识模糊］提供了最初的图式②；弗洛伊德把它扩展到了所有的神经官能症，弗洛伊德

---

① 《有关心理功能的两条原则的表述》（*Formulierungen über die zwei prinzipien des psychischen Geschehens*）（1911 年），德文全集版，第八卷，第 230—238 页。标准版，第七卷，第 218—226 页，C.P.IV，pp. 13–21.参阅琼斯，前引书，第二卷，第 332—335 页。

② 人们在致佛里斯的第 105 封书信中发现了对两条原则的最早表述："最后的总结是站得住的，并且似乎想推广到无限大范围。不仅仅梦是一种欲望的实现，而且歇斯底里发作也是。这不仅仅是为了歇斯底里症状，无疑也是为了所有神经官能症的事实，这是我早在强烈的精神错乱中就确认的。现实性，欲望的实现，这就是我们心理现象来自于对立的双方……"《精神分析的起源》，第 246 页，参阅琼斯，前引书，第一卷，第 396 页。

提出:"事实上,所有的神经官能症患者与现实的某个片断发生了同样多的关系①。"从一个首先被用于精神病解释的图式扩展到神经官能症,这建立在一种我们已揭示过的早期命题上,根据这个命题,欲望的投入在神经官能症和梦中自身服从一种幻觉模式。从这个最初的核心出发,人们可以合法地建议"调查神经官能症和普通人性与现实性关系的发展,并把外部真实世界的心理意指归并到我们理论结构中②"。

快乐原则与欲望近乎幻觉功能的相似是弗洛伊德在《纲要》和《梦的解析》第七章的时代所称的"第一过程"的基础。相应地,它允许他把现实性原则和第二过程联系起来。这种双重的相似充当了1911年文章的后续作品的指导线索,但一些走得更远的主题出现了,不与第二场所论比较,就不能理解这些主题。

第一过程和第二过程之间的关系自身不是一种简单的关系:它在快乐原则和现实性原则之间揭示了两种关系。一方面,现实性原则不是快乐原则真正的对立面,而是满足道路的一种迂回或延长;心理机制事实上从来没有根据第一过程的简单图式运作过;说到底,快乐原则,从纯粹状态考虑,是一种说教上的虚构;相应地,现实性原则代表了被第二过程决定的一种心理机制的正常作用。但另一方面,快乐原则在各种伪装下延长它的统治;它激发起了整个在它正常和病理形式中的幻觉存在,从梦开始,经过了理想,直到宗教幻想;在它的伪装形式下加以考虑,快乐原则显得不可被超越;从此以后,现实性原则代表了一个难以达到的存在秩序。

---

① 德文全集版,第八卷,第230页;标准版,第十二卷,第219页。
② 出处同上。

在对《纲要》的研究中,我们已说了很多理由:为什么被完全接受的快乐原则应该是一种一直早被超越的虚构？首先,内在的冲动永远打破平衡,使得紧张的完整释放不可能;心理机制这样就离开了被守恒原理所代表的最简单的能量运转。然后,满足的经验不可避免地得到别人、对象关系、甚至是整个现实性环流的帮助。人们在《纲要》中回想起这样令人惊讶的文本:"人类有机体在他的早期阶段不能够引起这种专门的行为,这种行为只能在一种外在帮助下得以实现,并且此时,一个成熟人的注意力是针对着儿童状况的……释放的道路因此要求一种极端重要的第二种功能:相互理解的功能。人类最初的无力就这样变成了全部道德动机的源泉①。"最后,根据《纲要》的另一种表达,不快乐是"教育的唯一措施②":不快乐把一种享乐主义意义给予现实性原则自身,并将其安置在快乐原则的延续中。真正说来,幻觉满足是一种生物学死胡同;它必然导致失败;因此,现实性原则的建立是快乐原则自身的要求。

如果现实性原则与第二过程相一致,人们所有的心理现象,就它躲避幻觉而言,服从这样的原则。

《纲要》的第三部分提供了这样被理解的第二过程的图式;根据这个图式,现实性原则被保持在人们可能称为一种被计算的或合理的享乐主义的范围内;可是这第二过程的图式将永远不会被深刻地改变。人们认识到它的主要主题:现实性的性质检验(《纲要》分配了一组专门的"神经元"给它),幻觉和知觉的区别,对新刺激的专注探索;通过判断使新的刺

---

① 《精神分析的起源》,第336页。
② 出处同上,第381页。

激与旧的刺激同一(根据接近康德的知觉判断的一种图式);
在被听到话语的记忆踪迹的基础上,从被观察的现实性向被
思考的现实性转化;对现实进行动力、肌肉统治;为了概念形
成而对释放的延迟进行控制,等等。《梦的解析》第七章没有
给第二过程的这个概括分析增加什么;因为这后一本著作意
图的结构性理由,我们甚至可以说,《纲要》走得比《梦的解
析》更远。

　　1911 年的文章在它关于现实性原则的八个段落的第一
个重新采纳了《纲要》的主要主题①。在这里,专注同样被认
为是被预期的适应;记忆,被认为是过去评论的整合;判断被
认为是新性质和记忆痕迹之间的比较和认同;动力统治被认
为是能量使人振奋的联系;最后,通过思想对动力释放进行压
抑具有和《纲要》中同样的角色;我们甚至可以说《纲要》的文
本在各个方面是最清楚的。

　　如果我们停留在第二过程的这个概念形成中(一种理论
构造与其对立),现实性原则的分析就突然停止了。但《梦的
解析》在相反的意义上早就显示了快乐原则是不可*被超越*的
原因。我们记得,心理机制被表象为既在前进意义上又在回
溯意义上产生作用的一种物理器官;这个在许多方面误导的
图式,至少暗示了一种逆向工作的心理现象的观念,因为它抵
制用现实性原则替代快乐原则。快乐原则因此不再仅仅代表
以前的虚构阶段,而是装置的反向运动,是第七章称为场所论
回溯或心理机制倾向于恢复欲望幻觉实现的原始形式的东
西;弗洛伊德可能就是这样通过恢复充满的幻觉形式的这种

————————

　　①　德文全集版,第八卷,第230—231 页;标准版,第十二卷,第219—
221 页。

倾向定义 Wunsch,我们大致将这个词翻译成欲望:"当需要重新明显,由于刺激和满足的记忆印象之间已建立的关系,将开启一种重新投入知觉自身的心理运动,也就是将重构第一次满足的状况;我们把这个运动称作欲望(Wunsch);知觉的重现是欲望的实现(Wunscherfüllung),以及通过需要的刺激而对知觉进行完全投入是到达欲望实现的最短道路。没有什么阻止我们设想心理机制的一种原始状态,在这个状态中,这个行程被有效地经过,并且在这里欲望因此展开于一种幻觉模式上。这个最初的心理活动因此倾向于一种知觉的同一,即,倾向于知觉的重复,这种重复与需要的缓和相关①。"这条实现的最短道路无疑对我们封闭了,但我们通过形象化、替代的模式在幻觉的形式下顺着这条道路走下去;神经官能症的症状、夜梦和白日梦是这种快乐原则霸权的证明和它的能力的检验②。

从这个第二观点出发(在这个观点中,快乐原则代表了一种有效功能),现实性原则表达了一种任务的方向,而不是一种日常功能的描述。接下来的分析不停地突出这个任务的困难;快乐原则是廉价的;现实性原则牵涉放弃欲望和幻觉之间的捷径。

1911 年文章的第二段以几句话总结这种戏剧关系:"我们心理机制存在着一种普遍倾向,我们可以把这种倾向重新置于节省支出的经济学原则中;它似乎在我们专注于我们拥有的快乐源泉的持久性中得到表达,并且它在我们放弃这些源泉的困难中得到表达。随着现实性原则的引入,一种思想

---

① 德文全集版,第二、第三卷,第 571 页;标准版,第五卷,第 565—566 页;法文版,第 463—464(308)页。

② 德文全集版,第八卷,第 234 页;标准版,第十二卷,第 222 页。

活动的模式分裂了（wurde eine Art Denkbarkeit abgespalten）；它摆脱了现实性的检验而屈从于唯一的快乐原则。这个活动包括了幻觉的产生（Phantasieren），幻觉早就开始于儿童游戏，并以后，*继续进行在白日梦的形式下和放弃所有对真实对象的服从*[①]。"在这简短评论后，应该将《梦的解析》第七章有关以下问题所说的一切重新安置，这些问题包括了：关于最古老欲望不可摧毁性，关于人类无力从一种幻觉统治转变为一种现实性统治，简言之，关于那使人类心理成为一件事情和证明了对一种场所论求助的所有东西。是的，现实性的道路是最艰难的道路。在《纲要》中和这篇文章中，许多暗示让我们肯定，只有醉心于科学工作的思想才到达现实性原则。

从 1895 年的《纲要》到 1911 年的文章，这就是心理机制双重功能的概念形成。弗洛伊德将不从根本上改变它，他只是有所增补。《元心理学文集》局限于给它一种场所论和经济学的改写，这种改写与我们所称的第一场所论的心理机制的最初表象是相协调的。

快乐原则和现实性原则的对立就这样在《无意识》文章中被整合进了"系统"（无意识、前意识、意识）之间更大的对立；这样的改写值得我们驻足，因为它第一次让我们在现实性原则与意识系统之间建立关系，并把现实性定义为意识的相关物。

这种"系统的"改写被发现于有关"无意识系统的特殊性"的段落中[②]；快乐—不快乐原则与矛盾（否定、怀疑、肯定

---

① 德文全集版，第八卷，第 234 页；标准版，第十二卷，第 222 页。

② 总结一下："矛盾的缺场，第一过程（投入的流动性），非时间性和用心理现实代替外在现实，这些都是我们在意识系统的相关过程中期待发现的特征。"德文全集版，第十卷，第 286 页；标准版，第十四卷，第 187 页；法文版，载《元心理学》，第 131 页。

的等级）的缺场、投入的流动性、时间关系的缺场放在一边；相反地，现实性原则与否定和矛盾，与能量使人振奋的联系，与时间关系放在一起。

无疑，在1916年的《对梦的学说的元心理学补充》①中，意识系统和现实性原则之间的这种关联接受了弗洛伊德所有理论著作中最精确的表达。

在修改《梦的解析》的第七章时，弗洛伊德承认场所论的回溯——即欲望的思想分解在出自于先前满足经验的记忆意象中，以及这些意象的复活——不足于阐释附属于幻觉的现实感；另外，在这里需要废除知觉判断的区别功能；因此，必须把这种区别功能重新联系于一种特别的心理构造，联系于"一种允许我们区分欲望的相似知觉和一种现实实现（von einer realen Erfüllung）并将来避免它的特有构造（Einrichtung）"②。幻觉所废除的东西，弗洛伊德称为"现实性的检验"（Realitätsprüfung，testing of reality③）。

对这种功能的研究使我们说，同样的"系统"支配了"形成意识"和"现实性检验"；一种内部和一种外部的双重构造属于一个唯一的功能，这个功能明显地联系于肌肉行动，只有这样的功能能使对象出现或消失。这就是人们能够谈论一个意识—知觉唯一系统的原因，这个系统被赋予一种固有的投入，一种能够抵御利比多侵入的能量。现实性检验这样就与

―――――――――

① 《对梦的学说的元心理学补充》（*Metapsychological Supplement zur Traumlehre*），德文全集版，第十卷，第412—426页；标准版，第十四卷，第222—235页；C.P.IV，第137—151页；法文版，载《元心理学》，第162—188页。

② 德文全集版，第十卷，第422页；标准版，第十四卷，第231页；法文版，第181页。

③ 出处同上。

意识系统以及与它固有的投入紧密相联。弗洛伊德说："我们将把现实性检验当成重要的*自我的机制*（Institutionen）之一，伴随着我们在心理系统之间开始承认的审查……"①这些伴随现实性检验的审查就是那些保护前意识系统和意识系统反对利比多投入的审查；正是它们或通过从现实"离开"（Abwendung）和"后退"（retrait）止步于欲望的精神病中，或通过"自愿的放弃"止步于睡眠中。自恋逃避于睡眠中也相当于意识系统固有投入的一种损失②。

　　以现实功能的损失为特征的场所论回溯因此设想了一种意识系统自身的变化。但弗洛伊德毫不犹豫地承认意识—知觉系统的场所论—经济学理论有待完成。还是在这里，理论宁可聚焦在一种研究的框架上而不是在结果上凸显出来。我们上面关于意识作为心理机制的"表面"（在《自我和原我》第二章的思路上）所说的一切属于这个对意识—知觉系统的研究，关于这个系统，我们现在知道它是现实性原则全部研究的对等物；当弗洛伊德说知觉系统是自我的核心时③，他事实上陈述了现实性原则。因此，面对内在世界的要求，伦理的和冲动的要求，我们现在能够建立"外在性"的重要功能；以后，当我们将超我引入与现实性的对立时，我们将可以与《自我和原我》一起说："当自我基本上是外部世界、现实性的代表（Repräsentant）时，超我作为内在世界、原我的代理人（Anwalt）

---

　　①　德文全集版，第十卷，第 424；页；标准版，第十四卷，第 233 页；法文版，第 184 页。

　　②　德文全集版，第十卷，第 425 页；标准版，第十四卷，第 234 页；法文版，第 185—186 页。

　　③　在同样的意义上，《哀悼和忧郁症》："与审查和现实性检验一起，我们把［意识］归入自我重要的设立中。"德文全集版，第十卷，第 433 页；标准版，第十四卷，第 247 页；法文版，第 199 页。

矗立在自我面前。就像我们现在准备承认的,自我和理想之间的冲突最终反映了现实的东西和心理的东西之间,外部世界和内在世界之间的对立。"①

2. 现实性原则和"对象选择"

快乐原则是短促和容易的道路;所有回溯的东西都返回到它。现实性原则是长远而困难的道路;它牵涉到放弃和对以前对象的哀悼。

这个简单图式从针对我们多次称为欲望历史的东西的所有分析中得到了充实,而没有被根本改变。欲望的这种图式"年代学"将使快乐原则和现实性原则间的一些新关系出现。

在他利比多的最初理论中,通过把冲动研究限制在性冲动的领域(性冲动临时与自我冲动对立),弗洛伊德限定了对两个功能原则之间冲突的历史进行选择的领域;的确,现实性原则取代快乐原则不是一下子形成的,也不是在整个冲动阵线上同时形成:利比多的领域尤其是难以改变统治的领域。如果利比多比任何其他冲动更长久地在快乐原则的统治下,这是因为原初的自体性行为让它长时间地躲避挫折体验并躲避不快乐的教育,并且因为潜伏期把与现实的冲突推延到青春期。性欲因此是古老事物的中心,而自我冲动立即与现实的抵抗搏斗②。原则上,快乐原则在幻觉的领域中继续它的统治;在这里,欲望(Wunsch)的结构被保持得最长久,或许甚

---

① 德文全集版,第十三卷,第264页;标准版,第十九卷,第36页;法文版,第191页。

② 《关于心理功能两条原则的表述》,德文全集版,第八卷,第234页;标准版,第十二卷,第222页。

至是无定限。我们已经常常突出性欲望的这个语义特性;与饥饿或与自我的防卫不同,性欲引起想象和谈话,但这是在一种非现实的模式上引起的;欲望语义学在这里是谵妄语义学。这就是为什么现实性原则显得像一场战争的结果,这场战争不仅仅发生在欲望底层结构中,而且发生在幻觉的繁茂枝叶中,在《元心理学》所称的冲动的"派生物"的层面上,在欲望的表象、情感、被说出表达的所有领域中。

这个欲望历史是幻觉和现实性之间战争的中心,弗洛伊德试图用他利比多"阶段"的理论把它勾画出来;通过把他在1911年的文章中称作"通过现实性原则而导致快乐原则的解体①"的东西与阶段理论相互比较,他在现实性原则与"对象选择"之间建立了一种有趣的联系,而"对象选择"是利比多历史的中心主题。

这种联系比我前面在现实性原则和第二过程之间建立的联系更加准确和有启发性。

出发点存在于《性学三论》的这样的重要评论中:冲动有一个被决定的"目标",但变化的"对象"。欲望这种原始的漂泊使得快乐原则的统治长久了。既然与对象的联系不是被给予的,它就应该是后天的;精神分析的学说用 Objektwahl、"对象选择"这个词表示这个问题;它构成了利比多阶段理论的中心主题。

被重新安置在这种确定的角度中,现实性原则与生殖阶段的建立相吻合,更确切地说,是与对象之爱服从于生殖这一点相吻合。在这一点上,弗洛伊德从未动摇;他使一种确定的心理内构造与现实性原则相适应,这一心理内构造就是:"一

---

①　Die Ablösung des Lustprinzips durch das Reaitätsprinzip,出处同上。

种构造和部分服从生殖功能的倾向。"与《性学三论》①的这个被重复的断言相对应的,是 1911 年文章一种相似的断言:"当自我继续它从*快乐自我*转变成*现实自我*时,性冲动经历了一些变化,这些变化引导自我从原初自体性行为经过多变的中间阶段直到为生殖服务的对象爱恋。"②因此,现实性存在于与他者的关系中,不仅与作为快乐外在源泉的其他身体,而且是与另一种欲望,最后是与种的命运的关系中。在性利比多的领域中,为现实性原则的霸权提供标准的是:与一种互补和同类伙伴的相互关系以及个人服从于种。在这方面,精神分析的根本贡献是显示,最复杂构造的这种战利品是困难和不可靠的,不是因为一种社会调节器的偶然,而是因为一种结构上的必然性;这就把弗洛伊德和所有文化主义者区别开来的东西,文化主义者关注于把生活的困难重新引向现实社会环境的状况;对于弗洛伊德,性欲连续的位置是根深蒂固和难以"放弃的";现实性的道路因此被消失对象所标志③;它们中的第一个是母亲的胸脯;自体性行为部分地与这个消失对象相连。这就是"对象选择"既有前瞻性特征又有怀旧特征的原因:"发现一个性对象这件事只不过是重新发现它的方式。"④对于利比多,未来就是回顾过去,处于"消失的幸福"⑤中。弗洛伊德经常讲,对象选择没有选择(如果我敢这样说的话);通过一种内在必然性,对象选择将按照自己身体或以

---

① 《性学三论》,德文全集版,第五卷,第 99、109、139 页;标准版,第199(1915 年)、207(1905 年)、237(1905 年)页;法文版,第 III、128、175 页。
② 德文全集版,第八卷,第 237 页;标准版,第十二卷,第 224 页。
③ 《性学三论》,德文全集版,第五卷,第 123 页以下(die Objektfindung);标准版,第七卷,第 222 页以下;法文版,第 151 页以下。
④ 出处同上。
⑤ 出处同上。

前无私给予关怀的存在者的模型形成:它将是自恋或依恋①。

对欲望历史的这种戏剧化解释在俄狄浦斯情结那里达到它的临界点;俄狄浦斯情结与我们现在研究相关是因为它所引起的各种各样幻觉;的确,俄狄浦斯危机不属于时间;它以梦和神经官能症都是其见证的乱伦幻觉的形式延续下去。人们知道弗洛伊德以什么样的坚持肯定神经官能症的乱伦核心:他说,精神分析成立和失败正由于此;但俄狄浦斯戏剧的要点本身是幻觉的;它是一出被演出和被梦想的戏剧;只是更为严肃,因为它出自欲望不可能的要求;欲望首先想要不可能的东西(这个学说在令人震惊和使人耻辱的形式下表达的东西:儿子想要与母亲一起有一个孩子,女儿想要与父亲一起有一个孩子);因为它想要一种不可能的东西,欲望必然失望和受伤;从此后,现实性的道路不仅被消失对象所标志,而且被禁止和拒绝的对象所标志。为了超我的建立,我们已说了很多这些抛弃、这些放弃的重要性,现在需要说说它们对现实性原则的影响。

在 1911 年文章中,弗洛伊德把现实自我和快乐自我(Lustich②)对立起来;如果欲望(Wunsch)是快乐自我的核心动机,寻求实用就是现实自我的核心动机:"与快乐自我只是实施欲望(Wunschen)同样的方式……现实自我只能趋向于有用的东西并提防一切损失③。"弗洛伊德在这里处于一块熟

―――――――――

① 出处同上。1915 年的补充的注解(法文版,注 67,第 217 页);弗洛伊德因此将他的文本与《论自恋》文章第二部分中的发现协调起来,在那里,为了"发现一个对象",两种"方法"——依恋和自恋——被区分开来。

② 德文全集版,第八卷,第 235 页;标准版,第十二卷,第 223 页

③ 出处同上。

悉的土地上。苏格拉底最早的对话就是围绕着实用的意指。康德的批判不应该隐藏这种对实用反思的积极意指;通过把实用和欲望的欺骗对立起来,弗洛伊德恰恰在实用中恢复了它的现实性痕迹。这种对立在更为复杂的层面上重新具有了我们以前在第一过程和第二过程间发现的对立:一方面,实用是愉悦的真理;这是替换梦想中的愉悦的真正愉悦;现实性原则在这个意义上是快乐原则的保护者:"事实上,现实性原则替代快乐原则不表示快乐原则跌下王座(Absetzung),而只是它的保护者(Sicherung①)。"另一方面,快乐自我在它的口袋中有这么多锦囊妙计,在无意识分叉层面上有这么多枝丫,以至于对实用的尊重早就是纪律的形象,而实用在伦理学眼中其抱负是如此谦逊。

自从人们考虑欲望是幻觉的不竭源泉和幻想的原动力,实用的纠正价值就变得很明显了:欲望神秘化;现实性原则是被去除神秘化的欲望;古老对象的放弃现在表现在怀疑的实施中、在幻灭的运动中、在偶像的死亡中。

在这里,欲望"人种志"的历史印证和丰富了欲望"心理学"的历史;这两者相互印证,因为人们可以使信仰的一种典型历史和利比多的一种阶段历史相吻合,我们回想起,弗洛伊德以什么样的语词试图在《图腾与禁忌》②中达到这样的吻合:思想的全能与自体性行为阶段相称,这种思想全能以万物有灵论和魔法技巧为特征;对象选择对应着思想全能的放弃,而这一放弃有利于魔鬼、精灵和神;对自然全能的承认与利比多的生殖阶段相称。尽管是荒谬的,但这种欲望的"人种志"

---

① 出处同上。
② 参阅前面第 250 页以下(译者注:此处页码为法文原书的页码)。

历史不仅仅与利比多构造"阶段"的历史相吻合,它增加了一个基本主题,全能的主题。这是快乐原则的"宗教"核心;在欲望中存在着"恶的无限";现实性原则——甚至在实用原则的明显腓力士式的陈述下——在根本上表达了"坏的无限"的丧失,欲望转向有限。

这就是为什么《图腾与禁忌》可以说,为了神的全能的利益而放弃欲望的"全能"早就表达了现实性原则的最早胜利。从这个观点出发,神话提供了这种替代的一种幻想表达,或如1911 年文章第四段所说,"这种心理革命的一种神秘投射"。[①] 对于弗洛伊德,人们或许以矛盾的话语说,宗教标志了现实性原则对快乐原则的胜利,但是以一种神秘的方式取得的;这就是宗教既以放弃欲望的最高形象出现,又以实现欲望的最高形象出现的原因。

对于作为精神分析者和科学家的弗洛伊德——我不回到区分弗洛伊德的个人"偏见"和精神分析对宗教的这种批判中的收获的困难中——只有科学完全满足现实性原则和确保实用对愉悦的胜利,现实自我对快乐自我的胜利。只有科学战胜替代的形象,永远诡计多端的和升华的替代形象,在这些形象下面,快乐自我追寻着它全能和不朽的梦想。

只有当成年人不仅仅能够放弃失去的过去对象,自恋类型或依恋类型的对象,不仅仅放弃乱伦类型的被禁对象,而且放弃神秘对象(通过神秘对象,欲望在补偿或安慰的被替代模式上追寻着满足)时,现实性原则才取得胜利。人们或许说,现实性原则象征了通过对已消失、被禁止和安慰性对象"哀悼"的长长迂回对真正有用性的接近。

---

① 德文全集版,第八卷,第236 页;标准版,第十二卷,第223 页。

我在此不争论弗洛伊德的"科学主义"已经把他现实性观点还原成可确定的事实,不争论对偶像的批判使他掩盖现实性的其他维度;在这个反思阶段,弗洛伊德思想的狭隘性对于我不如他分配给对古老对象和它派生物进行哀悼的角色更加重要;的确,这样的消失、这样的放弃以及所有它引出的对幻觉的修剪使得现实性主题改变为必然性主题。

这个理论的其他特征,和它以后的全部发展,应该使现实性和必然性之间的联盟更加紧密。

3. 现实性原则和自我的经济学任务

我们刚刚在自我的心理区分和现实性原则之间建立的联系给我们打开了探索的最后一块领域:如果现实性面对着自我,面对着场所论意义上的自我,与"自我的经济学任务"有关的一切也与现实性原则有关。

在轻率地扩展现实性概念时,我们因此冒着使它消失的危险吗?不,如果我们把"内部"和"外部"的区别当成指导线索;相应地,就自我代表着外部世界而言,自我的一个新任务对应着全部"内部世界"的全新复杂性。

可是,弗洛伊德用两种不同的方法丰富了这个内在性世界;这两种方法,一种对应着冲动理论的重铸,即对应着自恋的引入,另一种对应着从第一场所论转变为第二场所论(自我、原我、超我)。通过这两方面,弗洛伊德在内在性深不可测的深度中前进得更远;同时,他持续地戏剧化了与现实性的关系。

就对自我的关注就是对他者的漠视而言,自恋以直接的方式涉及与现实的关系。用元心理学的语言,这种对他者的漠视表达如下：自恋是利比多的"蓄水池"。根据这种自恋经济学，全部对象投入是一种临时的情感安置：我们的爱与恨是从自恋未区分的基础上提取的爱的可取消表现；如同大海的波浪，这些表现可以被抹去，而基础没有动摇；人们记得，正是由于不停地回到"自我主义"的利比多基础，升华自身是可能的；由于这样的回归，我们能够放弃目标并把对被放弃对象的选择改为"自我的改变"；由于这种回归，我们连续的认同因此形成了一种"沉淀"，因为在认同、升华、去性化和自恋之间的经济学关系，我们能够把这种"沉淀"吸收进一种第二自恋中。

因此，一种永远更丰富和更清楚的内在性被深化了：自恋这种间接强化的对应物，就是我们不能在考虑世界时摆脱自己。我们在此进入到弗洛伊德在一篇短文《精神分析的一个困难》中提出的一个引人注目的分析①；自恋早就是哥白尼发现的障碍，因为哥白尼的发现剥夺了我们占据宇宙中心的幻想；自恋反对使我们重新陷入生命洪流中的达尔文进化论；最后，自恋抵制精神分析，因为精神分析动摇了意识的霸权和至上地位。快乐原则和现实性原则冲突的一个新方面就出现了②：自恋处于现实和我们之间；这就是真理总是对我们自恋进行羞辱的原因。

①　《应用精神分析文集》(*Eine Schwierigkeit der Psychoanalyse*) (1917)，德文全集版，第十二卷，第 3—12 页；标准版，第十七卷，第 137—144 页；法文版，第 173—181 页。

②　用我们在"辩证法"(第二章)中的语言：在现实和我们之间的是错误的我思；它闭塞了我们与世界的关系，它不让我们使现实成为它所是的样子。如果像人们所认为的，存在着根本的我思，为了到达这个只是就它所是而奠基的我思，首先就应抛弃这个我思——屏障的位置，这个我思——抵抗的位置。

这些关于自恋抵制真理能力的评论因为我们关于内在世界所知的一切而得到特别的加强,这个内在世界,我们已将其称为超我(况且第二自恋概念将超我与原初内在世界或最初自恋联系起来)。

弗洛伊德没有明确地处理超我和现实性之间的关系;然而,当他在《自我和原我》中证明了"超我总是接近原我并能作为它的代表面对自我而行动,超我更加深入到原我中,因为这个原因,比自我更远离意识①"时,他促使我们去探索这条道路;这篇文章的最后几页是关于"自我的依赖关系",对这个研究作出了第一个贡献,并宣布了后弗洛伊德学派所称的"自我分析"(Ego-Analysis)。弗洛伊德的简洁分析开始于对自此以后的经典功能的回忆:时间秩序、现实性检验、抑制和动力控制;但这些功能从此以后是从自我的力量和软弱的观点加以考虑的。从此以后,他就想把现实性不仅仅考虑成自我的相关物,而且考虑成自我力量的相关物。现实性,就是面对着一个强大自我的东西。我们因此给予似乎构成了自我特殊问题的东西以充分的权利,即,如同斯宾诺莎的《伦理学》中的支配和奴役的问题。

可是,自我的力量,与《图腾和禁忌》谈论的"全能"幻想对立,基本上就在于它的协调和外交的位置。在原我和超我、原我和现实、利比多和死亡冲动之间中介的这个任务,"将自我的力量置于变成告密者、机会主义者和说谎者的危险之下,如同一个政治家看到了真理,但想要在公众的尊敬中保有他

---

① 《自我和原我》,德文全集版,第十三卷,第278页;标准版,第十九卷,第48—49页;法文版,第206页。

的位置①"。但这样的企图适合于一种中介的存在者,是中间人而不是仲裁者,它必须使自己被原我热爱以使原我顺从世界秩序,并且如同喜剧中的仆人,为了使主人的爱变温和而寻求主人之爱。否则,自我将遭受超我的打击,并在死亡冲动支配利比多的借口下重新成为死亡冲动的猎物。

现实性原则的一种新意义,一种猜测而非明确表达的新意义出现了:在一种完全是亚里士多德学说的意义上,我把它称为"审慎"的原则;它与超我虚假的理想主义对立,与它摧毁性的要求相对立,一般而言与崇高的自大相对立,以及与良知的坏信仰相对立。

简言之,"审慎"的原则(我在其中通常看到现实性原则的突出部分)就是精神分析的伦理学。在我们刚刚评论过的文本中,弗洛伊德明确地把自我经济学的任务与精神分析者的任务相比较:"老实说,在精神分析治疗过程中,自我表现得像是一个医生:与它对现实世界的重视一起(这是我强调的),它自己呈现为一种作为原我的利比多对象,并且给它自己带来原我的利比多。"②在《文明及其不满》的结束处,在质疑了超我的过分要求能够有效地改变自我后,弗洛伊德在同样的意义上补充道:"因此在治疗目标中,我们经常被迫与超我战斗,并努力压制它的抱负。"③

自我经济学的任务与精神分析自身任务的比较是有教育意义的。我们可以说,精神分析医生对于病人代表了在肌肉

①　出处同上,德文全集版,第十三卷,第286—287页;标准版,第十九卷,第57页;法文版,第216页。

②　出处同上。

③　德文全集版,第十四卷,第503页;标准版,第二十一卷,第143页;法文版,第77页。

和行动上的现实性原则。可是,他是在不作伦理上的判断和规定的范围内代表现实性原则;这种对所有道德预言的弃绝,这种精神分析的超然,首先能使人相信一种伦理的缺场;当人们重新将这种超然置于快乐原则和现实性原则对立领域中时,它重新获得一种深层的意指;超我攻击作为快乐存在者的人类,但它对人类估计太高,只能在自恋满足的形式下掩盖它的过分,超我将自恋满足提供给自我,使自我自信比他人更好;相反地,精神分析的注视是被现实性教育的注视,并且又反向注视内在世界。"谈论—价值"的悬置就这样变成了获得自我知识的基本阶段;由于这样的阶段,现实性原则变成了意识的形成过程的规则。

所有伦理学都被放弃吗? 精神分析学家比任何人都知道人类总是处于伦理状况中;他每一步都预设了这一点;他关于俄狄浦斯所说的一切强有力地证明了人类的道德命运;但,面对着道德意识的种种缺点和它与死亡冲动的奇特关系,现实性原则提出用中立的关注代替谴责。因此,真理的林中空地被开辟了,理想和偶像的谎言被置于光天化日之下,它们的神秘角色被揭露在欲望的策略中。这种真理无疑不是全部伦理。至少它是伦理的门槛。确实,精神分析只是提供知识,而非崇敬①。但为什么人们向精神分析要求它呢? 精神分析没有提供它。

---

① 让·纳贝尔(Jean Nabert):《一种伦理学的因素》,第六章,《崇敬的来源》。

第二章　死亡冲动:思辨和解释

1.弗洛伊德对生命和死亡的"思辨"

我们问道,什么是死亡冲动的代表呢? 这个问题因两个理由而提出:首先引人注目的是,死亡冲动被引入不是为了阐释毁灭性,如同以后关于文化的作品,尤其《文明及其不满》使人相信的那样,而是为了阐释围绕着强迫重复的一组事实;只是在事后,它从对元—生物学的思考转变为对元—文化的思考。死亡冲动一连串的各种代表因此成为问题。但这个冲动与其代表之间的关系不是弗洛伊德首要的关注点:《超越快乐原则》是弗洛伊德文章中较少解释学色彩而较多思辨色彩的作品;我想说:假设的部分,用于理解的构造,它们被推进到了极致,在那里是很多的①。死亡冲动一开始没有在它的

---

① "紧接着的,是思辨,没完没了的思辨,每一个人根据他自己的禀性同情或否定这个思辨。另外,出于好奇,为了看看它能够到达那一点,需要尝试一惯地跟随着一个理念。"德文全集版,第十三卷,第23页;标准版,第十八卷,第24页;法文版,载《元心理学文集》,第26页。更进一步:"……暂时,追随这样的假设直到它的最后结论是有诱惑力的,这个假设是:所有冲动都想恢复事情原来的状态。"德文全集版,第十三卷,第39页;标准版,第十八卷,第37页;法文版,第43页。

代表中得到辨读,而是在假设的层面上或在有关心理过程的功能和调整的"思辨前提"的层面上提出。只是在第二次的变动中,这个冲动被确认和辨读在某些临床现象中,然后,在第三次的变动中,在个人层面和历史及文化层面上,它被确认和辨读为破坏癖。因此,我们应牢记的是,相对于它的片断和部分的证明,存在着一种假设的过剩。

因此让我们紧紧跟着在《超越快乐原则》中死亡概念的引入阶段。

从前几行,甚至从标题起,这个概念的思辨方面就表现出来了。死亡概念不是针对爱若斯概念提出的;相反,爱若斯将作为对利比多理论的修正而引入,是由于死亡概念的引入而强加的;如标题自己所暗示,死亡冲动的假设与快乐原则有效性(Jenseit…,Beyond…,au-dela…)的界限有关。同时,这篇文章与最早期的许多假设联系在一起,即1895年《纲要》中的假设;利比多概念越是属于一种冲动在它的代表中得到辨读的风格,快乐原则就越是属于弗洛伊德所称"精神分析理论"的另一种假设。

我们想起这些假设;它们关涉到心理过程的自动调节;它们因此涉及一种机制概念,这种机制以通过一种紧张的产生而使一种能量系统产生运动相同的方式运行,并且力求这些紧张的降低。这些假设是数量假设,因为快乐和不快乐现象与表现在精神中的刺激数量有关,不快乐相应于刺激数量的一种增长,快乐相应于它的减少①。因此有两个假设:第一个

---

① 参阅以上,"分析篇"第一部分,第一章。在《超越快乐原则》第一章,在回忆了这些假设后,弗洛伊德补充说,不存在快乐和不快乐的感觉力量和刺激数量相应修正之间的简单关系,应该阐释一种时间因素:"在时间中的减少和增长程度可能将是感性的决定性因素。"德文全集版,第

与快乐及不快乐感觉和一种刺激数量增加之间的相应性有关;第二个与心理机制保持刺激数量尽可能低或至少保持在一个恒常水平的努力有关;这是一个与心理机制工作和它的方向有关的假设;它恰恰构成了守恒假设;第一个假设允许我们把守恒假设改写成快乐原则,并让我们说"快乐原则来自于守恒原则"①。

如果守恒假设是人们关于心理机制可能形成的假设中最普遍的假设,从此以后,人们如何可能谈论超越快乐原则呢?首先,"超越快乐原则"代表了什么? 它代表了"比快乐原则更原始的倾向并独立于它的行为"②。文章的整个步调是一种漫长而灵巧的运动,目的在于揭示这样的倾向。我说一种漫长而灵巧的运动。因为弗洛伊德,绕过他的读者的抵制,谨慎地围绕着他的中心,整理着可能被快乐原则解释的事实,但这些事实也可能以其他方式解释。值得注意的是,当弗洛伊德说,这些事实在必要时通过快乐原则加以解释,他以决定性的方式动摇了快乐原则的优势地位。人们应该考虑,不谈论与守恒原则相对立的东西,不谈论阻止它成为支配性并将它限制在倾向性角色的东西,人们就不能阐释心理生活的过程(第二章)。

的确,很令人惊讶,这是因为快乐原则只能统治第一过

<hr>

十三卷,第4页;标准版,包括了:*The amount of increase or diminution in the quantity of excitation in a given period of time*,第十八卷,第8页。S. Jankélevitch同样翻译为:"在一段给定时间中的能量数量的减少和增加的程度",法文版,第6页。关于这一点,参阅1895年的《纲要》,《精神分析的诞生》,第329页。

① 德文全集版,第十八卷,第5页;标准版,第十八卷,第9页;法文版,第7页。

② 德文全集版,第十八卷,第15页;标准版,第十板卷,第17页;法文版,第17页。

程，即，根据《梦的解析》第七章，欲望和它近似幻觉填充的捷径；面对外部世界的困难，快乐原则不仅无效而且危险；自我的保护本能自己要求快乐原则被现实性原则替代。我们因此面对着奇怪的处境：心理功能最普遍的原则同时是一个对立项之一：快乐原则—现实原则的对立项之一。人类只是在他推迟满足，放弃享受的可能，在快乐的迂回之路上暂时容忍某种程度的不快乐时才真正是人类。

这就是弗洛伊德急于填塞的第一个缺口：他说，我们还不能谈论超越快乐原则，首先因为性欲证明了人类心理现象的一个部分不停地抵制教育；然后因为人们可以考虑在整个长长迂回的人类行为中不快乐的引入，但这长长的迂回是快乐原则为了最后使人接受而采纳的。

这就是我们必要时可以表达的东西。

人们在必要时还可以就施加于快乐原则的另一种对立说着同样的话。1895 年的《纲要》早就宣称：不快乐教育人类。可这个教育最令人瞩目的过程包含了用另一更复杂的构造取代一种利比多构造：性欲连续的构造（《性学三论》中加以研究……并在弗洛伊德学派中得到更好地区分和澄清）构成了对这条发展规律的最重要说明；可是，神经官能症的主要教益之一是先前的构造不是纯粹和简单地被后继者取代，冲突产生于先前的遗迹和后继者的要求之间；从满足中这样被排除的冲动部分寻求满足的替代模式，自我现在把这种替代模式感受为不快乐。不快乐就是不能被如其本身感受的快乐，因为它属于利比多被超越的构造；我们知道，神经官能症患者的痛苦属于这种不快乐范畴。但恰恰是精神分析教给了我们在自我感到不快乐中辨别快乐原则。

刚刚被提及的快乐原则的两个例外以它们各自的方式能

被当做快乐原则的修正:现实性原则必要时被当成了快乐原则,为了最后占上风而采纳的迂回,并且神经官能症痛苦被当成最古老的快乐为了不管怎样使人接受而采用的面具。但很清楚的是,既然快乐原则只能被设想为与阻挠它的东西相对立,那证明快乐原则的东西也就是损害它的东西。

通过继续着他灵巧的颠覆工作(第三章),弗洛伊德确立了一系列新的事实,他向我们保证,这些事实预设了快乐原则的存在和优势,并且还没有向我们提供比它更原始并独立于它的倾向存在的证明。这些事实一些是病理学的,另一些是正常的。在前者中,弗洛伊德考虑了创伤性神经官能症的事例,更确切说,一种经常出现在战争神经官能症中的梦的主题,在这个梦中,病人不停地被重新带回他的事故处境中并被固定在他的创伤中。我们早就站在强迫重复的土地上,这样的强迫重复将成为文章的中心指称。但弗洛伊德灵巧地退缩了并从游戏中引出了一个新建议。

这是一个18个月的孩子;他是个好孩子,不干扰父母睡觉;他很听话,不碰那些被禁止的东西,尤其当他的母亲将他丢在一边时,他不哭啼;他玩使得一个圈筒消失和重新出现的游戏,并且以胜利的 fort-da(出发!那里!)的喊声强调他的游戏。这个游戏代表了什么?它肯定与这个冲动的放弃有关,放弃这个冲动让我们说他是个好孩子;这是一种放弃的重复,但不再是忍受和消极;孩子上演了他母亲消失—出现的一幕,而这一幕是在他范围内的对象的象征形象下上演的。因此,不快乐自身通过游戏重复、通过上演被爱的存在者消失而被控制住。

然而,这一对于一些法国精神分析者宝贵的插曲在弗洛伊德眼中不具决定性;再一次,他借助于这种讲演人和作者的策略(这种策略不停使读者惊讶)低估他自己的新发现;他暗示,人们不能求助于一种支配的倾向吗? 这种倾向无关乎记忆愉悦或不愉悦的特征。在孩子把母亲推开时,人们还是不能想孩子报复他的母亲,如同小歌德把餐具扔到窗外时所为吗? 因此,支配和报复未必使我们在重复一种不愉快经验的冲动中寻找某种超越快乐原则①。

但如果不是因为一种更基本的倾向表现出来,这种倾向混杂着支配和报复的主题,在象征和游戏的形式下,推进到重复不快乐,为什么弗洛伊德停留于这个例子? 这个建议有它的优点,因为 fort-da 例子不局限于证明创伤性神经官能症的梦的例子;后者使人们认为,超越快乐原则,是比我们寻找的东西更原始的倾向,被表达在唯一的强迫重复中;可是,所有的象征,所有的游戏同样重复不快乐,但通过从不在场中创造象征体系,处于一种非强迫的形式下。孩子的 fort-da 促使为死亡冲动保留不同于强迫重复和毁灭性的另一块表达领域:这死亡冲动非病理学的另一张面目将不包括对这种否定、缺场和损失的控制吗? 而这种控制被牵涉进向象征和游戏的转变中。应该承认弗洛伊德不是在这个方向上发展了死亡冲动的理论,而只是一方面在强迫重复的方向上,另一方面在在毁灭性的方向上;或许我们应该说,通过赋予这个沉默的冲动一种炫目和嘈杂的形象,这两个代表也限制了它的影响。

置弗洛伊德于死亡冲动道路的决定性经验是一种精神分

---

① "这是令人信服的证明:甚至在快乐原则的支配下,仍然存在着使产生不愉快的东西成为回忆目标和心理修正主题的道路和方法……(这些事例和状况)对于我们的意图是无效的,因为它们预设了快乐原则的存在和优势,并且没有以证据证明超越快乐原则倾向的作用,即,比快乐原则更原始并独立于快乐原则的倾向。"德文全集版,第十三卷,第15页;标准版,第十八卷,第17页;法文版,第17页;

析治疗的波折，更确切地说，是一种与抵制进行斗争相关的困难，即，病人将被压抑材料作为一种当代经验加以重复，而不是将它作为一种过去的记忆*回想*；这种强迫既是医生的同盟者又是其反对者：既然它是移情所固有的，它是同盟者，既然它阻止病人承认被遗忘过去的表达，它是反对者。可是，如果自我对回忆的抵制与快乐原则相协调（不快乐通过被压抑的解放而产生），如果容忍不快乐回忆的能力可以凭借着现实性原则，强迫重复就显得外在于这些原则。病人所重复的，恰恰是儿童经历的所有挫折和失败处境，尤其是在俄狄浦斯情结时代的挫折和失败。这样的倾向，被似乎要求对他们自己反复打击的这些人的奇怪命运所证明，似乎证明了一种强迫重复的假设，"更原始，更基本，比它使之黯然失色的快乐原则更有冲动性"①。

　　这就是事实的基础——人们可以说，足够狭窄——以后关于死亡冲动的思辨（第四章）就建立在它上面。通过联系于元心理学最古老的部分，联系于回溯到《纲要》和《歇斯底里研究》时代的部分，弗洛伊德以一种完美的技巧为读者准备了它思辨的新事物；我们想起，弗洛伊德早就从布洛伊尔借来了心理能量两种状态的假设，"自由"能量和"被束缚"能量；通过把这个概念与我们前面揭示的理论联系起来（根据这种理论，意识在类似解剖的意义上是一种"表层"功能），他现在把这个构思归并到他自己的思辨中；这个建立在个体发生理由上的比较让我们把内在知觉的各种结果和外部知觉的各种结果相比较；的确，外部刺激的接受是受一层保护盾牌的

---

　　①　德文全集版，第十三卷，第22页；标准版，第十八卷，第23页；法文版，第25页。

建立调节的:"对于活生生的有机体,抵制刺激的保护构成了比接受刺激更重要的一项任务"[1];可是,"不可能存在面对内部的这样一个盾牌"[2],即面对冲动的盾牌。弗洛伊德把布洛伊尔被束缚能量的概念联系于这种反刺激盾牌的缺乏上。同时,他在他自己的心理机制通过唯一快乐原则的自我调节的概念上打开了一个缺口;的确,快乐原则只是在前面的任务被确保时才开始发生作用,这个任务就是束缚流入心理机制的能量,即,把它从自由溢出的状态转变为一种平静状态。弗洛伊德宣布,这就是先于快乐原则的功能。关于死亡原则,我们确实还没有说什么;至少,在重要一点上,我们已经限制了快乐原则的统治;这一点就是防卫之点。

这个不可还原和先决的功能,当它失败之时,就清楚地暴露出来。如果不是在一种通常有效的反刺激障碍中的一个缺口,一种创伤是什么呢? 因此,在快乐之前,存在着注定控制冲破堤坝的能量的程序,对能量入侵的反应,即,用经济学语言,反投入和过度投入。

对反刺激盾牌和盾牌中缺口的思辨不是徒然的,因为它们让我们探索防卫和焦虑之间的关系。弗洛伊德建议把焦虑(Angst)称为"期待危险和准备危险的特定状态,甚至是不熟

---

[1] 德文全集版,第十三卷,第 27 页;标准板,第十八卷,第 27 页;法文版,第 30 页。

[2] 德文全集版,第十三卷,第 28 页;标准版,第十八卷,第 29 页;法文版,第 32 页。(参阅《纲要》第一部分,第一篇)外部保护和内部保护的平行让弗洛伊德顺便提出关于投射的假设:当内部刺激产生了太多的不快,"一种倾向似乎把它们当成好像不是从内部,而是从外部产生作用,这就让抵制刺激的盾牌作为对它们的防护产生作用。这就是*投射*的起源,它注定要在病理过程产生中扮演重要角色。"德文全集版,第十三卷,第 29 页;标准版,第十八卷,第 29 页;法文版,第 32 页。

悉的危险的特定状态"①，而恐惧（Schreck）代表了引起一种人们暴露于其面前但未做好准备的危险状态；惊讶的因素刻画了恐惧。

至于害怕（Furcht），它出自于与一种确定危险的真实相遇。对危险的准备（这种准备给予焦虑一种积极功能），就这样相等于一种反刺激的盾牌；当焦虑所固有的对危险的准备缺乏时，我们所说的盾牌的裂缝或创伤就出现了。根据对防卫和快乐之间关系的思考，我们现在重新解释创伤型神经官能症的梦。人们不能够把这些梦与欲望实现的梦安排在一起，因此把它们置于快乐原则之下，因为它们与先于快乐统治的防卫任务有关："这些梦通过发展焦虑（焦虑的缺失引起了创伤性神经官能症），尽力以回顾的方式控制刺激②。"在约束创伤印象的任务自身先于获得快乐和避免不快乐任务的范围内，强迫重复这样被证明为快乐原则的例外③。

但我们将要说，防卫措施之于快乐原则（以及它的变形，现实性原则）的这种优先性与可能的死亡冲动没有关系，而这种防卫措施注定"约束"自由的能量。正是在这里，巧妙的策略突然发现了它的作用：在强迫重复中，那还没有得到阐释的东西，是它的"冲动"（triebhaft）特征，甚至是"疯狂"（demo-nisch）特征。应该完整地引用弗洛伊德进行决定性突破的段落，这个段落与先前的谨慎准备不成比例："但冲动方面（das

---

① 德文全集版，第十三卷，第10页；标准版，第十八卷，第12页；法文版，第12页。

② 德文全集版，第十三卷，第32页；标准版，第十八卷，第32页；法文版，第36页。

③ "如果有一种'超越快乐原则'，承认也存在一种先于完成欲望的梦的倾向的时间是合乎逻辑的。"德文全集版，第十三卷，第33页；标准版，第十八卷，第33页；法文版，第36页。

Triebhafte)如何与强迫重复相联系呢？我们在此不能避免这样的观念：我们现在处于一种冲动普遍特征的跑道上，或许一般而言处于有机生命的普遍特征的跑道上，迄今为止，有机生命没有被清楚地承认或至少被明确地强调过。一种冲动因此将是内在于活的有机体的一种要求(Drang)，活的有机体推动着冲动去重建以往事物的状态，在外部扰乱者力量的压力下，活的有机体被迫放弃以往的状态，换言之，这是一种有机的弹性，或如果人们愿意，内在于有机生命的惯性(Trägheit)表达。"①

人们筹划这些准备只是为了孤立强迫重复的冲动特征，这个特征事先被当成了一种防卫的方法并由此避免快乐原则的统治。这种冲动特征以决定性的方式准许我们把惯性上升到与生命冲动相等的基础上。

一方面，文章的其余部分在于把假设推进到极致，或让它自己发展到极致，如同气体，人们任其膨胀；另一方面，通过迹象汇合的方法使假设可靠。

因此让我们走向极端！极端是这个：生命并不因超越生命的外部力量而致死，如同斯宾诺莎所说的②；生命消逝，它因一种内部运动而走向死亡："所有存在者因为内部原因而死亡……生命的目标是死亡。"③更好—更坏？——生命自己不愿意改变，不愿意发展，而是愿意自我保存：如果死亡是生命的目标，生命的一切更新就只是走向死亡的曲折之路，而所

---

① 德文全集版，第十三卷，第 38 页；标准版，第十八卷，第 36 页；法文版，第 42 页。

② 斯宾诺莎：《伦理学》III，命题 4："除非因为一种外部原因，没有什么东西可以被摧毁"，命题 6 的证明："每样东西，根据它的存在力量(quantum in se est)，努力保持在它的存在中。"

③ 德文全集版，第十三卷，第 40 页；标准版，第十八卷，第 38 页；法文版，第 44 页。

谓的保存本能只是有机体为了保护它合适的死亡方式、它走向死亡的独特道路的尝试。强加变化的东西,是外部因素,大地和太阳,也就是生命的前有机环境;前进是麻烦和离开正轨,生命适应它是为了在这个新平台上继续它的保存目的。正因如此,它变得越来越难以死亡,在变得个体化和独特化的同时,那么多通向死亡的道路变长和变复杂了。至于所谓"追求完美的本能",我们应该从中看出这是强制适应的结果;如果所有的后路被压抑阻塞,只剩下前面道路逃跑,就是理智进步的道路和伦理升华的道路;但所有这些没有要求一个区别于生命保存倾向的"追求完美的本能"。

你们想要证明吗? 考虑一下鱼和鸟的迁徙,它们回到种群原来的地方,——胚胎对生命早期阶段的重现,——有机体重生的事实:所有这些没有证明生命的保存本性,内在于生命的强迫重复的本性吗?

读者将说:为什么是这样? 首先为了我们习惯于在死亡中承认一种必然性的象征,为了帮助我们服从于必然性(Ananké)的崇高,服从于"自然无情的规律"①;但尤其是为了让我们现在唱起生命的凯歌,利比多的凯歌,爱若斯的凯歌! *因为生命走向死亡,性欲是生命走向死亡的道路中的一个重大例外*②。死亡冲动(Thanatos)把爱若斯的意义揭示为

① 德文全集版,第十三卷,第45页;标准版,第十八卷,第45页;法文版,第51页。我们将回到必然性(Ananké)这个神秘的术语。弗洛伊德,通过着手他自己的批评,评论道:"对死亡内在必然性的这种信仰只可能是一种我们创造出的幻想 um die Schwere des Daseins zu ertragen(Schiller, Die Braut von Messina,I,8)(为了负担存在的重担)。"(出处同上)

② "是否应该说,除了性冲动,不存在寻求重建事物以前状态的其他冲动,同样不存在趋向于从未曾经达到过状态的冲动?"德文全集版,第十三卷,第43页;标准版,第十八卷,第41页;法文版,第47页。

对死亡的抵制。性冲动是"生命真正冲动;它们与其他冲动的意图相反地运作,根据它们的功能,其他冲动导致死亡;这就表示了在它们和其他冲动间存在着一种对立,其重要性长时间已由神经官能症理论承认"。①

因此,这是一种从这场曲折讨论中得出的一种坦率的冲动二元论。但什么样的二元论呢? 它与冲动二元论的先前表达的关系如何呢?

用爱若斯取代利比多表示了冲动新理论的一种很准确的意图;如果生命因为一种内部运动走向死亡,那与死亡斗争的东西就不是内在于生命的某物,而是一个人与一个人的结合。弗洛伊德正是把这种东西称为爱若斯;他人的欲望直接牵涉进爱若斯的设定中;生命总是与他人一起与死亡作斗争,反对死亡,而他孤立地、单独地通过适应自然和文化环境的长长迂回之路继续着死亡行程。弗洛伊德没有在处于每个人想生存的某种愿望中寻找冲动:在单独的生命中,他只发现死亡②。

这就是弗洛伊德推论到大统一体和小统一体的直觉;一方面,推论到大统一体:在1921年的文章《群体心理学与自我分析》中,弗洛伊德明显把诸如教会和军队这样越来越广和更加专门组织和人为团体的凝聚力归因于爱若斯,归于利比多的联系;另一方面,推论到小统一体:单细胞生物

---

① 德文全集版,第十三卷,第43页;标准版,第十八卷,第40页;法文版,第47页。

② 弗洛伊德把他的理论和魏斯曼(Weissmann)的理论相比较,魏斯曼的理论把活物质中的必死的部分与体质等同起来,把其中不朽的部分与生殖细胞等同起来。但当魏斯曼认为原生动物是不朽的,并认为死亡是组织以后的一种产物时,弗洛伊德与他分道扬镳了。如果冲动是原初的,原生动物甚至没必要是不朽的。弗洛伊德接近这些作者,他们支持因为不可能从新陈代谢中排除废物,衰老是生命的普遍事实,并且他们已经设想了通过"结合"而达到原生动物的"恢复活力"。

的交媾暗示了人们把利比多理论"应用"到细胞之间的关系中；因此，需要把一种性欲赋予细胞，通过这，每一个都中和了其他细胞的死亡冲动："以此方式，我们性冲动的利比多与将所有生命团结在一起的诗人和哲学家的爱若斯相一致。"①

对性欲的这种概括没有简化形势，而是使形势更复杂：爱若斯和死亡冲动的二元论出现在戏剧性的赞成和反对的倒转中，而不是出现在对两个领域清楚的划定中：在一种意义上，一切皆死，因为对自我的保存是每个生命继续他自己死亡的迂回之路；在另一意义上，一切皆生，因为自恋自身是爱若斯的象征；既然爱若斯是保存所有事物的东西，以及个体的保存来自于体质细胞的相互依恋。新的二元论更加表达了两个相互覆盖领域的相互侵蚀。

与冲动二元论先前表达的冲突证明了这些困惑。弗洛伊德一直是二元论者，不停变化的是对立术语的分配和对立自身的本性。当他区分性冲动和自我冲动时，不是一种冲动的对立在指引着他，而是爱和饥饿的普通对立在指引他，以及对象和自我这两极的对立指引着他。当自恋被引入理论中，区别变成了场所论—经济学的区别，并且代表了投入之间的一种冲突②。新的二元论没有取代前者而是一开始就强化了它。的确，如果自我的自恋利比多是爱若斯的一种象征，它就与生命在一起。然而，我们已经说过，自我冲动与性冲动相对

---

① 德文全集版，第十三卷，第 54 页；标准版，第十八卷，第 50 页；法文版，第 58 页。

② 德文全集版，第十三卷，第 56 页；标准版，第十八卷，第 52 页；法文版，第 60 页。

立,如同死亡冲动与生命冲动相对立①。这样的比较没有被取消。这就是需要把新二元论不再提升到方向、目标、对象的层面,而是提升到力量自身层面的原因;从此后,我们不需要试图使自我冲动—性冲动的二元论与生命冲动—死亡冲动的二元论相一致。后者经历了利比多的每一个形式;这就是我们对死亡冲动的"代表"研究将证明的东西。对象之爱是生命冲动也是死亡冲动;自恋之爱是不被知晓的爱若斯和对死亡的秘密培植。性欲在哪里工作,死亡也在哪里工作。但这是当冲动二元论真正变成敌对的时候;恰恰因为不再与质的区别相关,如同在爱与饥饿的第一冲动理论中,也不与根据利比多是面向自我或面向对象的投入的区别有关,如同在第二冲动理论中;二元论真正变成了《文明及其不满》将称的"巨人之间的战争"的东西。

2. 死亡冲动和超我的破坏癖

与在"代表"中对这种冲动的辨读相比(无论这些"代表"属于什么样的层面或范围),我们前面强调了"思辨"给予死

---

① "它是从先于'自我冲动'和性冲动之间明显对立的东西得出的结果,前者导向了死亡,而后者导向保存生命;但这个结论在许多方面令我们不满意。"德文全集版,第十三卷,第46页;标准版,第十八卷,第44页;法文版,第50页。几页后:"这个结果不符合我们的意图。相反,我们从自我冲动与性冲动的明显对立出发,而自我冲动等同于死亡冲动,性冲动等同于生命冲动。我们甚至准备同样把自我所谓自我保护的本能置于死亡冲动中;但后来我们改正自己,放弃了这个想法。我们的观点从一开始就是二元论,自从我们把对立不再表示为自我冲动和性冲动之间的对立,而是表示为生命冲动和死亡冲动间的对立,今天,我们比以往更明确地如此。"德文全集版,第十三卷,第57页;标准版,第十八卷,第53页;法文版,第61页。

亡冲动的意义过剩。这种不一致显然是理论的一种不可化约的既定条件。我们现在应该试图理解它。为什么在生命解释学和死亡解释学中缺乏对称性呢?当人们从利比多理论(采纳它早期两个阶段的构思)转向生命和死亡冲动的理论时,为什么猜测战胜解释?

　　弗洛伊德自己一个一贯的评论可以让我们开始反思:好多次——早在《超越快乐原则》,尤其在《自我和原我》和《文明及其不满》中——弗洛伊德把死亡冲动说成是一种"缄默"的能量,与生命的"喧嚣"相对立[①]。冲动和它表达之间、欲望和话语之间的这种差距——用形容词"缄默"表示——提醒我们欲望语义学在这里不再有相同的意义。死亡欲望不像生命欲望一样讲话。死亡在沉默中工作。从此以后,建立在两种指称系统相等基础上的辨读方法,一种是冲动系统,一种是意义系统,处于困难之中。然而精神分析除了解释,也就是在症状的相互作用中读出力量的相互作用,没有其他方法。这就是弗洛伊德在他后期著作中,局限于把冒险的思辨和部分辨读并置的原因。只有死亡冲动的"一些部分"通过这样或那样的"代表"得到展示。但在被辨读东西和被猜测东西之间将不存在相等。

　　当人们进入到利用《超越快乐原则》突破的后续的作品时,这一点应被记在脑海中。我们注意到对重点的一种双重转移:首先是重复的倾向转移到毁灭的倾向;接着是更加生物学的表达转移到更加文化的表达。但死亡冲动的这种系列显现无疑没有消耗尽由思辨提供的意义负荷;当这种沉默

————————

　　[①]　"死亡冲动在本质上是缄默的,生命的喧嚣基本上出自于爱若斯。"德文全集版,第十三卷,第275页;标准版,第十九卷,第46页;法文版,第203页。

自身被改写成喧嚣时，一种基本意指或许甚至失去了。况且弗洛伊德更愿意谈论一些死亡冲动，而不是一种死亡冲动(在我们重建弗洛伊德思辨中，我们没有阐明这一点)，他因此保留了多种表达的可能性和对它表现的一种无穷枚举的可能性。

重点的第一个转移在《超越快乐原则》中已经很明显：正是强迫重复引入了死亡冲动；但恰恰是在虐待狂和受虐狂双重象征下的侵略性证明了它和检验了它。此外，这后两个例子没有共同的意指：虐待狂被简单地归并到新理论中，受虐狂根据新理论得到重新解释。

虐待狂理论的确很早就有了；从《性学三论》起，它就覆盖了三组现象：它一方面代表了在全部正常和整体性欲中一种或多或少被感知的成分；另一方面代表了一种倒错，严格意义上的虐待狂，即独立于这种性成分的一种存在方式，最后是一种前生殖构造，虐待狂患者的阶段，在这个阶段，这种成分扮演了支配性角色。

受虐狂的事例完全不同，因为直到现在——在《性学三论》和《冲动及其结果》中——，受虐狂只是反对自我的"倒转的"的虐待狂：现在，弗洛伊德在受虐待的这些形式中看到了一种派生现象；它们仅仅标志着向最初的受虐狂的回归和回溯。我们马上将看到它对于完成一种超我、道德意识和罪行的理论的重要性。

所有这些只是几行字的概述；在 1920 年，弗洛伊德还没有构想混合(Vermischung)的概念和分离(Entmischung)的概念，通过这些概念，他将阐释死亡冲动与性欲的合作和它的独立功能①。至少这两个例子把死亡冲动和它的表现之间的差

① 《原我和自我》，第四章："冲动的两个类别。"

距显示得很清楚;后者标志着冲动出现在一种客观关系的层面上:初一看,死亡冲动的事例似乎与生命冲动的事例没有什么不同:也是在这里,虐待狂和受虐狂能够得到解释,因为它们有一个特别的"目标"——毁灭——和被决定的"对象"——性伙伴或自我。但没有什么让我们说,死亡冲动完全表现在这些可与生命冲动的代表相比较的表达中;fort-da 的游戏,甚至强迫重复都没有被还原为破坏癖。破坏癖只是死亡冲动之一①。

这双重运动——用破坏癖取代强迫重复,从元生物学转向元文化——只是在《文明及其不满》中得到完成;但《原我和自我》的第四章和第五章提供了《超越快乐原则》的元生物学和《文明及其不满》的元文化之间的必要过渡。

如果我敢于这样说的话,《原我和自我》中的天才光芒是将三种心理区分的理论——自我、原我、超我——与借助于《超越快乐原则》的冲动二元论理论结合起来。这种对照允许我们从一种悬在空中的思辨转变为一种真正的辨读:我们从今后将不在独断的神话学中面对面地考虑死亡冲动,而是在原我、自我、超我的深度中,接近它们。

严格来说,冲动的二元论只涉及原我:这是一场原我的内战②。但这场战争为了在心理现象的上层部分,在"崇高"那里爆发,从本能的基础开始就扩散了。这个分离的过程确保了从生物学思辨过渡到文化解释,并且允许我们展示死亡冲

———————

①　"死亡冲动似乎把自己表达为——虽然可能是部分的——反对外部世界和其他生命的毁灭冲动。"德文全集版,第十三卷,第 269 页;标准版,第十九卷,第 41 页;法文版,第 197 页。
②　《新讲座》正是用这些词汇将第二场所论和冲动的二元理论联系起来的。

动的全部"代表",直到死亡冲动成为内在惩罚这一点。

因此必须构造"混合"和"分离"这些概念;它们确实是经济学概念,如同投入、回溯甚至倒错这些概念。为了给它们一个能量学基础,弗洛伊德求助于一个与杰克逊(Jackson)的"功能解放"概念有关的假设:冲动的分离解放了"一种可移动的能量,这种自身是中性的能量能被添加到一种在性质上有区别的爱欲冲动或毁灭冲动上,并且能够增加它的全部投入"。① 我们已经纯粹并简单地回到关于数量,关于自由和被束缚能量的思辨吗? 猜测的特征是不可否定的;弗洛伊德自己评论道:"在目前的讨论中,我只是提出一种假设;我没有证据提供。这个可移动和中性的能量,在自我和原我中都很活跃,出自于利比多的自恋储备,因此出自于去性化的爱若斯,这似乎是个可靠的观点。"②这方面的标志是被第一过程的"移置"特征所要求的流动性。

因此,"混合"和"分离"的概念被构造,是为了用能量学语言陈述当一种冲动将它的能量服务于不同系统中工作的力量时所发生的事情。正因如此,它们没有建立在人们可能在能量范围内证明的任何东西上,而它们被认为是运行在能量范围内的:用能量学语言,混合和分离是显现在一种应用于冲动"代表"层面上的解释工作的简单相关物。

如果我们想对死亡冲动"代表"的后续部分进行整理分类,就需要对它们进行从头到脚,从更加生物学到更加文化的浏览。

在最低的程度上,我们遇到了受虐狂的爱欲形式,痛苦的

---

① 德文全集版,第十三卷,第272—273页;标准版,第十九卷,第44页;法文版,第200页。

② 出处同上。

快乐（Schmerzlust）。在《自我和原我》中，这不是什么问题；在《受虐狂的经济学问题》①中，它被更详尽地讨论。人们如何能够最终享受痛苦？说过度的痛苦和不快乐产生了作为次要效果（Nebenwirkung）的利比多的共同兴奋（libidinöse miterregung），如同在《性学三论》中那样，这是不够的；设想这个机制存在，它只提供了一种生理学基础；主要部分在别处发生，在固有冲动的层面上。我们必须设想破坏性冲动分成两种倾向：一种倾向，在想使其无效的生命冲动的压力下，流向了外部，流到了肌肉组织的道路上；这种破坏癖的趋向为性欲服务并构成了严格意义上的虐待狂；但那没有流到外面的部分，"它被前面谈到的性欲共同兴奋本能地束缚了"，构成了激起性欲的受虐狂，痛苦的快乐。激起性欲的受虐狂因此是保留在内部的一种破坏癖的"残余"，它既是原始的虐待狂又是原始的受虐狂。人们发现，这里谜语很多：我们不知道利比多是如何"驯化"（Bändigung）死亡冲动的，利比多不仅仅工作在虐待狂中，即死亡冲动流向外部对象的部分中，而且工作在保留在内部的"残余"中，因此在受虐狂自身中，受虐狂这样就显得是爱与死亡最原始的"合金"（Legierung, coalescence）。受虐狂穿着连续的"外衣"（Umkleidungen），在利比多构造的各个阶段中或隐或现：害怕被吞吃（口腔阶段），被殴打的欲望（肛门淫虐狂阶段），阉割幻觉（恋母情结阶段），被动性交幻觉（生殖阶段）。混合和分离因此更是一种困难的名称而非一种问题解决的名称。

在《自我和原我》（第五章）中，超我理论基本上受益于这

---

① 《受虐狂的经济学问题》（*Dsa ökonomische Problem des Masochismus*），德文全集版，第十三卷，第 371—383 页；标准版，第十九页，第 159—170 页；法译本载《法国精神学会杂志》，第二卷，第 2 期，1928 年。

种在死亡符号下对心理区分的重新解读。我们记得,对于精神分析,超我是父亲情结的一个派生物,也因为这个原因,是一种比感知的自我更接近原我的结构。但超我的一个特点仍得不到阐明:它的残酷。这个奇怪的特点与其他使人难以应付的现象连接起来,这些现象一开始似乎与它无关,如对痊愈的抵制。但如果人们考虑到,这种抵制有"道德"的一面,它是一种通过痛苦而自我惩罚的方式,因此它包含了罪行的一种无意识情感,这种情感在疾病中发现满足,一种紧密的网状系统出现了,它一方面包括了强迫性神经官能症和忧郁症,另一方面包括了正常道德意识的严厉,也包括了对痊愈的抵制。让我们不再回到人们是否有权利谈论"罪行的无意识情感"的问题。重要的是在过失和死亡之间发现的联系。这是超我和原我之间关系的最极端结果。超我的冲动特征不仅仅涉及它包含了经历了俄狄浦斯情结的利比多残余,而且涉及它借助于死亡冲动的"分离"而充满的破坏性愤怒。这走得很远,直到降低教育、阅读、"听到的事情"的重要性,简言之,为了来自于底层重要黑暗力量的利益,降低道德意识中的语词表象的重要性。弗洛伊德问,超我如何基本上通过罪行意义而表现出来,并且发展这种针对自我的残酷直到表现得"与原我一样残酷"①。忧郁症的事例使我们思考:超我控制了全部可自由处理的虐待狂,破坏因素以超我作掩护并反对自我:"人们说,现在在超我中进行统治的,是死亡冲动的一种纯粹

---

① 德文全集版,第十三卷,第284页;标准版,第十九卷,第54页;法文版,第212页。值得注意的是,弗洛伊德把某些强迫性神经官能症的罪行感称作"喧闹者"(überlaut,over-noisy):它确实是本身"沉默"的冲动的"喧嚣"声音之一。

文化……"①

　　当这样出现在超我层面上时,死亡冲动立刻发现了这样
一种东西的广度,我们刚刚把这种东西称为死亡冲动的纯粹
文化维度:处于犯罪的原我和专制及苦行的道德意识之间,自
我似乎除了折磨自己或通过把它的侵略性转向别人的方法而
折磨他人外别无他法。从这里出现了矛盾:"一个人越是支
配他的侵略性转向外部,他就越在他的理想自我中变得严厉,
即具有侵略性"②,——好像侵略性只能是转向他人或转身反
对自己。我们立即感受到这种伦理残酷在一种无情惩罚的最
高存在者的投射中的宗教延伸。

　　如果我们把这种超我的残酷与前面对"激起性欲的受虐
狂"相比较,初一看似乎所有与性欲的联系都是缺乏的,人们
可以设想在破坏癖和超我之间的一种直接联系,没有爱欲这
个阶段。在《受虐狂的经济学问题》中,弗洛伊德试图重建色
情和他所称的"道德受虐狂"之间被掩饰的联系,诚然,"道德
受虐狂"没有覆盖超我的全部领域。

　　罪行的无意识情感,被发现在对痊愈的疯狂抵制中,并更
准确地被称为惩罚的需要(Strafbedürfnis)中,让我们感受到
了"道德受虐狂"和色情之间这种被掩饰的联系。鉴于与禁
止的父母来源的利比多联系,意识的焦虑和色情之间的联系
产生于超我保存的与原我的深厚关系;这是重复这一点的场
所:超我是"原我的代表"(Vertreter des Es)。这种利比多联
系随着父亲"形象"被越来越久远和越来越非人化的象征所

---

　　①　德文全集版,第十三卷,第283页;标准版,第十九卷,第53页;法
文版,第211页。

　　②　出处同上。

取代而可以无限扩展,直到命运的黑暗力量,很少有人能将它从所有父母表象中分离出来。

但这种联系同时给我们以机会引入在《自我和原我》中显得微不足道的细微差别。首先是一种在超我虐待狂和自我受虐狂之间,或严格说来"道德受虐狂"之间的细微差别:我们在《自我和原我》中描述的东西,是*超我*虐待狂,它"将道德延伸到无意识中"(eine solche unbewusste Fortsetzung der Moral);自我自己对被惩罚的渴望完全不是同一件事;这样的渴望与被父亲痛殴的欲望联系在一起,我们已经看到它在"激起欲望的受虐狂"的表达中的位置;这种欲望因此在道德意识正常运动的相反意义上表达了一种道德的再性化,而道德意识出于俄狄浦斯情结的解体和去性化;因此,这是一种被再性化的道德,它可以产生爱与死亡的这种超出想象的"混合",而这种"混合"在"崇高"的层面上回应了在"倒错"层面上享受痛苦这样的东西。

我们发现将这一切混淆是多么危险:正常道德、残酷(超我的虐待狂)、惩罚需要(自我受虐狂)。确实,这三种形态,冲动的文化压抑、虐待狂反对自我、自我受虐狂的强化,是一些令人生畏的协同趋势,但在原则上,这是些有区别的趋势。我们所称的罪行感是所有这些东西根据不同比例的产物。

如果我们根据《受虐狂的经济学问题》所建议的区别重新看待《自我和原我》中的分析,应该说,我们前面描述的更多是与超我的虐待狂有关,而非自我的受虐狂或"道德虐待狂"。这个超我的虐待狂与被前面俄狄浦斯情结的再性化所刻画的受虐狂一样与正常意识明显地对立吗?这种说法更难以成立。然而,值得注意的是,在《自我和原我》的第五章,弗洛伊德局限于描述罪行感的两种疾病:强迫性神经官能症和忧郁症,他并且显示了对于它们的区别比它们与日常道德的共同相似更大的兴趣。正是在忧郁症中,超我表现为死亡冲动的纯粹文化,一直到自杀这一点。相反,在强迫性神经官能症中,自我通过把爱的对象转变成恨的对象而防止自我死亡;自我在经历着超我攻击时(超我把自我当做是负责任的)反对这种恨,这种恨针对着外部并且自我没有采纳这种恨;从这里,对进行抗争的自我的无穷折磨在两个方面进行。这些被强迫之人的折磨,这个忧郁症死者的祭祀也是清楚地与正常道德意识的去性化对立吗?如同受虐狂一样吗?似乎不是这样。但景象只是更令人不安;的确,即使超我的虐待狂不包含爱欲阶段,它呈现了一种把死亡冲动直接包含在超我的虐待狂中的景象,并且实现了我们可能称为一种死亡升华的东西。这就是在分离、去性化和升华之间的比较所暗示的东西。超我的虐待狂这样就代表了破坏癖的一种升华形式;在这种形式通过分离而去性化的程度上,它为了超我的利益而成为可动员的;这是当它成为"死亡冲动的纯粹文化"之时。虐待狂的去性化因此与受虐狂的再性化同样危险①。

这就是惊人的发现:死亡冲动也能被升华;为了完成这个阴森的画面,我们或许应该说,基本上是阉割的危险提供了这整个过程的冲动基础。我的确自愿把弗洛伊德附带的关于阉割和意识焦虑关系的评论与引用的最后文本对照起来(如果

---

① "但如同(自我)的升华工作导致了一种冲动分离和导致一种侵略性冲动分解在超我中,它反对利比多的战斗将它暴露于被虐待和死亡的危险中。通过在超我打击下承受的痛苦,甚至屈服于它,自我经受了可与原生动物相比的命运,原生动物被它们自己创造的分解产物所摧毁。在这个术语的经济学意义上,在超我中工作的道德包含了一个这样的分解产物。"德文全集版,第十三卷,第287页;标准版,第十九卷,第56—57页;法文版,第215页。

我们回想在《俄狄浦斯情结衰落》中被给予阉割害怕的角色，这是重要的评论)：这个评论位于《自我和超我》的结束处："转变为自我理想的最高存在者曾经威胁着阉割；这种阉割的焦虑可能是意识以后的焦虑所沉淀围绕的核心；阉割的焦虑永存于意识的焦虑中。"①

因此，没有死亡冲动，我们就无法理解将幻想产生联系于其上的害怕，人类固有的害怕，意识的焦虑（Gewissenangst）。

3. 在爱若斯和死亡冲动之间的文化

然而，冲动新理论对文化解释的重要影响还没有被考虑：超我的破坏癖只是处于正常和病态之间的个人道德意识的一个成分。可死亡冲动引出了对文化的重新解释；在我们已给出对文化的定义（紧随着《一个幻想的未来》头几章）和在《文明及其不满》第3—5章对这个定义的重新理解之间的对立，证明了文化概念面对死亡冲动时概念的一种深化和统一。

确实，在《文明及其不满》中，弗洛伊德与在《一个幻想的未来》一样关注于给出一个有关文化的纯粹经济学定义；但文化现象的经济学通过它与一种全面的策略、面对死亡的爱若斯的策略的关系而被深刻地更新了。

让我们考虑在《文明及其不满》中关于文化的新的经济学解释。

它展开在两个阶段：首先是人们不求助于死亡冲动就可以说的一切；然后是人们不让这种冲动发生作用就不能说的一切。

---

① 德文全集版，第十三卷，第288页；标准版，第十九卷，第57页；法文版，第216页。

　　在到达这个使文章触及文化悲剧的拐点前,《文明及其
不满》以一种计算好的从容前进;文化经济学似乎与我们或
许称的一种普遍"爱欲"相一致:被个人所追逐的目标和激励
文化的东西显现为同一个爱若斯时而会聚、时而分离的形象:
"文化过程回应着生命过程的这种修正,这种生命过程在被
爱若斯强加并在 Ananké、真实必然性催促的一种任务的影响
下,即,孤立的人类通过他们相互的利比多关系团结成一个坚
固的群体①。"因此,同样的"爱欲"形成了团体的内部联系,
并使个人寻求快乐和躲避痛苦,——世界、肉体和他人施加给
他的三重痛苦。如同个人从儿童到成年人的发展一样,文化
的发展是爱若斯(Éros)与必然性(Ananké)、爱情与工作的结
晶;我们甚至应该说:更多因为爱情而非工作,因为为了利用
自然而在工作中团结起来与把个人团结在一个社会团体中的
利比多联系相比是微不足道的。因此,似乎是同一个爱若斯
既激励了个人寻求幸福又想把人类团结在永远更大的团体
中。但矛盾很快就出现了:作为被组织起来的与自然的抗争,
文化把以前给予神的力量给予了人类;但与神的相似使人不
满足:文明及其不满……

　　为什么? 在这个普遍"爱欲"的唯一基础上,人们无疑可
以阐述个人与社会之间某些紧张,但不能阐述使文化成为悲
剧的重大冲突;例如,我们很容易阐释:家庭联系抵制它扩展
到更大的团体;对于每一个青年人,从一个圈子转到另一个圈
子似乎必然是最早和最紧密联系的中断;我们也理解某些女
性性欲抵制这种个人性欲转移到社会联系的利比多能量上。

---

　　①　《文明及其不满》,德文全集版,第十四卷,第499—500页;标准
版,第二十一卷,第139页;法文版,第73—74页。

我们可以在冲突处境的意义中走得更远，而不遇到根本的对立；我们知道，文化把牺牲享受强加在性欲上：乱伦禁止、儿童性审查、将性欲吹毛求疵地疏导到合法和一夫一妻制的狭窄道路上，坚持生育，等等。但这些牺牲尽管很痛苦，这些冲突尽管无法摆脱，它们还没有产生一种真正的敌对。人们最多可以说：一方面，利比多以它惯性的所有力量抵制文化加于它的放弃它先前立场的任务；另一方面，构成社会的利比多联系在私人性欲上抽取它的能量，直到使私人性欲面临衰退的威胁。但所有这些是如此少"悲剧性"，以致我们可以梦想在个人利比多和社会联系之间的一种休战或和解。

因此，问题重新浮起：为什么人类不能幸福？为什么人类作为文化存在者不满足呢？

正是在这里，分析面临转折：面对人类，一个愚蠢的戒律被提出了：爱你的邻人如同自己，——一个不可能的要求：爱他的敌人，——一个危险的命令：不再抵制恶人；戒律、要求、命令挥霍了爱，给恶人以奖励，导致服从它们的轻率之人的损失。但隐藏在命令式不合理后面的真相，是躲避一种简单爱欲的一种冲动的不合理："所有这些掩饰的真相部分，也是人们不愿意承认的部分，被概括如下：人们根本不是这种宽厚的存在者，在其内心渴求爱情，当他被攻击时进行防卫，相反，他是这样的存在者，在他的冲动禀赋中有很强的侵略性……人类的确很想满足他攻击邻人的需要，没有补偿地剥削他的工作，未经同意地在性问题上利用他，占有他的财富，羞辱他，增加他的痛苦，折磨他并杀死他。Homo homini lupus①……"

---

① 德文全集版，第十四卷，第 470—471 页；标准版，第二十一卷，第 III 页；法文版，第 47 页。

那干扰人与人之间关系并要求社会矗立为无情正义的冲动，人们承认，是死亡冲动，是与人对人最初的敌意等同的死亡冲动。

与死亡冲动一起出现的，是弗洛伊德此后所称的一种"反文化冲动"的东西。此后，社会联系就不能再被当做个人利比多的一种简单扩展，如同在《群体心理学与自我分析》中那样。它自身是冲动之间冲突的表达："在人身上的侵略的自然冲动与这种文化任务相对立，这种冲动就是每个人反对所有人和所有人反对每个人。这种侵略冲动是死亡冲动的派生物，并是它的主要代表，我们在爱若斯的旁边发现了死亡冲动，它与爱若斯一起统治着世界。从此，文化演进的意义似乎对我们不再是谜；它应该向我们表现爱与死亡之间、生命冲动和毁灭冲动之间的战斗，就像它们在人类中开辟了一条道路。整个生命基本上包括了这场战斗；我们此后可以把文明的演进描述成人类为了生存的战斗。我们的保姆唱着 Eïapopeïa du Ciel（天堂的摇篮曲——译者注）想要安抚的正是这种巨人间的争斗。"①

因此，这就是被转移到生命与死亡重要的广阔舞台上的文化！作为交换，"缄默"的冲动在它的"派生物"和它的主要"代表"中讲话。在一种文化理论出现前，死亡还没有被表现出来：文化是它的表现空间；这就是一种关于死亡冲动的纯生物学理论应该保持思辨的原因；只是在对恨和战争的解释中，关于死亡冲动的思辨变成了辨读。

这样就存在着经过了生物学、心理学、文化三个层面对死

---

① 德文全集版，第十四卷，第 481 页；标准版，第二十一卷，第 122 页；法文版，第 57 页。*Eïapopeïa vom Himmel est une citation de Heine*，dans Deutschland，chant I，strophe 7.

亡冲动的逐渐揭示;首先在爱若斯的复杂状况中进行把握,死亡冲动被掩饰在它虐待狂的成分中;时而它增强对象利比多,时而它充斥了过多的自恋利比多;随着爱若斯的展开,把生命团结在自己周围,然后把自我和它的对象团结起来,最后把个人在越来越大的团体中团结起来,死亡冲动的对抗也变得越来越不沉默。正是在这最后的层面上,爱若斯和死亡冲动之间的战斗成为公开的宣战;改写一下弗洛伊德的说法,我们可以说战争是死亡的喧嚣。思辨的神秘方面没有因此减弱;死亡不再仅仅是有魔力的,而且是着魔的:现在这是弗洛伊德为了谈论死亡而借用的魔菲斯特的声音,如同他为了说明爱若斯而提到柏拉图的《会饮篇》。

死亡冲动的文化解释施加在生物学思辨上所产生的反馈具有重要的后果:它最终的果实是一种罪行感的解释,这种解释与在《自我和原我》中根据个体心理学的解释完全不同。在那篇文章中,罪行感从病理学方面得到,其根据是超我的残酷和忧郁症及强迫性神经官能症的虐待狂或受虐狂特征之间的相似,而《文明及其不满》的第七章和第八章相反强调了罪行感的文化功能。罪行感现在表现为文化不再用它来反对利比多,而是反对侵略性。这种面貌的改变是重要的。现在,文化代表爱若斯的利益,反对人类利己主义中心的自我;它利用我固有的对于我自己的暴力以使我对别人的暴力失败。

对罪行的这种新解释转移了所有的重点:从自我观点和它的"依赖关系"背景出发(《自我和原我》,第五章),超我的严厉显得过分和危险;这一直是真的,而精神分析的任务在这方面保持不变:它总是在于缓和这种严厉性。但从文化的观点和人们可能说的人道的普遍利益出发,这种严厉是不可替代的。因此人们需要勾连两种对罪行感的解读。从孤立意识的观点出发的罪行感经济学与从文化任务观点出发的罪行感经济学是互补的。第一种解读基本没有被第二种解读取消,以致弗洛伊德在《文明及其不满》的第七章一开始就让我们想起了它。但根据第二种解读,文化要求个人放弃的,不是欲望本身,而是侵略性。因此,通过自我和超我之间的紧张将不足以定义意识的焦虑;我们需要将它移置到爱与死亡更广大的场景中:"(我们现在说)罪行感是情感矛盾冲突的表达,是爱若斯和毁灭冲动或死亡冲动之间的永恒战斗的表达。"①

两种解读不仅相互重叠,而且交错排列:罪行感的文化功能经过了意识焦虑的心理功能;在个人心理学的观点上,罪行感——至少在它近似病理学的形式下——显得只是一种将侵略性内化的结果,一种重新被超我承担并反对自我的残酷的结果。但它的完整经济学只有当惩罚的需要被重新安置在一种文化视野中才显现出来:"文明通过减弱、消除个人侵略性,通过在自身建立心理机构监督它,如同在被征服城市的驻防,来支配个人侵略的危险胃口。"②

我们这样就处于文化生命所固有的"不满"的核心;罪行感现在将扎根于冲动二元性的情感矛盾的冲突内在化了;正因如此,为了辨读罪行感,人们应该进入这种所有冲突中最根本冲突:"因此,人们很容易设想,被文化产生的罪行感不应该这样被承认,它大部分仍是无意识的或表现为一种不满(UNbehagen)、不快(Unzufriedenheit),人们为它们寻找着其

---

① 德文全集版,第十四卷,第492页;标准版,第二十一卷,第132页;法文版,第67页。

② 德文全集版,第十四卷,第483页;标准版,第二十一卷,第124页;法文版,第58—59页。

他的动机。"①使罪行感特别复杂的,是冲动之间的冲突通过在心理区分层面上的冲突得到表达;这就是《自我和原我》的阅读没有被废弃而是被归并的原因。

人们可以在个人或种属的范围内同样谈论对俄狄浦斯的解释;俄狄浦斯处境所固有的情感矛盾的游戏——有关父母形象的爱和恨——使它成为生命和死亡的更广泛情感矛盾游戏的部分;如果仅仅因为一种情感将偶然性引入历史中(这种情感与"注定的必然性②"特征同时出现),被弗洛伊德在不同时期设计的部分发生学的思考(与原始父亲的谋杀和悔恨的建立有关),如果单独地加以考虑,仍是某种问题。这种逐步发展的偶然特征(就像发生学阐释所重新建立的),从发生学阐释自身服从于支配文化事实的重大冲突起就被减弱了。在俄狄浦斯片段中充当文化背景的家庭自身只是爱若斯联系和团结的重大事业的一种象征;从此,俄狄浦斯片段不是悔恨建立的唯一可能道路。

因此,在《文明及其不满》结尾处对罪行感的重新解释显现为死亡冲动(关于死亡冲动,我们已考虑了一系列的象征)的最高点。通过羞辱个人,文化让死亡为爱服务,并且颠倒了生命与死亡的原有关系。人们想起了《超越快乐原则》的悲观用语:"生命的全部目标是死亡"……"保存冲动的功能是务必使有机物遵循着它走向死亡的道路……这些生命的看护者最初也是死亡的小人物。"但在达到了这临界点后的同样文本,发生转折:生命冲动反抗死亡冲动。现在文化作为生命

---

① 德文全集版,第十四卷,第 495 页;标准版,第二十一卷,第 135 页;法文版,第 70 页。

② Die verhängnisvolle Unvermeidlichkeit des Schuldgefühls,德文全集版,第十四卷,第 492 页;标准版,第二十一卷,第 132 页;法文版,第 67 页。

战胜死亡的重大事业出现了:它最有力的武器就是用内在化的暴力反对外在化的暴力;它最高的计谋就是让死亡反对死亡。

通过对罪行感的重新解释而结束文化理论很明显是弗洛伊德想要的:因为对被用于罪行感的出乎预期的过长讨论表示歉意,他宣称:"这可能已经损害了著作的构成;但我的意图是将罪行感表现为文化发展的重要问题;另外,让人们看到为什么文化的发展应以幸福的失去为代价,而幸福的失去是因为罪行感的加强。"①

弗洛伊德为了支持他的解释而引用哈姆雷特的著名独白,想最终说明文化的计谋:Thus conscience does make cowards of us all([道德]良知使我们都成了懦夫);但这种"怯懦"也是死亡的死亡;在为爱若斯工作时,文化将间谍工作安置在个人内心驻防,如同在被征服的城市中;因为,在最后的分析中,"文明中的不满"是"被文明产生的罪行感"。②

---

① 德文全集版,第十四卷,第493—494页;标准版,第二十一卷,第134页;法文版,第68页。

② 德文全集版,第十四卷,第495页;标准版,第二十一卷,第135页;法文版,第70页。

第三章　提　问

　　通过在这一章中收集了几个他提出而没有回答的问题，我要对弗洛伊德表示敬意。尽管因为很少容忍分歧与冲突，这位大师有着鲜明和不妥协的语调，但弗洛伊德学说的最后话语导致了某些没有解决的问题，我们试图对此给出一个临时的列举。

　　(1)随着死亡冲动变得更明显，最后在毁灭冲动的形式下汇集到文化层面，我们更好地认识死亡冲动，这是真的吗？在生物学的思辨中，不是存在一种没有经过文化辨读但仍引起进一步思考的过剩吗？最后，在弗洛伊德学说中，否定性是什么？

　　(2)我们同样不需要怀疑关于快乐的最确定的断言吗？我们不停地把它考虑成"生命的守护"，因为这个原因，它只是表达了紧张的降低吗？如果它应该有部分与生命相联系，而不仅仅与死亡相联系，它不应是不同于紧张降低的心理迹象的其他东西吗？是的，最后我们知道快乐意味着什么吗？

　　(3)最终，现实性原则又是什么呢？这种现实性原则似乎显示了超越幻想和安慰的一种明智。这种头脑清楚以及使它光荣的悲观苦行最后如何与生命的爱相一致呢？爱与死亡的戏剧似乎呼唤着生命的爱。弗洛伊德学说最终发现了哲学语调的统一，还是明确地保持最初假设的科学主义与自然哲学（Naturphilosophie）之间的分裂（爱若斯将弗洛伊德学说重新引向自然哲学，并且自然哲学从未停止激发对欲望世界的顽强探索）呢？

这就是我们对弗洛伊德的最后解读导致的三个问题的意义：死亡冲动是什么以及什么是它与否定性的关系？快乐是什么以及什么是它与满足的关系？现实性是什么以及什么是它与必然性的关系？

1. 否定性是什么？

死亡冲动在许多方面是个问题概念。

首先是思辨和解释之间的关系成为问题。任何读者都不能对这种思辨和它伴随的假设不定的、曲折的和固有的"不可靠的"[1]特征视而不见。弗洛伊德自己承认他不知道在什么程度上相信它们[2]。他以后谈到有两个未知数量的等式[3]。他还说，倾向于重建事物以前状态的一种假设，如果它可比之于黑暗中的一缕阳光，与其说是"一种科学阐释，不如说是一种神话"[4]。没有任何弗洛伊德的论文像《超越快乐原

---

[1] 在《超越快乐原则》的结束处，弗洛伊德引用了出自阿尔-哈里里（Maqâmât de al-Hariri）的两首东方诗歌："我们不能通过飞行到达的，应该通过蹒跚到达……《圣经》告诉我们：蹒跚不是罪恶。"

[2] 《超越快乐原则》，德文全集版，第十三卷，第 64 页；标准版，第十八卷，第 59 页；法文版，载《精神分析文集》，第 68 页。

[3] 德文全集版，第十三卷，第 62 页；标准版，第十八卷，第 57 页；法文版，第 66 页。

[4] 出处同上。

则》如此冒险。理由是清楚的:所有在它们代表之外对冲动的直接思辨是想象。可冲动的第三种理论比先前理论更具神秘性,因为它宣称达到了冲动的基础本身。利比多的第一个概念,与自我冲动广泛对立,它是被冲动的不同变化或结果所假设的统一概念;利比多的第二个概念,汇集了对象利比多和自我利比多,既然它支配利比多投入的各种分配,比第一个概念的外延更广。对生命和死亡的思辨处于这两种利比多概念的下面:假设所涉及的"类比、相关和联系"①的网络比以往松散得多;思辨与给它充当揭示者的现象不成比例:弗洛伊德承认死亡冲动的假设本身使他夸大这些涉及强迫重复的事实的重要性②;我们已经看到,所有被这个核心现象吸收的其他事实必要时可以用另外的方式解释。

正因如此,我们的后续研究包含了在类比解释的层面上通过渐进和部分的方式重新获得一开始在思辨层面上提出东西。但我们需要意识到思辨超出解释的最初过剩;在认识论的观点上,这里是这篇文章最显著的特点。这种思辨意义的过剩基本上取决于被应用假设的直接元生物学特征:"生物学是无限可能性的真正土地。"③但尽管有对魏斯曼(Weismann)和原生动物死亡的讨论,这种元生物学自身与其说是科学不如说是神话。爱若斯的神话名称早就证明了我们更接近诗人而非学者,更接近思辨哲学家而非批判哲学家;如果被引用的唯一哲学文本是借自柏拉图《会饮篇》的神话部分(阿里斯托芬关于原始两性人的讨论),这不是偶然的;一个"哲

————————————

① 德文全集版,第十三卷,第66页;标准版,第十八卷,第60页;法文版,第70页。

② 出处同上。

③ 出处同上。

学—诗人"教导说爱若斯想把一个恶神分裂和分散的东西连接起来。更何况,当爱若斯被称为"将所有生物团结在一起的东西","保存所有事物的东西"①时,我们不认为听到了一位前苏格拉底的思想家吗?

为什么弗洛伊德犹豫着但又不妥协地冒险进入元生物学、思辨和神话的土地呢? 说在他那里理论总是逐步地和平淡无奇地超越解释是不够的。这种元生物学近似神话的本性产生了问题。我们或许需要设想弗洛伊德实现了他最早的一个欲望,从心理学到哲学的欲望,或许需要设想他这样解放了他全部思想的浪漫要求,这个要求只是他早期假设的机械论科学主义加以掩盖的。

同时,这篇文章中最值得可疑的东西,也是最具揭示性的东西:在一件科学外衣下,或宁可说在一种科学神话的标记下,年青弗洛伊德在歌德那里欣赏的 Naturphilosophie(自然哲学)重新出现了。

但我们因此不应该说所有利比多理论早就属于自然哲学,并且整个弗洛伊德学说是一种自然哲学对意识哲学的抗议吗? 在症状中、在幻觉中和一般而言在符号中对欲望的耐心解读从来不等于利比多的*假设*、冲动的*假设*、欲望的*假设*。弗洛伊德属于这样一些思想家的系统②,对于他们,人类首先是欲望存在者,然后是话语存在者;人类是话语存在者是因为欲望最初的语义是谵妄的,他从来没有停止改正这种最初的

---

① 德文全集版,第十三卷,第54、56页;标准版,第十八卷,第50、52页;法文版,第58、60页。

② 在"辩证法"中,我们将建议把弗洛伊德的利比多与斯宾若莎的"努力"(conatus)和莱布尼兹的"欲望"(appétition)相比较,甚至和叔本华的"意志"(volonté)及尼采的"权力意志"(volonté de puissance)相比较。

扭曲。如果事情果真如此,弗洛伊德学说将从头到尾被"欲望神话学"和"心理机制的科学"之间的一种冲突所激励,在"心理机制的科学"中,他总是徒劳地试图包含神话,并且从《纲要》开始,它就被它自己的内容所超越①。在这一章的结束我们将看到这种暗中冲突的再起,不再在最初的假设层面上,而是在最后的明智层面上。

但在它最思辨表达中加以考虑的死亡冲动的意义过剩(与所有生物的、心理的和文化的表达系列相比),揭示了这个奇怪概念的问题另一面。它所具有的所有意义都进入文化解释中,这是真的吗?思辨超过解释的意义过剩似乎不代表一种理论的缺陷;相反,它暗示,最后变成破坏癖、反文化的死亡冲动的逐渐确定,或许掩盖了可能的另一种意义,如同以后关于"否定"的研究所暗示的。

如果我们从相反的秩序阅读死亡冲动的表现系列,我们就被三个主题之间的差距所打动:生命的惯性、强迫重复、破坏癖。我们就开始猜测死亡冲动是一个集合词语,一个不合常规的混合物:生物学的惯性不是病理学的强迫,重复不是毁灭。

当我们考虑否定的未被还原为破坏癖的其他显现时,我们的猜测膨胀了。

Fort-da 游戏的著名例子早就使我们惊讶;我们需要回到那里;这个使母亲象征性地消失和重现的游戏确实在于重复一种情感的放弃;但不同于在创伤性神经官能症中的梦,游戏重复不是一种强迫的、萦绕的重复;出神地游戏,这早已经支配了游戏,并针对作为消失的消失对象积极地表现;从此以

① 参阅以上"分析篇",第一部分,第一章。

后,当我们展现弗洛伊德的分析时,如同我们所问的,我们没有发现死亡冲动的另一面,非病理学的一面,它可能包含了对否定、对失神、对损失的控制吗? 这种否定性没有牵涉到向象征和游戏的过渡吗?

这个问题与我们关于达·芬奇的创造提出的问题联系在一起;我们与弗洛伊德同样说道,消失的过去的对象同时是被艺术作品"否定和超越的"①,艺术作品重新创造了它,或宁可说艺术作品在把它作为被沉思的对象展现给大家时第一次创造了它。艺术作品也是一种 Fort-da,一种作为幻想的古老对象的消失和一种作为文化对象的重现。死亡冲动将消失—重现作为它正常、非病理的表达吗? 而从幻觉到象征的提升就包含了这种消失—重现。

这种解释在弗洛伊德那里不是没有支持:作为对死亡冲动的最后评注,我们已经保留了对弗洛伊德最引人注目短文之一的检查,这篇短文名为"die Verneinung"②,Verneinung 这个词在德语中通常指 Bejahung(肯定)的反面,因此这个词被很好地翻译成否定,因为它纯粹而又简单地表示与是对立的不。通过一系列的曲折,弗洛伊德明确地把否定、不与死亡冲动联系起来。

但涉及的是什么样的否定? 非常确切的是,它不位于无意识中;让我们回忆一下,无意识不包括否定、时间、现实的功能;因此,否定与时间组织、行动控制、被所有思想过程涉及的

———————

① 参阅以上,第 185 页,注 22(译者注:此处页码和编码为法文原书的页码和编码)。

② 《否定》(*die Verneinung*)(1925),德文全集版,第十四卷,第 11—15 页;标准版,第十九卷,第 235—239 页;法文版,载《法国精神分析评论》,1934 年,第二卷,第 174—177 页。

动力停止和现实性原则自身都属于同一个意识系统。我们在此面临着一个不期而遇的结果:*存在着一种不属于冲动而是与时间、动力控制、现实性原则一起定义意识的否定性。*

这种意识否定性的第一个表现恰恰是对被压抑东西的意识。弗洛伊德在他文章的头几行中注意到,当一个病人将一种如"这个人不是我母亲"的抗议添加到一种观念联想,或添加到一种梦的片段时,否定不属于将表象移置到意识中的力量;它宁可是一种被压抑的观念渗入到意识的条件:"否定是意识到被压抑东西的方式;它甚至早就是提升(Aufhebung)压抑的方式,而被压抑的东西没有被接受(Annahme)。"①弗洛伊德甚至可以说:"当病人以这样的话语'我不认为这样,我从不认为这样'反应时,没有什么比这个证据更强烈地表明我们已经到达无意识。'不'(le non)是起源的证书——le *made in Germany*——它证明了思想归属于无意识;在否定的象征(Verneinungssymbol)的帮助下,思想摆脱了压抑的限制并丰富了对于它的展开是必须的内容。否定思想因此是压抑的理智替代物。"②

否定的第二个层面与现实性检验有关;这种新功能是前者的继续:我们的确知道"意识的形成过程"的条件和"现实性检验"的条件是相同的,因为它们支配内部和外部的区别。可是,否定判断——A 不拥有属性 B——只是当它超越了快乐自我的观点时,才真正是对现实的判断,对于快乐自我,说是,就是将他认为是好的东西向内投射,也就是最后"吞"了它,说不,就是将他认为是恶的东西排除出去,也就是最后

---

① 德文全集版,第十四卷,第 12 页;标准版,第十九卷,第 235—236 页;法文版,第 175 页。

② 出处同上。

"吐出"。对现实的判断标志着用"最终的真实自我"（endgültiges Real-Ich）取代"最初的快乐自我"（anfängliches Lustich）。问题不再是知道那被察觉、被"理解"（wahrgenommen）的东西是否可以被"纳入"（aufgenommen）在自我中，而是知道那作为表象出现在自我中的东西是否可以在现实性中被重新发现。因此，在表象（它只是"内部的"）和现实（它同样是"外部的"）之间的区别就被建立起来。可是，在这个现实性检验中什么是不的环节呢？否定功能存在于"发现"和"重新发现"（wiederfinden）的区间，它内在于所有判断，甚至内在于肯定判断；的确，表象不是事物的一种直接表现，而是一种再现，它使不在场的事物重新出现："现实性检验被实施的条件，是先前获得真实满足的对象已经被丢失了"；表象在缺场、失落的基础上呈现给现实性检验："现实性检验的第一个和直接目标因此不是发现一个与表象相对应的对象，而是重新发现它，使自己相信它还在场"[①]；因此，将原始在场与表象区分开的否定区间使批判检验成为可能，从批判检验中既出现一个真实世界又出现一个真实自我。如果我们把这三个分析——《超越快乐原则》中的 fort-da 分析，《达·芬奇的童年回忆》中的美学创造分析，《否定》条文中的知觉判断分析——加以比较，否定性功能的特点就开始清楚了。我们已经能够在游戏的消失—重现、美学创造的否定—超越和知觉判断的消失—重新发现中分辨出一种共同的操作。

现在，这种否定性与死亡冲动的关系是什么？这是弗洛

[①] 德文全集版，第十四卷，第 14 页；标准版，第十九卷，第 238 页；法文版，第 177 页。我们在《性学三篇》中遇到一个同样的表达……"发现一个对象事实上是重新发现它"，德文全集版，第五卷，第 123 页；标准版，第十二卷，第 222 页；法文版，第 152 页。

伊德在关于《否定》条文的结束处写的话:"对判断的研究第一次使我们或许通过最初冲动的游戏进入理智功能的起源。判断是被目标指引的(zweckmässigalong lines of expediency),根据快乐原则,归并到自我中或驱逐出自我的过程的继续。判断的两极似乎对应于两组相反的冲动:肯定,作为重新连接的替代物,属于爱若斯;否定,它继承了驱逐,属于毁灭的冲动。否定的普遍快乐,许多精神病患者的否定态度,大概是通过退出利比多构成部分而发生的冲动分离(Entmischung)的迹象。但只有当否定的象征创造赋予思想以对于压抑结果最低程度的独立,并由此对于快乐原则的强迫最低程度的独立时,判断的实施才是可能的。"①

弗洛伊德没有说,否定是死亡冲动的另一个代表,他只是说否定根据发生学观点通过"替换"从死亡冲动中得到,如同一般而言的现实性原则取代快乐原则[或如同在"性格"分析中,例如吝啬取代以前的利比多构成,如肛门期(anlité)]。我们没有权利从这文本中得出比它准许的更多的东西,并给它一个直接的黑格尔式的翻译。我们能够为了我们自己做这件事,并承担一切风险,但不是作为弗洛伊德的解释者。弗洛伊德讲述的是一种否定"经济学",而不是一种真理和确定性的"辩证法",就像在《精神现象学》第一章中那样。然而,甚至在这些严格限度内,这篇短文带来的东西还是重要的:意识涉及否定;意识在"意识到"它自己隐蔽的财富中涉及否定,以及意识在对实在的"承认"中涉及否定。

令人惊奇的不是这个否定通过替换从死亡冲动中得到,

----

① 德文全集版,第十四卷,第15页;标准版,第十九卷,第238—239页;法文版,第177页。

在相反的意义上,宁可是死亡冲动被如此重要的一个功能所表示,这个功能与破坏癖无关,而相反与游戏的形象化有关,与美学创造以及最终与现实性检验自身有关。这个发现足以将对全部冲动代表的分析重新置于变化中。我们说,死亡冲动不是封闭在其喧嚣的破坏癖上;或许它开启了"否定工作"的其他方面,这些方面像死亡冲动一样"沉默"。

2. 快乐和满足

快乐原则在宣称超越它的文章的最后变成了什么?

提出这个问题就是问:最后,"超越快乐原则"是什么? 然而,没有对这个问题的确切答案。如果我们思考论文的题目本身,存在着足够值得惊奇的东西:说实话,超越显然是不可被发现的。不仅仅不存在最终的回答,而且在这当中人们失去了一种临时的回答。这不是这篇文章最无足轻重的"问题"方面。

让我们一方面回想最初的问题,另一方面回想引入死亡冲动前的临时回答。

在人们承认守恒原则与快乐原则相等的范围内,这个问题有一个确定的意义。这是承认——弗洛伊德没有在《超越快乐原则》中对其严重质疑,而是仅仅在《受虐狂的经济学问题》中提出质疑——寻找超越快乐原则就是对"比快乐原则更原始并独立于快乐原则的倾向"①的存在提问,即,对不能还原为心理机制减少它的紧张和将紧张保持在最低水平的倾向提问。

可是,我们甚至在引入死亡冲动前已经发现了这种倾向:

---

① 参阅以上,第299页,注4(译者注:此处页码和编码为法文原书的页码和编码)。

一方面,的确,它已通过强迫重复变得很明显,尽管存在着它招致的不快乐,强迫重复仍发挥作用;另一方面,这个倾向可以被联系于一种比寻找快乐更原始的任务,"约束"自由能量的任务。无疑,这个倾向和这个任务与快乐原则并不对立;但至少它们并不出自快乐原则。

但死亡和生命的重要角色登上舞台。远远不是强化最初的结果,死亡冲动的引入拆散了它。死亡冲动显得是对守恒原则最动人的说明,而快乐原则总是被当成守恒原则心理上简单的对偶物。的确,不可能不把"恢复一种先前状态的趋势"(它定义了死亡冲动)与心理机制的一种趋势联系起来,心理机制的这种趋势就是把存在于自己身上的刺激数量保持在尽可能低的水平上或至少保持在恒常水平上。需要我们进一步说守恒原则与死亡本能相一致吗?但为了阐述强迫重复的冲动特征而明确引入的死亡冲动,因此不是超越快乐原则,而是等同于它的一种确定方法。

只要人们承认快乐原则和守恒原则的一致,我认为就应该迈出这新的一步。如果快乐表达了一种紧张的降低,如果死亡冲动标志着生物回归为无机物,我们就必须说快乐和死亡站在了一起。弗洛伊德不止一次地触及这个矛盾:"支配心理生活的倾向和或许是普通神经质生活的倾向是降低、保持稳定或取消归因于刺激的内部紧张的努力['涅槃原则',借自于芭芭拉·洛(Barbara Low)的一个术语]——在快乐原则中发现它的表达的倾向,对这个事实的承认是相信死亡冲动存在的最坚实的理由之一。"①更进一步,"快乐原则似乎是

---

① 《超越快乐原则》,德文全集版,第十三卷,第 60 页;标准版,第十八卷,第 55—56 页;法文版,第 64 页。

为死亡原则服务。"①性快乐与一种衰落,与一种强烈刺激的暂时消失是在同一个矛盾意义中:《自我和原我》坚持同一个主题。②

但人们因此将要问,超越快乐原则是什么? 我们迄今在它们中加以对立的所有的术语都走到了同一个方面,死亡方面:守恒、回归到以前事物的状态,快乐……如果人们考虑"约束"自由能量的任务自身是一种"引入和确保快乐原则统治"③的预先操作,这个任务自身就是为快乐原则服务,因此是为死亡冲动服务。在一般的取消倾向中,所有的区别被取消了。

让我们保留一个可能的回答:如果快乐原则除了守恒原则外不表示别的东西,不是应该说只有爱若斯是超越快乐原则吗? 爱若斯是守恒原则的重大例外。我清楚知道,弗洛伊德写道所有冲动都是保存生命的④;但他补充说,生命冲动在一个更高的程度上如此,因为它们特别抵制外来影响,因为它们在一个相对更长的期间保存了生命自身⑤。另外,"细胞性欲"的假设让我们把自我保存和自恋解释成一种每个细胞为了整个身体而做的"爱欲"牺牲,因此是爱若斯的一种表现。最后,尤其是,如果爱若斯"保存所有事物",这是因为它"连

----

① 德文全集版,第十三卷,第 69 页;标准版,第十八卷,第 57 页;法文版,第 74 页。

② 《自我和原我》,德文全集版,第十三卷,第 276 页;标准版,第十九卷,第 47 页;法文版,第 203—204 页。

③ 《超越快乐原则》,德文全集版,第十三卷,第 67 页;标准版,第十八卷,第 62 页;法文本,第 72—73 页。

④ 德文全集版,第十三卷,第 42—43 页;标准版,第十八卷,第 40 页;法文版,第 46 页。

⑤ 出处同上。

接起所有事物"。然而,这样的事业与死亡冲动相反:"与不同个体的活的物质的连接增加了紧张,引入了人们可能当成新的*根本不同的东西*,接着,这些不同的东西是*被生命所利用的*。"①这就是一种回答的梗概:逃避守恒定律的东西,是爱若斯自身,是睡眠的困扰,是"和平的打破"。但这种命题没有损害一开始属于精神分析理论的假设自身,即心理机制近乎自动地被守恒原则所控制吗?

无疑,我们应该把对最初理论的指导概念的质疑推广得更远:首先成为问题的,是快乐的意指自身。在《超越快乐原则》中,弗洛伊德没有对全部元心理学最古老的相等进行明确的质疑,即,对快乐原则和守恒定律的相等提出疑问;但在引入死亡冲动后,从中得出的结论已经简单地使这个相等维持不了。与死亡站在一起的,是涅槃原则,是守恒原则在人类情感中唯一的忠实摹写。但快乐原则完全包含在涅槃原则中吗? 快乐和爱在生命和死亡发动的巨人间战争中可能不站在同一阵线,这样的假设难以维持到底。快乐如何能对紧张的创造,即对爱若斯保持陌生? 这不就是那在紧张的释放中被感到的创造吗? 我们不是应该与亚里士多德一起说,快乐的增加,是作为实现功能、操作、行动时增加的东西,或如同人们将要想说的。但因此变得可怀疑的,是根据纯粹数量的术语的快乐定义,它将快乐定义为被称为刺激紧张的一种数量的增长或减少的简单功能。弗洛伊德在1924 年的《受虐狂的经济学问题》中开始得出这个结论:他让步说快乐原则与涅槃原则不是一回事,只有涅槃原则"完

---

① 德文全集版,第十三卷,第60 页;标准版,第十八卷,第55 页;法文版,第64 页。

全为死亡冲动服务"①。应该承认"我们在紧张情感的系列中直接感受到这些刺激能量的扩大和减少（Zunahme und Abnahme der Reizgrössen direct in der Reihe der Spannungsgefühle empfinden），以及不应怀疑存在着被感受为快乐的紧张和被感受为不快乐的放松"②。快乐因此或许与刺激本身的性质特征联系在一起，或许和它的节奏、与它的时间展开联系在一起。

然而，弗洛伊德通过把快乐原则联系于涅槃原则，限制这种让步的范围，而这种快乐原则如同被生命冲动所强加的一种变化。这样，快乐原则无可争辩地是生命的"保护者"。它的保护者角色表达出它与守恒原则的联系，但它是生命的保护者而非死亡的保护者。

这不就是承认爱与死亡的二元论也经历了快乐吗？这不是说我们不知道什么是超越快乐原则，因为我们不知道快乐是什么吗？

怀疑我们知道快乐本性的理由在弗洛伊德著作中有很多。首先，不应该忘记快乐原则的最早表达是与一种心理机制的表象分不开的，关于这种表象，我们已多次强调它自我论者的特征；场所论—经济学假设在构造上是唯我主义的；但它所翻译的临床事实不是永远如此——与母亲胸脯、与父亲、与家庭成员、与权威的关系——，不，在移情中被戏剧化的分析经验也不是如此，解释就展开在这种分析经验内部；冲动概念本身，比场所论的所有辅助表象都更为根本，因为冲动面向着

① 《受虐狂的经济学问题》，德文全集版，第十三卷，第372页；标准版，第十九卷，第160页；法文版，载《法国精神分析评论》，第二卷第2期1928年，第212页。
② 出处同上。

他人,冲动与本能的普通概念区分开来了。从此以后,"在"一种孤立器官中紧张的释放不可能是快乐的最后意指;人们这样定义的只是自我—爱欲的性欲的单独快乐。从《纲要》开始,弗洛伊德把满足(Befriedigung)命名为这种要求别人支持的快乐的性质。

因此,如果我们将别人引入快乐的循环中,其他困难出现了;欲望(Wunsch)的结构教导我们,欲望不是一种能够被释放的紧张;如同弗洛伊德自己描述的,欲望揭示了一种无法满足的构造;如果孩子不是所求甚多,不要求他不能得到的东西(拥有母亲,或与母亲生育一个孩子),俄狄浦斯戏剧是不可能的;存在于他身上的"恶的无限"使他得不到满足。

另外,如果人们能得到满足,他可能被剥夺比快乐更重要的某种东西,这就是不满足的对应物,象征化。欲望作为无法满足的要求引发了谈话。我们在此不停谈论的欲望语义学是与这种满足的推迟有关的,是与快乐的这种无穷的中介化有关的。

值得注意的是,弗洛伊德关于恶有一个比快乐的更为细致的概念,恶是"存在的负担";当他继续把快乐说成一种紧张的释放,他时而把不快乐(快乐的单纯反面)与害怕、恐惧、焦虑这三部曲完全区分开来,时而把不快乐与因为外在危险、冲动危险、意识危险产生的三重害怕完全区分开来。甚至对死亡的害怕被区分成生物害怕和与阉割威胁相关的意识害怕;弗洛伊德还区分了内在于人类文化存在的"苦恼"(Unbehagen);人类作为文化存在不可能满足,因为他追求别人的死亡,以及文化利用一开始他加于别人的折磨反对他自己。文化的任务承担了某种矛盾和不可能的事情:将自我的利己主义(我们已经说过它在生物学上趋向死亡)和在集体中与他人融合的冲动(我们称其为利他主义)协调起来。最后,爱与死亡之间无法预见结局的战斗使得不满足得以延续。爱若斯要联合,但应该打破惯性的和平;死亡冲动要回到无机状态,但应该摧毁生物。这种矛盾在文化生命的高级阶段中继续:这确实是奇怪的战斗,因为文化为了让我们活而杀死我们,而文化通过使用赞成它自己和反对我们的罪行感达到这一点;另外,我们为了生活和享受又需要松弛它的压抑。

因此,痛苦的王国比简单的不快乐更广大:它延伸到了使生活场所变得艰难的一切东西。

在弗洛伊德的著作中,痛苦的多样性和享受的单调性之间的差别意味着什么呢? 我们需要在这点上结束弗洛伊德吗? 需要以全部的代价辨别与痛苦程度相同的满足的程度吗? 需要恢复柏拉图在《菲力浦斯篇》中领会到的快乐辩证法,或甚至是如同亚里士多德《伦理学》中快乐和幸福的辩证法吗? 或有关幸福的悲观主义应该使我们承认人类忍受痛苦的能力超过享乐能力吗? 面对多种痛苦,他的手段只是在于简单享受,对于其余的——即对于痛苦超过享受的部分——他的手段只在于容忍和恭顺的忍受吗? 我很愿意相信弗洛伊德的著作倾向于第二种假设。这就将我们引向了现实性原则。

3. 现实性原则是什么?

最后,什么是现实性原则? 我们在第一章的结尾处悬置了这个问题,因为我们希望发现现实性概念的一个新维度,这个新维度将符合因为死亡冲动的引入对快乐原则所作的修正①。

　　让我们简单地概述前面的分析。我们从一种针对着"心理机制功能"的基本的对立出发。就快乐原则有一个简单意指而言,现实性原则同样不神秘;弗洛伊德建议的直接和间接解释延长了1911年关于《心理功能的两个原则》这篇文章所勾勒的唯一线索,*有用性*的线索;当快乐原则在生物学上是危险的,有用性代表了生命的真正和被很好理解的利益。所有我们后来考虑的现实性原则累积起来的意指局限在这个有用性的范围内;因此有用性,首先是幻觉的对立面,是事实,如同正常人了解的那样;它是梦的他者,是幻觉的他者:在一个更为特定精神分析的意义上,现实性原则代表了对时间和社会中生活必然性的适应;因此,现实性成为意识的对应物,然后是自我的对应物;当无意识——原我——忽视时间、对立,只服从快乐原则时,意识——自我——有一个时间构造并且考虑可能性和合理性。

　　如同我们看到的,在这个分析中没有什么包含了悲观的语调;没有什么显示了被爱若斯与死亡之间战斗所支配的世界观。

　　人们有很好的理由提出这样的问题:当我们把欲望和现实之间的对立置于冲动新理论的领域内时,这种对立变成了什么? 是的,这个问题是合法的:因为这个对立中的第一项,快乐,动摇于它最根本的意指中,也因为现实性包含了死亡;

---

　　① 《受虐狂的经济学问题》:"我们这样到达了一个小而有趣的系列关系:*涅槃原则表达了死亡冲动的倾向;快乐原则为利比多的事业辩护;现实性原则,前者的修正,代表了外部世界的影响*。"德文全集版,第十三卷,第373页;标准版,第十九卷,第160页;法文版,第213页。

但这个现实性保留的死亡不再是死亡冲动,而是我的死亡,作为命运的死亡;正是死亡给了现实性必然的、无情的面貌;因为死亡—命运,现实性被称为必然性并且具有了 Ananké 这样悲剧性的名称。让我们因此追随这样的踪迹,并且问:直到哪一点弗洛伊德最早的主题——心理机制的双重功能主题——被提升到后期著作的重要戏剧的声调。

应该承认弗洛伊德后期哲学没有真正改变,而是强化了现实性原则的早期特征,并使这个特征更为无情,如果我敢于这样说的话。我们只是在很狭隘,很严格的范围内可以说,爱若斯的"浪漫"主题通过反馈改变了现实性原则。但爱若斯的相对神话化和现实性的冷静思考之间的差距值得注意和反思:这种细微的不和谐或许揭示了弗洛伊德哲学性格的本质。

的确,在弗洛伊德强调爱若斯和死亡的二元论的同时,他突出了反对幻想的战斗,而幻想是快乐原则的最后壁垒;他也强化了人们可能称作他的"世界的科学概念"的东西,这个概念的座右铭可能是:超越幻想和安慰。

《一个幻想的未来》的最后几章在这方面是意味深长的:弗洛伊德宣布,宗教没有未来;它已耗尽了它的强制和安慰的资源。现实性原则因此成为支配文化的后宗教时代的原则,而《图腾与禁忌》在现实性原则中已经确认了与利比多的一个阶段平行的人类历史的一个阶段。在这将来临的岁月中,科学精神将接替宗教动机,社会利益将单独给予道德禁令以力量。通过将他以前的观点与超我的过度要求相印证,弗洛伊德暗示了在戒律的神圣方面失去的东西,也将在它的严厉和不宽容方面失去;人类停止梦想放弃它们,而是致力于它们的改善,最后发现它们合理以及甚至或许友善,这是可能的。

所有这些可能使我们想起 20 世纪理性主义和乐观主义

的预言;但弗洛伊德自己反对说,禁令从来不是建立在理性上,而是建立在激情的强大力量上,如同对原始谋杀的悔恨那样;不正同样是弗洛伊德揭示了反对伦理的破坏力量的强大吗?更恶劣的,这种破坏力量正位于伦理的中心。所有这些,弗洛伊德没有忘记,并且在几年后的《文明及其不满》中以更大的力量说出来。他微小的希望停留在一点上:如果宗教是人类的普遍神经官能症,它就为人类理智迟钝的一部分负责;它是来自于底层的强大力量的表达,同样它是这些力量的教育者。一种非宗教人类的计划因此包含了一个机会,被人类成长和个人成长之间平行关系非常精确衡量的机会:"幼稚症注定被超越;人类不能永远是孩子;他们需要在'敌对的世界'中前行。我们能够把这称作现实性教育:我需要承认我写本书时的唯一目的就是吸引对向前迈出这一步的必要性的注意吗?"①这就是支撑这个实证时代预言的有节制和危险的乐观主义。面对着一个假想对手,这个对手暗示保存作为有效幻想的宗教,弗洛伊德在他的回答中冒昧地把一个神的名字——逻各斯神——给予他审慎预言的核心观念;但我认为这必须被看成只是插入一种有针对性论据中的一种讽刺虚构:"理智的声音是虚弱的,但只要它没有征服它的听众,它就不停止。最后,在经历无数次的无礼对待后,它使大家倾听……我们逻各斯神将完成外在于我们的自然所授权的我们的所有欲望,但它只是逐渐地,只是在不可预见的将来,为了人类的新一代完成它;对于忍受生活重负的我们,它没有承诺任何补偿……我们的逻各斯神或许不是很强大;它或许只能

---

① 《一个幻想的未来》,德文全集版,第十四卷,第 373 页;标准版,第二十一卷,第 49 页;法文版,第 135 页。

够占据它的先辈所承诺的一小部分;如果我们应该承认这一点,我们就将恭顺地接受它。"①

逻各斯和必然性——荷兰诗人马尔塔图利(Multatuli)孪生的神——之间的这种紧密关系排除了有关总体性的所有抒情诗。况且最后高傲的抗议要给整本书定调:"不,我们的科学不是一种幻想。幻想将相信:科学不能给我们提供的东西能在别处被发现。"②

这个文本没有留下任何怀疑:现实性在弗洛伊德生命的末期具有与他早期同样的意义;它是一个无神世界的缩影。它的最终意义没有否定,而是延长了以前与被欲望引起的虚构相对立的有用性概念。在最终意义和最初意义之间的这种一致被为世界辩护所证实,通过这种辩护,弗洛伊德结束了《一个幻想未来》的最后几章之一。他从海涅那里在两行诗的形式下借来了这句妙语:"因此人类将可以没有遗憾地与我们一位不信神的同伴(Unglaubengenossen)一起说:

den Himmel überlassen wir

den Engeln und den Spatzen.

至于天空,我们把它留给了天使和麻雀。"③

从这些比较中得出的现实性的观念是最少浪漫主义的,并应该以及似乎与爱若斯这个词没有关系;当被剥夺了所有与父亲形象的类似时,甚至必然性这个词——被重新安置在这个语境中——似乎很好表示了现实性的面貌;如果宗教幻

---

① 德文全集版,第十四卷,第377—379页;标准版,第二十一卷,第53—54页;法文版,第145—149页。

② 德文全集版,第十四卷,第380页;标准版,第二十一卷,第56页;法文版,第154页。

③ 德文全集版,第十四卷,第374页;标准版,第二十一卷,第50页;法文版,第136页。

想出自于父亲情结,俄狄浦斯情结的"崩溃"只是在一种被剥夺了所有父亲系数的事物秩序的表象中,在一种匿名的、非个人秩序表象中才得以完成。必然性因此是幻灭的象征。我认为,正是在这个意义上,这个词第一次出现在《达·芬奇的童年回忆》中①,甚至在《图腾与禁忌》之前就出现了。对于那些已经"放弃父亲"的人,必然性是现实性没有名字的名字。它也是偶然,是在自然法则和我们欲望或幻想之间关系的缺场。

然而,这是弗洛伊德最后的话吗? 对必然性的"恭顺"、"服从"的表达本身指向了一种完整的睿智,这种睿智所说的比在心理学观点上的现实性原则更多,这种现实性原则被认为是对现实的感性检验。仅仅当现实性被恭顺地接受时,它才变成必然性吗?

必然性似乎是一种世界观的象征,不再仅仅是一种心理功能的原则;一种睿智被总结在必然性中,这种睿智回应我们多次所称的生活的艰难。根据在《自我和原我》中提到的席勒的美丽辞藻,这是一种"忍受存在重负"的艺术。

我们可以在弗洛伊德那里发现现实性的斯宾诺莎式意义的梗概,如同在大哲学家那里一样,这个意义联系于局限在身体观点中欲望的苦行,并且联系于从中产生的富有想象力的知识的苦行;必然性不是第二类型的知识,根据理性的知识吗? 假如在弗洛伊德那里——我们将讨论这一点——存在着一种在恭顺形式下的和解的开端,这不是第三类型知识的一种回声吗? 诚然,这种梗概在哲学上很少被发展,以致人们也

---

① 《达·芬奇的童年回忆》,德文全集版,第八卷,第 197 页;标准版,第十一卷,第 125 页;法文版,第 182 页。

能够在一种尼采意义上谈论命运之爱。这样在哲学上被解释的现实性原则的试金石将是一种胜利,是整体之爱对我的自恋、对我害怕死亡、对我身上复苏的婴儿般安慰的胜利。

让我们试试这如同柏拉图所说的"第二次航行";尽管存在着意指的持续,先前的分析不停地扩大现实性知觉的简单检验和对自然无情秩序的顺从之间的间距,就让我们将这个间距作为我们的指导线索。我不对文本进行任何歪曲,我只想收集一些妙语,一些符号和一些草稿,它们在一种使现实性原则更好与爱若斯和死亡主题相协调的意义上扩大了对自然的尊重。

接近顺从主题的最合法方法或许是通过死亡问题,或宁可说是通过濒死问题。顺从,在根本上是对欲望的工作,它在欲望中加入了濒死的必然性。现实性,就它宣布我的死亡而言,将进入欲望中。

从 1899 年起,弗洛伊德一再回想莎士比亚的话:"你欠自然一个死亡。"[1]他甚至在"对战争和死亡的现实考虑"[2]的第二次报告中提到这句话,这次报告写于第一次世界大战的一开始。

他解释说,把固有的死亡从生命的视野中排除出去是欲望的自然倾向;欲望包含着它固有的不朽的信念。这是在无意识中缺乏矛盾的一个方面。因此,我们让死亡千变万化,使它从必然变成偶然。但作为回报,"当在生命游戏中最高的

---

[1] 莎士比亚,书信 104,实际上是:"Thou owest God a death",(亨利四世,第五幕,第一场)。

[2] "对战争和死亡的现实思考"(Zeitgemässes über Krieg und Tod),德文全集版,第十卷,第 324—355 页;标准版,第十四卷,第 275—300 页;法文版,见《精神分析文集》,巴若,第 218—250 页。

关键、生命自身不能被冒险时,生命变得贫乏了,它失去了兴趣"①。就这样被瘫痪了,当我们把死亡排除出生命中时,我们不再理解汉萨同盟的高傲铭文:navigare necesse est,vivere non necesse(有必要横渡大海,没有必要生存)! 为了比每个人都活得长,我们满足于在想象中与我们剧场或小说英雄一起消失。

当弗洛伊德写下这些话时,他在脑海中印入了战争所揭穿的传统对待死亡的谎言;他敢于写道:"确实,生命已经重新发现了它的兴趣,它已重新发现了它充分的意指。"②可以肯定,弗洛伊德知道一个背后的话语、一个不刺耳的俏皮话是令人讨厌的。对他而言重要的是,经过了话语的残酷,那真理所获得的东西。当死亡被认为是生命的终结时,有限的生命重新发现了它的意义。

但对死亡的承认被害怕死亡所遮掩,这一点并不亚于被在无意识中对我们死亡的不相信所遮掩;害怕死亡来自别处:这是罪行感的副产品③。在《自我和原我》的结束,弗洛伊德将更坚定地说:"我认为,死亡焦虑是某种产生于自我和超我之间的东西……这些考虑让我们把死亡焦虑如同意识焦虑一样当成阉割焦虑的一种产物(Verarbeitung)。"④因此,害怕死亡是一个如同无意识的不可征服一样的障碍,这个无意识宣

---

① 德文全集版,第十卷,第342页;标准版,第十四卷,第290页;法文版,第238页。

② 德文全集版,第十卷,第343页;标准版,第十四卷,第291页;法文版,第239页。

③ 德文全集版,第十卷,第350页;标准版,第十四卷,第297页;法文版,第246页。

④ 《自我和原我》,德文全集版,第十三卷,第289页;标准版,第十九卷,第58—59页;法文版,第217页。

称道:我什么也没发生。如果我们最后补充说,我们把敌人、陌生人很容易地置于死地,那么,面对死亡的不真实态度的数量就很多;原我的不朽、联系于罪行的死亡焦虑、谋杀的冲动,这些都是处于死亡的注定意义和我们之间的屏障。从此后,我们理解接受死亡是一个任务:Si vis vitam, para mortem。如果你想忍受生命,就应该准备死亡①。

从此以后,恭顺是什么呢?

死亡在生命中的结合象征性地在《匣子选择的主题》②中被提出了,这是篇让欧内斯特·琼斯(Ernest Jones)很高兴的令人赞赏短文;第三只匣子,既不是金匣子,也不是银匣子,而是铅匣子,其中藏有美人的画像;选了它的追求者将会抱得美人归。但如果这些匣子是妇女,根据众所周知的梦的象征,我们不是要把这个喜剧主题和其他主题、这次是年迈的李尔王的悲剧主题相联系吗?后者,为了他的毁灭,没有选择第三个女儿考狄利娅(Cornélia),只有她真正爱他。渐渐地,传说和文学提出了一系列的"第三个妇女的选择":帕里斯对维纳斯的判断,灰姑娘(Cendrillon),普赛克(la Psyché d'Apulée)……但谁是这个第三个妇女,可以肯定,是最美丽的,但也是沉默的姐妹。可是,在梦中,沉默意味着死亡。三姐妹因此不是Moires 吗? Moires 是命运的形象,其中的第三个被称作Atropos(阿特洛波斯),即"无情"。如果这一比较是正确的,第三个妇女意味着:只有当不得不通过接受自己的死亡而服

① "现实考虑……",德文全集版,第十卷,第 355 页;标准版,第十四卷,第 300 页;法文版,第 250 页。
② "匣子选择的主题"(Das Motiv der Kästchenwahl),德文全集版,第十卷,第 24—37 页;标准版,第十二卷,第 291—301 页;法文版,载《应用心理分析文集》,第 87—103 页。

从自然法则时,人类才实现了自然法则的全部严肃性。

但人们将说,我们没有选择死亡,帕里斯没有选择死亡,而是选了最美的女人!替换,弗洛伊德回答道:我们的欲望或许借助于在无意识中的对立面的混合,用死亡的对立面——美丽替换了死亡;尤其是借助于被伟大女神神话保存的生命和死亡先前的同一。但如果最美丽的女人是死亡的替代品,选择死亡意味着什么呢?在欲望王国下,还是替代:我们用选择最好的替代接受最坏的。弗洛伊德的回答值得被引用:"在欲望的影响下,一种倒转又一次在这里产生了:选择被安置在必然性和命定性的位置上。人类就这样战胜了他通过他的理智已经承认的死亡。人们不能想象欲望实现的一个更大的胜利。人们选择,在事实上人们遵守强制的地方选择,并且人们所选择的不是恐惧,而是最美丽和最被欲望的女人。"①

因此,如果莎士比亚在《李尔王》中深深打动了我们,这是因为他知道回溯到最原始的神话:人们没有选择最美丽的女人,而是与第三个女人不期而遇,与死亡的厄运不期而遇。但这不是全部:死亡和女人间的关系仍被掩盖着;莎士比亚还要揭开它:李尔既是爱别人的人又是濒死者:李尔被献给了死亡,他又想让别人说在何种程度上他被别人爱。因此在死亡和女人之间是什么关系呢?我们说,第三个妇女,就是死亡;但如果第三个妇女是死亡,同样应该说,在相反意义上,死亡是第三个妇女,是妇女的第三种形象:在母亲、情人后(根据母亲形象所选择),现在是"再一次吸收他的地—母"②。

这是说人类只是通过回溯到母亲形象才能够"选择死

---

① 德文全集版,第十卷,第34页;标准版,第十二卷,第299页;法文版,第100页。

② 出处同上。

亡,与濒死的必然性熟悉"①吗？或我们应该理解妇女的形象
对于人类应变成死亡形象,这样她就停止成为幻觉和回溯吗？
弗洛伊德最后的话语没有提供一个清楚的结论:"但这个老
人空幻地追求一个妇人的爱,就像他一开始从他母亲那里得
到的一样;只有命运之神的第三个女儿,死亡的沉默女神,将
他揽入怀中。"②

无疑人们可以沿着《一个幻想的未来》的线索补充说,对
死亡真正的接受只有在它经历了有关世界科学观的检验后才
区别于回归到母亲怀抱的回溯幻觉。我认为,这是弗洛伊德
的真实想法,然而,甚至在弗洛伊德视野中,这个回答也没有
完全穷尽这个问题;对不可抗拒性的顺从没有还原为对必然
性的单纯认识,我要说,没有还原为我们以前所说的在知觉层
面上的现实性检验的纯理智扩展;恭顺是一种情感任务,一种
应用于利比多中心、自恋核心的纠正工作。这就是世界的科
学观应该被归并到欲望历史的原因。

对诗人的回忆,对《李尔王》中莎士比亚的回忆,促使我们
试试另一条弗洛伊德同样熟悉的线索,艺术线索。当我们在艺
术创作的角度下处理艺术作品时,我们没有穷尽弗洛伊德美学
的资源③;我们回想起,对审美现象的这个研究因为它的纯类
比特征仍然是审慎和不完整的:艺术作品只是作为梦和神经官
能症的相似物进入精神分析领域;然而,艺术作品的特性向我
们显示了双重观点:通过艺术家的技艺提供给我们的预备性快

---

① 出处同上。
② 德文全集版,第十卷,第36页;标准版,第十二卷,第301页;法文
版,第103页。
③ 参阅以上,"分析篇",第二部分,第一章,第165—177页(译者
注:此处页码为法文原书的页码)。

乐(或通过快乐的奖赏),紧张的深层源泉被释放了;另外,已消逝过去的幻觉依照象征模式在白天的光明中被重新创造。

如果我们现在从我们前面已定义的文化任务观点中重新采纳这些琐碎观点——这些文化任务的观点是减轻冲动负担,协调个人和不可抗拒性,通过替代满足以补偿无法挽回的损失——问题就合法地被提出:现在从使用者、爱好者的观点考虑,艺术是否没有从它位于被宗教表象的幻想和被科学表象的现实性之间的中间位置中得到它的意义。从宗教中获得和解和补偿的任务能被转移到这个中间功能吗?艺术不是一种 1911 年的关于《心理功能的两条原则》的文章中谈到这种现实性教育的一个方面吗?

为了理解在弗洛伊德那里的审美功能,我们应该在从快乐原则到现实性原则的旅途中发现艺术作品诱惑、魅力的确切位置。可以肯定,弗洛伊德对于宗教的严厉只有他对于艺术的同情可比得上的。幻想是一条回溯之路,是"被压抑的回归"。相反,艺术是非强迫、非神经官能症、替代性满足的形式;美学创造的"魅力"不是出自弑父的回忆。让我们回想一下先前对预备性快乐,诱惑奖赏的分析:艺术家的技艺创造了一种形式上的快乐,借助于它,在降低压抑门槛的同时,我们的幻觉能够得到毫不羞愧地展示。没有任何对父亲的虚构恢复在这里使我们回溯到婴儿般服从状态。我们宁可与抵抗和冲动一起游戏并因此得到一种冲突的普遍放松。弗洛伊德在这里很接近柏拉图和亚里士多德的宣泄传统。

审美诱惑和现实性原则之间的关系因此怎么样呢?弗洛伊德明确地在 1911 年的文章中对待这个问题:他在第六节[①]

----

① 德文全集版,第八卷,第 236 页;标准版,第十二卷,第 224 页。

中说,艺术在两个原则之间取得了一种专门的和解:艺术家,如同神经官能症患者,离开现实性,因为他不能满足放弃冲动的要求并且他把他爱欲与野心的欲望置于幻觉和游戏的层面上。但通过他特殊的天资,他发现了从幻想世界回到现实的一条道路:他创造了一个新现实,艺术作品,在其中,他有效地成为他想成为的英雄、国王、创造者,不需要走有效改变世界的弯路。其他人在这种新现实中认识自己,"因为对于被现实性要求的放弃,他们体验到了和他一样的不满足,并且因为这种源于现实性原则取代快乐原则的不满足自身是现实性的一部分"。

我们发现,如果艺术开始了快乐和现实性两个原则的和解,这种和解更多展开于快乐原则的土地上。的确,我认为,尽管弗洛伊德很同情艺术,在他那里不存在对我们或许所称的一种审美世界观的任何讨好。他越是区别审美诱惑和宗教幻想,他就越让人们理解审美——或更准确,审美世界观——仍处于可怕的必然性教育的中途,这样的教育是生活的艰难所要求的,是对死亡的认识所激动的,是不可救药的自恋所抵制的,是我们对婴儿安慰的渴望所误导的。

我将只给出这方面的一或两个迹象:在他于1905年对幽默的解释中——在《风趣话及其与无意识的关系》的结束处——弗洛伊德似乎很重视牺牲痛苦情感来创造快乐的这种才能:含着眼泪微笑的幽默,甚至绞刑架的残忍幽默(这种幽默使得星期一被带到绞架的罪犯说:啊,这星期这么糟糕地开始了!)似乎在他的眼中有了某种信誉;在经济学上解释,这是一种来自于节省了痛苦情感耗费的快乐利益;然而,从1905年的文本起,一个小小的评注提醒了我们:"我们只能说一件事,这就是在一个人通过把世界利益的巨大和他自己的渺小对比而战胜了他忧伤感情的情况下,这种胜利不是幽默的事实,而是哲学的沉思;因此我们体验不到任何把我们转移至这些思想核心的快乐……"①

可是,在1927年,弗洛伊德写下了关于"幽默"②的一个追加注解,这个注解严格得多,并被扩展到全部崇高情感。幽默只是在把自恋从灾祸中拯救出来时使我们超越不幸:"崇高很明显固定于自恋的胜利,固定于被胜利地证明了的自我的无懈可击。自我拒绝被损害,拒绝被外在现实强加痛苦并且拒绝承认外在世界的创伤可以触动它;进一步,它显示了这些创伤甚至能够成为给它带来快乐的机会……幽默并不顺从,它反抗,它不仅仅牵涉到自我的胜利,而且牵涉到快乐原则,尽管有不利的外部现实,快乐原则就这样发现了自我肯定的方法。"幽默从何处得到这个后退和背道而驰的能力?从俯就允许自我一点快乐利益的超我中得到。弗洛伊德总结说:"当超我引起幽默态度时,它从根本上排斥现实性并且为幻想服务……最后,超我通过幽默努力安慰自我并使它免于痛苦:在这里它不否认它的起源,它从它父母亲那里的来源。"

我知道得很清楚,人们不能在与幽默同样有限的一种情感上判断艺术整体和所有艺术。总之,我们确实已经因为幽默达到了这一点:即诱惑的快乐似乎与哲学顺从相邻;正是在这一点上弗洛伊德反对一种高傲的否定;如同他告诉我们的:接受生命和死亡吗?是的,但不是以如此低的代价! 在弗洛

---

① 《风趣话及其与无意识的关系》,德文全集版,第七卷,第266页;标准版,第十三卷,第233页;法文版,第272页。

② 德文全集版,第十四卷,第383—389页;标准版,第二十一卷,第161—166页;法文版,译自《风趣话及其与无意识的关系》的附录,第277—283页。

伊德那里,我们理解的是,真正积极的、个人的对必然性的顺从是生命的重要工作,以及这个工作不再属于审美本性。

然而,如果艺术不能代替睿智,它以它的方式导致了睿智:它提供给冲突的象征性解决,欲望和怨恨被移置到游戏、白日梦和诗歌的层面上,这些都与顺从相邻;在睿智之前,在等待睿智期间,内在于艺术作品的象征模式让我们忍受生活的艰难,并且动摇于幻想和现实之间,帮助我们热爱命运。

为了勾勒出在弗洛伊德著作中不能发现的一点,让我们迈出最后一步,在这一点中,他关于现实性原则的以往的和不变观点和他最新关于爱和死亡之间战争的观点叠加起来。我们应该让这两种思路没有交集吗? 一条是我称为幻灭的道路,另一条是生命之爱的道路。对现实性的接受与"巨人之间的战斗"没有关系,这是可能的吗? 如果文化的意义是为了生存的一种战斗,如果爱应是最强烈的,相较于爱若斯事业的对死亡的接受意味着什么呢? 对死亡的接受不是应该战胜一种最后的赝品,这个赝品恰恰是死亡冲动,是爱若斯所针对的想要濒临死亡吗?

除了很早在《达·芬奇的童年回忆》的暗示和《自我和原我》及《文明及其不满》中的某些笔触,我没有在弗洛伊德著作中看到在此意义上的清楚的表示。在达·芬奇那里,从利比多转换到理智上的好奇,转换到对世界的科学研究带给我们的教育,就是思考的力量应该表达出爱的力量,否则就要扼杀利比多并且自己走向衰落;达·芬奇恰恰没有像他向"统治自然界的令人敬畏的必然性:——o mirabile necessità"[1]所

---

① 《达·芬奇的童年回忆》,德文全集版,第八卷,第 141—142 页;标准版,第十一卷,第 75 页;法文版,第 45 页。

唱赞歌那样生活和创造。当浮士德（Faust）把理智上的好奇转变为生活的愉悦时，达·芬奇专心于研究而不是爱；弗洛伊德评论道："达·芬奇的精神发展更多根据斯宾诺莎的思维模式。"①——这让我们明白根据斯宾诺莎的理智之爱没有满足弗洛伊德。他继续说道："迷失在钦慕中，充斥着真正谦逊，他很容易忘记了他自己是这些活动能量的部分，忘记了在他个人力量的范围内，他应该试图改变世界必然进程的微小部分，在这个世界中，微小之事与重大之事一样值得钦佩和意味深长②。"

这意味着对必然性的认识，如果与爱若斯分离的，也消失在一条死胡同中吗？利比多升华为研究的本能，如同在达·芬奇那里，早就是对爱若斯的背叛吗？什么是必然性真正的孪生物，是逻各斯，如同在《一个幻想的未来》的结束处那样，或者是爱若斯，如同早在《达·芬奇的童年回忆》让我们理解的那样？我们不是需要重新倾听一下恰恰在《达·芬奇的童年回忆》中提及的两性人的神话吗（这个神话表示自然原始的创造力量）？③它们不是说着与《会饮篇》的神话同样的事情（在《超越快乐原则》中这一段被长篇引用），就是性征的原始混同的神话吗？简言之，爱若斯不也是要触及和改变现实性原则，如同它已推翻了快乐原则一样吗？让我们引用《达·芬奇的童年回忆》最后的话："我们还很少尊重自然，根据达·芬奇晦涩的话语（这个话语早就预示了哈姆雷特的话语），自然'充满了从未进入经验的无限理由（La natura è

---

① 出处同上。
② 出处同上。
③ 德文全集版，第八卷，第162—168页；标准版，第十一卷，第93—98页；法文版，第97—107页。

piena d'infinite ragioni che non furono mai in isperienza.）'我们
每一个人回应着无数尝试中的一个,通过这些尝试,自然的
'这些理由'涌向存在。"①这是《达·芬奇的童年回忆》最后
的话……

　　如果这些线索有一个意义,它们不是说:比现实性原则更
广大的的东西(现实性原则被理解成科学世界观),是对自然
的尊重并对这些"涌向存在"的"无限理由"的尊重吗? 但没
有什么表示弗洛伊德最后把现实性原则的主题(基本上这是
批判主题,反对过去的对象和幻想)与爱若斯的主题(基本上
这是热爱生活的抒情主题,反对死亡冲动)调和起来。在弗
洛伊德学说中,无疑不存在超越现实性原则,如同存在着一种
超越快乐原则一样;但在科学主义和浪漫主义间存在着竞争。
弗洛伊德的哲学性格或许包含了在没有幻想的清醒和热爱生
活之间这种微妙的平衡,或这种细微的冲突? 或许这种平衡
在对死亡的顺从上发现了它最脆弱的表达;因为死亡和它不
同的意义两次出现在这里:一方面,没有幻想的清醒使我们接
受我们的死亡,即把它重新放置在盲目的自然必然性中间;另
一方面,想团结一切事物的爱若斯要求我与侵略和自我毁灭
的人类本能作抗争,因此从来不爱死亡,而是热爱生命,尽管
我不免一死。弗洛伊德似乎一直就没有把他以前的世界观
(从一开始就表达在快乐原则和现实性原则的交替中)和被
爱若斯和死亡冲动之间斗争表达的新世界观统一起来。这就
是他不是斯宾若莎,甚至不是尼采的原因。

　　让我们对弗洛伊德说最后一句话:这也是在《文明及其

────────

　　① 德文全集版,第八卷,第210—211页;标准版,第十一卷,第137
页;法文版,第215—216页。

不满》中的最后话语：

"现在有必要期待'两个天堂的力量'的他者,永远的爱若斯,努力地在它反对同样不朽对手的斗争中肯定自己①。"

---

① 德文全集版,第十四卷,第 506 页;标准版,第二十一卷,第 145 页;法文版,第 80 页。在 1930 年,当希特勒的威胁迫近时,弗洛伊德在第二版中加上这句话结束了这本著作:"但谁能预言他将成功以及结果将是什么?"(出处同上)

第三卷

辩证法:对弗洛伊德的
一种哲学解释

　　我们对弗洛伊德的解读几乎已经结束①。我们与弗洛伊德的争论开始了。我们能够合法地期待什么呢? 我们期待的是对第一卷结尾所悬置问题的回答吗? 是的。但现在我们看到问题是多么广泛,而且期待一种简单且迅速的答案是多么的天真。我们立即要求哲学做两件事:对两种对立的解释学之间的战争进行仲裁并把解释的整个过程整合到哲学的反思中。因此是两件事:用一种在其中它们相互关联的辩证法,来取代那对立双方相互外在的对立面;同时,凭借这种辩证法,从抽象反思转向具体反思。但那马上给予我们构成原则的重要语言哲学和想象力哲学并不是唾手可得。人们很快就说,象征因为其复因决定的语义学结构,将多种解释的可能性置于自身中,一种解释是将象征还原到它的冲动基础;另一种解释发展象征意义的完整意向性。这个命题不是显示一种自明性,而是决定了一种任务。为了瞥见其真理,人们必须达到思想的层面,在此层面上这一综合能被理解。正因如此,我通过一系列有层次的观点,把这种辩证法设想成一种有耐心的前进。

　　第一,第一章将致力于一种对弗洛伊德精神分析的认识论问题的检查。哲学的解释必须始于一种经验逻辑层面上的公断,其关键就是精神分析陈述的意指本身,以及这些陈述的

────────────

　　①　我故意为"辩证法"部分保留了对关于精神分析"技术"的几个重要文本,以及信仰中的特定问题,如升华,的研究,这些问题将在"辩证法"部分的新背景中更明确地凸显出来。

有效性和这种有效性的限制。如果精神分析说明的限制在其理论的结构中被给予,而不在某种禁止其延伸到人类活动经验的这种或那种领域的法令中被给予,那么,对精神分析的哲学场所的研究就服从于对其理论结构的理解。我们一方面与科学心理学,而另一方面与现象学进行比较的目的在于,通过一种差异法,决定精神分析的*经验*在整个人类自己占据或造就的经验领域中的地位。

第二,转向确切的哲学层面,我们将问我们自己,一种反思哲学是否能说明实在的与自然主义的概念,在弗洛伊德的理论中,这些概念支配了这种*独特的*(sui generis)经验。在这种反思阶段的指导性概念将是*主体考古学*的概念。这不是被精神分析本身构思的概念;它是反思思想为精神分析话语取得哲学基础而形成的一个概念。与此同时,通过纳入它固有的考古学话语,反思思想本身经历了变化;它开始从抽象反思成为具体反思。

第三,只要一种考古学没有被包含在与一种*目的*论补充对立的关系中,这种考古学就仍然是抽象的,这种目的论就是一种角色或范畴的前进综合,在这种目的论中,根据黑格尔的现象学模型,每一种意义通过以后角色或范畴的意义得到澄清。于是,第三个层面出现了,真正*辩证的*层面;正是在这一层面上将两种对立解释学联系起来的可能性开始出现了;回溯与前进今后出现为解释的两种可能的方向,我们将它们理解为既是对立的也是互补的。思想的这种层面是如此重要,以致它将它的名称辩证法给予了第三卷。然而,我们不应夸大其重要性。在这种层面上被展现的观点确实是中心观点;但它仅是一个过渡;在回溯与前进、考古学与目的论之间的辩证法的功能,将引导从一种理解它的考古学的反思过渡到一种象征理解，这种象征理解在话语的真正起源中掌握其考古学与目的论之间不可分割的统一。辩证法不是一切，它仅是反思为了克服自身的抽象并使自身变得具体（即完善）而运用的一种程序。

第四，我已将"走向象征"作为副标题给予了最后一章。这个副标题阐释了"解释学"这个标题。我绝不意味着从现在起撰写普遍解释学，在这种普遍解释学中，我们将看到对立解释的调和；我希望通过尝试解决精神分析解释中的一些疑难，如：升华，来对那种普遍解释学作出贡献。我提出的对这一疑难的解答仅是探索性的；至少它将使我能尝试对那个构成本书的缘起的问题给出一种新的表述，这些问题就是在我自身中以及外在于我的同时代的文化中的一种冲突，即，在一种破除宗教神秘的解释学与一种在信仰的象征中试图重新领悟可能的感召或宣教的解释学之间的冲突。因此，仅在结尾处我隐约看见了解决问题的方法，然而这一问题在我研究的开端处就出现了。正是在结尾处，问题不仅显得是多么重要，而且我们对一种答案的需要也显得多么天真。如果到出发点的旅程是如此艰辛，那是因为具体事物是思想的最终成果。

第一章 认识论:在心理学与现象学之间

在这第一章我回到了"分析论"第一部分中讨论的方法问题。在那里我们对弗洛伊德的话语进行了一种内在的检查,但未试图把它置于有关人类经验的整个话语范围中。现在我们应该把弗洛伊德的话语与其他话语加以对照,并通过这一对照,对弗洛伊德话语的核心矛盾加以说明。

我们将采用外在于精神分析的两个参照点:一方面是科学心理学;另一方面是现象学。

这不是建立一种均衡的比较以及使精神分析摇摆于两极之间的问题。比较的两个阶段自身包括一种确定的前进。为了能有效地引入第二阶段,我们首先必须理解精神分析与科学心理学之间的差别,这一差别是最初两节的主题。这第一个对照尤其旨在消除一种误解;事实上,这里涉及的是抵制将精神分析融合到一种行为主义风格的普通心理学的企图;在我们看来,这种融合是一种必须被拒绝的混淆。第二个对照有着完全不同的目标且影响更广;凭借现象学的方法,它包含了一种对精神分析特有东西的逐渐接近。现象学同样不能成功地产生精神分析经验的等价物,但这种失败不具一种误解的意义;确切地说,在接近的末尾,它显现为一种差异。

1. 精神分析的认识论诉求

精神分析的科学特征受到了严厉的质疑,尤其是在英美文化的国度中。知识论者、逻辑学家、语义学家、语言哲学家们都已严密地检查了其概念、命题、论点,理论结构,并且普遍得出了精神分析没有满足一种科学理论的最基本要求这样的结论。

要么通过逃跑,要么通过扩大他们学科的科学标准,要么通过试图使它在科学人眼中变得可接受的"重新表述"的尝试,精神分析学者进行了反击。同时,他们避免了在我看来的逻辑学家的批判所谴责的"令人痛苦的修正",我把这样的修正表达在这样的供词中:"不,精神分析不是一门观察科学,因为它是一种解释,比起心理学来与历史更具可比性。"

我将一个接一个地考虑逻辑学家的批评,内在于精神分析的重新表述,最后是从外部主张的重新表述。

a)逻辑学家的批评

我故意从最具破坏性的批判开始,这种批判被恩斯特·纳格尔(Ernest Nagel)于1958年在华盛顿举办的关于*精神分析、科学方法与哲学*的主题的"讨论会"上提出来[①]。

─────────

①　恩斯特·纳格尔,"精神分析理论中的方法论问题",见由斯德尼·胡克(Sidney Hook)主编的专题《精神分析、科学方法与哲学》,纽约,纽约大学出版社,1959年,第38—56页。这种研究是回应由海恩兹·哈特曼(Heinz Hartmann)提出的方法论论文"作为一种科学理论的精神分析",出处同上,第3—37页。

如果精神分析是一种在气体分子理论或生物学基因理论意义上的"理论",即对某些可观测现象进行系统化、说明及预测的一系列命题,它就必须满足自然科学理论或社会科学理论的相同逻辑标准。

首先,它必须能够被经验证实。为此,人们应该能够从它的命题中推论出确切的结论,否则理论没有确定的内容;另外,它应该存在确定的程序(我们将它们称为"相符的规则","协作的定义"或"操作的定义"),让人们将这样或那样的理论观点与确定和清晰的事实联系起来。

然而,弗洛伊德理论的能量学概念是如此模糊与隐喻性,以致从它们中推论出任何确定的结论似乎都不可能;这或许是些暗示性的概念,但不能得到经验证实;另外,难以克服的模糊性影响了与行为事实的协调。人们因而甚至不能说,在什么条件下这种理论能被反驳①。

其次,如果这种理论被看做有效的,其经验证实必须满足一种证明的逻辑。人们说,解释是它的主要方法(与通过研究儿童发展和人类文化学而来的证实一起)。然而,在什么条件下解释是有效的呢?是因为它是连贯的,还是因为它被病人接受,或因为它改善了病人的状况呢?但这种解释首先必须具有客观性的特征;为此,一系列独立研究者应该能够接触到在被细致标准化的环境下集中的相同资料。接下来,必须有一些客观程序来判定对立的解释;而且,解释应该导向可证实的预言。但是,精神分析不能满足这些要求:它的资料依附于精神分析医生与接受精神分析的人的个体关系;因为缺

---

① 这一争论被迈克尔·斯奎文(Michael Scriven)所发展,"精神分析的实验调查",出处同上,第226—251页。

乏比较的程序和统计研究,人们不能消除这种怀疑:解释被解释者强加在资料之上。最后,精神分析医生有关治疗效果的主张不能满足证实的最基本原则;既然改善的百分比不能以严格的方式通过"前前后后"的研究被建立和甚至界定,那么精神分析的治疗效果不能与其他研究或治疗的效果进行比较,或者甚至不能与自发治愈的比率相比较。由于这些原因,治疗成功的标准是无用的。①

b)重新表述的内在尝试

只要人们试图把精神分析置于观察科学中,那么对精神分析的上述攻击对我而言似乎是无法回答的。为了满足这些标准,某些精神分析学者试图用"学院心理学"接受的术语"重新表述"理论。那种心理学的一些支持者已向他们伸出援手,这些支持者的良好意愿中掺杂着怀疑,但有时又有着将精神分析的某些事实和概念整合进科学心理学中的真诚愿望,而这是以我们称为"操作恢复"的某些东西为代价的。况且,这种企图是在理论的死亡是人文科学中的一种普遍现象时出现的。

确定在什么地方弗洛伊德的原初理论抵制这些尝试就更为紧迫。然而,阻止"重新表述"的东西,正是精神分析的混合特征,即它通过解释的这个唯一的方式达到了能量学。结果,精神分析的解释在人文科学中通常好像是"反常的"。

让我们看看在这条道路上能走多远。②

----

①　出处同上,第 228、234—235 页。

②　在精神分析运动中,这种方法论修正的由来回到了 H.哈特曼的重要著作《自我心理学与适应问题》,引自《精神分析》,24,1939,部分被 D.拉帕波特(Rapaport)在他的《构造与思维病理学》中翻译(纽约,哥伦比亚大学出版社,1951 年),现在这个工作在英语中是可以利用的:《自我心理学与适应问题》(纽约,国际大学出版社,1958 年)——我已参照下列著作:

首先,重新表述必须在最普遍假设的层面上被贯彻,这种假设使心理学成为一种事实科学。拉帕波特(Rapaport)提出了把精神分析的事实置于科学心理学"可观察物"之中的三个主题①。

第一,我们说,精神分析的对象是行为;在这个方面,精神分析除了次要观点与全部心理学的"经验观点"没有什么根本不同,因为它处理"潜在的"行为。

第二,精神分析分享了"格式塔观点",这种观点已经征服了整个现代心理学;依据这种观点,所有的行为是整体的和不可分割的。在这方面,"系统"和"机构"(自我、原我、超我)不是"实体",而是行为方面;当它能被关联到几种结构并服从于分析的多种层次时,我们将要说,一种行为是被"复因

哈特曼、克瑞斯(Kris)、洛文斯坦(Loewenstein):《对心灵结构的形成之评论》,《精神分析:儿童研究》,2(1946年),第11—38页。克瑞斯的《精神分析命题的本质及其有效性》,在 S.胡克及 N.R.孔文兹(Konvetz)主编的《自由与经验》中(伊萨卡,康奈尔大学出版社,1947年);L.库毕(Kubie)的《精神分析的有效性及进步的问题与技术》,参见 E.潘皮雅-敏德林(Pumpian-Mindlin)主编的《作为科学的精神分析》(斯坦福,斯坦福大学出版社,1952年);同样,弗兰克尔-布汉斯维克(Frenkel-Brunswik)的《精神分析概念的意义与精神分析理论的确证》,《科学月刊》,79(1954年),第293—300页;《精神分析与科学的统一性》,美国艺术与科学学会会议记录,80(1954年)。洛文斯坦:《对精神分析的理论与实践中解释的思考》,《精神分析:儿童研究》,12(1957年)。戴维德·拉帕波特与麦同·古尔(Merton Gill):《元心理学的观点与假设》,引自《精神分析杂志》,40(1959年)。而且特别是拉帕波特:《精神分析的结构:一种系统化的尝试》,在 S.柯西(Koch)主编的《心理学:一种科学的研究》,3,纽约,麦格劳·希尔公司,1958年,第55—183页。

①　哈特曼,载胡克编撰的《精神分析,科学方法及哲学》中,第3—16页。拉帕波特,载柯西主编的《心理学》中的"精神分析的结构",3,第82—104页。拉帕波特的工作意义非常重要;因为他不得不跟随柯西医生的问题框架,他不得不对精神分析提出一些问题,这些问题对他是陌生的,如"独立、干预及依赖的变量"与其法则的"量化"。

决定的"。

第三,所有的行为是完整的人格行为;尽管有原子论及机械论的非难,通过它建立在主体的系统与机构之间的所有相互联系,精神分析满足了"有机论的"观点。

如果人们承认,在"事实"本身层面上,精神分析被吸收进通常被科学心理学承认的这三个"观点"中,那么,重新表述被精神分析理论运用的"模式"以及把它们吸收进学院心理学所熟知的"观点"中就同样是可能的①。将弗洛伊德的元心理学分裂成一群"不同模式"是有趣的,哪怕通过一种"联合的模式"把它们再结合起来。

场所论观点就这样与反射弧模式进行比较;心理机制通过不同部分作出回应。

相应地,经济学的观点是熵模式的一个方面:从紧张到紧张的消除;所有有动机的行为可以被置于这种模式之下;它的第一个运用是欲望满足(Wunscherfüllung)和快乐原则,以及间接地,现实性原则本身,只要后者保持为快乐原则的单纯迂回之路。

阶段理论、固恋和回溯的角色属于发生学观点;另外,在哈柯尔(Haelckel)的生物起源法则帮助下,使系统发生与个体发生相一致是可能的,正如在《图腾与禁忌》中看到的。由于这种发生学模式,精神分析可以与学习理论比较,但因为精神分析更强调人类经验中早期经验的角色和分量,它与这些理论不完全吻合;但以其自身特有的方式,它以与一种求知理论平行的方式发展着,正如在对象选择的研究中以及自我和超我系统的演化史中一样。

———————

① 前引书,第67—82页。

最后,我们可以谈论在弗洛伊德中的杰克逊模式:这些系统组成了一体化的等级体系,在这一体系中,高级系统压制或控制低级系统。次级系统叠加到原初系统上,以及审查、防御、压抑这些关联概念明显属于这种类型。在这种意义上,这种模式是最重要的;场所论、经济学、发生学在弗洛伊德围绕着冲突观点的所有概念中与这种杰克逊模式联系起来。①

可是,这些模式可以与今天所有心理学家承认的"观点"很相似。

(1)我们将要说,所有的行为是发生学系列的一个部分。雷文(Lewin)的遗传型与表现型属于相同的发生学观点;弗洛伊德的特点就是让发生学观点服从经济学观点。

(2)所有行为包含无意识的"决定性因素"。所有的心理学涉及未被注意的条件;但弗洛伊德主题化了未被注意到的东西,通过一种研究方法推断它,发现那些因素的特别法则,这样就区分了那能够成为和那不能够成为值得注意的东西,同时将两组因素保持在心理学领域而非生物学领域中。

正是为了说明这些事实,弗洛伊德构思了场所论观点

---

① 拉帕波特设计出了一种"联合模式"(第71页以下),从熵的模式开始到经济学模式。杰克逊的模式允许在经济学模式的原初形式与次级形式之间引入一个等级原则。依次地,快乐原则,它是原初形式的特征,能在行为(冲动行为)、知觉(准幻觉)及情感(情感释放,如:焦虑)三个领域中提供一条导线。接下来,我们拥有了叠加在其控制与防御结构上的次级体系;于是反倾注就是杰克逊模式合并控制的别名;由原初开端的反倾注而来的提高确保了那些"结构"的"功能自律"——运用奥尔波特(Allport)的术语——这些结构有着慢速的变化并且弗洛伊德称之为系统或心理区分。同时,结构观点反作用于熵的观点,因为高级结构及其自律的维持需要的不是所有张力的一种系统的与普遍的降低,而是同适应控制结构维持的张力维持相和谐的释放。——于是这保留了1895年《大纲》、《梦的解析》第7章、《元心理学论文集》以及《压抑、征兆与焦虑》中的主要观点。

(无意识、前意识、意识),然后是结构观点(原我、自我、超我);但原初系统和次级系统的概念早就涉及这种转变,就像涉及冲突的技术一样。相应地,结构观点,通过使用反投入,预示着当前*自我心理学*的发展。①

(3)所有的行为最终由冲动所决定。这种动力学观点长期以来压倒了古老经验论心理学的成见与它的白板说(tabula rasa);心理学已选择康德(Kant)而反对休谟(Hume)。弗洛伊德自身的工作就是在这种冲动动力学中承认了性欲的优先地位,并因此重新发现了永远先于我们文化的野蛮根基。

(4)所有的行为拥有一种心理能量并被它调节。在此,最有趣的不是冲动的能量特性,而是调节的特性;弗洛伊德针对受约束能量所说的一切,针对被最小数量的能量所操控的心理现象所说的一切,针对通过提高门槛来减少释放趋势所说的一切,针对中立化与无性化所说的一切,针对减少攻击性和能量升华所说的一切,在雷文那里找到了证实或与之平行的东西,在控制论的力量工程学、信息工程学的概念中找到了更好的证实。弗洛伊德自己的评论,就是他表明了这种调节如何在被借来的冲动派生物的能量上进行操作。

(5)所有的行为是被现实决定的。这种适应的观点,因为其刺激—反应的基本图式,不但在心理学中被发现,而且在生物学中被发现,在那里现实扮演着环境的作用,甚至在认识

---

① "精神分析理论的发生学特征在其文学作品中是无所不在的。'补充系列'的概念可能是其最清楚的表达:每种行为是被渐成法则与经验塑形的历史系列的部分;这种系列的每一步对行为塑造作出贡献并同它有着动力学、经济学、结构及前后适应的关系。这些补充系列没有构成一种'无限的回退':它们回指到了一个历史的处境,在这一处境中冲动需要的特殊解决首先被达到,或者一种特殊的装置首先获得某种运用。"拉帕波特,结构……,第87页。

论中被发现,在那里现实被称为客观性。通过现实的连续理论,精神分析处于这种观点之下,这些连续理论是:首先,现实是神经病人拒绝的东西;其次,它是冲动的对象阶段,是第二过程的相关者;最后,特别是,现实是自我的前适应的领域①。

"适应"的观点产生了一个推论,这种推论应该构成了在美国精神分析中一种独特的观点:"所有的行为是社会性地被决定的";但无论如何经典的弗洛伊德主义已经包含这一主题,这一主题把它与社会心理学(情感依附的对象选择理论、俄狄浦斯情结理论、认同理论,等等)联系起来,更不要提及持异议者,文化学派的新弗洛伊德主义。

借助于所有这些比较,精神分析因其适用、结构化及演化的重要特点被重新合并到科学心理学中。精神分析的贡献在于它强调熵的模式并因此特别聚焦与第一过程相关的冲动效果上,而学院心理学突出了感觉经验与求知。然而,这些角色处于交换的过程中。一方面,当代动机心理学正拓宽学院心理学在精神分析方向上的范围;另一方面,根据发生学的适应和渐进的结构化对精神分析的重新表述将它置于普通心理学的领域中。精神分析在*自我心理学*方向上的发展,始于哈特

① 拉帕波特在精神分析理论中区分了现实的五种连续理论。在1900年之前,现实是防御的目标,防御被直接建立在对抗真实事件之上以便保护其再现。从1900年到1923年(除了1911年的论文外),现实观念集中在冲动对象上并被第二过程(延迟、迂回、判断)所界定。现实的第三种观念被联系到1911年"两个原则"中自我心理学的首次明确表达;现实就是一种结构的对立面,这种结构不再仅仅是防御和冲突;自我拥有自己的调和与仲裁的功能。在第四种观念中,哈特曼的观点,依据其原初自律的装置自我是预先地或者潜在地被适应于现实的;但这里仍然保留了心理学的与外在的现实之间的本质二重性。在第五种观念中,这种观念被埃里克松(Erikson)发展,人不但与一般可预料的环境可预先适应,而且与环境的整个进化系列可预先适应,它们不再是"客观的"而是社会的。前引书,第97—101页。

曼 1939 年的巨著(参见注释 516)，加速了这种演化，因为自我的功能本质上是适应的功能。

于是在精神分析与科学心理学之间的联系不断紧紧地交织。

c)"操作主义者"的重新表述

不幸地，将精神分析吸收进观察心理学的这种做法没有满足心理学家，并且未尊重精神分析的固有结构。

那些对认识论最熟悉心理学家说，那能让我们满意的，不是处于精神分析与心理学之间的某种模糊关系；如果精神分析要满足科学理论的最小要求，它就必须在布里奇曼①(Bridgman)称为"操作语言"的东西中被完整地重新表述。

实际上，只有行为主义满足一种严格的操作主义；在斯格纳②(Skinner)那里，我们发现了操作主义者与行为主义者的要求的严密联结。

在严格的操作主义眼里，精神分析理论以及所有围绕着心理机制观念的概念只是燃素这种类型的危险隐喻；从认识论的观点看，精神分析理论不能表明为超越泛灵论和其继承者(魔鬼、精灵、侏儒、人格)的决定性进步。斯格纳写道："弗

----

① 　P.W.布瑞德格曼：《操作的分析》，《科学哲学》，5(1938 年)，第 114—131 页；《操作分析的一些通常原则》，《心理学评论》，52，第 246—249 页(1945 年)。也可以参见 E.弗兰柯－布恩斯威(Frenkel-Brunswik)：《精神分析概念的意义及精神分析理论的确证》，《科学月刊》，79，第 293—300 页(1954 年)。

② 　B.F.斯格纳：《科学与人类行为》，纽约，麦克米兰，1953 年；《对精神分析概念与理论的批判》，《科学月刊》(1954 年)，在赫伯特·费格(Herbert Feigl)与迈克尔·斯奎文再版、编著的《科学的基础与心理学及精神分析概念》，科学哲学中的《明尼苏达研究》，1，明尼阿波利斯，明尼苏达大学出版社，1956 年，第 77—87 页。这一卷非常重要，在这里面，赫伯特·费格与鲁道夫·卡尔纳普(Rudolf Carnap)从逻辑实证主义的角度提出了科学理论语言的普遍理论。它也包含了阿尔伯特·埃利斯与安东尼·弗律的文章，那些文章以后将被引证，在注 525 以下。

洛伊德的说明图式跟随在有机体中寻找人类行为原因的传统模式";这种"心理生活的传统虚构"①——赖尔(Ryle)称为"机器中的幽灵"——引导弗洛伊德设定不能被观察的以及不能被操作的事物;然而,对操作主义而言,探求的唯一对象是与环境变动有关的有机体变化。斯格纳甚至进一步指责弗洛伊德只对可被看作心理过程表达的行为方面感兴趣,并因此指责弗洛伊德在很大程度上限制了观察的领域。他得出结论:弗洛伊德强加于精神分析上的心理机制的表象已推迟了把这一学科整合进严格意义的科学群体中。如果这些力量应该与自然力一致,斯格纳就有理由要求人们将所有所援引的力量加以数量化。但他完全错过了这一点:所有精神分析术语的一种操作定义仅是一种权宜之计,通过它,人们把一种完全不同的思想工作的结果,即精神分析解释的结果,改写成行为心理学的术语。我们将回到这一点,因为它将成为我们讨论的主旨。

因此,一种精神分析的重新表述仅仅在操作主义的被修改或修正的形式中可以被尝试②。操作主义要求"为了在操作术语上有意义,一个陈述应该在某点上被联系到可观察的事实"。因此,存在着一条唯一不可克服的要求:一个陈述或假定应该以某种方式能得到证实,即,它必须以有意义的方式与某种可观察事物联系起来或与之相关③。

---

① 《明尼苏达研究》,1(1956年),第79—80页。

② 阿尔伯特·埃利斯(Albert Ellis):《精神分析的某些基本原则的一种操作重构》,《明尼苏达研究》,1(1956年),第131—154页。

③ "现代经验主义,实际上,似乎仅拥有一种恒常的需要:也就是,在某种最终分析中,虽然最间接地并通过一种干预构建的漫长网状工作,一种陈述或假设必须以某种方式(或在原则上)是可证实的——也就是,意义重大的联系能力或与某种观察事物相联系。因而它统治整个形而上学的猜测,但对所有其他的假定保持敞开大门。"埃利斯,出处同上,第135页。

因此，被排除的东西，就是假设结构和高级抽象，但不是低级抽象：后者的证实甚至可以是不完全的或间接的。因此，我们可以引进那被称为干预变量或处理概念的东西。假设的结构——本质、燃素、以太、原我、利比多，可能是具有启发作用的和可被希望的，但它们对科学更多是危害而非益处①。

如果弗洛伊德理论的"重新表述"是可能的——并且在它就是这样限定的层面上——它就必须在源于两种可观察事物或"事实"的语言中全部被完成，这两类事实是：知觉及反应。为了建立这种指称语言，只需将对于说明人类行为是必须或有用的那些不同构造"固定"在知觉与反应的经验结构概念中就足够了：于是，当我们把无意识称为人们感知但又没有感知到他感知的东西时，我们区别了意识知觉与无意识知觉；我们将把组织或重新组织他的知觉和反应看成属于学习，并且将好、坏、快乐、不快乐、有用、有害这些谓词加入到知觉中，这是为了将它们引入到评价、激情、欲望这些因素的图式中，而这些因素将被看做是对这些附加的谓词的反应。

我将不对"操作的重新表述"②进行总结，它们被用来代替弗洛伊德的假设，这些假设取自有关弗洛伊德的最有学者味的报告（《心理分析提纲》）：原我、自我、超我、爱若斯（Eros）、死亡本能、性生活、肛门及口腔的性欲、阴茎阶段、压抑、利比多、性欲利比多、俄狄浦斯情结、自我保护等③，这些

---

①　出处同上，第136、150—152页。
②　出处同上，第140—150页。
③　值得注意的是，弗洛伊德主义的两组主要概念没有被转译并不应如此：（a）心灵的概念、精神生活的概念、精神质量的概念；（b）精神能量及能量投注的概念；这些是19世纪的过时的构建以及是关于"行为干预变量"的"剩余"（第151页）。然而，正如我了解它们，它们是支配话语两个领域的实体概念，解释的与说明的，精神分析将它们联合到混合的话语中。

假设因此被改写成一种完全源自两种最初观察物的语言。

在这种"重新表述"中完全被忽视的东西,是上述那些完全没有被"观察"的东西,作为对刺激的反应,它们甚至没有被间接地观察到;在能够被"重新表述"之前,它们在精神分析的处境中被解释——即在语言的处境中被解释。

因为与在此研究的"重新表述"事业的联系,我们应该提到麦迪逊(Madison)的有关压抑及防御概念的重要著作①。为了给弗洛伊德压抑概念的不同含义排序,我们在前面已经第一次参考了这本著作。但我们悬置了作者的准确意图,作者的意图是使这个概念经受卡尔纳普和纳格尔的认识论标准的检验。麦迪逊首先使所有理论术语成为单义的且连贯的:防御与压抑之间的关系;成功防御与不成功防御之间的区别;在这个中间,压抑防御与非压抑防御之间的区分;原初压抑与压抑本身之间的关联(我们已在对压抑概念的分析中跟随这条指导线索)。他的主要工作在于建立理论语言和观察语言之间的相互关系,前者凭借相符的规则及协调或操作的定义而被联系到观察语言中。在冲动和反投入之间的冲突(压抑与防御是这种冲突的表现),于是与"固体中原子振动"或"液体或气体中混乱的分子运动速度"(温度是这种速度的表现)的不可观察的物理概念相一致。在观察语言的层面,症状、"扭曲"和"疏远"的符号(梦、幻想、诙谐等)、情感或行为的不同压抑以及治疗处境中的抵制,将与主观的和客观的温度"指示器"相比较;最后,量化这些物理指示器的特别技术将在抵制行为的可数量化方面有其对应面(在自由联想中的沉

———————

① 麦迪逊:《弗洛伊德的压抑和防御概念,它的理论语言和观察语言》,明尼苏达大学出版社,1961 年。至于这本著作的一个简短总结,见上,第 149 页注 58。

默阶段，从一种梦的叙述文本转变为第二种文本）。如果人们准确地细分被采用为压抑"指示器"的抵制形式（压抑抵制、移情抵制，从疾病中获得次要利益的抵制，无意识的抵制，从罪感而来的抵制），麦迪逊就估计：压抑的不同显现很容易就将自己翻译成观察语言，就像温度显现那样容易。

麦迪逊的工作区别于其他重新表述的事业，因为他通过选择这些压抑"指示器"真正位于精神分析工作的层面：抵制、不同的防御过程（健忘症、转化、孤独等）、情感压抑与行为压抑、从无意识而来的派生物的扭曲与疏远的程度。对所有这些被正确细分的"指示器"，麦迪逊提出了适当的数量化程序。他得出结论："即使实际上目前还不行，因为缺少合适的技术，压抑在原则上是可测的"；[1]对于观察，唯一预防的就是不要离开治疗的环境，因为实验的环境从来不能人为地产生等同于古老动机的压抑或通过联想而与这些动机有紧密联系的动机的压抑的东西。但麦迪逊承认压抑理论的特定部分既不能被观察也不能被测量：他引证了幼儿期的压抑、阉割的创伤以及梦中的冲动表达；这些过程是假定的而不是观察的；例如，一个例子就是弗洛伊德把汉斯（Hans）害怕被马匹咬的畏惧与阉割的畏惧相提并论："就精神分析学者仅仅在这种象征的基础上推断俄狄浦斯情结而言，它不能用观察术语加以陈述，因此，在原则上不是可测的。"[2]弗洛伊德进一步说，"如果阉割的创伤经常在象征的或其他间接的基础上被推断，而这种间接的基础依次依赖于涉及弗洛伊德的各种翻译规则的以后的理论假设。它就是不可观察的[3]。"通过翻译规

---

①　出处同上，第 190 页。
②　出处同上。
③　出处同上，第 192 页。

则,作者理解了象征,并且普遍地,也理解了所有梦的工作机制。麦迪逊认识到的这种限度实际上把我们带回到解释问题。可是,解释不仅仅干涉人们在其中既不能观察又不能测量的事实;它覆盖了被考虑的整个领域,仅其中的一部分能被转换成观察语言。况且,俄狄浦斯情结是弗洛伊德理论的中心以致人们难以把它看做是压抑理论的一个不可观察与不能测量的部分,而不对麦迪逊最终所说的"弗洛伊德的性教条主义"①提出疑问。况且,麦迪逊相信他能拯救弗洛伊德体系中最重要部分的唯一途径就是,在弗洛伊德的翻译规则的框架中从仅仅*被援引*的性欲中,区分出真实性欲,这种真实性欲服从观察,而这种被援引的性欲不服从一种观察的语言。但这种在*被观察*的性欲与*被解释*的性欲之间的区别就是弗洛伊德理论的毁灭这一点不是明显的吗?尽管麦迪逊的事业是有趣的,并且尽管他对弗洛伊德的解读以及他的部分转化为观察语言是极其严肃的,他的著作突出了实证主义灵感的心理学不能提供等同于能指与所意指之间关系的东西,这些关系把精神分析置于解释学科学之中。

2. 精神分析不是一门观察科学

让我们按照相反的次序重新考虑精神分析的这种认识论诉求的阶段。

A)操作主义者的批判和他们重新表述要求提供了一个开始的好基础。

B)通过发现精神分析不能使它们的需要得到满足

① 出处同上,第191页。

的原因,我们将能够理解对精神分析特殊天才的什么样的微妙背叛被掩盖在这样的企图中,这种企图就是将精神分析与出自精神分析运动内部自身的行为主义妥协折中。

C)最后,我们将回到最根本的批判,对科学逻辑的批判。我们将承认它坚持的东西:精神分析不是一门观察科学。它将把这种承认转变为一种攻击。

a)面对"操作主义"

我不争辩用操作主义术语"重新表述"精神分析的合法性;精神分析应该与心理学和其他的人文科学相对照,并且人们通过其他科学的结果使精神分析的结果有效或无效,这一点是不可避免的和令人期待的。我们应该认识到这种重新表述仅是一个重新表述,即是相对于弗洛伊德概念建立于其上的经验的次级操作。重新表述仅能针对那些死亡的、从精神分析经验中被分离的结果,针对从相互关系中被孤立的、在解释中从它们起源中被切断的以及从学术报告中被摘录的定义,这些定义在那里(已经沦为单纯随意组合的短语)陷入纯魔术用语的行列。

如果人们不能成功地认识到与行为心理学概念相比较的这些概念的根源,那么就无法在过程中把精神分析保存为整体行为心理学的一个独特分支。不可避免地,人们将逐渐赞同操作主义者的最激进做法,把精神分析看做是观察理论的一种迟缓形式,并把它的假设看做是燃素类型的隐喻。这种差异要么一开始就出现要么永远不出现:心理学是一门针对行为事实的观察科学;精神分析是针对冲动的被取代对象和冲动的原初(且失落的)对象之间的意义关系的注释科学。两种学科从一开始,在事实的初始概念的层面和从事实进行推论的层面上就有分歧。

值得注意的是,那些盎格鲁-萨克逊哲学家们,他们关心语言分析①,是最接近承认精神分析的语言特性和它有效性的真实层面的人。

他们中的一个从精神分析语言的特定的反常开始。他评价道,精神分析医生的句子与以下这些来"说明"人类行为的句子不属同一类型,这些类型的句子是:根据"被援引的理由"进行说明的句子(我做这件事,是因为……)(命题 E_1),根据"被报道的理由"进行说明的句子(他说,他做这件事是因为……)(命题 E_2),根据"原因说明"进行说明的句子(因为人们给他注射一种可卡因)(命题 E_3)。E_1 不可能是错误的,它也不能通过事实被证实;E_2 可能是错误的,但仅通过 E_1 命题而被证实;E_3 可能是错误的并且通过对事实的观察而被证实。精神分析的说明是另一种形式的陈述:E_4,与 E_1、E_2、E_3 这些类型的陈述保持着相等的距离;这就是说,精神分析的命题既不同于原因说明,也不同于被援引的动机或被报道的动机。② 在精神分析治疗的结束时,陈述 E_4 对病人而言已

---

① 这种关于精神分析的"逻辑地位"的讨论在《分析》期刊那里开始并主要集中于动机及原因这些概念;斯德芬·图尔明:《精神分析的逻辑地位》,《分析》9,第 2 卷,第 148 页[在《哲学与分析》中再版,玛伽特·麦克唐纳(Margaret Macdonald)主编,布莱克威尔 1954,第 132—139 页]。安东尼·弗律(Antony Flew):《精神分析式说明》,《分析》,10,第 1 卷,1949年;在《哲学与分析》的第 139—148 页再版。理查德·彼得斯(Richard Peters),《治疗、原因及动机》,《分析》,10,第 5 卷(1950 年);见《哲学与分析》的第 148—154 页。对这一切必须补充弗律的《动机及无意识》,《明尼苏达研究》,1(1956 年),第 155—172 页。

② 图尔明很细微且准确地表明人们可以通过三类混合命题(E_{14}、E_{24}、E_{34} 聚焦于这第四种类型的命题,E_4,E_{14} 最接近"被陈述的原因"类型;例如,"我发现自己希望我与她单处";E_{24} 最接近"被报道的原因"类型;例如,"尽管他讨厌见到她但他目前还是行动了";E_{34} 最接近"原因说明"类

成为可信的被援引的动机;对于因为汇报而接受了这个报告的第三者,它变成了一种可信的被报道的动机;对精神分析医生而言,只要它没有被再次整合到病人的心理学领域,它就仅仅是可信的原因史。这种对精神分析命题的认识论地位的定位假定了对动机的求助无法还原为对原因的求助,假定了动机与原因是完全不同的。

我赞同这种分析:精神分析的句子既不位于自然科学的因果话语中,也不位于现象学的动机话语中。既然它针对心理现实,那么精神分析谈论动机而非原因;但因为场所论领域与产生意识相脱节,其说明与原因说明相似(但又不是完全相同),精神分析就有可能将它所有概念实体化并使解释本身神秘化。倘若这种动机"被移置"到与物理现实的领域相类似的领域,如果人们愿意,我们有可能谈论被援引的动机或被报告的动机。那就是弗洛伊德场所论所做的事。但是如果人们没有把精神分析陈述的这种混合结构当做认识论的基础,他就注定接受下面的三种结局之一,这三种结局被哲学与精神分析争论的参加者所讨论。

第一种与安东尼·弗律所主张的相同,人们将揭示出弗洛伊德的"实践"与弗洛伊德的"理论"之间的矛盾:前者诉诸于动机(例如,那些强迫性仪式的动机),意向(如,失败行为的意向),意义(症状、梦等的意义等),而弗洛伊德的理论把这些相同的现象作为"心理前提"来对待,而这些"心理前提"

———————
型;例如,他那样行动因为他父亲过去常把他作为小孩狠狠打他)。这些命题中没有一个是精神分析的命题,但这三种命题都聚焦于这一核心:"弗洛伊德的发现的核心是一种技术的引入,在这种技术中精神治疗通过研究动机,而非神经质行为的动因而开始。"(图尔明,见《哲学与分析》,前引书,第138页)

应该在一些不为人知的领域被发现，就像哥伦布发现美洲一样；因此，这种真实事实的"真实原因"仅能导致一种"可疑实体的无故增加"，这些可疑实体与服从观察与证实的唯一事实、生理学事实相抗衡。

第二种结局通过把它完全指派给动机王国而不是原因王国来试图简化精神分析的话语①；那么，弗洛伊德的贡献就是将动机、欲望以及意向的观点延伸到两个新领域：为主体不了解的领域和非—自愿的领域；但这种延伸将不会改变这种动机流的心理或精神的根本特征，即意向的根本特征。如果事实就是如此，"无意识"这个词仍应该是形容词，名词无意识仅仅是无意识动机的简略表达。通过一种逻辑学家不能认可的滥用，形容词变成了一个精神领域的名称，一个产生真实效果的真实事物；相反，人们必须保留"意向"这个词语最强烈的意义，意向被定义为旨在一个目标，至少在原则上，意向具有被提升到语言层面的可能性；因为这种意向因素，弗洛伊德的概念在逻辑上不可被还原为物理主义的术语。弗洛伊德的天才就在于：那些以前留给生理学的奇怪现象凭借意向观点是可以阐释的。动机与语言之间的关系意味着：原则上对这些现象给出言辞说明是可能的；这就是那从无理性的人中区别理性力量——尽管是非理性的——的东西。况且，精神分析治疗的目的就是扩展主体的理性领域，用被控制的行为来代替易冲动的行为。

---

① 弗律，前引书，《哲学与分析》，在结束其论文时，他写道："我的两个主题是：其一，精神分析的说明或者至少在第一个实例中经典的弗洛伊德主义说明是'动机的'而非'原因的'说明；其二，说明的两种类型是如此根本不同以致它们不是根本对立的。"（出处同上，第 148 页）实际上，弗律在他 1954 年的前言中弱化了这种根本的差异（出处同上，第 139 页）。

如果就是这样,精神分析就与历史学科有着更密切的关系,而不是与行为心理学有着更密切的关系,因为历史学科寻求理解人类行为的理由[1]。

没有什么比安东尼·弗律的这篇论文更接近我的立场。

然而,让我对他进行指责的,是他忽视精神分析话语的特殊性质[2]:如果没有从原因语言到动机语言的可能翻译以及反之亦然(vic versa),人们如何说明它们的混淆所构成的误解呢? 当然似乎在精神分析中,探察程序(不说探察方法)、旨在产生行为变化的技术,以及理论命题这三者的混淆,应该排除这种根本的澄清[3]。

第三种结局是把精神分析的话语还原为经验命题的尝试。这就是彼得斯(Peters)在哲学与精神分析讨论中的立场。人们首先将动机与原因之间的区别作为非本质的区别放在一边,并且将它们的区别作为仅是程度或普遍性层面的区别来对待[4]。如果人们把动机定义为如果……,那么……类型关系(在这样的处境中,这样的人群以这样的方式来反

---

① 在第二篇文章,明尼苏达研究的文章中(v.以上,注11),弗律强调了如动机、目的、欲望、希望、需要、意图这些术语的不可还原的特征;他把意义的概念独立出来,他评论说:"这种观点的重要性从前既没在此又没在分析的对立面中被注意。它将给予特别的检查:因为被涉及的东西似乎通过案例的光谱来归类,在一端,仅仅通过动机解释的普遍可能性的相关性;在另一端,行为、梦是一种成熟语言中的要素得到了主张。"《明尼苏达研究》,第一卷,第159页。

② 弗律在给他的论文《动机与无意识》作序言中用克瑞斯的一句话写道:"例如,缺乏受训的澄清者,他们可能完全把各种命题相互协调起来,或者试图在精神分析中排除语言的不适当。"(《明尼苏达研究》,第一卷,第155页)

③ 彼得斯:《治疗、原因及动机》,见《哲学与分析》,第148—150页。

④ 彼得斯,前引书,第151—154页。参阅 G.赖尔:《心的概念》,第四章。

应),并且如果人们把原因定义为这……,因为……类型关系(玻璃杯破了是因为它掉下来了),在动机与原因之间的差别就仅仅是程度的差别;它还原到普遍法则与最初条件之间、理论说明与历史说明之间(波普尔)、系统说明与历史—地理说明(雷文)之间的差别。精神分析,因为这种我们将论及的复杂结构,包含了两种命题:普遍命题,例如当它把特征(节俭)给予早期利比多倾向(肛门期)时;并且也包含了历史命题,当它以"探察的方式"进行时。

但我在这一认识论争论中的立场是双重的。一方面,我们赞同图尔明与弗律的观点,将动机还原成这种说明类型与在"作为……理由"意义上被理解的动机无关,而这种说明肇始于亚里士多德的形式因,并在现代认识论的函数依赖的观念中得到了说明①。动机(在"作为……理由"的意义上)与原因(在可观察事实之间关系的意义上)之间的差别绝不涉及命题的普遍性程度。当布伦塔诺(Brentano)、狄尔泰(Dilthy)及胡塞尔(Husserl)将心理理解或历史理解与自然说明对立起来时,这就是他们所思考的差别;这次,动机与历史站在一边,*被理解成不同于自然"领域"的存在领域*,而历史自身能够根据时间系列的普遍性或单一性得到思考。另一方面,动机与原因之间纯粹和简单的区别没有解决弗洛伊德话语提出的认识论问题:这种话语被一种特别的存在所支配,我称之为欲望的语义学;正是这混合话语处于动机—原因的选择之外。至少从讨论来看,精神分析话语部分地处于动机概念的领域;这足以从一开始在精神分析与观察科学之间进行划分;但如果人们没有把这种差别带入到精神分析"领域"的

① 图尔明,后记(1954年),见《哲学与分析》,第155—156页。

层面,即,带入精神分析经验的层面(差异就是通过这种层面并在这种层面中形成的),那么这种最初区分的意义就被错过了。

b)面对内在重新表述

现在,为什么被某些精神分析学者主张的重新表述(这些重新表述是为了满足科学理论的要求)没有满足我们,就像他们没有满足操作主义者一样呢? 我认为理由就是因为他们背叛了精神分析经验的本质。

的确,心理学家所说的环境变量如何在精神分析理论中起作用呢? 对精神分析学者而言,这些变量不是外部观察者知道的事实。对精神分析学者,重要的是作为被主体"相信"的环境维度;与他相关的不是事实,而是在主体历史中事实所具有的意义。因此,不应该说"对性行为的早期惩罚是一种观察事实,这一事实在有机体中产生了一些变化"。[①] 精神分析学者研究的对象是相同事件对主体的意义,心理学家作为观察者考虑这些事件,并把这些事件建立为环境变量。

从此,对精神分析学者而言,行为不再是从外部可观察的一种受影响的变量,而是主体历史意义变化的表达,就像它们在精神分析处境中被揭示的那样。当然,人们仍能谈论"行为可能性中的变化":在这个方面,被弗洛伊德治疗的病人也能根据行为心理学得到治疗;但那不是行为事实如何与精神分析相关的问题。它们不是作为可观察物起作用,而是作为

---

① 斯格纳:《精神分析概念与理论的批判》,见《明尼苏达研究》,1,第81页。

欲望历史的能指(signifiants)起作用。① 这种意指正是斯格纳抛入外部黑暗中的东西,抛入有关精神生活理论和前科学隐喻的通常大杂烩的东西。② 然而,历史的这种意义并不涉及沿着行为主义的唯一道路而很少发展的阶段:严格地说,在精神分析中不存在"事实",因为精神分析学者不观察,他只进行解释。

在我看来,这是精神分析学者对行为主义者的唯一回答。假如他接受已建立在行为主义公理基础上的方法论,假如他

---

① 哈特曼清楚地意识到这种差异:"在精神分析处境中借助精神分析方法收集的数据首先是行为的数据;而且其目标明显是探索人类行为。这些数据大部分是病人的言语行为,但包括其他类型的行为。它们包括他的沉默、肢体,以及一般的活动,特别是他的表达活动。当精神分析的目标在于一种人类行为的说明时,然而,那些数据依据心灵过程、动机、'意义'在精神分析中被解释;那么,在这种方法与通常被称为'行为主义者的'方法之间有着一种清晰的差异,并且如果我们考虑行为主义的开端,而非其当前模式,这种差异甚至更加显著。"见胡克主编的《精神分析、科学方法与哲学》,第 21 页。但他没有继续得出必要的结论,因此他抢先把精神分析合并到普通心理学里,并从其他的科学心理学形式中得到确证。然而,问题是精神分析是否是一门"心理观察"的科学。观察"在临床框架中"(出处同上,第 25 页)得出的事实,"心理对象""在真实生活处境中"被研究的事实(出处同上,第 26 页),没有本质差异;甚至精神分析发现"人类动机、人类行为与冲突"也没有差别(出处同上);更重要的是在弗洛伊德的"病例史"中这观察与理论说明齐头并进而且互相不能被分开这一事实(出处同上,第 259 页)。当他注意到临床工作被"符号"所引导时,哈特曼非常接近给出这一点的根本理由(出处同上)。"精神分析工作很重要的一个部分能被描述为对符号的运用……在这种意义上,我们把精神分析方法说成是解释的方法。"(出处同上,第 28 页)那么,人们可以询问对符号、信号、表达性符号、象征等概念的研究是否将突破来自自然科学实验的认识论框架。

② 这种意指功能逃避了被斯格纳阐明的要求,斯格纳要求将行为作为一种数据,将"反应可能性"作为行为的主要可量化性质,以及根据"可能性改变"来陈述学习和其他过程(《明尼苏达研究》,第一卷,第 84 页)。这种功能也是阻止人们"在精神科学框架中"表现自我观察行为的东西(出处同上,第 85 页)。

开始根据"反应的可能性"表述他的研究,他就要么被谴责为
非科学而遭到拒绝①,要么被谴责为通过斯格纳称为"对术语
下操作定义的简单权宜之计"来乞求部分恢复。这条防御路
线经过了前哨阵地,而争论集中在这一先决问题上:在精神分
析中什么是最紧要的呢? 如果人们回答:是人类现实,因为人
类现实可用操作术语表述为"可观察行为",谴责就不可避免
地接踵而来②。如果人们不承认意义与双重意义问题的特
性,而且如果人们不把双重意义问题与解释的方法问题相联
系(通过这种方法这一问题被揭示),精神分析谈论的"心理
现实"将永远是一种多余的"原因",与行为主义者很满意地

----

① 量化问题给了斯格纳从科学中排除精神分析的决定性论据(出
处同上,第86页),这个问题使拉帕波特相当困惑,由于上面提到的原因
(注5),他不得不在他的认识论研究中把一部分以及一章给予它(第38—
43、117—132页)。拉帕波特正确地看到障碍不是偶然的,而应归于"缺乏
适用于心理变量的量化方法"(第40页);但他把这种错误归因于与其他
科学比较而相对未发展起来的精神分析状态(第43页)。真的,他继续评
论说(第117页以下),数学化不必然是十进制,而且"雷文试图把拓扑学
和皮亚杰(Piaget)试图把群理论作为非十进制的数学化引入心理学"。但
他放弃了回到投入的准量化特征这条思考路线;他说,投入的理论包括关
于移动、被束缚的或中性的能量的不平等形式(第123页)出现的准数量
命题。至于"维度量化"(第125—132页),只有当我们澄清了过程如何转
变成结构以及已经一般地理解了结构形成的过程时,这一点才会可能:
"这种澄清尤其在精神分析中是维度量化的先决条件,并且或许一般在心
理学中作为维度量化的先决条件。"(第132页)但在这一方向的进步预
先假定了问题是什么,即人们能够且必须把弗洛伊德的命题服从一种本
质上是实验的确证。

② 那就是为何迈克尔·斯奎文的应答是无力的原因所在(见《明尼
苏达研究》,第一卷,第105、111、115页):这些问题无关紧要:行为主义也
不与它自己的标准一致,精神分析也有着一种经验内容,关于"心灵陈述"
的命题有着实践效用。最后,斯奎文把精神分析的命运与那些存在于心
理学的科学语言中的普通语言术语联系起来了。此外,在另一篇论文中
(《精神分析的理论与证据》,见胡克主编的《精神分析、科学方法与哲
学》,第252—268页),斯奎文对精神分析的科学抱负更严厉和怀疑。

描述为行为的东西相比较的一种多余;最终,根据斯奎文(Scriven)的刺耳的短语,它将只是一种"仪式形式或精神炼金术"①。通过使用一些模式,这些模式在将精神分析与实验科学联系起来的尝试中得到运用,这种特性就是我们现在应该将其公开化的东西。

这种尝试误解了基本观点:即精神分析经验在言语领域中展开,在这种领域中,得到显示的是另一种语言,它与习惯语言分离,并且这另一种语言通过它的意义效果得到辨读,这些意义效果是症状、梦、各种构造等②。没有认识到这种特殊性质将导致人们在精神分析理论中将解释学与能量学的重叠作为一种反常现象加以消除。

人们的确可能在精神分析中发现了拉帕波特称为经验

① 哈特曼:《心理分析、科学方法与哲学》,胡克编辑,第 18—19、24—25 页;从经验主义的观点看,"理论"是依据其启发式的或综合的特征,或依据其把这种心理学分支与医药、儿童心理学、人类学以及其他人文科学相互联系的能力来被证明的。

② J.拉康(Lacan):《精神分析中言语和语言的功能与领域》,罗马大会的报告,1953 年。见《精神分析》,第一卷,第 81—166 页。我对精神分析的行为主义"重新表述"的批判非常接近拉康论文所能得出的批判。然而,当我继续批判那排除能量学以支持语言学的观念时,我们之间出现了分歧。关于弗洛伊德理论的认识论的法语著作的数量仍然非常少。引自 D.拉伽西(Lagache):《心理学的统一》(巴黎,法兰西大学出版社,1949);《精神分析的定义与观点》,《法国精神分析评论》,14,第 384—423 页;《自我意识的迷惑》,《精神分析》,3(1957 年),第 33—47 页。拉康:《关于心理原因性的意图》,《精神病的进化》,1947 年,1 册;《弗洛伊德之后在无意识与理性中信函诉求》,《精神分析》,3(1957 年),第 47—81 页。M.格黑索(Gressot),《精神分析与认识论》,《精神分析》,2(1956 年),第 9—150 页。S.纳赫(Nacht):《精神呢分析理论的实践》,巴黎,法兰西大学出版社,1950 年。A.格林(Green):《弗洛伊德的无意识与法国当代的净胡说呢分析》,《当代》,18(1968 年),第 365—279 页。W.胡博(Huber)、H.皮隆(Piron)、A.沃格特(Vergote):《精神分析、人类科学》,布鲁塞尔、迪萨特,1964 年,第一与第四部分。

的、格式塔的以及有机观点的东西,但以一种改变精神分析概念的真正意义的翻译为代价。我将"复因决定"概念作为试金石;将它翻译成行为主义与因果论的语言,它意味着每种行为同时被描述为原我行为、自我行为等。这就是一个行为如何"被多重地决定"①。双重意义问题已经被偷偷地取消并被翻译成多重原因决定的问题。

　　于是精神分析"模式"与心理学"观点"之间的关联导致对意义问题的一种预先删除,而这种关联源于采纳了科学心理学的三种"先决观点"。

　　除了寻找那偏离表面意义的意义"场所"外,场所论观点的意义是什么呢? 意愿填满(Wunscherfüllung)提出的问题在这一方面是可以作为例证的,因为第一过程的整个理论就建立在它的基础上。这种"实现"中的一个基本因素就是:幻觉与欲望失去的对象有一种替代关系;但如果它首先与把自己表现为失去的东西没有一种意义关系,它就不会成为派生物,这个派生物也不会是疏远的或扭曲的。从此,梦、症状、妄想及幻想与语义学和修辞学有关,即,与意义和双重意义的功能有关,这种功能既不被模式也不被上面列举的观点所阐发。

────────

　　①　"每种行为有着意识、无意识、自我、原我、超我、现实等成分。换句话说,所有的行为是被多重决定的(复因决定)。既然行为通常是多面的(而且甚至它的特定方面的明显缺失需要解释),多重决定的观念(或复因决定)可能被看做这种观念化方法的纯形式上的结果……在我看来,复因决定正好暗示了缺乏一种原因的独立与自足,并且与被事件的这种状态所必要的多重分析层面不可分离地相联系。"(拉帕波特,前引书,第83—84页)用这些复杂因果性的术语加以解释,复因决定失去了它的特性;写下"经典心理学没有发展出一个概念,可能因为它们的研究方法倾向于排除多重决定,而非揭示多重决定",这一点足够吗? (第84页)哈特曼的论文(见胡克主编:《精神分析》,第22、43页)在同一方向上发展。

谈论将经济学观点延伸到认知现象（拉帕波特）①，就是通过省略的方式在精神分析的解释中对待意义关系问题；这个意义问题出现在每一步骤上应主要归于对象的缺场，无论我们处理的是不在场的冲动对象（幻觉观念被用来替代这种对象），还是在第一过程中的情感释放。至于第二过程，杰克逊模式巧妙地说明了构造、自动控制、通过反投入进行控制这些事实；但它没有说明这样的事实：在语言诞生的一开始就出现了对缺场对象的掌握和它的在场与缺场之间的差别，因为语言把在场与缺场区分开来并相互关联起来。因此，精神分析没有像科学心理学［自汉特（Hunter）与科勒（Köhler）以来］运用迂回与延迟的方式那样运用缺场②；对于精神分析，缺场不是行为的次要方面，而是精神分析居于其中的真正场所。

　　为什么？因为精神分析自身是与病人的一种言语工作，科学心理学无疑不是；正是在一种言语领域中病人的"故事"被告诉；从此，精神分析的真正对象是意义效果——症状、妄想、梦、幻想——经验心理学只能把它们看成行为的部分。对于精神分析学者，行为是意义的一个部分。正因如此，失去的对象与替代的对象是精神分析的日常养分。行为主义心理学只能把对象的缺场主题化为"独立变量"的一个方面：刺激客观地缺少某种东西。对于精神分析学者，这不是被观察变量链条中的一个部分，而是出现在言语的封闭领域的象征世界的一个片断，而作为"谈话治疗"的分析自身就是言语。正因

――――――――――――

　　①　在他联合模式的构造中，拉帕波特不断触及到了缺场的功能。甚至在原初模式层面上，冲动对象的缺场对幻想观念的产生或情感释放是本质的（拉帕波特，前引书，第71—73页）。

　　②　"在此，对象的心理学缺场如同在原初模式中它的真实对象的缺场一样，起着相同的作用。"（出处同上，第74页）

如此，对元心理学的重新表述不承认缺场的对象、失去的对象、代替的对象，这些重新表述不是从发生在精神分析对话中的东西开始的。

后续的其他模式和它们与学院心理学所熟悉的"观点"之间的相符就是一个类似误解的场所，这种误解既严重又微妙。

在弗洛伊德那里，"发生学的观点"，甚至在它的最科学或唯科学的表述中，从未失去它接收自幻觉解释的这种特性。的确，人们可以正确地说"所有行为是历史系列的一个部分"；人们能够以这种方式正确谈话，是为了使精神分析语言与发生学语言同等性质。然而，不应该忘记的是，在精神分析中，真实的历史仅是象征历史的线索，通过这条线索，病人达到了自我理解；对于精神分析学者，重要的是这种象征历史。

至于"行为的关键性决定因素"（弗洛伊德把它们局限在无意识中），精神分析遇到的只是冲动"代表"，这些"代表"是严格意义的表象或情感，因此遇到的只是在它们或多或少被扭曲的派生物中被辨读的能指①。如果我们从这些关键决定因素中排除意指维度，我们就永远不会理解快乐原则如何能干预现实性原则。它们的对立发生在幻觉层面上；在现实领域中展开它的派生物时，快乐原则充当了在斯宾诺莎那里第一类知识的角色，"虚假意识"的角色。曲解与幻想是可能的，因为从一开始快乐问题就是真理与非真理的问题。

这就是"结构观点"与"场所论观点"能相互贯通的原因；

---

① 在精神分析中谈论"未注意的东西"时，拉帕波特说道："当其他心理学用非心理学术语（大脑领域；神经联系等）处理未注意的东西时，精神分析一贯用动机、情感、思想等心理学术语对待它。"出处同上，第89页。

拉帕波特注意到这一点；但除非原我、自我、超我之间的结构冲突被置于这些意义提供者（压抑、禁忌、"父亲情结"构成了这样的意义，它们首先是"被听的东西"、是"话语"）中，我们如何说明这一点呢？自从《梦的解析》以后，审查就是抹去意义，拒绝在意识的正式文本中被禁止的东西进入无意识领域。

意指的角色也详细说明了精神分析固有的"动力学观点"。我们将永远不过分强调在《梦的解析》中出现的需要与欲望（Wunsch）之间的区别；这种区别与《元心理学文集》得出的冲动与冲动代表之间的区别是相同的。如果冲动是行为的最终来源，精神分析并不关心这些根源本身，而关心它们进入有意义但荒诞的历史的方式，这种历史在精神分析的处境中才会被告知。

从此，所有在"经济学观点"标题下的能量交换、所有投入及反投入的工作，在冲动代表层面上起作用并且仅仅在意义的扭曲中进入精神分析。《梦的解析》在此是可靠的向导：它的领域就是它称为 Traumentstellung 的领域，即在梦的结构中表明自己是转移或扭曲的效果，因为它恰恰是一种 Wunscherfüllung，一种意愿的填满。虚构的实现是扭曲的效果。正是在意义效果中，扭曲以移置、浓缩、形象化的形式起着"作用"。一旦经济学从它的修辞学表现中分离出来，元心理学就不再系统化在精神分析对话中发生的事情；如果它不是一门荒谬的水力学，它就产生富于幻想的鬼神学。

这导致了主要的分歧应该被发现于适应观点的层面上。精神分析的现实性原则在根本上区别于对应的刺激概念或环境概念，因为这里讲的现实是在具体处境中的个人历史的真理。现实不是如同在心理学中为实验主义者所知的刺激命令，而是病人通过幻觉的模糊迷惘而达到的真正意义；在转变幻觉意义中,现实具有了意义。这种与幻觉的关系,正如它让自身在精神分析言语的封闭领域中被理解的那样,构成了现实的精神分析概念的特性。现实总是必须通过冲动对象的目标而被解释,就像那既被这种冲动目标揭示又被它隐藏的东西一样;当他把自恋揭示为对真理的主要抵制时,我们回想起1917 年弗洛伊德对自恋的认识论应用。正因如此,作为第二过程特征的现实性检验与心理学称之为适应的东西不是完全相符;第二过程应该被置于精神分析处境的框架内;在这种背景中,现实性检验与 Durcharbeiten、"持续工作"有关,与追求真实意义的艰难工作有关,正如弗洛伊德告诉我们,这种意义只是在构成了俄狄浦斯悲剧的自我—承认的斗争中有等同物①。

据说现实性原则在当代自我心理学中找到了一个更为坚实的基础。但我们必须一直对弗洛伊德表达式的暗示保持反思:"自我是被抛弃对象的投入的沉淀物。"这种对被抛弃对象的指涉,即对哀悼工作的指涉,把缺场带入到自我的真正构造中。现实,艰难的现实,是这种被内在化缺场的相关物。自我的连贯性和结构的自律不能与哀悼工作分离开来,否则就要脱离精神分析展示它的特定言语工作的领域。

最后,重要的是回想起"社会心理学观点"不是一种不同于场所论和经济学观点的观点,而"社会心理学观点"已与"适应观点"区分开来。为什么? 理由就在于:所有的东西正

---

①　"戏剧行为就是揭示过程,运用狡猾的延迟和不断出现的激动——这个过程能被比作精神分析工作——俄狄浦斯本人就是拉伊俄斯(Laïus)的谋害者,但更进一步说他是被谋杀的人与乔卡斯塔的儿子。"德文全集版,第二、三卷,第 268 页;标准版,第四卷,第 261—262 页;法文版,第 238(144)页。

是在言语的双重关系中被告知。精神分析的领域从精神分析处境自身开始就是主体间的领域，而在精神分析处境中被叙述的过去戏剧也是主体间性的性质；而且，正因如此，将被拆解的戏剧通过移情过程能被转移到精神分析的双重关系中。移情的可能性居于在那种处境中欲望和那些被辨读的欲望的主体间结构中。无疑，我们应该把这种对他人的指涉引入将心理和生物区别开来的东西中，即冲动代表中。因为意愿是对他人的一种要求，对他人的一种言说、一种训示，它能进入"社会心理"领域，在那里存在着拒绝、禁止、禁忌，即受到挫败的需要。向象征转化就发生在这种十字路口，在那里欲望是要求但欲望没有得到承认。整个俄狄浦斯戏剧在要求、拒绝及受伤的欲望的三角关系中存在与上演；它的语言是生动的，但不是明确表达的语言，但同时它是一个简短的有意义的（signifié）戏剧，在这种戏剧中生存的主要能指（signifiants）出现了，通过把它们命名为阴茎、父亲、母亲、死亡，精神分析可能神话化了这些主要能指；然而，除了任何"适应"问题外，这些正是精神分析有义务加以整理的构造神话。通过这种理性神话学，问题在于进入真实的话语，它与适应根本不同，一些人为了匆忙克服精神分析的丑闻以及使精神分析成为社会可接受的而求助于这种适应。因为谁知道一个单一真实的话语，相较于被建立的秩序，即相较于被建立的无序的理想化话语，可能导向何方？适应问题就是一个现存社会在它的被实体化理想的基础上要求的问题，在其信仰的被理想化的宣示与其实际交往的真实现实之间的错误关系的基础上要求的问题。精神分析决定悬置这种问题。

在这一方面，正统精神分析学者采取的反对文化主义的立场是完全有效的。他们强烈地争论说，支持社会调节的流行因素而放弃冲动问题意味着强化了审查与超我。但我们应该详细说明这种反对的所有后果。精神分析学者在社会要求与冲动要求之间的中立是众所周知的。但除非因为精神分析学者的问题不是一种调节的问题,而是真实话语的问题,为什么精神分析学者既不支持社会也不支持病人的婴儿般要求呢?如果这种自律不是植根于真实意义的问题中,那么自我的自律如何避免重回与文化主义相同的积习呢?

c)面对认识论

我们现在能回到我们的起点,回到认识论者(如恩斯特·纳格尔)对精神分析的攻击。

如果我们假定精神分析是一门观察科学并且如果我们误解精神分析关系的特殊本质,这种攻击现在似乎是无法回答的。让我们以颠倒的次序在此检查纳格尔的两个观点:从逻辑证明立场出发的有关陈述的证据问题,以及与它们的可证实性有关的理论命题的性质问题。

如果我们假定精神分析处境本身是不可还原到对可观察物的描述,精神分析断言的有效性问题就必须在不同于事实的自然科学背景中被重新检查。精神分析经验比起自然说明与历史理解有更大的相似性。我们以认识论提出的要求为例,认识论要求把一系列标准化的临床材料提交给一些独立研究者检验。这种要求预先假定一个"病例"是异于历史的东西,预先假定了它是能被许多观察者观察的一系列事实。当然,如果没有病例之间的相似性并且如果不可能在相似性之间辨认这些类型,就不可能有解释的艺术。问题就是,从认识的观点看,这些类型是否接近马克斯·韦伯(Max Weber)的类型,它赋予历史理解以可理解性的特征,没有这种特征,历史将不会成为一门科学。这些类型是一种聚焦于独特性的理解的理智工具。它们的功能不能还原到观察科学中的规律，尽管在它自己的范围内它与它们是可比较的。历史能被称为科学的理由就是类型的体系在历史中成为可理解，就好像规律在自然科学中成为可理解一样。然而，历史科学的问题与自然科学问题并不一样。精神分析中的解释的有效性要求与历史或注释解释的有效性同样类型的问题。提供给弗洛伊德的同样问题应该提供给狄尔泰、韦伯以及布尔特曼，但这些问题不是提供给物理学家或生物学家的那些问题。

从此，要求精神分析学者把改善的百分比与通过不同方法获得的比率，甚至与自发改善的比率相比较，这是完全合理的。但应该了解，人们同时要求一种"历史类型"被转移到"自然类别"中；这样做时，人们忘记了一种类型在"病例史"的基础上并凭借一种解释构成，而这种解释在每一病例中出现于原初的分析处境中。与注释一样，精神分析不能回避其解释的有效性问题；甚至不能回避某种述谓的有效性问题（例如，一个病人被接受进行治疗的可能性有多大？或他能被有效治疗的可能性有多大？）。比较当然必须进入精神分析学者的思考范围；但精神分析学者遭遇并提出的这个问题恰恰是历史科学问题，而不是自然科学问题。

这些关于解释的有效性的评论能使我们用新的术语重新检查精神分析中理论的优先性问题。在事实或观察科学的背景中提出这种问题是很容易误导人的。诚然，一种理论通常应该满足可推断性的某种规则，这些规则独立于证实的模式，而且也必须满足于特定的转换规则，通过这些转换规则，理论可以进入一些确定的证实领域。然而，能被经验证实是一回事，使历史解释成为可能是另一回事。精神分析的概念将根据它们作为精神分析经验可能性的条件的地位得到判定，因为精神分析经验在言语领域中起作用。因此,精神分析理论不与基因或气体理论相比较,而与历史动机的理论相比较。把它与历史动机的其他类型区分开的是这样的事实:精神分析把它的研究限制在欲望语义学中。在这种意义上,理论决定了(即既开启又界定)精神分析对人的观点;我将其理解为:精神分析理论的功能是把解释工作置于欲望的领域中。在这种意义上,它为出现在这块领域中的所有确定概念奠定基础,并同时限制了这些概念。如果一个人这样希望,他可以谈论"演绎",但在"超验"的意义上而不在"形式"意义上谈论;演绎在此关涉到康德所称的*合法性问题*(quaestio juris),精神分析理论的概念是那些应该被构思的概念,人们可以用这些概念整理和系统化精神分析的经验;我将把它们称为*欲望语义学的可能性的条件*。正是在这种意义上,它们能够且应当被批判、使其完美或甚至被拒绝,但不是作为一门观察科学的理论概念。

3. 精神分析领域的现象学方法

上述的讨论使我们倾向于在胡塞尔的现象学中寻找认识论的支持,因为观察科学的逻辑不能为我们提供这样的支持。这一新的批判不再涉及精神分析经验的结果,而是涉及它的可能性的条件、"精神分析领域"的构造。在刚刚谈论的意义上,我们寻找演绎的东西在刚刚所说的意义上就是那样一些概念,没有它们,精神分析经验将是不可想象的。因此,这不是重新表述理论的问题,即把它翻译成另一种指称体系,而是通过另一种经验来接近精神分析经验的基本概念的问题,而这另一种经验明确是哲学的与反思的经验。我们将把弗洛伊德的概念和胡塞尔的现象学资源对照起来。没有一种反思哲学像胡塞尔的现象学和他的某些追随者,尤其是梅洛-庞蒂(Merleau-Ponty)与德·威尔汉斯(De Waelhens)那样接近弗洛伊德的无意识。在一开始就应该提醒:这种尝试也必定失败。但这种失败与前面的失败不是同一类型。它不是错误或误解的问题,而是一种真正的接近,已经非常接近弗洛伊德的无意识但最终错过它,因此仅仅提供了一种近似的理解。在意识到将现象学的无意识和弗洛伊德的无意识区别开来的鸿沟以后,我们将通过接近和区别的方法,掌握弗洛伊德概念的独特性。如果反思本身不能获得对它的考古学的理解,它就需要另一种话语来谈论那种考古学。

(1)先于对特定主题的任何详细说明,使现象学直接转向精神分析的东西,是现象学以此开始的哲学行为,胡塞尔将其称为"还原"。现象学始于方法论的转移,这种转移已经提供了一些对有关意识的意义的转移或偏离的理解。

的确,还原与剥夺作为意义起源和处所的直接意识有关;现象学的加括号或悬置不是简单地涉及事物显现的"正常"、"自明性"(Selbstverständlichkeit),事物的显现突然停止出现为一种在场了,这种在场就在那里、就在手边,并且具有人们只要去发现的固定意义。意识认为它知道世界存在丁那里,同样,它也认为它知道自身。更何况,一种无意识方面的伪知识也属于所谓直接意识方面的知识,弗洛伊德在《无意识》的开始就指出这种伪知识,而我们自觉地把它与睡眠经验或昏迷经验相联系、与记忆的消失和再现相联系,或与激情的突然爆发相联系。这种直接意识与自然态度站在一起。于是,现象学开始于对这种直接意识知识的羞辱或伤害。而且,现象学澄清的困难的自我—知识清楚地表明:第一真理也是最后被知道的真理；如果我思（Cogito）是起点，人们到达起点的过程却没完没了；你不是从它开始，你继续向它行进；整个现象学是一种朝向起点的运动。于是，通过把真实的开端从现实的开端或自然态度中分离出来，现象学揭示了内在于直接意识的自我误解。

胡塞尔在《笛卡儿沉思》第 9 节所作的一个陈述中提及了这种误解："证据的适当性与必然性不必同时存在。"当然，原始经验的核心被现象学预先假设了；那就是使它成为一门反思学科的东西。没有这种核心的预先假定——"自我活生生的自我在场"（die lebendige Selbstgegenwart）——就没有现象学；这也是为什么现象学不是精神分析的原因。但这一核心之外扩展了一种"真正的非经历"（eigentlich nicht erfahren）的视域，一种"必然被共同—意向的"（notwendig mitgemeint）视域。这种隐含因素就是允许人们把以前对事物自明性的批判运用到我思（Cogito）自身上的东西①：我思也是一种被假定的确定性；关于它自己，它也能被欺骗；没有人知道到何种程度。

我在的断然确信牵涉自我欺骗的可能程度这一未解决问题。无意识的某个问题能被引入这种缝隙中，引入"我在"的确定和自我欺骗的可能性之间的不一致中。但同时，我们

①　"我的先验'*我在*'的先验经验的必然确信是相似的东西（ähnlich also）：因为先验'*我在*'也涉及一种开放视域的不确定的普遍性。因此，知识内在性的第一基础的现实是真正绝对确定的，但这种绝对性没有自动延伸到更特殊地决定它的存在的东西，延伸到在'我在'的活生生自明性期间还不是自我给定而仅仅预设的东西。因而，这种在必然的自明性中共同暗示的预设，需要一种绝对地决定它的实现可能性范围的批判。先验自我能欺骗自身多远呢（Sich über sich selbst täuschen）？而且尽管这种可能的欺骗，这些绝对无可怀疑的成分能延伸多远呢？"埃德蒙特·胡塞尔：《笛卡尔沉思》，§9。

熟悉这个问题的固有风格。现象学揭示的这第一个无意识与隐含、被共同—意向有关:我们必须在知觉现象学中寻找这种隐含的模式,或更应该说,寻找这种"共同—隐含"的模式。

(2)意向性概念(这一概念既普通又难解)代表了迈向弗洛伊德无意识的第二步。意向性与我们对无意识的沉思有关,因为意识首先是一种对他者的意向,而不是自我在场或自我拥有。全神贯注于他者,它最初不知道自己在意向。依附于这种自身外的分裂的无意识是未被反思的无意识;从《观念Ⅰ》开始,我思(Cogito)作为"生命"出现①:我思首先发挥作用[opéré],然后被说出,首先是未被反思的,然后被反思。更何况,在*危机*(Krisis)时期,行为中的意向性(die fungierende Intentionalität)比作为主题的意向性更广泛,这种行为中的意向性知道它的对象并且在知道那个对象时知道自身;第一个从未与第二个等同;行为中的意义总是先于反思活动并且从未被它超越。完全反思的不可能性,因而黑格尔绝对知识的不可能性,导致了反思的有限性,正如芬克(Fink)及德·威尔汉斯已经推论的②,这种反思有限性被写入这种未

① "当我过着自然生活(im natürlichen Dahinleben)时,我的生活一直采取所有'真实'生活的这种根本形式,无论我能还是不能陈述(aussagen)这种生活,并且无论我反思地还是'非反思'地指向了自我与思考(cogitare)。如果这就是我的意识,我们面对着新的活生生的我思(Cogito),从其立场看它是未被反思的而且对我而言它不是对象。"(胡塞尔:《观念Ⅰ》,§28)

② E.芬克:《危机》(《胡塞尔选集》6,海牙,尼伊霍夫出版社,第473—475页)的§46中的附录ⅩⅪ。论"主题"和"操作"之间的区分以及论"有限的哲学行为",参见芬克:《胡塞尔现象学中的操作概念》,见《胡塞尔》,《鲁瓦若蒙手册》,巴黎,午夜出版社,1959年,第214—241页。又见,A.德·威尔汉斯:《关于胡塞尔无意识问题的反思:胡塞尔与黑格尔》,见《埃德蒙特·胡塞尔,1859—1959》,海牙,尼伊霍夫出版社,1959年,第221—38页。

反思先于反思、操作先于言说、效果先于主题中。这种未反思固有的无觉察[inscience]标志着迈向弗洛伊德无意识的新的一步;它意味着,恰恰因为意识行为的结构,即,自我对行为中的意向性的难以克服的未觉察,"共同—隐含"或"被共同—意向"不能完全到达意识的透明性。

第二个命题的必然结果如下:首先,不求助自我意识,我们有可能直接把心理现象定义为对某物的单纯意向,或定义为意义。但正如一个作家所言,弗洛伊德的整个发现包含在这里:"心理被定义为意义,而这种意义是动态的与历史的。"①胡塞尔与弗洛伊德被看做是布伦塔诺的继承人,两人都是他的学生。

其次,把实际生活关系从它在表象中的折射分离出来是可能的。在直接意识的哲学中,主体首先是认知的主体,即最终一种对图景的直视;在这样的哲学中,图景同时是自我在事物镜像中的幻景;自我意识的优先性与表象的优先性是互为表里的;通过成为表象,与世界的关系成为自知的。因此,现象学应该拓宽胡塞尔本人在认知主体的可敬传统中打开的缺口(尽管胡塞尔个人坚持对象化行为优先于对世界中事物进行情感的、实践的和价值的述谓掌握)。一旦心理不再被定义为意识,并不再将实际生活关系定义为表象,人原初地"关心事物"、"欲求"(appetition)、欲望及追求满足的可能性就再次被打开了。

意向优先于反思的进一步结果是:操作意义(在行动或操作中的意义)的动力学比被言说或表象的意义的静力学更

---

① A.沃格特:《弗洛伊德精神分析的哲学旨趣》,《哲学档案》(1958年1—2月),第38页。

为原始。在这里,胡塞尔通过在第四个对笛卡儿的沉思中引入意义的"被动发生"问题,再次为他的法语后继者们开辟了道路。胡塞尔通过询问一个预先的问题而接近了这个全新的问题:各种各样的经验如何在同一个自我中"共存"呢?"共存性的基本法则①"在自我领域中支配了所有的发生问题;对于自我,共存性的形式实际上是时间;不是世界的时间,而是时间性,通过这种时间性,一系列的思(cogitationes)组成一个序列、一个连续;那么,在现象学中,发生代表了把时间流的不同维度,过去、现在、将来联系起来的操作方式:"自我在历史统一体中以某种方式为自身而构造自身。"

正是在这里,"被动发生"的观点进来了,它以新的方式"指向"了弗洛伊德的无意识。在主动发生中,"自我通过自我的特殊行为产生、创造、构造着"。在逻辑对象也是操作"产物"(Erzeugnisse)的意义上,这种实践在逻辑理性中起作用,诸如:计数、述谓、推论等就是这样的操作,这些对象的自在[l'en-soi]可以被看做"惯常"操作的相关物[le vis-à-vis];自在是一种"成就",被保持和拥有,但它可以在新的操作中"重新—产生"。然而,胡塞尔评论说:"在行为方面的每一个构造必须预设:在最底层面,存在着一种将对象接受为前给定的被动性。"②换言之,一个主动发生的重新构造撞见了(stossen wir)在被动发生中的一种先在构造。什么是被动发生呢?胡塞尔除了在知觉层面外很少谈及它;被动综合是作为"前给定的"事物本身,是从婴儿的知觉学习经验而来的残余;这些经验形成了自我的"被影响",而事物本身在我们的

① 《沉思》,§37。
② 出处同上,§38。

知觉领域中被发现早已被我们熟悉。但历史的踪迹不是如此被掩盖，以致反思不能阐明意义层次并"因此不能发现回溯到一种［先在］'历史'的意向性指称"。因为这些指称，我们有可能回到"原始奠基"、Urstiftung（原创造——译者注）。

在此基础上，与弗洛伊德对症状的注释的对照成为可能。总是存在着"最终形式"（Zielform），通过它的产生，"最终形式"指向了它自己的奠基：所知的每一件事指向了一种"变熟悉的原初东西"①。于是，因为它们的回溯方向，胡塞尔的阐释与弗洛伊德的注释之间有着明显的密切关系。进一步，通过假定"联想作为被动发生的普遍原则"，胡塞尔发现了不可还原到逻辑对象的模式的构造模式，不但是一种非逻辑的构造，而且是一种服从其他法则的构造，这些法则显然是基本的法则。尽管联想通常根据旧心理学来定义：胡塞尔承认旧概念是"相应真实的意向性概念的自然主义扭曲"②。他因此为它超越知觉领域的普遍化做着准备。的确，这种理解恰恰针对作为非理性赤裸事实（Faktum）的我们的生存："在此，不应忽视的是，那种［赤裸］事实，与它的非理性一起，本身是一个在具体先验系统中的结构概念。"（第39节最后）

这种对充满意义的偶然性的阐述难道不是精神分析继续贯彻的东西吗？将这种对意义层次的阐述，对"原初奠基"的研究难道延伸到欲望和它的对象中不是足够了吗？经历了利比多的各种阶段，利比多对象的历史难道不就是通过连续的回溯指称的阐述吗？将各种能指连接在我们所称的欲望语义学中就是具体实现了胡塞尔在联想的旧标题下所瞥见的东

---

①　出处同上。
②　出处同上。

西,但他完全意识到了它的意向性意义;简言之,现象学谈论被动发生,谈论没有我而产生的意义,而精神分析具体地显示了它①。

意向性命题的最终结果与人们自己身体的现象学观点有关,或者,用梅洛-庞蒂后期著作的语言,与肉体的观点有关。当被问及一种意义何以可能在没有意识而存在时,现象学家回答说:它的存在样式是身体的样式,身体既不是自我也不是世界上的事物。现象学家不说弗洛伊德的无意识是身体;他只是说身体的存在样式对任何可设想的无意识是实体模式,而身体既不是在我之中的表象,也不是在我之外的事物。这种作为模式的地位不是源于身体的重大决定,而是源于它的存在样式的模糊,这种存在样式具有典型性。现存的意义就是在身体中被捕获的意义,是一种有意义的行为。

如果事实如此,就有可能根据有意义的行为,逐渐重新检查关于意义起源所说的一切、意义的心理特征,以及最终意向性本身的概念所说的一切。每个被表现的意义就是在身体中被捕获的意义;如果身体就是"那使我们成为外在于我们的东西"②这一点是真的,意义涉及的每一种实践就是成为肉体的意指或意向。

通过这一命题,现象学转向了弗洛伊德的无意识;而且,

---

① 沃格特,出处同上,第47页。

② 德·威尔汉斯:《生存与意义》(纽沃拉斯,1958年),《现象学与精神分析关系的反思》,第191—213页:"身体是我们自身的一个方面,最初朝向外部的维度,尽管是我们自身的外部,但它使得我们存在。"(第200页)"这种在事物与我们之间的根本接近发展和形成于媒介中,一种既不是自我也不是事物(或者同时是两者)的中介成分:身体。无论精神分析明确表达了身体与否,这相同的主题处在所有精神分析的基础上,而现象学必须确信抓住了它。"出处同上,第192页。

一旦把身体解释为具体化的意义,说明人类性欲的意义——至少行为中的性的意义就是可能的。行为中的性就在于使我们作为身体存在,并伴随着我们与我们自身之间没有距离,就在于一种完整的经验,这种经验与知觉和口头交流的不完整性恰好相反①。它是一种完整的经验,因为肉体在变得完全明显时,抑制了所有对世界上行为的指称。不但现象学在此转向了精神分析的方向,而且它给精神分析一个满意的图型来阐明性欲(作为特殊的样式)与人类生存(被看做一种未区分的整体)之间的关系。这种关系不是部分与整体的关系:性欲不是与许多其他功能并列的孤立的功能;它影响所有行为。它也不是原因与结果的关系,因为一种意义不能成为一种意义的原因;在性行为与所有行为之间只存在一种风格的一致,或换一种说法,一种对应的关系。性欲是一种特别的生活方式,是面对现实的诺言;这种特殊的样式恰恰是两个伴侣试图使他们自身作为身体而生存的方式,并且除了身体没有其他的方式。

(3)还原是定义现象学态度的方法论的移置;意向性是现象学的主题。这种主题依次有许多含义,我们已选择了其中与精神分析最相关的那些含义。两个新的命题值得单独地对待;它们比意向意义的现象学观念的简单结论更深远。第一个与语言的辩证法方面有关;第二个与主体间性的辩证方面有关。

初看之下,语言的现象学似乎仅仅是知觉现象学的延伸;也是在这里,重要的是从被言说的意义向操作的意义的回溯

————————

① 见德·威尔汉斯受尊重的论性欲论文,《生存与意义》,第204—211页。

追问。人是语言；在这种信念中，现象学赞同冯·洪堡（Von Humboldt）与卡西尔。但当言说［le dire］行为在它建立一种意义的层面上被接受时，语言的现象学问题才真正开始，在这样的意义层面上，言说行为使得一种意义清楚地存在，这种意义区别于任何清晰的命题论，即，先于陈述或被言说的意义。被知觉提出的问题（这个问题就是从表象向经验生活关系的回溯追问）在语言层面上重复自身；我们必须与黑格尔一道重新发现语言是精神的"在那里存在"；对于现象学，如同对于精神分析，这种"语言现实"就是通过行为获得的意义。

然而，将作为操作意义的知觉分析延伸到语言中不是一种简单的推断；通过反馈，这种延伸有助于揭示只能在被言说符号层面上被明确表示的知觉特征。这些特征间接地说明了弗洛伊德的无意识。我已把它们整合在缺场与在场的辩证法的标题下。

这种辩证法至少有三个方面。首先，人们不直接面对事物的方法通常就是采用语言；其次，他通过用"空的"意向来意指这些事物的方式达到这个目的；最后，他也使得这些事物通过符号的空虚在场。

在场与缺场的这种辩证法是所有符号的特征，这种辩证法可以通过两种方式详加说明，而这依靠人们是否把言语考虑成说话主体的行为，或把语言考虑为在不同于意识和每个说话主体的意向层面上被组织起来的交流工具。语言有它自己的成为辩证法的方式；每个符号仅仅根据它在符号整体中的位置意指着现实的东西；没有任何符号通过与相应事物的一对一的关系来进行意指；每个符号通过与其他符号的差异得到界定。更准确地说，正是通过把音位与语词的差异联合起来，因而让通过音位与词素的双重连接起作用，我们才谈论世界。

相应地,在言说主体言语中的语言的实际运用显露了所有符号的模糊性。在普通语言中,每个符号包含了意义的无限可能;对词典稍稍一瞥就发现一种逐渐过度到或不停侵犯所有其他符号的语义场。言谈就是建立一个文本,这个文本作为每个语词的语境起作用;尽管意义负载的余下部分并未因此被废弃,大量负载意义的语词的可能性于是被语境限制和决定;因此,只有部分的意义通过封闭余下的可能意义成为在场。

通过这三种在场与缺场的辩证法,语言现象学转向了精神分析和它的无意识的方向。

首先,符号具有的缺场与在场相互作用在精神分析主张的口头符号的起源中得到了恰当的说明;现象学家特别喜欢《超越快乐原则》的那一页,在那一页中,弗洛伊德概略了在-da游戏中开始于对丧失进行掌握的符号起源。通过交替地说出fort的o和da的a,儿童在一种有意义的对比中让缺场与在场相互关联;同时,他不再把缺场经历为一阵恐惧,这种恐惧大量地代替沉重且饱和的在场;就这样被语言支配了,丧失——因此在场也一样——被意指并被转变为意向性;母亲的丧失成了一种对母亲的意向。①

fort-da的例子并非只是一个孤立的例子。"哀悼与忧郁症"告诉我们:超越失去的古老对象,才可能建立与不是古老处境的简单重复的对象的关系。这种对对象哀悼的方式使我们想起了符号的建立,这些符号普遍是一种放弃赤裸在场并

----

① 德·威尔汉斯:《关于无意识与哲学思考》,《关于无意识的博纳瓦尔月刊》,打印件,1960年,第16—21页;《对胡塞尔无意识问题的反思:胡塞尔与黑格尔》,前引书,第232页。

且是一种在缺场中对在场的意向。

对语言的求助加强了现象学与精神分析之间的平行关系。语言使在场与缺场的辩证法运作起来,这种辩证法现在被看成在所有隐含与被共同—意向的形式中产生作用,在所有人类经验和在所有层面上产生作用。于是,语言有可能使无意识的知觉模式普遍化。"事物"的模糊成为了一般主体性模糊的模式与所有意向性形式的模式。

而且,在场与缺场的辩证法使得在直接意识方面对最初的错误知识产生了动摇。从现在开始意识问题如同无意识问题一样变得晦涩了,我们这样讲是借用了柏拉图关于存在与非存在的著名文本。因此,在反驳自我的直接知识的幻想这一点上,现象学变得与精神分析一样激进。每种意识存在的样式对主体性而言就是无意识存在的样式,正如每种出现的样式同未出现的或甚至消失的样式相关,两者在事物自身的假定中一起被意指、被共同—意指。语言把这种隐含的共同—意指显示为缺场,而且它比沉默知觉的现象学更清楚地揭示了这一点。于是语言产生了对于现象学的无意识知觉模式的全部意义。

(4)主体间性理论必须被补充到有关语言作为一种在场与缺场辩证法的命题中:我们与世界的所有关系有主体间性的维度。

被感知的事物也可被其他人知觉,这种事实把对他人的指称纳入事物作为被假定事物的结构中;指向他人的东西恰恰是知觉力的视域,可见物的不可见的另一面。在作为进行感知的他人和事物不可见的另一面的假设之间存在着相互关系。每一个意义最终有主体间的维度;每一种"客观性"都是主体间的,因为隐含的东西就是另一个人能使它清楚的东西。

　　这种首先对主体间性的求助似乎与精神分析无关;然而,现象学在主体间性与隐含所固有的无意识之间发现的这种根本联系足以警告我们,定义一种最初没有被牵涉进主体间关系中的无意识是无效的;这种警告与精神分析理论相关,因为第一场所论在根本上保持为唯我论,而精神分析的认识论是建构在第一场所论上的。相反,第二场所论基本上满足了现象学的要求,因为心理区分和角色被建立在主体间的领域中。然而,首先,根据我们第二个命题的暗示,当主体间性延伸到不同于表象的领域时,主体间性的根本且绝对的原初角色具有了它的丰富意义。如果现象学谈论的意义更多"被操作"而非被言说,更多被经历而非被表象,这种结构在欲望语义学中被最清楚地显示出来;只有意向不仅仅是对他人的欲望,而且是其对他人欲望的欲望,即一种要求,欲望,作为与存在者紧密联系的存在模式,才似乎是人类的欲望。在此,我们已经触及的所有主题集中在了一起:意义、身体、语言、主体间性。

　　欲望的主体间结构就是弗洛伊德利比多理论的深刻真理;甚至在《大纲》与《梦的解析》的第七章时期,弗洛伊德从未在主体间的背景之外描述冲动;如果欲望不位于人类之间的处境中,就不存在像压抑、审查或通过幻觉的欲望实现这样的事物;他人和他人们最初是禁止的承担者,这一事实单纯就是欲望遭遇另一个欲望,一个对立欲望的另一种说法。第二场所论内部的整个角色辩证法表达了构成人类欲望的对立关系的内在化;俄狄浦斯情结的根本意义就是人类欲望是一种历史,这种历史涉及拒绝与伤害,就是欲望通过一种对立的欲望将特定的不快乐强加于自身上而得到现实的教育。

　　在这一点上,被缩小为两个关系项——胡塞尔与弗洛伊德——的对照,应该拓宽为三角关系:黑格尔、胡塞尔、弗洛伊德。据说①,黑格尔似乎首先更合适与弗洛伊德比较:通过在欲望中重复欲望而朝向自我意识的运动,在承认的斗争中对欲望进行教育,在一种不平等处境中开始那种斗争,所有这些黑格尔的主题似乎比胡塞尔的知觉主体间性的艰涩理论与精神分析主题有更多的相似。在黑格尔的主奴斗争与弗洛伊德的俄狄浦斯情结之间存在着明显的相似性。

但如果这些评论作为最初的接近是真实的,并且如果与黑格尔的比较有着不可否认的教育上的优势,一个更细致和更紧密的对照揭示了一个更隐蔽以及或许更为重要的联系。德·威尔汉斯(De Waelhens)注意到,在两个基本点上,胡塞尔比黑格尔更接近弗洛伊德,如果不是更接近弗洛伊德的主题,至少更接近精神分析的最终意图。在胡塞尔之后,我们不能要求在一种绝对话语中完成意义的构造,而这种绝对话语将终结进行中的构造活动;正如意义对每一个主体是不完整的,它对所有的主体也是不完整的;正如德·威尔汉斯评论的,"从精神分析的观点看,绝对知识是无意义的"。② 更何况,黑格尔式思想家,全知的解释者,走在精神的典型历史展开之前,这种超前同样被排除出精神分析经验中:精神分析学者在这方面更接近现象学反思的助产程序,基本上不能走在主体性进步的前面,而他在主体性的承认事业中正在帮助主体性。现象学家与精神分析学者都认识到对话是无止境的。

现象学与精神分析应该在这种层面上相遇不令人惊奇:正如我们在讨论科学心理学时所说的,所有的讨论必须开始

---

① 让·伊波利特(Hyppolite):《黑格尔的现象学与精神分析:胡塞尔和黑格尔》,《精神分析》,注3,第17页以下,第225页以下;德·威尔汉斯:《对胡塞尔无意识问题的一个反思》,第225页以下。

② 德·威尔汉斯,出处同上,第226页。

于作为语言关系的精神分析处境本身。无意识的话语只有在精神分析的对话话语中变得有意义;所有我们谈论的通过弃绝从欲望转变为语言在精神分析的谈话治疗中找到了其明确的表达;主体在言语中的建构和欲望在主体间性中的建构是同一种现象;欲望进入人类有意义的历史中,仅仅因为那个历史是"被面向他人的言语构成的"。① 作为回报,正因为欲望是欲望的欲望,因此是要求,因此被面向他人的语言建构,所以精神分析的对话是可能的;这样的对话简单地将欲望的戏剧转移到一种非现实化话语的领域中,因为它早就是一部被言说的戏剧、一种要求。因此,欲望建构的所有问题应当重现在精神分析关系中,这不令人奇怪。这种关系是相互的:一方面,欲望的主体间结构使得我们有可能在移情关系中研究欲望;另一方面,精神分析关系能重演欲望的历史,因为在非现实化话语的领域中进入言语的东西就是在其原始地位中作为对他人要求的欲望。

在我们到达的这一点上,现象学与精神分析之间的差异几乎不存在。它们两者不是有同一个目标:在一种真实的主体间话语中,建构作为欲望存在的主体吗?

当我们根据我们到达的终点来考虑我们的出发点时,我们更清楚地理解为何两种方法是平行的。现象学的还原与弗洛伊德的分析是同性质的,因为两者的目标是相同的。还原

---

①　在德·威尔汉斯的一系列论文中,在讨论从无意识问题到语言问题,然后到主体间性问题中存在着一个明显的转变;他最近关于精神分析的研究,见《哲学与自然经验》(海牙,尼伊霍夫出版社,1961 年),有意安排在论"他者"一章中(第 135—167 页)。人们应当注意关于精神分析学者角色的那几页,精神分析学者被认为是对话者,这个对话者帮助产生"分离"处境或相对于实际状况的孤立,一种非真实处境,重复与记忆可能在其中发生的处境。

就像一种分析,因为它的目标不是以另外的主体来代替自然态度的主体;它对逃避到"别处"的企图不感兴趣。反思是未被反思东西的意义,作为公开宣称或被说出的意义;更准确地讲,进行还原的主体不是异于自然主体的其他主体,而是相同的主体;从没有被承认,它成为被承认的。在这个方面,当精神分析说"原我在哪里,自我就在哪里"时,还原就是与分析同性质的。但这种最初的方法上的同性质只有在最后得到理解。现象学试图*间接地*接近欲望的真实历史,从无意识的知觉模式开始,它逐渐普遍化那种模式以包含所有经历的或具体的意义,这些意义同时在语言因素中得到重演;精神分析*直接*进入欲望历史中,这归因于那段历史部分表达在移情的非现实化领域中。但两者有着相同的目标:"回到真实的话语。"①

4. 精神分析不是现象学

然而……

然而,现象学不是精神分析。无论这种距离是多么微不足道,但它不是没有,现象学不等于精神分析,而是通过减少差异的方式,给出一种对精神分析的理解。

让我们重新审视我们每种接近弗洛伊德无意识的现象学观点。

(1)现象学是一门反思学科;现象学的方法论移置是相关于直接意识的反思移置。精神分析不是一门反思学科;它产生的偏离中心在根本上不同于"还原",因为它是非常严格

① 德·威尔汉斯:《哲学与自然经验》,第154页。

地通过弗洛伊德称为"分析技术"的东西构成的,他将这种技术分解在这两个标题下:研究的程序和严格意义的治疗技术①。我愿意说:弗洛伊德的无意识通过精神分析的技术而变得可接近;但这种考古学的挖掘的方式②不能被任何现象学补充。因此精神分析承认的对意识幻想的怀疑就不同于对自然态度的悬置③。如果现象学是笛卡儿对存在怀疑的修正,那么精神分析就是斯宾诺莎对自由意志批判的修正;精神分析开始于否认意识的明显专横,因为意识的专横不承认深层动机。正因如此,当现象学开始于"悬置"行为,开始于主体自由处置的悬置(epochê),精神分析开始于对意识控制的悬置,用斯宾诺莎的术语,因而主体成为等同于他的真实束缚的奴隶;通过从这种束缚层面开始,即,通过无保留地把自身托付给深层动机的支配性洪流,意识的真正处境被发现了;缺乏动机的虚构被承认只是一种虚构,而意识把它自我支配的幻想建立在这种虚构上;动机的丰富就在意识的空虚和专横的地方显示出来。

进一步,我们将谈论这种对幻想的攻击如何开启自由的新问题,正如在斯宾诺莎那里一样,一种不再联系于专横,而

---

① 弗洛伊德:《"精神分析"与"利比多理论"》,德文全集版,第 13 卷,第 211 页;标准版,第 18 卷,第 235 页。"精神分析是(1)研究心理过程的程序[Verfahren]的名称,这些精神过程以其他方式几乎是不可接近的。(2)是治疗[Behandlungsmethode]神经官能混乱的方法的名称(基于那种研究),(3)沿着那些线索获得的一系列心理学观念[Einsichten],它逐渐被集中到一种新的科学学科。"

② 沃格特:《弗洛伊德精神分析的哲学旨趣》,《哲学档案》,1—2月,1958 年,第 28—29 页。

③ 沃格特:《自由是意识任性的相关物》,第 29 页。而且进一步说:"自由问题的内在法则是超越最初的和否定的观念而迈向承认一种完满的同时是一种创造的观念。但后者预先假定决定与动机被综合到了自由中。"(第 30 页)

是联系于被理解的决定的自由。观点上的差异首先在明显相似的基础上被大声说出,这一点是非常重要的①。

(2)不可否认的是,在现象学中的无意识的知觉模式指向了精神分析的无意识,因为后者不是内容的贮藏器,而是意向、方向的中心,简言之,这种无意识是意义。这种意指特征被原初代表的各种派生物证实并且被意义与意义的关系证实,这些派生物之间有着这样的意义关系,并且与它们的起源之间也有着这样的意义关系。这是真实的;但对于精神分析,重要的事情是这种意义被一种障碍从获得意识中分离出来。这是在压抑观念中的基本因素。场所论通过它的辅助图型描述了这种基本因素:当人们理解了主要的障碍分离了无意识与前意识,而不是前意识与意识时,人们就从现象学转向了精神分析;用意识、前意识/无意识的表达式取代意识/前意识、无意识的表达式就是从现象学观点转向场所论观点。现象学的无意识就是精神分析的前意识,即一种描述性的无意识,还

_____

① 在一篇我们后面将有更多的讨论的重要而有启发性的论文中(这篇论文是《无意识:精神分析的一个研究》,《博纳瓦尔月刊》,打印件,1960 年),拉普朗西(Laplanche)与勒柯列(Leclaire)在意识的现象学解释和精神分析治疗中"形成意识"之间尖锐地做了区分:"在后者那里,对无意识的揭示应该作为那些处于意识领域的一个单一环节中的现象而发生,这是罕见的甚至是例外的。通常它是病人工作的过程,从一个特例转向另一个,在那里,通过不连续且被孤立的意识环节,观点的修正产生了,这些环节经常相互远离,并且它们没有被突然的意义全体的恢复所刻画,'揭示'这个词或许暗示了这样的意义恢复"(第 10 页)。形成意识的过程不同于因为它的场所论特征而来的任何突然的记忆力或说明:它是一种系统修正的问题,目标在于把一种从未完全现实化的连贯话语综合进"自我理解的一种被组织起来的结构,这种结构包含一种环节的多重性"(出处同上,第 11 页)。正因如此,我们以后将形成意识说成 Durcharbeiten,(持续工作)。现象学仅仅说明了属于一种知觉模式(隐含的边缘,可知觉的视域,可见物的不可见的另一面)的"领域现象",即,在前意识与意识之间的边界的现象,诚然,弗洛伊德"很少开始描述"它(出处同上,第 12 页)。

不是场所论的无意识。障碍的意义就是:除非一种适当的技术被运用,无意识是不可接近的。从这一点开始,所有冲动的结果将通过外在性关系得到描述。在所有这些结果中,压抑是场所论最急切描述的;但压抑是隐含或被共同—意向的现象学从未达到的真正排除。这些结果当然不是外在于心理的、动机的、意义的范畴;正因如此,现象学方法不是没有用的;的确,精神分析在意识文本之下辨读的是另一个文本。现象学表明它是另一个文本,但并非这种文本是另一类文本。场所论的实在论在一种方法的限度内表达了文本的这种相异性,而这种方法已经将文本揭示为文本。

如果我们回顾一下第二点的一系列结果,这种理解以接近极限的方式变得更清晰了。我们一开始说,心理现象根据意义而不是必然根据意识来加以定义。理解这个命题就是接近弗洛伊德的无意识;但我们刚刚谈论的这种意义的分离只是弗洛伊德称为"系统法则"的东西的一个方面。系统有它们自己的合法性,弗洛伊德通过我们前面评论过的一系列的无意识的特征表达了这一事实,这些特征是:第一过程、否定的缺场、无时间性等等。这种合法性不能被现象学地重建,只能通过精神分析技术经常地实践得到重建;这不是人们通过概念思想能掌握的另一个意识;它是人们必须"通过实践不断探索"①的意义。

我们还要说:现象学表明行为经历的意义超越了它在意识觉察中的表象;现象学因此为我们理解冲动代表与它们派生物之间的意义关系做了准备。但将这些派生物和它们的根基区分开的疏远和扭曲,以及分裂为两类派生物(表象派生

① 沃格特:《弗洛伊德精神分析的哲学旨趣》。

物和情感派生物），需要一种现象学不能提供的研究工具。表象代表的观念作为意义、意向、目标被接近；现象学使得这一点十分清晰。但为了在扭曲与替代的基础上理解疏远与分裂，另一种技术被要求，因为扭曲与替代使得意识文本成为不可认识的。

同样的话可以应用在被动发生（在胡塞尔意义上）和冲动动力之间的鸿沟上，弗洛伊德通过精神分析的技术辨读了冲动动力。在此，它不仅是场所论观点的问题，而且也是经济学观点的问题：投入的观点表达了一种依附性与凝聚力，没有一种意向现象学可能重建它们。在这一点上，能量隐喻代替了不充分的意向与意义语言。的确，冲突、妥协的形成、扭曲的事实不能再被限制于意义与意义关系的指称系统中得到陈述，更不能在文字与意义关系的指称系统中得到陈述，如在玻立策（Politzer）那里一样；那把文字与意义区分开来的扭曲需要像"梦的工作"、移置、浓缩那样的概念，我们已经表明这些概念在性质上既是解释学的又是能量学的；能量隐喻的功能就是说明意义与意义的分离①。

为了满足这种需要，弗洛伊德发展了对每种系统特殊的

---

① G.波立策：《精神分析基础的批判》，《心理学与精神分析》，1，海德，1928 年。拉普朗西与勒柯列：《无意识》，《博纳瓦尔月刊》："（a）无意识与作为它的意义的显现没有相同的外延，毋宁说它将被添加进明显文本的缝隙中；（b）无意识与明显文本的关系，不是作为意向意义与字面文本的关系，而是在现实的同一层面上。它就是允许我们在明确文本与在被插入个文本中的缺场之间构思一种动力学关系的东西；它是在话语中必须重新获得其位置的话语的一个片段。"（第 9 页）他们进一步说："弗洛伊德需要在位于同一现实层面的两个领域进行根本的划分，因为这是能使他说明精神冲突的唯一东西……间隙现象仍然被设定在无意识假设的源头。但这种无意识不能构成一种更广泛的能使人们把这种现象与文本的剩余部分联系起来的意义，相反是一个次级结构，那些间隙现象在这种结构中找到了它们的统一，独立于文本的剩余部分。"（出处同上，第 14 页）

能量观念,这种能量能投入到表象中。无须否认围绕这种观点的困难是无数的并且可能是难以克服的:分配给这种凝聚力的各种角色不容易协调;这种能量时而将孤立的因素容纳在整个系统中;它时而在更高级系统的压抑中进行合作,这是通过被早已经构建的无意识系统实施的吸引力所实现的合作;它时而在与审查的警觉的对抗中努力推进获得意识的过程。另外,设想每种系统固有的投入能量与利比多有什么关系是不容易的,因为利比多,凭借它的有机起源,在系统方面是中立的,并且根据它依附于其上的表象的场所,在一个给定的系统中占据位置①。所有观点中最困难的就是一种"被转变成意义的能量②"的观念。

因此,在这个领域中没有什么被牢固地建立起来,并且或许在不同于弗洛伊德的能量学图型的帮助下,整个事情可能必须重做一遍。对于一种批判哲学,基本的观点与我所说的那种能量学话语的位置有关。它的位置似乎处在欲望与语言的交叉点上;我们将试图通过主体考古学的观念来说明这种位置。"自然"与"意指"的交叉点就是冲动的推力被感情与观念"表象"的地方;因此,经济学语言与意向语言的协调是这种认识论的主要问题,并且是一个通过把这两种语言还原为对方语言也不能被避免的问题。

通过把无意识的语言学方面作为我们的指导,我们将聚

① 拉普朗西与勒柯列诉诸一个既定体系的投入能量的格式塔式解释:这里涉及的是在每种系统中良好形式的一种完整倾向,第17—18页和第19—20页。

② 沃格特这样就界定了精神分析深度的心理学的真正对象:"通过冲动的自发性,没有自由而构成的意义……对精神分析而言,动力就是一种被转变成意义的能量……在冲突中冲动力量产生了一种有意义的历史。"第53—54页。

焦于这种调和。现象学与精神分析在其他任何地方都不会更接近成为一体，因此，两门学科之间的鸿沟在任何其他地方都不会更加重要。

（3）拉康和他的学生们说，无意识具有像语言一样的结构。这种无意识的"语言学"观念不是和梅洛-庞蒂与德·威尔汉斯表达的对语言的解释没有区别吗？当后者把语言设想成一种意义的建立，而这种意义发生于任何明确的判断之前，他们不是说着与那些坚持无意识的语言学观念的人一样的事情吗？确实，无意识的语言学观念仅在与弗洛伊德理论的经济学概念结合时才产生意义；它没有取代弗洛伊德的场所论与经济学观点；在每一点上都重复无意识的语言学观念时，语言学解释表明：无意识与普通语言是相互关联的，尽管压抑和其他机制将它区分出来，这些其他机制给了无意识一种系统的形式；但语言学解释没有构成一种对经济学说明的替代；通过显示经济学下的这些机制只有在它们与解释学的关系中是可接近的，它只是阻止了经济学说明被实体化。说压抑是"隐喻"不是取代经济学假设，而是把它与语言学解释相并列，并因此把它与意义世界相联系，但又不把它还原到那个世界。

然而，在详细说明语言学与经济学的准确关系之前，我们或许必须对"语言学的"这个语词达成一致，直到现在，当我们指出症状、幻觉、梦、理想和无意识主题之间的意义关系时，我们一直很犹豫使用这个词；"语言学的"这个术语只有在广泛意义上被采用时才可能被应用到精神分析的领域；它因此表示了精神分析处境的两个不同但相互联系的方面。首先，精神分析的技术完全在语言的因素中使用。邦弗尼斯特（Benveniste）写道："精神分析医生用主体告诉他的东西来操作，他在主体述说的话语中观察主体，他在他的谈话室和'讲故事'的行为中审视他,通过这些话语,逐渐形成了对于他的另一种话语,他必须澄清这另一种话语,这就是埋藏在无意识中的情结的话语。因此,精神分析将把话语当做另一种'语言'的替身,这另一种语言有自己的规则、象征和句法并且它指向了心理现象的深层结构。"①因此,一方面存在着言语事件、语句、对话,另一方面,通过这些事件,揭示了"另一种话语",这种话语通过属于无意识的动机之间的替代和象征化关系构成。现在,严格地说,这种其他话语的规则是语言学的规则吗?

自从索绪尔以来,我们的确难以认为这种其他话语与语言是一致的。按照索绪尔的观点,语言与言语是对立的,这种区别建立在这样的事实基础上:语言有音位的关联、语义的关联以及句法。

首先,梦中缺乏逻辑,梦对"否定"一无所知,我们不可能使梦的这些特点与一种真实语言的状态相吻合。弗洛伊德曾经在他的论文《原初语词的相反意义》中试图这样做过,但没有成功。② 然而,我们不可能使扭曲和图像化表象过程的古

---

① 埃米勒·邦弗尼斯特:《对弗洛伊德发现中的语言功能的评论》,《精神分析》,1,第3—6页;出处同上,第6页。

② 在试图使得梦具有回溯特征,它们对立的忽视,与原始语言的状况相一致时,弗洛伊德似乎把研究带入了死胡同。在他的论文"Über den Gegensinn der Urwprte"(《原始语词的对立意义》,德文全集版,第八卷,第214—221页;标准版,第十一卷,第155—161页;法文版,在《精神分析文集》,第59—67页)中,为了通过原始语言的特征(运用相同的语词表达相反意义的特性)证实梦的回溯和古老特征,他诉诸卡尔·阿贝尔(Karl Abel)的权威(1884年)。邦弗尼斯特适当地注意到,语言通过不同符号未加区分的东西不是被想成对立的:"每种语言是特有的并以它自己的方式塑造世界"(前引书,第10页)。"将作为相互对立的两种观念的知识和作为相互等同的那些观念的表达归因于语言无疑是矛盾的。"邦弗尼斯特得出结论:"一切似乎将我们带得更远,并且远离了在梦的逻辑与现实语言逻辑之间的一种试验相关性。"(前引书,第11页)

老根基和与语言的原始形式相一致,或一般地与任何时间现实相一致;邦弗尼斯特说得很好,弗洛伊德的古老东西"只与扭曲它或压抑它的东西有关"。

甚至在我们前面已讨论过的"否定"(Verneinung)这一有利的案例中,肯定与否定之间的对立不是承认与拒绝之间固有的利比多辩证法的延伸;因为一种被表达的否定仅能指涉一种被表达的肯定。对承认的预先拒绝(压抑就建立于其上)是其他的东西:在否定案例中,压抑的特别功能就在于:在理智地允许一种内容进入意识的同时,把它排除在意识之外;但这种机制建立了一种嫌弃,嫌弃把自身与这种内容等同起来,这不是语言学现象。

当弗洛伊德处理无意识时,他没有考虑语言,相反,他把语言的角色限制在前意识与意识中,这并非毫无理由。在无意识中发现的意指因素属于"意象"的范围,他把这种意指因素称为"冲动表现"(表象的或情感的),而且,这通过梦的思想回溯到幻觉阶段得到证实。在此,我们应该把在弗洛伊德那里一些孤立地评论联系在一起。本能通过它到达心理现象的形式被称为"表现"(Repräsentant);这是一种意指因素,但它仍然不是语言学的。至于严格所说的"表象"(Vorstellung),在它特定结构中,它不属于语言的范畴;它是"事物的表象",不是"语词的表象"。其次,在梦的回溯中,梦的思想在其中消解的形式与弗洛伊德称为"形象化"的机制相一致。最后,当他处理相互替代并替代冲动代表的"派生物"时,当他解释疏远与扭曲时,他总是把它们与幻觉或意象的范畴联系起来,而不是与话语的范畴联系起来。在这三种不同的情况中,弗洛伊德聚焦于能指的力量,这种力量先于语言产生作用。只有当"语词"在其中作为"事物"被对待时,第一过程才遭遇语言事实：这是精神分裂症的病例，而且也是有着较多"精神分裂症"方面的梦的实例。①

　　如果我们采用严格意义上的语言学概念，这种语言学是体现在一种语言并因此体现在一种被组织的语言中，无意识的象征体系在严格意义上（stricto sensu）就不是语言学现象。

---

　　① 在《梦的解析》有关浓缩工作的部分中，弗洛伊德在其中解释了伊赫玛注射的梦，接下去就是得出的主张："当它处理语词与名称时，人们清楚地看出在梦中的浓缩工作。诚然，语词在梦中被处理，就好像它们是具体事物，并且由于那种原因，它们易于用与具体事物［Dingvorstellungen］表现的相同方式联合起来"［德文全集版，第二、三卷，第 301—302 页；标准版，第四卷，第 295—296 页；法文版，第 266—267 页（163）］；接下去有几个口语幻想的例子。在《无意识》的第七部分，精神分裂症的讨论（在塔斯卡的病人中）展现了更为完整的处理问题的场合："在精神分裂症中，*语词*从属于与那使梦的意象［Traumbilder］浮现出潜在的梦的思想的相同的过程——从属于我们已称之为原初精神过程。它们经历浓缩，并依据移置在其整体中相互转移投入。这种过程可能进行得很远以致单个语词取代了整个思想线索的表象［Vertretung］，因为这个语词的许多联系，它就是特别适合这一点"（德文全集版，第十卷，第 297—298 页；标准版，第十四卷，第 199 页；法文版，第 151—152 页）。弗洛伊德在脚注中补充道："梦的工作也偶尔像事物那样对待语词，于是产生了相似的'精神分裂症'陈述或新词"（出处同上）。那么，这就是一个特殊过程，它确保了弗洛伊德称之为"与语词［Wortbeziehung］有关的东西压倒与事物［Sachbeziehung］有关的东西"，因为语词间的相似在此取代事物间的相似，而在移情的神经症中事物间的相似占据优势。弗洛伊德提出下面的对过程的经济学说明：对象投入已被放弃，只有对语词表现的投入被保留，这就暗示了前面被称为"对象表现"的东西能被分裂成*语词表现*与*事物表现*；"后者就在于投入，如果不是事物的直接记忆图像的投入，至少是源于这些图像的遥远的记忆痕迹的投入"（德文全集版，第十卷，第 300 页；标准版，第十四卷，第 201 页；法文版，第 156 页）。由此弗洛伊德得出了重要的结论："无意识的表现"是"单独事物的表现"，而意识表现既包含事物表现又包含语词表现。"无意识系统容纳了对对象的事物投入［Sachbesetzungen］，第一个且真实的对象投入［Objektbesetzungen］：通过被联系到与它一致的语词表现而被极度投入，前意识系统由这种事物表现产生了。"（出处同上）因而表现的两个等级间的这种联系是前意识的特征：就其使后者成为"可能"而言，它就是接近成为意识的过程。

不管各种文化的语言如何不同,它是各种文化共有的象征体系,它展现了诸如移置与浓缩的现象,这些现象在意象层面上起作用,不是在音位关联或语义关联的层面上起作用。在邦弗尼斯特的术语中,梦的机制时而显得是处于语言学下面的,时而显得是处于语言学上面的;至于我们,我们将说梦的机制表现了语言学之下与语言学之上的混合[confusion];就梦的机制达不到教育产生出语言的独特规则的层面上,它们属于语言学下的层次;如果我们根据弗洛伊德自己的评论,认为梦在像谚语、俗话、民间故事、神话这样大的话语单元中发现了它们真正的亲缘关系,它们属于语言学上的层次。从这种观点看,比较应该发生在修辞学层面而不是在语言学层面。然而,修辞学,与它的隐喻、换喻、提喻、委婉说法、暗示、引喻、反语法、间接肯定法一起,与语言现象无关,而是与在话语中显示出来的主体性程序有关①。

当然,称这些机制为"语言学之下"或"语言学至上"仍然把它们指向了语言;这正是构成语言学解释合理性的东西。我们面对着像语言一样被建构的现象面前;但问题是把合适的意义赋予"像"这个词。

正是在语言学之下与语言学之上的相互作用与混合中,我们将发现像现象学熟悉的意义的建立这样的东西。

为了说明这种意义的建立,我们可能从这种事实开始:通过解释被揭示的欲望或意愿(Wunsch)从来不是纯粹的需要,而是一种请求与要求,即使这种请求是通过身体姿态象征性

---

① "风格,比起语言来,是我将看到与弗洛伊德已表明的'梦的语言'的描述的性质相比较的一个术语所在的地方。"(邦弗尼斯特,前引书,第15页)

地展现出来①;这种请求,是一种训谕,就像语言一样。将意愿和需要区分开来的是这样的事实:意愿能够被陈述;这种能力正好与著名的 Rücksicht auf Darstellbarkeit(对可描绘性的考虑)有共同外延。因此,我们必须在冲动"代表"的层面上寻找像语言一样的东西。梦被表达在叙述中,它们的要素围绕着"转换词",这样的事实证明了"将冲动捕捉在能指的网络中"属于语言的范畴,但是以不同于通过对被组织语言的观察而揭示的方式属于语言范畴。精神分析深入的就是像文本一样的东西。"对形象化的求助"同时也是像语言一样的东西,尽管这不是在"语词—表象"的层面上,而是"事物—表象"的层面上。

　　但是语言又怎么样呢?

　　我们已经注意到弗洛伊德《梦的解析》与《风趣话》之间的平行关系;这层平行关系建立在这样的事实基础上:梦的浓缩与移置机制似乎是古典修辞学的明确界定的修辞格;但我们没有超越普遍的类似。从梦的无意识文本中的"转换词"的角色开始,我们有可能详细地展开把浓缩解释为隐喻和把移置解释为转喻的过程。②

------

　　①　由拉普朗西和勒柯列主张的"菲力普的梦"的简短分析中,(《无意识:精神分析的一种研究》,《博纳瓦尔月刊》,1960 年),喝的欲望被这种求助的一系列等同物所表现:从合拢的手中喝自来水,以海螺的方式安排手掌。这种对手的安排与"莉莉,我渴了"的短语是本能表象;这样,"它们在解释的文本中指向了梦的生活核心",第 56 页。

　　②　在菲利普的梦中,喷泉所处的村庄广场对使其脚不舒服的海滨的代替就是隐喻层次;独角兽[licorne]指向其整个传说以及指向整个能指循环的运动作为转喻而起作用。关于转喻:"当我们言及独角兽的转喻功能时,它不是因为这种能指指向了那使成问题的干渴得到满足的对象,而是因为作为转喻的独角兽是指向并掩盖存在内部的令人眩晕的差距的表象,或者,如果你愿意,它的'原初的阉割'。于是,转喻,因为它的移置的无限可能性,就是指明与掩饰裂缝的合适工具,欲望产生于裂缝中并且它不停追求回到那里。"出处同上,第 29 页。

让我们同拉普朗西（Laplanche）与勒可列（Leclaire）一起沿着隐喻的路径前行。

在没有隐喻的语言中，的确存在着能指和所意指的关系[rapports de signifant à signifié]，这种关系可以被象征化为S/s；但在语言中将不存在含糊话，也不存在任何有待辨读的无意识。因为隐喻，一个新的能指 S' 取代了能指的位置（这可以写成S'/s）；但原来的S，没有被取消，而是下降到了所意指的行列中（这可以被写成S'/S）；重要的一点是它继续作为潜在的能指。于是，人们不能简单地用S'/s代替S/s，而是一种更复杂的表达式；S'/s 将是那种表达式的简化的版本。为了阐明这种简化，这两位作者主张写出 S'/sXS/s（表达式1）这样的表达式，S'/s 事实上是它的简化形式。但他们把它写出来仅仅是为了通过代数的方法将其转变成 S'/s/S/S（表达式2）。

无论人们可能对这些纯代数运算有什么样的保留（什么样的可能意义能被赋予乘法 S'/sXS/s，它允许表达式1转变成表达式2呢？），最终的表达式，如果不是作为真实的表达式，至少值得被接受作为对研究有用的图型。它有助于激发对分开两种关系的*障碍*的反思。两位作者运用障碍来表达压抑的双重本性：它是将系统分开的障碍，也是将能指与所指的关系结合起来的关联。由于其双重功能，障碍可以说不但是语言学现象的象征，一种仅仅包含能指与所意指关系的一种关联，而且是动力学现象：障碍表达了阻止进入更高系统的压抑。

这种技巧至少能使人们构建一张图表，压抑与隐喻在这张图表中正好相互平行。隐喻就是压抑，反之亦然；但正当它们被发现相一致时，经济学观点不可还原到语言学观点以吸引入的方式再度出现了①。那么,通过这种解读我们获得什么呢? 获得一切但同时又一无所获。获得一切,因为不存在不能发现相应语言学方面的经济学过程;于是能量学方面完全与语言学方面平行,而语言学方面保证了无意识与意识的相互联系。一无所获,因为唯一保证体系分离的东西是经济学说明:投入的撤回、反投入、在第二次压抑或严格压抑中无意识的吸引、在原初压抑中的反投入。为了话语的片段能这样整理能指的系列,用弗洛伊德的语言,"冲动的心理(表象)表现应该被拒绝进入意识"②;这种拒绝不是一种语言现象,

---

① 把系统捆绑在一起的凝聚因素仅能在能量语言中被表达。在"后—压抑"(Nachverdrängung)或"严格意义的压抑"的实例中,这种凝聚力被以前构成的链条所实施的"吸引力"明示,对之必须补充从更高级系统而来的投入之撤回,联系由此被打破并且过度投入被另一个所代替,还必须补充过度投入,被迫排除出链条之外的一项由此被其他的一项取代。"原初压抑"的实例更困难,它必须被重建。在此我们正着手处理系统分裂的起源,这种分裂先于一种被构成的系统所实施的任何"吸引力";弗洛伊德通过说出反投入是原初压抑的唯一机制来表明了这一点。在语言同这两个系统的原初分裂之间建立某种相关性是可能的,但这种相关性与无意识的"起源"一样神秘,与任何"起源"一样神秘(尽管不是更神秘)。弗洛伊德关于原初压抑的文本通过陈述反投入导致代表"固恋"于本能的行为使自身走到了这一步,正如我们所看到的,一个被理解为本能出现在精神表达中、通达能指范畴的过程。在隐喻图表的帮助下延伸这种解释,人们将理解"隐喻地起作用的关键能指[signifiants-clés]特定的存在,在这些能指上,因为它们的特别重要性,整理人类语言的整个系统的性质得到发展。我们尤其暗示 J.拉康所谓的父亲隐喻的东西,这一点是很清楚的。"(拉普朗西和勒柯列,第 39 页)在菲力普的梦这种实例中,人们能在喝的需要与干渴(作为要求与需要)之间的联系中,看到能指的首个链条之构成:当某人清楚地说出"菲力普一直干渴"以及把"干渴的菲力普"的绰号给他时,对一种代表的"固恋"就发生了。"我们现在能如下说明无意识起源的神话:因为能指的目标在于掩盖欲望转喻的不竭源泉的存在的根本鸿沟,无意识源于在能指网络中能量本能的捕捉。"(前引书,第 46 页)

② "压抑",德文全集版,第十卷,第 250 页;标准版,第十四卷,第 148 页;法文版,第 71 页。

它正好构成了原初压抑(Urverdrängung)。

将压抑解释成隐喻表明了:无意识与意识的关系就如同特种话语和普通话语的关系;但经济学说明是阐明两种话语区分的东西;在第二次压抑的四个阶段图表中,压抑与隐喻严格地有着共同外延;但障碍既作为意指或所指因素之间的关系起作用,又作为动力学系统之间的排斥力量起作用。

我相信,这种话语奇怪的和非语言学的(在这种术语的适当意义上)特征通过能量方面的不可还原性得到说明。的确,引人注目的是,在隐喻的图表中,原初能指被替代能指所取代并被降低为一种潜在能指,被当成了双重术语 S/S;相同的 S 因素拥有能指与所意指双重地位,在语言学中不存在这样的相应处境。人们就这样想阐明弗洛伊德前面称之为"事物的表象"或"对形象化的求助"的东西。但人们能将既是能指又是所指的意象作为一种语言成分吗①? 如果成像(i-mago)不加区别地以能指或所指的方式起作用,什么样的语言学特征留在了成像中呢? 人们能怎样谈论这一点:它指

---

① "在一定意义上,人们能够说意指链是纯意义,但人们也仅能说它是纯能指、纯非意义,或者对所有意义开放"(第40页)。这不是承认它恰恰不是一种语言学现象吗? 在处理无意识系列的两个表达时,拉普朗西赫勒可列有点掩饰了这个论证不可避免的结局,无意识系列依次是S/s,在第二个表达式中,被排斥在隐喻的阻碍之下,或在一种还原语言的模式中,等于 S/S 的简单意义,没有含糊性,因此没有隐喻并没有无意识:"无意识系列可以说自己重新具有了第一过程的特征,就好像我们一开始想象地把这些特征表现为还原为一个唯一一维度的意指系列的特征。"(第41页)这正是借助这种联系 S/S 被当成语言的一个因素吗? 作者坦诚认识到了困难:"然而,在我们'原初虚构'的第一过程的功能模式与无意识链条的实例中的区别必须作出。在第一个实例中毕竟存在着能指层面与所指层面的区别,尽管这两者不断相互侵犯;在第二个实例中,'所有意义的可能性源于这种能指与所指的实际等同。这就意味着在此不存在侵犯的可能性吗? 根本不是;而那侵犯或被转移的就是本能的能量,纯粹的并未被专门化的能量。"(出处同上,第41页)

向了自身并且它保持对所有意义的开放呢?

因此,我们能够有所保留地保持无意识像语言一样被建构的陈述;但"像"这个词必须接受与"语言"这个词同样的强调。简言之,这个陈述不能与邦弗尼斯特的评论相分离,这个评论就是:弗洛伊德的机制既是语言学之下的又是语言学之上的。无意识的机制与其说是特殊语言学现象,不如说是普通语言的超语言的扭曲。

就我的立场而言,我将把这种扭曲描述为语言学之下与语言学之上的混合。

一方面,当梦的机制动员了与那些人种学在寓言、传奇、神话这些大的意义单位中发现的象征平行的流俗的象征时,梦的机制接近语言学之上;梦中的"形象化"的很大一部分处在这种层面,它已经超越了语言的音素与语义连接的层面。

另一方面,移置与浓缩属于语言学之下的范围,因为它们所获得的不是建立清楚的关系,而是关系的混淆。人们可能会说梦产生于语言学之下和语言学之上的连接①。语言学之下与语言学之上的混杂或许是弗洛伊德无意识的最著名的语

———————

① 菲力普梦的片段巧妙地证实了这种混淆。一方面,欲望的转喻被能指 licorne(独角兽)所维持,它不是在能指与所指基本关系层面上而是在传说层面上来展开自身的。但同时梦起着 G de "plage"(海滨)和 "j'ai soif"(我渴了)的同音异义作用;双关语通过损耗与扭曲在音位成分上运作;G/G 的同音异义就是那产生转喻移置的东西,通过转喻的移置,喝的需要变成了在独角兽象征下的"为某某干渴"。独角兽既代表了自己的传说(并因此保证了那被称为欲望转喻的东西)又代表独角兽这一语词,在音位层面上,它分成了 li-corne。无意识的文本被添加进意识文本中,它必须在 LI 和 CORNE 之间作为指称链条来被提供。无意识的链条因而是伴随其普通语言的能指(Lili-plage-sable-peau-pied-corne)而来的复杂拼凑物,然而浓缩把这种系列浓缩到了其两端术语,li-corne。于是独角兽的意象既是寓言动物的神秘潜在,又是 li-corne 的双关语。这就是我们称为语言学之下和语言学之上的混合。

言成就。

总之,语言学解释有着把所有第一过程和压抑现象提升到语言行列的好处;精神分析治疗本身就是语言这种事实证实了无意识的准语言与普通语言的模棱两可。但扭曲(Entstellung)把其他话语转换为一种准语言,它本身不再是一种语言事实。正是这种语言的"之下"或"之上",将精神分析与现象学区别开来。这种语言的混淆也是提出关于主体考古学的紧迫且困难问题的东西。

(4)主体间性的主题毫无疑问是现象学与精神分析最接近以致相互一致的地方,但也是它们被看做根本不同的地方。最细小的差别也是最具决定性的差别。

如果精神分析关系可以被看做主体间关系的优先案例,并且如果这种关系采用了移情的特殊形式,这是因为精神分析对话,在脱离、孤立以及丧失现实感的特殊背景中,阐明了我们的各种要求,而欲望最终建立在要求之上。

这种分析在原则上使我们能把精神分析处境的所有变化与欲望的主体间构造联系起来,我没有从这种分析中撤回任何东西。然而,正是在这里,精神分析根本区别于现象学用它的反思的唯一源泉能理解并产生的任何东西。这种区别用一句话总结:精神分析是一项辛勤的*技术*,需要通过勤勉的练习与实践而学会。我们永远不对这项大胆的发现感到很惊讶,即,把主体间关系当做技术。

这一语词在此是如何运用的呢? 我们已引证过的弗洛伊德的一个文本①,把研究方法、治疗技术与一种理论整体的详

①　见上面,注59(译者注:这里是法文版的编码):德文全集版,第十三卷,第221页。在其他的文本中,弗洛伊德把精神分析的方法 作为既包括研究的方法 又包括治疗的技术:"弗洛伊德实践并描述为'精神分析'的

细说明不可分割地捆绑在一起。在此,技术是在旨在治愈的
治疗的狭隘意义上被采用的;研究方法作为解释艺术不同于
治疗技术。然而,处理精神分析技术的那些文本使我们能将
研究方法和治疗程序狭隘意义上的技术囊括在"技术"这个
词中。这种延伸建立在精神分析程序的性质之上;正是这种
程序使得研究方法成为技术的"理智"部分。"技术"这个语
词的广泛意义能被分解成三种观点:从精神分析学者的立场

特殊的精神治疗程序是一种我们知道的'投入'方法的结果,这套程序被
他与布洛伊尔合作在他们的《歇斯底里研究》中(1895 年)讨论"("Die
Freud'sche psychoanalytische Methode"[1904 年],德文全集版,第五卷,第
3—10 页;《弗洛伊德的精神分析程序》,标准版,第七卷,第 249—254 页;
法文版,第 304 页)。这一文本继续写道:"弗洛伊德引入到布洛伊尔治疗
的发泄方法中的那些变化首先是技术上的变化"(第 2 页):催眠的抛弃,
在同样清醒的两个人之间的对话,自愿的精神控制的抛弃,联想的自由游
戏,说出一切的"规则",甚至那些看起来不重要、无关的、荒谬的、令人为
难的或令人烦恼的东西。同一时期的一篇论文,《论精神治疗》(1905
年),德文全集版,第五卷,第 13—26 页;标准版,第七卷,第 257—268 页;
法文版,第 9—22 页;论及了"治疗程序"、"治疗技术"以及在相同的背景
中作为前面的论文的"治疗方法"——与布洛伊尔相对立的方法。在 1914
年的"记忆,重复以及持续工作"中("Erinnern, Wiederholen und Durcharbe-
iten",德文全集版,第十卷,第 126—136 页;标准版,第十二卷,第 147—
156 页;法文版,第 101 页);"精神分析的技术"再次与布洛伊尔的发泄相
对立。——有关精神分析关系与移情,参见 J.拉康:《在精神分析经验中
被揭示的作为功能构成的镜像阶段》,《法国心理分析评论》,第十三卷
(1949 年),第 449—455 页;《治疗的方向与力量的原则》,《精神分析》,第
五卷(1959 年),第 1—20 页。D.拉珈西(Lagache):《移情问题》,《法国精
神分析评论》,第十六卷,第 5—115 页。B.库恩博格(Grunberger):《关于
分析处境与痊愈过程的论文》,《法国精神分析评论》,第二十三卷(1959
年),第 367—379 页。E.阿玛多·列维-瓦朗斯(Amado Lévy-Valensi):《精
神分析中主体关系》(巴黎,法兰西大学出版社,1962 年)。J.P.瓦拉贝赫
加(Valabrega):《治疗关系》,巴黎,弗拉马里翁,1962 年。S.纳赫(Nacht):
《精神分析的在场》,巴黎,法兰西大学出版社,1963 年。C.斯顿(Stein):
《分析的处境……》,《法国精神分析评论》,第二十八卷(1964),第 235—
249 页。

看,分析的程序自始至终是一项"工作";从接受精神分析的人的立场看,与这种"工作"相对应的是另一种工作,获得洞察力的工作,他在对自己的分析中凭借这种洞察力进行合作;这种工作相应地揭示了第三种形式的工作,病人未意识到的工作,这种工作是他的神经官能症的机制。这三种观点共同形成了精神分析技术概念的可靠。

为什么精神分析是一项工作?首先及本质上是因为精神分析是反对病人抵制的斗争。① 从这种观点看,只要分析的技术被定义为反对抵制的斗争,解释艺术就服从分析的技术;的确,如果存在着有待解释的东西,是因为存在已经成为无意识的观念的扭曲;但如果存在扭曲,是因为一种抵制反对对这些观念进行意识复制。② 存在于神经官能症起源的那些抵制也是那些阻碍洞察力和所有精神分析程序的抵

---

① 反对抵制的斗争处在弗洛伊德对布洛伊尔发泄方法及其催眠运用的拒绝基础上:"催眠的对象就是它那隐藏了抵制并且因为那种原因阻碍了医生对精神力量作用的洞察。"(法文版,第 5 页)在 1905 年的论文中,"我有着另一种指责来反对这种方法,也就是,它对我们隐藏了对精神力量运动的洞察;它不允许我们,例如,认识到病人用它来坚持他的疾病以及甚至反对自己康复的抵制;然而正是这种抵制现象独自使得在日常生活中理解他的行为成为可能。"(法文版,第 14 页)在 1910 年的"精神分析治疗的未来前景"的文章中(德文全集版,第八卷,第 104—115 页;标准版,第十一卷,第 141—151 页;法义版,第 23—35 页),弗洛伊德用这些术语中描述了"技术领域中的创新"(第 26 页):"现在在精神分析技术中存在着两种目标:保存精神努力和给予病人进入无意识最没有抵制的通道。正如你所知,我们的技术已经经历了一个根本的转变。在发泄治疗的时代,我们目标在于症状的说明;然后我们从症状中转移开而把我们自身投入到揭示'情结'中,用荣格(Jung)认为不可缺少的一个语词;然而,现在在我们的工作目标是直接找到并克服那个'抵制',并且一旦这些抵制已被认识与消除,我们就能有理由地且毫无困难第依赖于那些显现出来的情结。"(第 26—27 页)

② 我们最早引证的文本明确地把精神分析技术、抵制、扭曲、解释的艺术联系在一起(前引书,第 4—5 页)。

制。因此,解释艺术的规则本身就是处理抵制的艺术的一部分。

于是,解释学和能量学之间的相互关系(我们这一章经常关注它),作为解释艺术和反对抵制的工作之间的相互关系在实践层面上以决定性的方式再度出现:将无意识"翻译"成意识与"废除"源于抵制的限制就是同一件事了。解释与工作相吻合。而且,在某些事例中,解释的艺术必须为反对抵制的策略作出牺牲,因而为技术作出牺牲。于是,弗洛伊德建议初学者不要对梦进行完整的解释并就此结束对梦的解释,因为这样做将会落入抵制的陷阱中,抵制为了延缓治疗将利用解释的迟缓。① 这种极端的事例清楚地表明在何种意义上解释的规则就是技术的规则。

技术优先于解释显示了弗洛伊德主旨的丰富意义:"对心理工具产生影响是不容易的";这种评价暗示了哈姆雷特的话,"该死的,你认为我比风笛更容易摆弄吗?"精神分析的治疗耗费了病人的真诚、时间和金钱,但它耗费了医生的研究

---

① "Die Handhabung der Traumdeutung in der Psychoanalyse"(1911年),德文全集版,第八卷,第350—357页;《精神分析中梦的解释的处理》,标准版,第十二卷,第91—96页;法文版,前引书,第43—50页:"因此,我承认,梦的解释不应该在分析治疗中被当成为自己的艺术,它的处理应当服从于那些整体上支配治疗行为的技术规则。"(《论精神分析的技术》,第47页)关于"精神分析家在病人精神分析治疗中应当使用梦的解释艺术的方式"这种问题就是"技术"问题(出处同上,第44页)。正是在这种联系中,弗洛伊德谈论了精神分析学者的"工作"(第92页)。这种表达是适当的,因为除非精神分析学者在病人梦的丰富性中已认识到一种抵制的策略,这就是精神分析学者使一种精确且完备的解释可能同整个策略相冲突的兴趣所在的地方;正是由于这些原因,解释的正确运用以及支配其运用的规则(出处同上,第92、94页)就是精神分析"技术"的一个部分。于是论文的标题得到充分的证明"处理……"(Handhabung)

和技艺。① 这两种"工作"相互对应;精神分析医生的工作就像病人的工作一样:如果精神分析医生想处理可怕的性欲力量,他必须已经"在他自己的心理中控制那种好色与拘谨的混合,不幸地,如此多的人习惯用这样的混合来思考性问题";未来从业者在精神分析中经受训练的要求在此找到了他最重要的理由之一。②

掌握技术规则将真正的精神分析从"野蛮"的精神分析中区分开来,这种"野蛮"的精神分析是科学无知与技术错误的混合物。因为误解了性欲中的精神因素和病人无法达到满足中的压抑角色,"野蛮的"精神分析犯了一个主要的技术错误,就是把病人的疾病归因于他对起作用的心理力量的无知:"病原学因素不是他的无知本身,而是这种无知扎根在他的*内在抵制*中;正是这些抵制第一次引起了这种无知,而且它们现在仍然保留了无知。治疗的任务就在于与这些抵制作斗争。向病人提供他不知道的东西(因为他已经压抑它)只是治疗必要的预备性工作之一……定期让病人知晓他的无意识

---

① 人们应当阅读 1912 年的短文,《对从事精神分析医生的建议信》,德文全集版,第八卷,第 267—287 页;标准版,第十二卷,第 111—120 页;法文版,第 61—72 页,在那里弗洛伊德详细地罗列了这种技艺的那些规则;铭记姓名、日期、联想以及病理产物的努力;保持被公平悬置的注意力以至于精神分析学者不过度地从他听到的材料中进行选择,等等。所有这些规则与为病人设计的那种基本规则相对照。病人方面的"总体交流"对应于精神分析学者方面的"总体倾听"。但这种总体倾听与医生自身必要的精神分析净化相关,并且因此,再一次与抵制的还原相关。其他的技术规则跟随不能通过一种意识心理学先验地预见的情感规则:例如,对某个病人保持不透明的规则,先于所有教育抱负以及所有治疗抱负的规则,等等。

② 《论精神分析的技术》,第 21 页。在 1910 年,弗洛伊德明确地把训练分析的必要性同认识及克服"反移情"的必要性联系起来(出处同上,第 27 页)。

会导致病人身上冲突的强化和他病情的加重。"①这一文本对于我们现在的讨论有很多启示:它证明了在普通觉察中的改善不能代替精神分析技术,因为问题不是用知识代替无知,而是克服抵制。

同时,文本清楚地表明精神分析医生的工作和接受精神分析的人的工作之间的一致。我在这里将不重新考虑"工作"概念的使用以代表梦与神经官能症的机制;我稍后将试图表明:这种工作如何是一个关键概念,它调和产生作用的能量的现实性和被辨读意义的理想性之间的关系,而这一工作被运用到心理动力客观化自身的一组过程中。② 在此,我把自己局限于在精神分析工作里获得洞察力过程的心理工作中。③

---

① 《"野蛮"的精神分析》(1910 年),德文全集版,第八卷,第 118—125 页;标准版,第十一卷,第 225 页;法文版,前引书,第 40 页。这篇论文中暗含的实例引起了弗洛伊德对人类性欲中精神满足与精神需要之间区别的最重要讨论:"在精神分析中,什么是性概念就包含了更多的东西,它比流行的意义拓展得更低并且也更高。遗传学上这种延伸被证明为合理的,甚至当那些冲动在有关它们的原初性目标中已变得被约束或者已将这种目标改变为另一个不再是性的目标时,我们把所有的温柔情感的活动算作属于'性生活',这些情感有原始的性冲动作为它们的源泉。由于这种原因我们更愿谈论精神性欲,于是强调了在性生活中精神因素不应当被忽视或过低估计这一点。我们在德语使用 lieben(爱)这一语词同样广泛的意义上来使用'性欲'这一语词。我们也很久就知道,在不缺乏正常性交的地方,对其所有结果满足的精神缺场能存在;并且作为临床医学家,我们一直铭记未满足的性倾向(我们与以神经紧张症状为形式的它的替代满足相抗争)能经常在性交或其他的性行为中找到很不适当的排泄口。"(前引书,第 37 页)

② 见下面,第二章,第二部分。

③ 再一次弗洛伊德提醒我们精神分析是一种需要对通过漫长而缓慢努力获得的技术熟悉的职业(第 41 页);那也是为什么精神分析必须被组织为一种被承认的职业,精神分析学者的头衔通过一种国际精神分析联盟来保证(第 42 页)。——关于解释、解释的交流与治疗动力学之间的关系,参见重要论文《论开始治疗》,德文全集版,第八卷,第 454—478 页;标准版,第十二卷,第 123—144 页,法文版,第 80—104 页,特别是第 100—104 页。

　　精神分析医生的工作与接受精神分析的人的工作在反对抵制的斗争中联合起来。① 病人方面的工作就是"根据一种更好的理解,接受直到现在他因为不快乐的自动调节而拒绝(被压抑)的东西"。因为不应忘记的是,压抑的唯一原则就是不快乐。因此,克服抵制所涉及的再教育就是与快乐—不快乐原则作斗争。催眠术不需要这项"心理工作",但它不能被省略。弗洛伊德反复说,精神分析对病人而言花费不菲:它花费了时间,它花费了金钱;最重要的是它需要完全诚实。根本的规则——著名的规则,唯一的规则,就是不管代价如何,谈论一切——就是病人对分析工作的巨大贡献。在此,言谈就是一种工作。这种放弃在思想中出现的任何东西暗示了病人对其疾病的意识态度的变化,并因此暗示了不同于在被指导思想中运用的关注与勇气。

　　"形成意识"的重要工作是理解、记忆、承认过去的过程,也是承认在那个过去中的自身的过程。正如我们在审视弗洛伊德理论著作时经常说的,获得洞察力的过程涉及将精神分析完全与现象学区分开来的经济学问题。我们在精神分析医生观点上触及的东西再一次在病人的观点中被遭遇:除非能被综合进获得洞察力的工作中,解释的传达没有价值。草率的传达只能导致抵制的加强。治疗过程有它自身的动力学,根据这种动力学,理解的纯理智因素在消除抵制中起着重要但从属因素的作用;正因如此,精神分析医生的解释必须从属

---

　　① 在这种标题下,不但包括了在会诊中病人的规律的与准时的出席,而且包括治疗将花去多长时间这种困难问题。在这种联系中,由于他所有对时间问题的指涉的重要性,我们应当暂停于弗洛伊德的一种评论:"减缓精神分析治疗是一个正当的愿望。……不幸的是,它与一个非常重要的因素所对立,即缓慢,思想中的深层变化因为缓慢而被实现——最后,无疑,我们无意识过程的'无时间性'。"(出处同上,第88页)

于普遍的分析策略："知识"在抵制策略中的位置自身必须通过艺术的规则得到教育。

弗洛伊德主张将有关病人与他的抵制作艰苦斗争称为"持续工作"（Durcharbeiten）①，这项工作通过解释和移情得到贯彻，并且与精神分析的根本规则相一致："只有当抵制处于顶峰时，精神分析医生能与病人一起发现被压抑的冲动骚动，这些冲动滋养了抵制……这种对抵制的详细说明可能在实践中构成了病人的艰难工作，并且是对精神分析医生耐心的考验。然而，在所有精神分析的部分，它是在病人那里产生重大转变的工作，并且它把精神分析的治疗与任何通过暗示的治疗区分出来。"②

获得理智洞察力被包括在心理工作中这一事实，使我们能重新检查我们在元心理学层面上已经研究的问题：即心理现象的场所论表象；对场所分化为系统的证明在实践中被发现了；系统之间的"疏远"和它们被压抑"障碍"分离就是对"工作"进行准确的图像化摹写，而"工作"让我们接近被压抑领域。"通过思想，病人已经知道了被压抑的后果，但这种思想缺乏与那个场所的任何联系，被压抑的回忆以某种方式被包含在这个场所中。除非意识的思想过程已渗透到那一场所

---

①　《记忆、重复和持续工作》，前引书，第114—145页。

②　相类似的评论在《精神分析治疗的发展线索》（1918年）中被发现，德文全集版，第十二卷，第183—194页；标准版，第十七卷，第159—168页；法文版，第131—141页。"我们把被压抑的精神材料带入病人意识的工作已经被我们称为精神分析"（第132页）。接着弗洛伊德继续发展了精神分析与化学分析之间的类似："我们已分析了病人，即，把他的精神过程分解成它们的基本构成并证明这些本能要素在他那里单独及孤立地存在。"（第133页）但弗洛伊德反对精神综合的观点，并说他没有在产生"一种新的和更好的联合"的任务发现任何意义（第133页）。我们将在第三章中讨论这一点。

中,并且已经克服了那里的压抑的抵制时,变化才有可能。"①

不仅场所论观点,而且是元心理学的经济学观点也得到实践的证明。的确,治疗从病人的困苦和他希望被治愈中获得能量,这种能量的力量遭遇到各种力量的反抗,在这些力量中就有病人从他的疾病中获得的"次要利益"。通过提供到达这些自由力量的特殊途径,并且通过唤醒能克服抵制的新能量,精神分析研究进入到这种"经济学"中②。以这种方式,治疗的经济学问题引导我们进入精神分析技术最困难的问题,移情问题中。因为移情被看做提供了前面文本中被设想的补充能量:弗洛伊德说,"只有移情的强度已经被用来克服抵制,一种治疗过程才能获得精神分析的名称。"③

因此,将现象学和精神分析之间差异的重要性集中于这个主题的时刻已经到来。

我们不变的问题——解释学与能量学之间的关系问题——最后一次出现了:现在它是理解解释、它的传达和获得洞察力如何被吸收进移情动力学中的问题。④ 弗洛伊德重复这一事实:对移情的"处理"是精神分析的技术特征得到最高

① 出处同上。
② 出处同上。
③ 《论开始治疗》,前引书,第102页。
④ "于是,病人受惠于他的精神分析学者的这一力量的新源泉被还原到移情和指导(通过同他的交流)。"(出处同上,第104页)在《记忆、重复和持续工作》中,通过返回到1914年的同一难题,弗洛伊德强调了他与布洛伊尔的对立并补充了下面的评论。布洛伊尔的发泄目标在于记忆的唤醒,它是通过解释工作和告知它的结果而达到的;但如果根本点是反对抵制的斗争,那么对以前事件和处境的探求必须优先于对抵制本身的解释:"最终,在那里发展出今天所运用的前后一致的技术,在那里精神分析学者放弃了将特定环节或问题带入焦点的尝试。他使自身满足于研究眼下展现为病人思想外表的一种东西,他使用解释的艺术,主要是为了认识到出现在那里的抵制,以及使它们被病人意识到。从这里导致了劳动的

程度证明的地方。这也是在现象学反思中训练有素的哲学家了解到他被排除出对发生在精神分析关系中的东西进行经验理解的地方。最后,这是精神分析实践不同于它所有可设想的现象学等同物的地方。因为移情问题,有关抵制的策略呈现出具体的轮廓。移情既作为克服导致疾病的早期抵制的方法,又作为新的抵制(如弗洛伊德所言,这种新抵制是对治疗最有力的抵制)而出现。① 一方面,只有创伤的处境被转移到精神分析关系的封闭领域中,抵制才能被克服;另一方面,移情恰恰出现在它能满足精神分析策略已经跟踪并一点点消除的抵制的那一点上。

在与移情处境中的抵制作斗争的过程中,解释学与能量学之间辩证法的新的方面得到了揭示。我们已经发现精神分析技术的原初目标不仅是情感的释放或"宣泄",而且也是记忆,一个被布洛伊尔的发泄直接针对的过程。但记忆也是一种理智现象,一种对作为过去的过去的洞察。逐渐地,我们发现,对抵制的承认比对无意识材料的记忆更为重要②;但首先,记忆在许多病例中被创伤处境的一种实际重复所代替:不是记住过去,病人通过把它表现出来(acting out)而重复它,

---

一种新区分:医生揭示了病人所不知道的抵制;当这一切变得更好时,病人经常无任何困难地把被遗忘的处境与关联联系起来。这些不同技术的目标当然是相同。描述性地讲,它是要填满记忆的鸿沟;动态地讲,它克服了由于压抑的抵制。"(第106页)

① 《移情动力学》(1912年),德文全集版,第八卷,第364—374页;标准版,第十二卷,第99—108页;法文版,第50—60页,前引书,第52—56页。在这篇论文中,弗洛伊德展现为一个谜一样的事实:移情是抵制的因素,"然而,在分析之外它必须被看做治愈的工具和成功的条件"(第52页)。"仅就它是消极移情或一个被压抑的爱欲冲动的积极移情程度上,谜的解答就是移情于医生对抵制治疗是适当的。"(第57页)

② 《对移情—爱的观察》(1914年),德文全集版,第十卷,第306—321页;标准版,第十二卷,第159—171页;法文版,第116—130页。

当然,他不知道他在重复它。事件的这种奇怪转向比起它可能首先出现更重要:没有一种主体间性现象学能与这种重复的自发性相平行,这种重复是一个重要系列的一部分:抵制、移情、重复;这一系列是精神分析处境的核心。① 于是,与抵制的斗争、处理移情和求助于重复形成了精神分析技术的主要部分;它的策略就在于:为了引导病人重回记忆的道路,运用移情来抑制病人的自动重复。这就可以理解为什么弗洛伊德声明处理移情比对病人联想的解释展现出更严重的困难。②

在此,我们的主要兴趣更多集中在这种处境的哲学含义中,而不是在治疗上。从这个观点出发,给人印象最深的困难,对现象学接近精神分析提出最大挑战的困难,就是有关处理爱的移情的困难:技术的难点在于使用爱的移情但又不满足它的艺术。弗洛伊德毫不犹豫地写道:这是"一条无疑支

① "我们很快理解移情本身仅是重复的一部分,而且重复是被遗忘的过去的移情,这被遗忘的过去不但移置到医生而且移置到当前处境的所有其他方面。……通过抵制起作用的部分也是容易被认识到的。抵制越大,行动(重复)取代记忆就越广泛。"(《记忆、重复和及持续工作》,前引书,第109页)精神分析技术就在于让重复发生,并于是它反对布洛伊尔发泄中使用的记忆的直接技术。论"行动",见《对移情——爱的观察》,前引书,第123—124页。

② "然而,控制病人的强迫重复和将它转变成记忆的动机的主要工具在于移情的处理。通过在一定领域中给予它肯定自身的权利,我们使得强迫无害,和真正有用。我们容许它进入作为运动场所的移情,在移情那里,它允许以几乎全部的自由扩展自己,它被希望以隐藏在病人思想中的病原本能之方式向我们显示一切……于是移情产生了一个疾病与现实生活之间的中间区域,通过它从一者向另一者的转移产生了。"(出处同上,第113—114页)对这些文本应当补充那篇重要而简短的论文《对移情——爱的观察》(见以上,注94);在这里面,弗洛伊德处理了在处理移情时的那些困难,并告诉我们它们比那些在联想解释里遭遇的那些困难严重得多(第116页)。

配这个领域的根本原则"；他这样阐明这条原则："精神分析治疗应该尽可能地在挫折和节制状态中得到实现"。① 这条规则似乎没有现象学的等同物。这与什么相关呢？我们在此处于精神分析关系的经济学问题的中心；精神分析医生学会不再仅在病人的抵制上"起作用"，而是在他人以挫折的形式出现的快乐与不快乐上起作用。为了理解这一点，人们必须回到原初处境并回到因为冲动和抵制之间冲突产生的挫折中；整个症状理论建立在最初挫折的基础上；从经济学的观点看，症状就是满足的替代形式；另外，替代策略的失败使得冲动力量促使病人寻求康复。当被置于这种动力学背景中时，得到精神分析的策略积极支持的挫折被证实了。不减少本能力量是重要的；正因如此，"我们应该以其他令人难以忍受的挫折的形式重新创造痛苦。"②于是精神分析医生的工作，我们一开始把它描述为反对抵制的斗争，现在被看成反对替代满足的斗争，这种斗争恰恰发生在移情中，在移情中，病人首先寻求这样的满足。对于现象学家，这种挫折的技术是精神分析方法最令人奇怪的方面；他无疑能理解真理的规则，但无法理解挫折的原则，后者仅能被实践。

　　如果我们现在将终点和这些对精神分析关系技术的反思的起点联系起来，我就可以说：正如我们在开头所说的，那使

---

　　①　《精神分析治疗的发展线索》，前引书，第 136 页。这种规则的实践在"对移情—爱的观察"中被作为例子："病人的需要与渴望应当被允许在她那里持续存在，以便它们作为推动她工作与变化的力量而起作用，而且…我们必须小心通过替身平息那些力量。"（第 123 页）文章进一步写道："精神分析学者必须从事的过程就是……在现实生活中没有其存在的模式的过程。他必须小心不要从移情—爱中转移开，或者拒绝它或者使病人讨厌它；但他必须像坚决保持对它的反应那样。"（第 124 页）

　　②　《精神分析治疗的发展线索》，前引书，第 136 页。

精神分析关系作为一种主体间关系成为可能的东西确实是这样的事实:在脱离、孤立、丧失现实感的特殊背景中,精神分析对话阐明了我们的各种要求,而欲望最终建立在要求之上;但只有移情技术,作为挫折的技术,能揭示欲望根本上是一种无法回答的要求这种事实……

重新表述精神分析的两种尝试,首先是用科学心理学的术语的尝试,其次是用现象学的术语的尝试,已经失败了,精神分析话语的唯一特征被这双重失败所证明。一方面,学院心理学的操作概念没有构成对精神分析概念的一个更好表述;另一方面,正如梅洛-庞蒂在给赫斯纳德(Hesnard)的《弗洛伊德的作品》的序言中所说,现象学不是"以清晰的方式谈论精神分析以混淆方式谈论的东西;相反正是通过它仅仅在其极限上暗示或揭示的东西——通过它的潜在内容或它的无意识——现象学与精神分析产生共鸣"①。

---

① 梅洛-庞蒂,给 A.赫斯纳德《弗洛伊德作品及其对当代世界的影响》的序言(1960 年)。我采纳这一序言的大部分评论与一般趋势。作者说,超越现象学与精神分析之间关系的最初描述是必要的,在最初描述中,现象学将扮演着泰然自若的导师的角色,它纠正误解并把范畴及表达手段提供给那推理贫乏且被贫乏地思考出来的技术。为了保存自身,在与弗洛伊德的研究相聚时,现象学必须首先贯彻下降到"自己底层"的运动(第 8 页)。已经开始于"那无限的好奇心,那看出一切的抱负,它使现象学还原充满活力"(第 7 页),现象学必须使自己的问题服从于未解决的身体问题、时间问题、主体间性问题,对事物或世界的意识问题,在这些问题中,存在现在是"围绕着[意识],而不是面对着它……梦的存在,通过定义被隐藏"(第 8 页)。那么,这种现象学反对它自己的唯心论,也将能将自己与使精神分析免于它自己的成功联系起来,在此,一个有贡献的因素能可以是现象学的重新表述。"在弗洛伊德的研究中唯心论的偏离在今天正如同客观主义偏离一样是一种威胁。人们被迫询问,仍然至少是一个矛盾和问题(当然不是一个可怜的尝试与一种神秘的科学)对于精神分析是否不是实质的——我意味着对于它作为治疗和能证实的知识的存在来说——"(第 8 页)我高度评价并自己采纳人们的这种评价,他们这样做

我希望已经表明，正是作为不可还原为其他实践形式的实践，精神分析"显示了"现象学从未完全达到的东西，即"我们与我们起源的关系以及我们与我们榜样的关系，即与原我和超我的关系"。①

是为了打破精神分析的"科学的或客观性的意识形态"（第5页）的魔力，人们做了许多事情："无论如何能量的或机制的隐喻反对任何唯心论倾向并保护了弗洛伊德的理论里最有价值的直觉开端：我们考古学的直觉。"（第9页）为了理解这一序言的重要性，参见 J.B.庞泰里斯［J.B.Pontalis］：《关于梅洛-庞蒂无意识问题的注释》，《当代》，1961年，注184—185，第287—303页。

　　①　同上，见 A.赫斯纳德：《现象学对当代精神病学的贡献》，马松，1959年。A.格林：《弗洛伊德的无意识与法国当代精神分析》，《当代》，第十八卷（1962），注195，1962年，第365—379页；《朝向肉体的行为：梅洛-庞蒂的路径》，《评论》，211（1964），第1017—1046页。

第二章　反思：一种主体考古学

    这一章的任务在于把前面的认识论讨论的结果带到哲学反思的层面。我们必须理解，我们的事业是严格哲学的事业，绝不束缚于精神分析学者本身。对于精神分析学者，精神分析理论通过它与研究方法及治疗技术的关系得到充分理解。但这种"充分的"理解——在柏拉图所说的意义上，柏拉图在一个重要的方法论文本中说，几何学家的说明终止于"充分的东西"，但这种"充分的东西"对哲学家而言是不充分的——对其自身不是完全透明的。如我们在"问题篇"中所肯定的，如果我思，我在是关于人的每个命题的反思基础，问题就是弗洛伊德的混合话语如何进入了一种深思熟虑的反思哲学中。

    在反对所有对精神分析进行心理学化或理想化的还原，以及在承认理论最现实与最自然方面的不可还原时，我们未使问题的解决变得更容易。引导我的观念是这个：精神分析话语的哲学地位被主体考古学的概念所界定。但迄今这种概念还保持为一个单纯的语词。我们如何给它一种意义呢？这个概念不是一个弗洛伊德的概念，我们也不试图把它强加到对弗洛伊德的解读中，或运用一些策略在他的著作中发现这个概念。它是我为了在阅读弗洛伊德时理解我自己而形成的一个概念。我强调这种构造操作的特殊本质并把它从前面方法论的讨论中区别开来,这种讨论仍然保持在没有根据的概念的充分层面上。

反思的步骤如下:

(1)首先,必须清楚的是:正是在反思中以及为了反思,精神分析是一种考古学;它是一种**主体考古学**。但是什么样的主体呢? 如果它同样是精神分析的主体,那么反思的主体应该是什么呢?

(2)主体问题的这种双重调整将使我们最终能把哲学处所分配给前面整个的认识论讨论,将第一章的方法论矛盾重新置于反思领域中。在这个部分,我们总结了我们对弗洛伊德主义的认识论检查。

(3)接下来通过转向弗洛伊德的命题本身,我们将在反思哲学的限度内详细说明考古学的概念。我们不宣称这个概念包含了对弗洛伊德主义的充分理解。这本书的剩余部分将充分证明对弗洛伊德主义的理解需要思想的一种新进展。

1. 弗洛伊德与主体问题

将弗洛伊德主义理解为一种关于主体的话语,和发现主体从来不是人们认为的那样的主体,这两件事是同一项事业。对弗洛伊德主义的反思性的再解释必然改变我们的反思观念:当对弗洛伊德主义的理解改变时,对我们自身的理解也发生变化。

应该激励我们的,就是在弗洛伊德主义中缺乏对生存主体和思考主体的根本提问。弗洛伊德很明显忽视和拒绝了任何原初或基本主体的问题。我们已经反复强调这种对我思，我在问题的远离。我思（Cogito）没有且不能出现在"系统"或"机构"的场所论和经济学理论中；它不可能在心理场所或角色中被客观化；它代表完全不同于在冲动理论和它们的结果中被详细说明的东西；因此正是这种因素逃避了精神分析的概念化。我们将在意识中寻找它吗？意识把自身表现为外在世界的代表、表现为表面功能、表现为在发展的意识—知觉（Cs.-Pcpt）表达式中单纯的一个符号或特征。我们在寻找自我吗？我们发现的东西是原我。我们应该从原我转向进行支配的心理区分吗？我们遇到的东西是超我。我们将试图在它的肯定、保护、扩张的功能中达到自我吗？我们发现的东西是自恋，在自我与自身之间的巨大屏障。这是一个封闭的循环，我思我在的自我每一次都逃脱了。这种逃离自我论的基础是非常有启发性的。它根本不表示精神分析理论的失败；这种从原初的逃脱现在必须被理解为反思的一个阶段。

让我们开始于上面引述的胡塞尔的《笛卡儿沉思》（第9节）。"证据的适当性与必然性不必同时存在。"①正如我看到的，这个命题提供了弗洛伊德的问题能够被思考与反思的框架。它应该在两个方向上被解读。一方面，它暗示了关于意识的非适当性伴随着我思的必然性：存在一个对每种怀疑而言难以克服的点，胡塞尔称为"自我的活生生的呈现"，而现象学还原接近了它；没有这种根本的求助，每一个有关人类现实的问题都会被删除。另一方面，人们不能证明我思的必然性而同时不承认有关意识的非适当性；在每一个我陈述自

---

① 参见，文本的其余部分，第398页，注43（译者注：这里为法文原书的页码和编码）。

己的实体陈述中我被欺骗的可能性，与我思的确定性有共同的范围："我在的活生生的证据不再是既定的而仅被假定。"胡塞尔可以补充说，"这种假定，共同—隐含在必然证据中，需要一种批判，这种批判将必然决定它的实现可能性的范围。"①正因如此，在我在的确定性的核心处保留着一个问题："这种先验自我在多大程度上能欺骗自己呢？尽管有这样的可能欺骗，那些绝对无疑的成分延伸多远呢？"②

从这些基本命题开始，有可能以反思的方式重复整个弗洛伊德的元心理学，这种反思方式重现了元心理学的所有步骤，但以不同的哲学维度产生这些步骤。弗洛伊德在准物理现实中客观化的一切，当代认识论批判能在他的心理机制的表象中区别的所有模式，所有这一切必须成为反思的一个阶段。

首先，必须被重现的是他对直接意识的批判。在这一方面，我把弗洛伊德元心理学看做是一种特别的反思规训：像黑格尔的《精神现象学》一样，但在相反的方向上，它实施了对意义家园的一种偏离，意义诞生地的一种移置。通过这种移置，直接意识发现自身为了其他的意义处所被剥夺了优势地位，这种其他的意义处所就是话语的优先存在或欲望的出现。这种剥夺（弗洛伊德的系统化以自己的方式对我们要求它）将作为一种反思的苦行，它的意义和必要性只是以后作为一种不合理风险的回报才出现。只要我们没有真正踏上这一步，我们不会真正理解，当我们说反思哲学不是一种意识心理学时，我们所说的一切；如果这种陈述是具体的有意义的，那么我们就必须拓宽反思设定（我们说它是必然的）和意识

---

① 出处同上。
② 出处同上。

企图（我们但愿在原则上已承认它是不适当的,能有错误与自我欺骗）之间的鸿沟。为了拯救反思及其不可征服的确信,我们必须真正放弃意识和它支配意义的企图。这就是通过元心理学(缺少精神分析的实践)的道路能给予哲学家的东西:我说"给予",不是"索取"。

这种剥夺的必要性证明了弗洛伊德自然主义的合理。如果意识观点是——从一开始并往往——一种错误的观点,那么,我必须利用弗洛伊德的系统化、它的场所论与经济学,作为一种旨在使我完全无家可归、旨在剥夺我那个虚幻我思的一种"规训",而我思在一开始占据了*我思*,*我在*的奠基行动的地位。经过弗洛伊德场所论与经济学的这条道路简单地表达了一种反现象学的必要规训;在这一过程的结论中(这一过程旨在破除所谓的意识自明性),我将不再知道对象、主体、甚至思想的意义;这种规训公开承认的目标就是动摇那阻碍进入*自我我思对象*(Ego Cogito Cogitatum)的错误知识。然而,对直接意识的剥夺被一种模型或一组模型的构建所支配,在这组模型中,意识本身作为场所之一而出现。这样,意识将是无意识—前意识—意识这三种心理区分的一种。相应地,这种心理机制的场所论或拓扑学的表象与经济学说明不可分离,根据经济学说明,机制的自我调节通过能量的放置和移置并且通过自由的或受约束的投入得到保证。对于我们当中那些不是精神分析学者的人,他们没必要进行诊断和治疗,采用场所论与经济学话语可以是有意义的,并且在反思中是有意义的。通过明确地把反思的必然性从直接意识的自明性中分离出来,弗洛伊德场所论与能量学的反现象学能作为反思的环节起作用。

通过回顾以弗洛伊德的语言呈现在我们"分析篇"第三章中的弗洛伊德元心理学的运动,我建议我们重新审查对直接意识的剥夺。我们发现这一问题分裂成两条路径。《无意识》清楚地陈述了第一条路径,这条路径引导我们从描述的观点到场所论与经济学的观点,描述的观点仍然是直接意识的观点,而在场所论与经济学观点中,意识成为心理场所之一。第二条路径引导我们从冲动代表(它们早就是心理因素)到它们在意识中的派生物。这种双重运动在反思的规训中成为可理解的。对意识的剥夺暗示了获得场所论—经济学观点。在这种观点看来,意义的场所从意识转移到了无意识。但这种场所不能被实体化为世界的一个区域。结果,第一个任务——偏离——不能与第二个任务——在解释中重新获得意义——相分离。放弃和重新获得的交替是整个元心理学的哲学动力。如果欲望的语言是结合了意义与力量的话语这一点是真的,为了达到欲望的根基,反思应该让它自己被剥夺话语的意识意义并被转移到另一个意义场所。这就是剥夺的、放弃的环节。但既然欲望仅在伪装中(在伪装中它转移自身)才是可接近的,我们只有通过解释欲望的符号才能在反思中重新获得欲望的出现,并因此扩大反思自身,而反思最终重新获得它已失去的东西。

对反思而言,这就是"分析篇"的两条路径的意义,从意识的描述概念到冲动和冲动命运的概念的路径,以及从冲动代表到它们在意识中的派生物的路径。

让我们回顾第一条路径。它始于一种相反的观点:无意识不再在与意识的关系中被定义为缺场或潜在的状态,而是定义为表象聚居的场所;在预期目前的分析时,我们称这种相反的观点为一种反现象学,一种相反的悬置(epochê)。① 这

---

① 第128页以下(译者注:此为法文原书的页码)。

仍然是真的,因为我们面对的东西不是还原到意识而是对意识的还原。意识不再是那众所周知的东西并且成为问题。从此以后,存在着一个意识问题、形成—意识(Bewusstwerden)的过程的问题,这个问题取代了所谓的存在—意识(Bewusstsein)的自明性的问题。这种反现象学现在必须被我们看做是反思的一个阶段,反思的剥夺环节。无意识的场所论概念是这种反思的零度的相关物。

摧毁意识伪自明性的第二步被放弃对象概念(欲望的对象,憎恨的对象,热爱的对象,焦虑的对象)所刻画。对象,正如它在它虚假的自明性中把自己呈现为意识的相关物,必须相应地停止成为精神分析的指导:在弗洛伊德的术语中,它仅仅是冲动目标的一个单纯变量(《性学三论》,"冲动及其结果")。冲动结果的观念于是取代了旧的意识心理学的表象法则。在这种冲动经济学的背景中,人们能够试图找出对象观念的真正起源,与利比多的经济学分配相一致的对象观念的真正起源。或许这种表面上的反现象学仅仅是一个长长的迂回,在这个迂回结束时,对象将再次成为先验指导,但这是对于一个高度中介的反思的指导,而不是对于一个被假定的直接意识的指导。在这一方面,当后期胡塞尔把构造研究建构在一种被动产生上时,他指出了研究的出路和方向。而弗洛伊德的特别之处就是把对象的这种起源与爱和恨的产生联系起来。

剥夺的第三步通过把自恋引入到精神分析理论中而得到描述。我们现在被迫将自我本身当作冲动的一个可变对象,并形成自我冲动(Inchtrieb)的概念,正如我们所说的,在自我冲动的概念中,自我不再是我思(Cogito)的"主体",而是欲望的"对象"。而且,在利比多的经济学中,主体与对象的价值不断地相互转化;存在着一个快乐自我(Lust-Ich),与自我冲动(Inchtrieb)相关联,它在利比多投资或投入市场上用自身去交换对象的价值。这是对反思哲学的最高测试。问题就在于直接统觉的真正主体。自恋应该被引入,不但被引入精神分析理论,而且被引入反思。我那时将发现一旦我思,我在这一必然性的真理被说出,它就被虚假的自明性阻碍:一个破产的我思(Cogito)已经取代了反思的第一真理,我思,我在;在自我我思(Ego Cogito)的核心处,我发现一种冲动,它所有的衍生形式①都指向了全然原始与原初的东西,弗洛伊德称之为原初的自恋。把这种发现提升到反思层面就是使对意识主体的剥夺等同于对被意向对象的剥夺,而且对被意向对象的剥夺早已做到。

在此我们已经达到贬低意识,并且人们会说,贬低现象学的一个终点。在谈论父母对孩子的过高评价时,弗洛伊德将这种过高评价看做是他们自己的被抛弃自恋的重生("他的君王般的婴儿"将实现我们所有的梦),弗洛伊德写道:"自恋体系的最棘手之点,即自我的不朽性(它被现实如此艰难地压抑着),通过托庇于儿童而获得安全。"②

"这种自恋体系中的棘手点"就是我称为虚假我思(Cogito)的东西,它与原初我思(Cogito)有着共同的范围。在另一个著名文本《精神分析道路上的一个困难》(1917 年)中,弗洛伊德明确指出了对意识特权地位的挑战所涉及的哲学问题。在这篇论文中自恋成为形而上学上真正重要的东西,一个真正的邪恶天才,我们对真理最极端的抵制必须归因

————————

①　参见第 136—138 页(译者注:此为法文原书的页码)。

②　《论自恋:导言》,德文全集版,第十卷,第 158 页;标准版,第十四卷,第 91 页;法文版,第 21 页。

于它:"人的普遍自恋,他们的自爱,迄今已从科学研究中遭受了三次沉重打击。"首先,人把地球的中心位置看做他在宇宙中支配角色的一种保证,一种似乎"与他把自己看做世界君主的倾向相一致"的观点。其次,人"获得了在动物王国中支配其动物伙伴的地位",并且专横地"在他的本质和它们的本质之间设置了一道鸿沟"。最后,他深信他是他自己心理家园的主人与君主。精神分析代表了对自恋的第三种和"可能最残酷的"的羞辱。在哥白尼(Copernicus)施加的宇宙论打击之后,紧随着从达尔文(Darwin)工作而来的生物学羞辱。现在,精神分析揭示了"自我不是自己家园的主人";在已经知道他既不是宇宙的主人也不是动物王国的主人以后,人发现他甚至不是他自己心灵的主人。弗洛伊德学派的思想家因此对自我说:"你确信,如果它是很重要的,你就知晓在你灵魂中发生的一切,因为在那个事例中,你的意识给了你有关它的信息。如果你在你的思想中没有事物的任何信息,你自信地假设它不存在于那里。你走得如此之远,以至于把'心理'等同于'意识',即,等同于你知道的东西,尽管有很多明显的证据表明:比起你的意识知道的一切,你的思想中正不断发生着更多的事情。来吧,让你自己在这一点上受一些教益"……"你像一个独裁者那样行动,这个独裁者满足于他的宫廷高官提供的信息,从未到人民中去倾听他们的呼声。把你的目光转向自身,审视你自己的内心,首先学会知道你自己! 然后你将理解为什么你必定会陷入苦恼,而且或许,你将避免在未来陷入苦恼。"①

----

① 《精神分析道路上的一个困难》,德文全集版,第十二卷,第3—12页;标准版,第十七卷,第137—144页;法文版,见《应用精神分析文集》,第139—146页。论弗洛伊德的人格学,见 J.拉康:《在精神分析经验中被

"来吧，让你自己在这一点上受一些教益！……审查你自己的内心，首先学会知道你自己！"弗洛伊德的这些话语使我们认识到这种羞辱本身是自我意识历史的一部分。In te redi（不外求——译者注），这一短语是圣奥古斯丁的短语；在《笛卡儿沉思》的结尾，它也是胡塞尔的短语；但弗洛伊德的特殊之处在于，这种指示、这种洞察必须涉及一种"羞辱"，因为它遭遇了一个迄今为止戴着面具的敌人，弗洛伊德称之为"自恋的抵制"。

自恋的这种对立，作为对真理抵制的中心，支配了一种方法论的决定：从意识的描述转移到心理机制的场所论。哲学家必须承认：在诉诸自我的自然主义模式和反对意识幻想的驱逐与剥夺的策略之间存在着深刻和重要的联系，而意义的幻想自身植根于自恋中。无意识的实在论已经变成自我本身的实在论，必须被看做反对抵制的一个阶段，并被看做迈向一种自我意识的一个步骤，这种自我意识更少集中于自我的唯我论上，它被现实性原则、被必然性所教育，并向脱离了"幻想"的真理开放。我们关于意识能说的一切，赞成弗洛伊德

揭示的作为功能构成的镜像阶段》，《法国心理分析评论》，第十三卷，4（1949），第449—454页；《无意识的形成》，研究会，1957—1958年，《心理学公报》，n.II.D.拉珈西：《自我意识的魅力》，《精神分析》，第三卷，1657年，第33—45页；《精神分析与人格结构》，《精神分析》，第六卷（1961年），第5—54页。P.拉格（P.Luquet）：《结构化与自我重构化中的过早认同》，《法国精神分析评论》，第二十六卷，1962年，第117—329页；P.C.哈伽米尔（P.C.Racamier）：《自我、他者、人格与精神病》，《精神病学的发展》，第二卷，1958年，第445—466页。论肉体印象的角色，见F.多勒托（F.Dolto）：《人格学与肉体印象》，《精神分析》，第六卷，1961年，第59—92页；S.A.申图博（S.A.Shentoub）：《自我观念评注及其对肉体印象概念的指涉》，《法国精神分析评论》，第二十七卷，1963年，第271—300页；G.帕克诺（G.Pankow）：《精神分裂症中的动力学结构》，《瑞士心理学评论》，第二十七卷，1956年。

并最终反对弗洛伊德的一切,从此以后必须携带我们自爱的这种"伤害"的标记。为了表达现象学贫乏这一点(我们被促使接受这一点),我们将重回柏拉图在《智者篇》中对存在与非存在的评论:他说,"存在问题与非存在问题一样使人困惑。"我同样说,意识问题与无意识问题一样含糊不清。

在他的本能理论的开端处,这就是有利于弗洛伊德所说的一切。我将不隐藏这样的事实:这种策略,完全适应于反对幻想的斗争,阻止精神分析重回原初的肯定:对弗洛伊德而言,没有什么比在必然判断中设定自身的我思观念更陌生,这种我思观念无法还原为意识幻想。正因如此,弗洛伊德的自我理论在意识幻想方面立刻有了解放作用,但因为它不能赋予我思的"我"某种意义而令人失望。但这种严格哲学上的失望,首先必须归因于精神分析强加给我们自爱的"伤害"和"羞辱"。

因此,在接近弗洛伊德论述自我或意识的文本中,哲学家必须忘记他的唯我论的最基本要求,并接受我思,我在的设定摇摆不定这种事实;因为弗洛伊德关于意识说的一切预设了这种遗忘与摇摆。意识或自我在必然设定的意义上从未出现在系统化中,而相反是作为一种经济学功能出现。

这样,在通过它的系统化的狭窄门径接近弗洛伊德主义时,我们有效地实现了对意识的剥夺;而且,我们是在这个词的严格意义上"实现了"它,因为这个规训导致的是心理区分的实在论。然而,从它自身考虑,这种实在论是难以理解的;如果它仅仅成功地将反思扭曲为对事物的思考,对意识的剥夺将是无意义的。如果我们忽视场所论—经济学说明与解释的实际工作之间的复杂联系,就会出现这种情况,而解释使精神分析在表面意义中辨读隐藏意义。

　　元心理学引导我们的第二条道路在"冲动的心理表现"这个困难概念中有它的起源。这个概念,更多被假设而非得到证明,并且有时可能被看做是一种权宜之计,有着不可替代的功能。它构成反思系列的主要榫头:我把它置于这一点上:直接意识的"放弃"运动被看做是"重新获得"运动的对应面,被看做是寻求等同于真实我思(Cogito)的"形成意识"的起点,被看做是重新占有意义的开始。

　　我们说,存在这样一个点,在那里,力量问题与意义问题相吻合了:它是冲动在心理现象中被表象和情感代表的那一个点,而表象和情感"表现"了冲动。让我们把情感问题放在一边,我们将在下一个部分回到这个问题,并仅仅思考这些表现,弗洛伊德把它们称为冲动的表象—表现。

　　弗洛伊德告诉我们,本能在它的生物学存在中是不可知的;能进入心理领域的唯一途径就是凭借它的表现的标志;因为这种心理符号,肉体"在灵魂中被表现"。因此有可能对意识和无意识使用同样的语言:我们可以谈论无意识表象和意识表象;尽管有障碍把它们分开,某种意向意义的统一从此以后维持了不同系统之间意义的密切关系。这一影响深远的命题有两个分叉:一方面,心理不能被意识、被统觉的事实来界定;在这一点上,与莱布尼茨(Liebniz)的欲望和知觉概念的密切关系是很有启发意义性的,并且使弗洛伊德冲动的心理表现的概念变得似乎很合理,我们马上将花费很大篇幅处理莱布尼茨的这两个概念;另一方面,无意识与意识之间意义的密切关系暗示了心理本身没有了形成意识的可能性就不能得到界定,尽管这种可能性是多么遥远与困难。"无意识"这个词,甚至当它被 Ubw(Ucs)这个缩写取代时,保留了对意识的指称;弗洛伊德评论说,Bewusstheit,"意识"的属性"形成了我们所有研究的出发点"①;他还说,"只有心理过程的特征被直接呈现给我们,它决不适宜作为体系分化的标准……因此意识既不与系统也不与压抑处在简单的关系中。"最多,我们可以而且必须"从意识症状的意义中解放出来"②。这恰恰是我们在我们已经描述为对意识的剥夺中所做的。但意识这个事实既不能被压制又不能被摧毁。因为正是在与形成意识的可能性的关系中,在与获得意识洞察力的任务的关系中,冲动的心理表现的概念成为有意义的;它的意义是这样的:无论原初的冲动代表是多么疏远,无论它们的派生物多么扭曲,它们仍然属于意义的范围;它们在原则上能被转换成意识的心理现象的术语。简言之,作为对意识的回归,精神分析是可能的,因为无意识以某种方式与意识是同质的;它是它相对的他者,而非绝对的他者。

2. 原我的现实性,意义的理想性

我们现在有可能在反思中(更准确地说,是在放弃和重新获得的双重运动中)重新开始在第一章中被悬置的方法论讨论。我将不会回到从它们在一种连贯的认识论内部的内在一致性和共存性观点出发的解释学概念和场所论—经济学概念的内容问题。我将聚焦于特别依附于场所论—经济学概念的"现实性"的标记,并且聚焦于意义、意向与动机概念的"理想性"的标记。

---

① 《无意识》,德文全集版,第十卷,第271页;标准版,第十四卷,第172页;法文版,见《元心理学》,第104页。

② 出处同上,德文全集版,第十卷,第291页;标准版,第十四卷,第192页;法文版,第139页。

弗洛伊德主义旨在是一种无意识的实在论。在这一方面，弗洛伊德抱怨意识的偏见阻止"哲学家们"公正地对待精神分析的无意识概念。他是对的，但当精神分析的事实服从于元心理学的基本概念时，仍然存在着决定我们声称与实践的是何种实在论的问题。这是在康德意义上的批判的任务；现在，这个任务可以被完成了。

毫无疑问，弗洛伊德场所论需要一种无意识的实在论；我们自己已经从反思的观点出发支持了这种实在论，在它里面认识到剥夺的环节、放弃的环节，这些环节与任何不成熟或幻想的获得洞察力相对立。但这种与我的意识的分离不是与所有意识的分离。元心理学概念与实际解释工作的关系暗示了一种新的相对性，可以说，不再与"有"无意识的意识有关，而与被解释工作构成的全部意识领域有关。但这种新的命题充满了陷阱；因为这种工作与这种领域属于一种科学意识，重要的是将这种科学意识至少在原则上与任何私人主体性区分开来，包括精神分析学者的私人主体性；这种科学意识首先必须被看成是先验主体性，即，被看成支配解释的规则的场所或家园。

只要我们还没有把场所论与每种实在论在其中得到建构的解释学领域联系起来，这种实在论就仍然被悬置，而我们已经将这种实在论与进行哲学活动的我们自己相"分离"，并且我们已经把它和我们的直接意识相分离。但如果我们不希望废除弗洛伊德实在论所表现的反思进步的收获，这种关系就必须被正确理解。我们不把这种实在论看做是再次堕落到自然主义，而是看做对直接确定性的剥夺，一种从我们自恋中退出和对我们自恋的羞辱；我们现在不得不说的东西肯定不是那个相同自恋的隐蔽回归，而是意识新性质的出现。尽管我们以后发现解释学的意识是场所论实在论的可能性的条件，这种出现是对意识剥夺的结果和利益。

这种处境没有什么奇怪的，也不是像恶性循环那样的东西。一般来说，正是这种处境刻画了经验实在论（它被每种科学事业预先假定）与批判观念论之间的关系，这种批判观念论支配了关于事实科学有效性的所有认识论反思。因此，对场所论实在论概念的批判不必回到对被分析主体意识的研究，因为这将是在直接意识方向上倒退的一步，我们已经坚决地远离了直接意识。当然，精神分析总是从对于这个意识的疑难意义出发，从对于它的症状出发，从它联系到精神分析医生的梦的叙述出发。这是真的，但它不是关键因素；关键因素是悬置直接意义，或悬置混乱意义，并且将表面意义和它的无意义转移到被分析工作本身构建的辨读领域。正是场所论使这种悬置或转移成为可能。因此，对实在论概念的唯一可能批判是一种认识论批判，一种"演绎"它们的批判——在康德先验演绎意义上——即，通过它们整理客观性与可理解性的新领域的能力来证明它们。对批判思想更为熟悉将使我排除对无意识实在论和场所论实在论的许多学究式讨论：尽管我们被迫在心理区分的实在论（无意识、前意识、意识）与意义和非意义的观念论之间进行选择。在物理学领域，康德已教会我们把经验实在论与先验观念论相结合；我说先验观念论，而不是主体或心理学的观念论，如同一个过于善意的理论一样，这个善意的理论将很快取消场所论的结果与收获。康德为自然科学获得了这种结合；我们的任务就是为精神分析获得这种结合，在精神分析中，相关于理论详细说明的事实，理论具有一个构造的角色。

一方面，是经验实在论，这意味着这几件事情。

第一,元心理学不是一种随意的、偶然的构造;它不是一种意识形态、一种推测;它属于康德所说的经验的规定性判断;它决定了解释的领域。因此我们应该停止把方法与理论分离,停止采用没有理论的方法。在此,理论就是方法。

第二,在辨读过程的结尾,精神分析像地层学与考古学一样达到了一种现实。它遭遇和发现的现实以很多方式使我们感到惊奇:首先作为已结束分析的必然产物使我们感到惊奇。这种梦的解释最终遭遇了它所终止于的最后的硬核;这就是我理解的弗洛伊德所说的可终结的分析的意义①;精神分析将自身终结于某一点上,因为它结束于*这些*能指而不是*那些*能指:分析结束于其上的术语就是*这种*语言系列而不是其他语言系列的事实存在。

第三,这是一种单独的、个体的现实,有着特别心理的结构,但它也是典型的现实:解释是可能的,因为它有规律地回到相同的意指部分、相同的一致性。这些反复形成了一种预先构成类型的词库,在"我"说话之前"存有"意义。"它"(即原我)说话。于是分析就是有限的,因为*某种*单独结构是可辨别的;但单独的东西是可辨别的,作为这种而非那种,因为它从限定可能联合的范围的类型中创造出了它的单独性。因此,有限联合次序的观点必须被连接到可终结的观点上。人们于是面向了一种被决定的结构的观念,精神分析既证实又预先假定了它。

第四,除了将它奠基在意义的单独性和典型结构的有限列举中,弗洛伊德的实在论建立在支配无意识系统的法则的

---

① 《分析的有限与无限》,德文全集版,第十六卷,第59—99页;标准版,第二十三卷,第216—253页;法文版,见《法国精神分析评论》,第六卷,注1,1939年,第3—38页。

机械论性质上。支配那个系统的法则与意识行为法则之间的差异就是在弗洛伊德眼中证明从描述观点向系统观点转变的东西。这种向另一个合法性的转变（在这种合法性中，我遭遇了作为机械装置的我自己）与黑格尔在他的《法哲学原理》中描述的情境有相似性；当理解把人的行为领悟为需要存在的行为时，它就在将必然性实体化为机械装置、作为外在现实的系统中领悟它；黑格尔陈述说："政治经济学就是从这种观点开始的科学。"①这种与政治经济学的比较不是偶然的，因为填满场所论框架的东西是一种冲动经济学。精神分析的方法是难以实施的，除非人们采纳被经济学模式强加的自然主义观点并认可它赋予的可理解性的类型；发现的所有力量原初地产生于这种模式。因此，对精神分析单纯的语言翻译似乎规避着弗洛伊德提出的基本困难；他的自然主义是"有充分依据的"；构成其基础的东西是成问题的力和机械装置的事物方面、准自然方面。如果我们没有走得那么远，我们迟早要回到直接意识的优先地位。

但在接受实在论时，人们也必须问这个问题，什么类型的实在？什么的实在？这是人们必须保持接近场所论自身教导的东西的地方。通过场所论的可知实在就是一种冲动心理表现的实在而不是冲动自身的实在。经验实在论不是一种不可知的实在论，而是可知的实在论；在精神分析中，可知的东西不是冲动的生物学存在，而是冲动心理表现的心理学存在。弗洛伊德说："冲动从未成为意识的对象；只有表现冲动的表象可以。而且，甚至在无意识中，除非通过表象，冲动不能被

---

① 黑格尔：《法哲学原理》，§189；法文版，伽利玛出版社，第157页。

表现。如果冲动没有把自身依附于表象或把自身显示为情感状态，我们对它只能一无所知。"①因而，弗洛伊德场所论固有的实在论首先是冲动心理表现的实在论；从这里开始，现实的相同迹象逐渐延伸到精神分析将其与表象相联系的一切事物上；凭借我们在情感负荷和表象表现之间已发现的联系，情感的负荷（quota of affect）因此变成了在场所论中也有其"位置"的一种现实："无意识的核心包括了寻找释放它们投入的冲动代表；也就是说，它包括了欲望的冲动"②；在相同的实在论者的层面上，这种联系允许我们从场所论观点转向经济学观点。"投入"与所有其他经济学操作只能在那些表象和情感负荷中被辨认、承认、命名，而情感负荷构成了表象的数量方面。正因如此，弗洛伊德在他最实在论者的文本中，一贯地把冲动的结果阐发为冲动"表现"的命运："压抑本质上就是一个在无意识与前意识（意识）系统之间的边缘上影响表象的过程。"③正因为这种实在论是冲动"表现"的实在论，而非冲动本身的实在论，它也是可知事物的实在论而非不可知事物的、难以形容的、深不可测事物的实在论。我们应该把这两个文本集中在一起：弗洛伊德在第一个文本中说："冲动理论可以说就是我们的神话学"④，他在第二个文本中陈述说，"内部

---

① 《无意识》，德文全集版，第十卷，第276页；标准版，第十四卷，第177页；法文版，第112页。

② 出处同上，德文全集版，第十卷，第285页；标准版，第十四卷，第186页；法文版，第118页。

③ 出处同上，德文全集版，第十卷，第279页；标准版，第十四卷，第180页；法文版，第118页。

④ 《新讲座》，德文全集版，第十五卷，第101页；标准版，第二十二卷，第95页；法文版，第130页。

对象与外部世界一样可知"。① 应该注意的是,第二个文本用康德的语言表达出来;它发生在其中的上下文陈述说:康德纠正了我们对外部知觉的观点,并教导我们,我们的知觉"不必看成与被知觉的不可知的东西相同"。这是一个重要的评论,因为它把不可知的事物放在外部,放在事物的一边;于是,这一文本继续说道:"精神分析警告我们不要把通过意识形成的知觉与无意识心理过程等同起来,这些无意识心理过程是知觉的对象。就像物理一样,心理实际上不必是它向我们呈现的那样。然而,我们将高兴地知道,对内在知觉的纠正将显得不会比对外部知觉的纠正有更大的困难,内部对象与外部世界一样可知。"②

这样说了以后,我们仍然把这种"现实"和解释的各种操作联系起来,并且表明这种现实仅仅作为"被诊断"的现实而存在③。无意识的现实不是一种绝对的现实,而是相关于给予它意义的操作。这种相关性展现为三种程度,我们将按照从更客观到更主观的次序排列,或者,如果你愿意,按照从更多认识论到更多心理学的次序排列。

第一,第一场所论的无意识与辨读的规则有关,比如,这些规则使得我们有可能将前意识系统中的无意识"派生物"

---

① 《无意识》,德文全集版,第十卷,第 270 页;标准版,第十四卷,第 171 页;法文版,第 102 页。

② 出处同上。

③ 在我主张的对弗洛伊德无意识的第一个解释中,我充分利用了诊断与被诊断的现实观念(《自愿的与非自愿的》,第 350—384 页)。在此我回到它,但更多关注证明弗洛伊德的实在论与自然主义为合理的。这种解释可能与波立策(Politzer)的解释对立,《心理学基础的批判》,出自《心理学与精神分析》(里德,1928 年),且与 J.P.萨特(Sartre)的解释对立,《存在与虚无》,巴黎,法兰西大学出版社,1943 年,"存在主义的精神分析"。

追溯到它们在无意识系统中的"起源"。这种相关性必须清楚地被了解:它没有把自身还原到普通心理学意义上的解释者方面的简单投射;它意味着场所论的现实在解释学中构成了它自身,但在纯认识论意义上构成了自身。正是从派生物(Pcs.)回溯到它的起源(Ucs.)的运动中,无意识的概念具有一贯性并且它的现实标志得到了检测。这并不暗示无意识对于相关主体的意识是真实的。对"拥有"无意识的意识的指涉首先必须被悬置,这种关系必须被分离。但这种悬置揭示了另一种相关性,它不是"主观主义的",而是认识论的:场所论本身就与解释学的重要因素相关,这些重要因素包括了各种符号、症状和指示,也包括了分析方法和说明模式。

第二,从一开始,正是在与第一个相对性的关系中,并且在第一种相关性中,我们可能谈论第二种相关性、主体间的相关性,而第一种相关性可以被称为客观的相关性,意味着这是与分析规则有关的相关性,而不是与精神分析医生个人有关的相关性。通过精神分析的解释指涉到无意识的事实首先对他人有意义;这种见证意识(即精神分析医生的意识)是解释学重要因素的一部分,场所论现实就是建构于这些重要因素中。我们没有必要详细阐述这些评论的全部意义;在这种相互配合的构造能被主题化之前,还有很长的路要走。目前,我们只能在支配精神分析的客观规则的框架内理解它的认识论意义。在这种背景中,精神分析医生只能以这样的面貌出现:他实践着游戏规则,但仍然没有作为在双重关系中的第二方出现,通过这种双重关系,一个人的意识在另一个人的意识中有它的真理;只有当被分析者自身显示为"形成意识",不再简单作为分析的对象(被分析对象的意识被悬置并被拒绝作为意义的起源示)时,这种意义才会出现。让我们满足于说,无意识——通常在场所论中被系统化的现实——被另一个人根据解释规则详细说明为现实。以后,我们将指出,与完整且具体的治疗关系相比较,这种诊断关系仍然很抽象,因为这种治疗关系通过两个意识之间的对话和斗争,使单个存在开始了形成意识的过程。在我们反思的目前阶段,我们关于它能说的一切足以使得有关无意识的断言获得客观内容。正是在与解释学规则的关系中和对另一个人的关系中,既定的意识"有"一种无意识;但这种关系只有在剥夺了拥有那种无意识的意识之后才变得明显。

第三,正是在对那种双重相关性的依赖中,人们能说明第三种形式的依赖,尽管在它自己的层面上仍然是构成性的,它目前仅仅是主观的:我所指涉的是在移情语言中的精神分析现实的构造。精神分析医生的独特性在这里出现为一个不可缺少的指称极;一个既定的精神分析医生就是那个激发、经历和在某种程度上指导移情的人,在移情中,精神分析的主题成为有意义的。我们在此接近偶然性与不可预见性;然而它不是一个偶然因素的问题:移情就不是治疗中的一个偶然部分,而是它的必然途径。但是在每一病例中,移情展示为一种唯一的关系。我们有可能谈论它,仅仅因为它是可调控的插曲而非无法计算的事件。可调控的插曲是训练的对象;移情可以被教导和学习。无法计算的事件是与精神分析医生的独特人格相遭遇:它既不被教导也不被学习。可调控的插曲确实与无法计算的事件不可分离:但正是第一个——通过抽象与第二个相分离——出现在解释学的重要因素中,精神分析中谈论的心理"现实"与这些解释学的重要因素有关。

面对一种不再是经验实在论的实在论,我认为这些反思是必要的,这种实在论将不是一种冲动表现的实在论,而是一种天真实在论,它在事后将把完整的精神分析详细说明的最终意义投射到无意识中。在这种情形中,精神分析将成为一门神话学,最糟糕的,因为它将使无意识思考。"原我"这个词的表达力——甚至比"无意识"这一术语的表达力更强——让我们远离天真实在论,这种天真实在论将一种意识赋予无意识,在意识中复制意识。无意识就是原我,并且只是原我。

通过直接把无意识本质地而非偶然地指涉到解释学重要因素,我们既界定了有关心理区分现实的任何断言的有效性,又界定了它的限度;我们实施了对精神分析概念的一种批判;一种批判,即既是对它们意义内容的证明,又是对它们企图超越它们构造范围的一种限制。这些范围就是解释学重要因素的范围,即,由以下这些因素构成的整体:(1)解释的规则,(2)精神分析的主体间处境,以及(3)移情的语言。在这种构成的领域之外,场所论不再有意义。

因此,概而言之:原我的现实性,意义的理想性。原我的现实性,因为原我引发了解释者方面的思想。意义的理想性,因为意义仅仅在分析结束时才是如此,这种意义在精神分析的经验中并通过移情语言得到详细说明。

3. 考古学的概念

我因此把弗洛伊德的元心理学理解为反思的冒险;剥夺意识是它的途径,因为形成意识是它的任务。

但从这个冒险中收获的是一个受伤的我思:一个设定自身但不拥有自身的我思;这个我思只能在并且通过对现实意识的不适当、幻想和谎言的宣称中看到它的原初真理。

我们现在必须更进一步,不再仅仅用否定的语词谈论意识的不适当性,而是以肯定的语词谈论欲望出现或设定,通过欲望的设定,我被设定了,我发现我自己早被设定了。在我思的核心处,对我在(sum)的预先设定现在必须在主体考古学的标题下变得清晰。

我们现在以反思哲学的风格必须重新检查的不仅仅是弗洛伊德的场所论,而且也是他的经济学。我们已经通过剥夺的策略证明了场所论的观点,通过剥夺的策略,反思反对虚假意识的魔力。朝着这个沉思的中心问题的方向上前进,我们将试图把经济学观点证明为适合主体考古学的话语。

从我们为解读弗洛伊德所做的导言开始,我们试着建议(因为期待目前的讨论)一个主题,我们现在将尝试把这个主题与反思哲学紧密联系起来。我们说,从力量转移到语言的可能性,以及在语言中完全重新获得那种力量的不可能性,或许存在于欲望真正的出现中。

可能性与不可能性之间的联系是我们反思当前的主题。迄今为止,我们已经把经济学观点看作是一种模式,即被它的认识论功能证明的工作假设。但只要这种模式与反思的关系仅仅被描述为剥夺意识的否定关系,选择这种经济学模式就仍然外在于反思运动。我们现在必须看到经济学模式和我以后所说的反思的考古学环节之间的深层相容性。在此,经济学观点不再仅仅是一种模式,甚至也不再仅仅是一种观点:它是关于事物的总观点和关于在事物世界中人的总观点;这种对自身的理解的根本转变不能被封闭在一种模式中或者产生于一种简单的方法论选择。就我的立场而言,我把弗洛伊德主义看作对古老事物的揭示、最先前东西的显现。因此,弗洛伊德的思想扎根于有关生命和无意识的浪漫哲学中,既陈旧又新鲜。我们可以从它的*时间*意涵的观点回顾弗洛伊德的整个理论作品；我们将看到他的主要关注点是"先前"这个主题。

　　这整个发展的旋律核心将是回溯的概念，正如《梦的解析》第七章中所展现的。因为我们已经详细地分析了这困难的一章，我将不回到它的结构，或不回到心理机制图型的特征（比喻的或实在论的特征），也不回到1900年的场所论和儿童被父亲引诱的理论之间的联系：我直接进入似乎是这整个构造根本目标的东西。正如我们指出的，这种图型的目的就是要说明一种反常的机制，这种机制以相反的方向起作用，以回溯的方向而非前进的方向起作用。梦包含的意愿填满（Wunscherfüllung）以三种方式回溯：它回溯到意象的原始材料，回溯到童年，以及在场所论上向后趋近心理机制的知觉端而不是向前趋近动力端。弗洛伊德注意到："然而，所有这三种回溯根本上就是一种回溯并作为一条准则而存在；因为在时间上更古老的东西在形式上更原始，在心理场所上更接近知觉端。"[①]最后，场所论的回溯特征有助于在一种模型中表达了另两种回溯的形式，另两种回溯，一方面是回到意象、回到图景的形象化、回到幻觉，另一方面是时间的回溯。而且，这后两种回溯形式紧密关联。弗洛伊德说："在回溯中，梦的思想的结构被分解成它的原始材料。"[②]另一方面，这种分解是形式回溯、思想回溯到意象的另一个名称，它为回到过去服务，因为"梦的思想"服从审查，除了在形象化的幻觉模式中

---

　　① 《梦的解析》，德文全集版，第二、第三卷，第554页；标准版，第五卷，第548页；法文版，第451(299)页1914年的一个补充。

　　② 出处同上，德文全集版，第二、第三卷，第549页；标准版，第五卷，第543页；法文版，第447(296)页。

不能找到表达的方式:"根据这种观点,梦或许被描述为对婴儿场景的替代,这种场景因为被转移到最近的经验而得到修正;婴儿场面不可能自己复活,只能满足于作为梦重新出现。"①最后,时间方向的回溯被着重强调:"梦在整体上就是回溯到做梦者最早期状况的一个例子,他童年的复活,支配童年的本能冲动的复活以及他可利用的表达方法的复活。"②因为拓展这种观念,弗洛伊德补充说:"我们可以猜想尼采的话语的正当性,他主张:在梦中,人类一些原始遗迹在起作用,我们现在很少能通过直接的途径到达这些遗迹。我们可以期望通过梦的分析认识人类的古老遗产,发现他心理上固有的东西。"③这是《梦的解析》最终的重点,这被这本书的最后几行证实:"梦能使我们认识未来吗? 当然不存在这样的问题",弗洛伊德斩钉截铁地回答;因为如果通过把我们的愿望描绘为实现的,梦把我们引导到未来,这个未来是"由不可毁灭的愿望按照过去的形象塑造的"④。于是,过去一词是《梦的解析》的最后语词。支撑这整个讨论的是这样的命题:除非它把自身加入到我们无意识的"不可毁灭"并"实际上不朽"的欲望中,没有什么欲望,甚至睡眠的愿望——梦仍然是睡眠愿望的保护者——是有效的。

在这种指导线索下重读弗洛伊德的作品是可能的;弗洛伊德的全部作品,当然包括了元心理学作品,也包括文化理论

① 出处同上,德文全集版,第二、第三卷,第 552 页;标准版,第五卷,第 546 页;法文版,第 448(297)页。
② 出处同上,德文全集版,第二、第三卷,第 544 页;标准版,第五卷,第 548 页;法文版,第 451(299)页这些行是 1919 年增加的。
③ 出处同上。
④ 出处同上,德文全集版,第二、第三卷,第 626 页;标准版,第五卷,第 621 页;法文版,第 505(337)页。

的作品,具有一种非常确定的哲学语调。我将在受到限制的古老根基概念(这个概念直接从梦与神经症中被推论出来并在《元心理学论文集》中被主题化)和类比地从精神分析的文化理论中获得的普遍化概念之间作出区别。

让我们开始于受限制的考古学循环。

在弗洛伊德主义中,深度或深奥的意义存在于时间维度中,或更准确地讲,存在于意识的时间功能和无意识的"无时间"特征的联系中。我们已说过,场所论的第一个功能是形象化地描绘欲望一直到它的不可毁灭性的各种程度。因此,场所论作为不可毁灭性本身的隐喻图像促进了经济学:"在无意识中,没有什么可以结束,没有什么是过去或被遗忘。"我们有很好地理由看到在这些表达式中对《无意识》论文的评论表达式的预期。在那篇论文中,古老的根基具有了比任何冲动的能量学更为广泛的深度意义:"无意识的核心包括了冲动表现,这些冲动表现寻求释放它们的投入……"弗洛伊德继续写道:"在这个系统中没有否定、没有怀疑、没有确定的程度:所有这一切仅仅通过无意识与前意识之间的审查工作被引入。"对我们来说,最重要的一点是:"无意识系统过程是没有时间的;即它们不在时间上排序,不被时间进程改变;它们根本没有指涉时间。对时间的指涉再次与意识系统的工作联系在一起。"这些陈述与下面这些陈述不可分离:"无意识过程很少关注现实。它们服从快乐原则。"所有这些特征被当成一个整体:"没有对立,第一过程……无时间性、用心理现实来代替外部现实。"①我们很容易有这样的印象:

① 《无意识》,德文全集版,第十卷,第 285—286 页;标准版,第十四卷,第 186—187 页;法文版,第 129—131 页。

元心理学不再简单使用一种模式,而是渗透和深入到生存深度中,在生存深度中,弗洛伊德重新与叔本华(Schopenhauer)、冯·哈特曼(Von Hartmann)以及尼采站在一起。

诚然,在这一文本中,弗洛伊德似乎不愿意给无意识的无时间性一种不同于单纯时间上优先性的意义。他在同一论文的第六部分的结尾写道:"无意识内容可以与心理中的土著人相比较。如果在人类中存在一种心理返祖结构,类似于动物中本能[Instinkt]的东西,这些结构组成了无意识的核心。"①

但当弗洛伊德改造他的本能理论时,时间的元心理学持续扩张着并超越了陈腐的演化论框架。1915 年论文谈论的有关无意识的东西现在被归于原我;原我是无时间性的。现在,"原我"这个术语已经有了无数的共鸣,它不可能在简单的能量学中被耗尽,这个术语借自于格德克(Groddeck)[《原我之书》(Das Buch von Es)],而他则被尼采的例子所鼓舞。它不仅仅是一种反现象学的问题,而且也是一种非人称和中性的倒置的现象学问题,一种充满了表象与冲动的中性问题,一种从来不是我思,而是类似它说的中性问题,而它说在简洁语句、意义重点的转移、梦与诙谐的修辞学中表达自身。这就是无时间的王国,不合时宜的区域。

在《新讲座》中,弗洛伊德毫不犹豫地说,我们关于它只有模糊的观点:"它是我们人格黑暗的、难以接近的部分,我们从我们对梦的工作和神经官能症症状的构造的研究中获得

---

① 出处同上,德文全集版,第十卷,第 294 页;标准版,第十四卷,第 195 页;法文版,第 144 页。

的对它的了解是那么少。"①"我们仅仅利用某些相似性形成原我观念;我们称它为混乱、充满沸腾兴奋的大气锅。"②我们不认为他正聆听柏拉图谈论 *Khôra*,神把它塑造为宇宙中的有等级的形式吗? 在这种背景中,弗洛伊德再次采纳了他早期关于无意识的无时间性的陈述,但用一种准—形而上学的语调:"在原我中不存在与时间表象相符合的东西,不存在时间进程的迹象,并且——一件最值得注意并在哲学思想中有待思考的事情——在它的心理过程中没有什么变化通过时间进程产生。从未超越原我的欲望冲动,而且还有印象(它通过压抑被陷于原我中),实际上是不朽的,在经过几十年后,它们表现得好像它们刚发生。当它们通过精神分析工作而产生意识时,它们只能被承认为属于过去并被剥夺它们的能量投入。精神分析治疗的效果部分正是依靠这个结果。一次次我确信:我们没有凸显这种毋庸置疑的事实,即,被压抑的东西在时间中无疑具有不可改变性。这似乎提供了一种进入最深奥发现的途径。不幸地,我自己在这个方向上没有任何进展。"③

　　让我们不要忘记,这些表述是一位老人的表述,他反思了他的全部作品并强调了这些作品的哲学特征;因此,我们在这

---

　　①　《新讲座》,德文全集版,第十五卷,第 80 页;标准版,第二十二卷,第 73 页;法文版,第 103 页。

　　②　出处同上。

　　③　出处同上。关于弗洛伊德的回溯与时间,参见 M.本纳巴赫特(M. Bonaparte):《无意识与时间》,《法国精神分析评论》,第十一卷(1939 年),第 61—105 页;J.胡阿赫特(J.Rouart):《作为控制与作为防御的时间》,《法国精神分析评论》,第二十六卷(1962 年),第 382—422 页;F. 帕稀(F. Pasche):《回溯、扭曲、神经症(回溯观念的批判审查)》,《法国精神分析评论》,第二十六卷(1962),第 161—178 页。

最后几章中主动引用了《新讲座》。作为无意识特征的无时间性（zeitlos）从此以后属于一种关于人的观点，在这个观点中，我们可以正确地谈论欲望不可超越的特征。《梦的解析》的第七章的确是预言性的：鹰的注视立刻在令人困惑（be-fremdendes）的梦的工作现象中探察出了基本点；奇怪的因素就是第二过程通常晚于第一过程，第一过程从一开始就展现出来，而第二过程姗姗来迟，并且从未被明确地建立起来。梦是回溯的见证和模式，而回溯表明：除了在压抑的不充分形式中，人不能完全地与确定地实现这种取代；压抑是一种心理现象的通常的规则，这种心理现象注定姗姗来迟并注定为婴儿的、不可毁灭东西所折磨。场所论因此接受了第二层意义：它不仅仅描绘了无意识思想的疏远程度，而且描绘了表象与情感一直分解到了不可毁灭性，它的空间性同样代表了人不能从快乐—不快乐的调节进入到现实性原则，或者，用更多斯宾诺莎的术语而非弗洛伊德的术语——尽管他们根本上是相同的——人不能从奴役转变到至福与自由。

这种在冲动层面上观察的考古学的顶点存在于自恋理论中：自恋似乎在它的妨碍与阻塞的角色中没有耗尽它的哲学意义，这种角色使我们称它为虚假我思。自恋也有一种时间意义：它是人们永远回归的欲望的原始形式；我们回忆起弗洛伊德在其中把它描述为利比多"蓄水池"的那些文本；所有的对象利比多被转变为它；所有的被解除投入的能量都回归于它。于是自恋就是我们情感撤回的条件，并且正如我们进一步重复的，也是升华的条件。因此，弗洛伊德进一步陈述说，对象选择本身具有不能清除的自恋标记。他坚持说，所有我们爱的对象以两种古老对象为模型塑造，一是生育我们、哺育我们并关心我们的母亲；二是我们自己的身体；可以说，除了情感依赖的选择或自恋选择之外,我们的欲望没有其他的选择。自恋本身,在它的原初形式中,总是隐藏在它的无数症状后面(变态,精神分裂式的失去兴趣,原始人和儿童方面的思想万能,病人退回到他受威胁的自我中,退回到睡眠中,在忧郁症中自我的膨胀);人们有着这种印象:如果我们有可能指出这种放弃(Versagung)的核心、这种自我的撤回(自我回避并拒绝爱的冒险),我们将会对许多幻觉的形成有关键答案,被称为自我中心的古老根基的东西或许就出现在这些幻觉中。但原始自恋通常比所有第二次自恋更为原始;后者就像古代地层上沉积的沉积物。

我们现在有可能从被限制的考古学转向普遍化的考古学。正如我们在"分析篇"的第二部分表明的,弗洛伊德的整个文化理论可以被看作一种类比的延伸,这种延伸开始于通过梦和神经症的解释形成的最初核心。然而,就像这种普遍化是理论革新的时机一样(第二场所论是这种革新的主要见证),我们可以在理论的转变中跟随弗洛伊德考古学的线索。

就理想与幻想是梦与神经官能症症状的类似物而言,任何对文化的精神分析解释很明显是一种考古学。弗洛伊德主义的天才就是在它的理性化、理想化、升华下面揭示了快乐原则的策略、人类古代事物的形式。在此,精神分析的功能就是通过表明它实际上是旧东西的复活来减少表面的新奇:替代性满足,恢复失去的古代对象,从早期幻想中产生的派生物——这些只不过是各种名称来表示旧的东西在新的特征中恢复了。很明显,正是在对宗教的批判中,弗洛伊德主义的考古学特征达到了顶峰。在"压抑回归"的标题下,弗洛伊德辨认出了那或许被称为文化古老根基的东西,因此把梦的古老根基扩展到了精神的崇高领域的范围。弗洛伊德的后期著作,《一个幻想的未来》、《文明及其不满》以及《摩西与一神教》着重强调了人类历史的回溯倾向。因为得到了更多的陈述,弗洛伊德主义的考古学特征已经变得逐渐强大起来。

我绝不主张:弗洛伊德主义被还简化为这种对文化占老根基的揭示;在下一章,我希望表明对文化的精神分析解释不仅仅包括了一种高度主题化的考古学,而且包括了一种隐含的目的论。在主张对弗洛伊德主义结构的一种更加辩证解释之前,我们可以有益地详细讨论这一单方面的解释,这种解释强调这个理论的批判方面而不是辩证方面。作为第一种接近,弗洛伊德主义可以说是一种还原的解释,一种通过还原等式而来的解释,这种解释极端的例子是关于宗教的著名表达式:宗教是人类普遍的强迫性神经官能症。我们不应匆忙纠正这种还原解释学,相反应该与它在一起,因为它在一种更广泛的解释学中将不会被抑制而是被保留(见最后一章)。

通过把另一种古老根基——超我的古老根基补充到原我的古老根基上,第二场所论以它自己的方式表达了这种普遍化的考古学。我不主张:超我的观念使自己成为一种考古学的主题;相反,认同理论表达了那种心理力量的进步与建构的方面。但如果我们在思想中不牢记它出现于其上的古老根基和"父亲情结"(再次使用弗洛伊德的术语)的古老化特征,我们将不会理解这种认同理论涉及的困难。父亲情结的确有一种双重的诱发力,它迫使人们放弃了婴儿的地位,因此,它作为法则起作用;但同时它把任何后续的理想形成保留在依赖、畏惧、预防惩罚、渴望安慰的网络中。正是在无可救药地依附于我们婴儿期的形象的古老根基的背景中,我们每个人必须依次克服我们欲望的古老根基。因而,如果我们匆匆略过超我的这些古老特征,我们将不能掌握弗洛伊德道德解释的特殊性。

当弗洛伊德把超我称为失去对象的"沉淀物"时,当他陈述说:超我比起意识自我的知觉体系更深地到达原我时,他已经阐明了这种古老根基。在此,两种古老根基之间存在一种共谋关系,这两种古老根基产生了弗洛伊德所说的内部世界,与外部世界相对立,而自我就是外部世界的代表。让我们把这种古老根基的特征汇聚在一起。我们回想起,正常人的道德意识在纯描述层面上通过病理学模式被接近;病理学模式,远没有使人们对道德现象的描述失效,让我们从它们不真实的方面接近它们。自我被观察、谴责、虐待,这些角色让我们说弗洛伊德把"义务病理学"补充到康德所说的"欲望病理学"上。道德的人首先是一个异化的人,他服从陌生主人的法则,正如他服从欲望的法则和现实的法则;在《自我和原我》结尾的三个主人的寓言在此非常有启发意义。因此,在从梦转向崇高中,解释没有改变它的目的:解释仍然在于揭示;因为超我在我自身中仍然是我的"他者",它必须被辨读。一位陌生人,它仍然陌生;解释已经改变它的对象,但没有改变它的目的。除了探索伪装在梦和它们类似物中的隐秘欲望外,解释的功能是揭示自我的非原初或非原始的起源,它的陌生的或异化的起源。这是一开始就排除任何自我的自身设定、任何原初的内在本质、任何不可还原核心的探究方法的积极收获。

对发生学说明的求助证明并进一步强调了伦理世界的古老特征:在弗洛伊德主义中,发生取代了基础的位置;道德的内在心理区分源于一种内在化的外部威胁。相同的情感核心,俄狄浦斯情结的情感核心,存在于神经官能症和文化的起源处;每一个人,以及被看做单个人的人类整体,具有被健忘症仔细删除的史前伤疤,一部乱伦与弒父的真实古代史。

当然,俄狄浦斯插曲象征化了文化的成就,这个成就就是向制度的转变。但这种对野蛮欲望的胜利具有害怕的古代标记;它是一种对象的放弃,但是在害怕支持下的放弃。《图腾与禁忌》把道德起源归于它的那种原始场面是一部野蛮历史,这是一部将崇高投入残忍的历史。从这种观点出发,弗洛伊德充分相信,我们的道德保存了他在禁忌中发现的主要特征,即欲望和害怕、迷恋和恐惧的情感矛盾。禁忌的心理—病理学将禁忌与强迫性神经官能症的临床现象联系起来,并延伸到康德的绝对命令中。

我把对道德异化的批判看作是对"在律法下生存"的批判的一种特殊贡献,这种批判始于圣·保罗(St. Paul),被路德(Luther)与基尔凯戈尔(Kiekegaard)继承,并以不同的方式再次被尼采采用。在此,弗洛伊德的贡献在于他发现了伦理生活的基本结构,即道德的最初基础,这个基础既为自律做了准备,又为延缓它、在古老事物阶段阻止它发挥了作用。内部的暴君扮演着前一道德和反一道德的角色。它在它的非创造沉淀维度中是伦理环节;它是传统,因为传统为道德发明奠定基础,同时阻碍道德发明。我们每个人被这种理想的力量带入他的人性中,但同时又被拽回到他自己的童年中,因为童年被看作是无法超越的处境。稍后我将谈论由社会制度本身的事实提出的问题:我们在认同理论中将要辨读的准一黑格尔特征一定不能使我们忽视这样的事实:如果制度总是欲望的对方,这正是因为欲望和害怕,使得我们从一开始并在很大程度上被置于对这种法则的异化依赖中,而圣·保罗将这种法则说成在自身中是"神圣与良善的"。

元心理学试图说明这种超我与原我之间的隐秘关系。这种元心理学试图将一种外在权威的"内化"与欲望本身的"分化"联系起来。它的问题是这样的:这种崇高如何在欲望中产生呢?因此,我们毫不奇怪地看到弗洛伊德以各种方式把超我与原我相比较。通过把它转移到理想化的自我形象上(《论自恋》的理想自我),他有时在理想化的过程中发现保持童年自恋完美的一种方法;于是,我们更好的自我就以某种方式与虚假我思、破产我思站在一起。有时正是在认同本身中,尤其是建构过程中(正如我们将进一步讨论的),弗洛伊德看到了一种自恋的成分,如同每一个内化过程一样,一种失去的对象通过内化过程在自我中延续了它的存在。有时他回想起了认同的谱系,这个谱系从利比多的口腔阶段开始(在那个当爱是一种吞食的遥远的时间中……)。在《自我和原我》①中的一个重要文本明显地从经济学观点把升华、认同和自恋回溯联系在一起。

因此,俄狄浦斯情结既代表了欲望中的断绝,被阉割形象化地表现的断绝,又代表法则经济学与欲望经济学之间的情感连续。这种连续是使得产生一种超我经济学成为可能的东西:"产生自原我的第一个对象投入、产生自俄狄浦斯情结的超我……将它与原我的系统发生的成果联系起来,并使它成为从前的自我结构的再生,自我结构把它们的沉淀物留在了原我之中。于是超我总是靠近原我并能担当它的代表来面对自我。它深入原我中并由于这个原因比自我更远离意识。"②

---

① 参见以上,第236—238页和注85(译者注:这里是法文原书的页码和编码)。

② 参见以上,第238页和注90(译者注:这里是法文原书的页码和编码)。

　　弗洛伊德后来为这种超我经济学所做的所有补充,特别是为了说明其严格性与残酷性,更加强调它的古老化的特征。超我是认同的沉淀物,因而是被放弃对象的沉淀物,但正是沉淀物有回转过来反对它自己冲动基础的显著力量。为了说明超我的这种反应特征,弗洛伊德将在《俄狄浦斯情结的衰落》中强调阉割恐惧在俄狄浦斯情结"衰落"过程中的角色;于是,俄狄浦斯处境的克服,作为进入文化的主要任务,根本不是逃避快乐原则,相反是保存快乐原则,因为正是为了拯救它的自恋,儿童自我在阉割的威胁下远离了俄狄浦斯情结。最后,在《受虐狂的经济学问题》中"道德的受虐狂"概念的引入将使超我的严酷性成为死亡冲动的代表,而死亡冲动被解释为毁灭冲动。这种"羞辱"的成分(在这个术语的严格意义上),是弗洛伊德在超我经济学中辨认出的最后成分;或许它也是它的古老根基的真正署名。

　　的确,死亡冲动不是许多古老形象中的一个,而是所有本能和快乐原则本身的古老迹象。我们不应当忘记:死亡冲动被引入开始于为了说明治疗中的一个特殊处境,对被治疗的抵制,重复原初创伤处境的冲动,而不把它提升到记忆行列。重复的功能于是被看得比死亡冲动中的毁灭功能更原始。或更应该说,毁灭是生物为了恢复生命更早的状态而采用的一种方式。在这一方面,《新讲座》的表述比我们从《超越快乐原则》中引用的表述更加引人注目。生命毁灭自身的倾向似乎如此原始,以至于弗洛伊德冒险地写道:"受虐狂[自我毁灭]比施虐狂[他者的毁灭①]更古老",并且所有冲动的目标

————————

　　① 《新讲座》,德文全集版,第十五卷,第112页;标准版,第二十二卷,第105页;法文版,第114页。

就在于通过引起一种类似自动重复的过程,恢复事物的更早状态:胚胎学只是一种强迫重复;于是通过肯定"冲动的保存本性",弗洛伊德把死亡置于生命中,将回归到无机体置于有机体的进一步发展中。因此,《超越快乐原则》的假设就不单纯是"启发式观念",而是对事物本性的深刻洞见:"如果这是真的,在一些不可测的遥远时间中并以我们不能理解的方式,生命诞生于无机物,然后,依据我们的推测,一种冲动创造也已经出现,它寻求再次废除生命并重建无机状态;如果我们在这种冲动中承认我们自我毁灭的理论,我们可以把自我毁灭看作'死亡冲动'的一种表达,而'死亡冲动'出现在每一个生命过程中。"①

我愿意认为,在这种与死亡有关的重复的主题(在以后被引入理论)和所有其他形式的古老根基之间似乎存在着相互和谐与密切关系。当精神分析在梦的伪装下发现了"我们最早的意愿"、"欲望的不可毁灭性"时,重复早就是《梦的解析》时期的主题了;重复再次在所有回溯到自恋中被表达,无论是否崇高;从《图腾与禁忌》到《摩西与一神教》,主题就是重复:人被心理区分往回拉,而心理区分不断使他离开他的童年欲望。时间化的过程(意识系统最终存在于时间化过程中)呈现在与无时间性相反的方向上(无时间性本质上就是冲动),或者,正如《超越快乐原则》所提出的,与一种能被正确描述为非时间化的冲动相反。这无疑是我们对"巨人之间的战斗"所做的最吸引人的改写,弗洛伊德把"巨人之间的战斗"置于爱若斯(Eros)与死亡的双重象征下。如果我们把这

---

① 《新讲座》,德文全集版,第十五卷,第114页;标准版,第二十二卷,第107页;法文版,第146页。

些古老根基的样式相互联系,在那里就形成了一种相反命运的复杂形象,一种使人倒退的命运,以往从未有一种学说如此一致地揭示这种复杂处境的令人不安的连贯性。

4. 考古学与反思哲学

通过利用如同柏拉图可能说的"厚颜无耻的推理"以在自身中表达自身的他者,我们在自己的考古学中已经达到了自我疏远的极点。哲学问题现在出现了:在反思哲学框架内我们能思考这种考古学吗? 提出这个问题就是提出经济学观点的最终意义问题。

这种无时间性、永恒、不可毁灭的欲望的隐含哲学不仅仅证明了场所论的实在论特征,而且证明了经济学的自然主义特征,并且最终证明了经济学观点和场所论观点的分离。我们回想起在解释有关把经济学与场所论观点分离开来的文本中遭遇到的困难。我们明确地把这个问题与冲动情感代表的特殊结果的问题相关联;正是当这种结果不再与表象化表现的命运相一致时,经济学观点才真正是场所论观点的补充,正如在《压抑》和《无意识》的第三部分中所表明的。我们跟随弗洛伊德到达了无意识理论似乎偏向了纯经济学立场的那一点,这种经济学伴随着投入、撤回投入、反投入和过度投入的复杂的相互作用。这种朝向纯本能的发展似乎是朝向前意指或甚至非意指的发展。弗洛伊德说:"无意识的核心包括了寻求释放它们投入的冲动表现,即它包括了欲望的冲动[Wunschregungen]。"而且再次说,"在无意识中,只存在被或多或少投入的内容";这种"[无意识过程的]结果仅仅依赖它们多么强大以及他们是否满足快乐—不快乐调节的要求"。①

在主体考古学的标题下，我们现在能理解这种不同于"表象表现"问题的"情感表现"问题；精神分析就是那些在表现中没有进入表象的东西的两可知识。那在情感中被表现的和没有进入表象的东西就是作为欲望的欲望。经济学观点不能被还原到一种简单的场所论，这一事实表明无意识在根本上不是语言，而仅仅是朝向语言的驱动力。在言语的根基处，"数量"是沉默的、不被言说的和不言说的、无法命名的。但为了谈论这种沉默的东西，精神分析只有充满和释放的能量隐喻，放置和投入的资本主义隐喻，以及它们的整个系列的变量。在无意识中，那能言说的东西，那能被表现的东西，指向不能被象征化的根基：作为欲望的欲望。这就是无意识强加于任何语言学摹写上的限制，而语言学摹写宣称可以囊括一切。

现在，除非它与主体问题结合起来，这种朝向前意指和非意指的回溯运动本身将是无意义的，而这种回溯运动获得了分析的名称；这种回溯指向的东西正是我思的我在。正如在场所论中"放弃"意识仅仅因为在形成意识的行动中"重新获得"的可能性成为可理解的，同样，欲望的纯经济学是可理解的，仅仅因为在它的一系列派生物中，在意指的稠密中和在意指的边缘处认识到欲望出现的可能性。

我将试图通过运用从哲学史中获得的比较，在语言起源以及先于语言中阐明这种欲望功能的可理解性。冲动先于表象以及情感无法还原到表象和一个问题相关，这个问题不是支配性的，在我们理性主义的进程中也绝不是不寻常的。这

---

① 《无意识》，德文全集版，第十卷，第 286 页；标准版，第十四卷，第 187 页；法文版，第 131 页。

个问题被那些试图把知识样式与欲望和努力的样式相互关联的哲学家们共享。当我们以相反的年代顺序回顾时,几个伟大的名字凸显在这种传统中。于是尼采试图将价值作为"观点"或"视角"扎根于意志中,并把它们当成要么作为愤恨要么作为真实力量的符号。更清楚的是,弗洛伊德的问题是叔本华在《作为意志与表现的世界》中的问题。但这个问题有一段更长的历史:它出现在斯宾诺莎那里,甚至更多出现在莱布尼茨(Leibniz)那里。《伦理学》的第三卷把观念问题与努力的问题相协调。命题六:"一切事物就它本身而言努力保持它自己的存在。"命题九:"思想,既因为它有清晰和明确的观点,又因为它有混淆的观点,努力在一个不确定的时期坚持它的存在,并且它意识到这种努力。"命题十一:"如果一物增加或减少、促进或阻碍我们身体的活动力量,这物的观念就会增加或减少、促进或阻碍我们心灵思想的力量。"最终,对于斯宾诺莎,观念与努力之间的关联建立在心灵(mens)的明确定义上,这个定义把心灵界定为身体情感的必要知觉。①

　　但最清楚预示弗洛伊德的人或许是莱布尼茨:Repräsentanz 功能在莱布尼茨那里的等同物就是"表达"的概念。众所周知,单子表达了宇宙并在这种意义上知觉了宇宙。表达不是赋有反思的单子的唯一功能,甚至不是有意识的单子的唯一功能。每个单子知觉,即每一个存在就其本身(per se)是唯一的,而不是一种单纯的集合体。在他与阿纳尔德(Arnauld)的通信中,莱布尼茨陈述说:表达的功能对所有形式或心灵是普遍的;因此,表达不是通过一种意识行动来定义的。比意识本身更根本的是这种力量:它把多样性集中在单

————————

① 《伦理学》,第二卷,命题十二、十六、二十三。

一行为中,而这个单一行动以某种方式积极地反映这种多样性。人们甚至可以指出这种力量的不同层次,直到矿物状态①。于是莱布尼茨哲学比笛卡儿哲学更能吸收无意识观点。《单子论》论述道:"在统一体或简单实体中涉及并表现了多样性的过渡状况就是我们所说的知觉;它必须清楚地区别于统觉或意识,正如我们以后将看到的。在这个问题上,笛卡儿主义者已经陷入严重的错误中,因为他们认为我们觉察不到的知觉是不存在的。"(第14节)但存在着表达的另一个方面:"一种内在原则的行动产生了从一个知觉到另一个知觉变化或过渡,它可以被称为欲求。诚然,欲望不能总是完全达到它所期望的全部知觉,但它总是获得它的一些东西并达到新的知觉。"(第15节)因此心灵的观念从知觉与努力之间的相互关系中获得了它的一般定义:因为知觉,所有的努力成为统一体中多样性的代表;因为努力,所有知觉趋向于进一步的明确。

　　于是,莱布尼茨阐明了表象的双重法则:因为代表了某种事物,表象是对真理的主张;但它也是生活的表达,努力或欲望的表达;当第二个功能干扰第一个功能时,就产生了幻想问题;但扭曲(Entstellung)作为梦的工作的各种机制(移置、浓缩、图像化表象)的标题,早就包括在这种表达性的全部功能中。因此,弗洛伊德元心理学中提出的表象与本能之间的关系问题已经远远超过了精神分析的事例。

　　但如果弗洛伊德的经济学观点提出的基本问题不是全新的,它确实保留了相对于斯宾诺莎和莱布尼茨的一种不可否认的原创性。这种原创性完全在于体系之间的障碍扮演的角色;斯宾诺莎和莱布尼茨都很好地意识到努力与观念、欲望与

――――――――――

　　①　参见《新论文集》,第九章。

知觉被捆绑在意识这一边：在斯宾诺莎那里，心灵是身体的观念，并先于是它自己的观念；在莱布尼茨那里，知觉可以没有统觉而运作。弗洛伊德冲动表现的矛盾（尤其以情感的形式）就在于这样的事实：对这种结合的反思把握在单纯意识洞察的直接形式中是不可能；在这里，前反思没有能力反思。于是，为了在弗洛伊德那里找到那种力量增加的等同物（对于斯宾诺莎与莱布尼茨，这种力量增加就是从身体的观念到观念的观念的转变，或从知觉到统觉的转变），我们必须在精神分析技术的标题下列出的整个程序群中寻找。这种中介的技术没有根本改变结构问题。通过另一个意识的迂回，通过工作或"持续工作"（Durcharbeitung）（我们在上面已评论过它）的迂回，没有消除无意识与意识之间的结构连续性，也没有消除冲动表现和表象之间的结构连续性。正因如此，情感，甚至当它和观念分离时，仍然被称为冲动"表现"。它们在心灵中表象身体的功能给了它们一种心理地位。在我们目前的反思语言中采纳情感理论，我们会这样说：如果欲望是不可命名的，它从一开始就趋向语言；它希望被表达；它具有言说的潜能。使得欲望成为在有机体与心理之间的界线上的限制性概念的东西是这样的事实：欲望既是非言说的又希望言说，不可命名的但有言说的潜能。

当莱布尼茨在写着关于欲求的这些文字时，不是说着相同的事情吗："……欲望不总能完全到达它趋向于的整个知觉，但它总是获得它的一些东西并达到新的知觉？"①

---

① 《单子论》，第 15 节。关于欲望的意义，参见 J.拉康：《欲望及其解释》，研讨会，1958—1959 年，《精神分析公报》，1960 年 1 月；诺曼 O.布朗（Norman O.Brown）：《生命对抗死亡》，伦敦，路特雷奇与保罗出版社，1959 年；赫伯特·马尔库塞（Herbert Marcuse）：《爱欲与文明》，法文版，午夜出版社，1963 年。

有着一种考古学的生存者是什么生存者呢? 在弗洛伊德之前,答案似乎是容易的:在成人之前他就是一个孩子。但我们仍然不知道这意味着什么。欲望的设定,生命无法超越的特征,这些表达促使我们向前,进入更深的层次。

被重新检查的第一件事是表象在一种具体人类学中的地位。我们主张这种地位置于双重表达性的法则下;表象不但遵循意向性法则,这种法则使它成为某个对象的表达,而且遵循另一种法则,这种法则使它成为生命的显示,努力或欲望的显示。正因为后面这种表达功能的干涉,表象能被扭曲。因此,表象可以以两种方式进行研究:一方面,通过一种真知论(或标准论),根据这种真知论,表象被看作是一种被对象支配的意向关系,而对象在那种意向性中显现自己,另一方面,通过对欲望的注释,因为欲望暗藏在那种意向性中。因此,知识的理论是抽象的,因为它被一种对欲求的还原构成,而欲求支配了从一种知觉过渡到另一种知觉。相反,一种还原的解释学,致力于仅仅探索欲望的表达,产生于相反的还原,但它至少有着反抗知识理论的抽象本质和它宣称的纯洁性的价值。这种对认知行为本身的还原证明了知识的非自律,它的根基在生存中,而生存被理解为欲望与努力。因此,不但生命无法超越的本质被发现了,而且欲望对意向性的干涉被发现了,在意向性上,欲望强加了一种难以克服的晦涩,一种无法避免的偏见。因此,真理是一项任务的特征被最终证实了:真理对于一种存在保持为一种观念,一种无限的观念,这种存在出现为欲望与努力,或用弗洛伊德的语言,出现为难以克服的自恋利比多。

而且,我重新回到《意愿与非意愿》中我的《意志哲学》的结论。在那本著作中,我说性格、无意识、生命,是绝对非意愿的形象;它们向我保证了我的自由是一种"单纯的人类自由"①,即一种被驱使的,具体化的,偶然的自由。我把自身设定为早已在我的存在欲望中被设定。在这种设定中,"意愿不是创造"②。今天我仍然肯定这些结论,但我在一个关键点上超越了它们,这是引起这本书整个研究的关键点。一种解释学方法,与反思相结合,比我那时使用的"看"的方法走得更远。我思(Cogito)对欲望设定的依赖不是直接在直接经验中被把握,而是被另一个意识在提供给对话的似乎无意义的符号中加以解释。它根本不是一种被感觉或被知觉的依赖,而相反是一种被辨读的依赖,它通过梦、幻觉及神话被解释,并且以某种方式构成了那个沉默黑暗的间接话语。反思扎根于生命中,这件事本身在反思意识中仅仅以解释学真理的形式得到理解。

---

① 《意愿与非意愿》,第 453 页以下。
② 出处同上。

第三章　辩证法：考古学与目的论

　　对弗洛伊德主义的哲学重复在反思哲学中已经完成吗？为了理解弗洛伊德主义，通过考古学的中介概念把它与这种反思哲学联系起来就足够吗？

　　第二个问题决定了第一个问题。只要主体考古学的概念还没有与目的论的补充概念处于辩证对立的关系中，主体考古学的概念似乎仍然很抽象。为了有一种始基，主体必须有一种*目的*。如果我理解考古学和目的论之间的这种关系，那么我将理解许多事情。首先，我将理解：只要这种新的辩证法未被整合进反思中，我的反思概念本身是抽象的。我们前面说过，主体从来不是人们设想的主体。但如果主体要达到它的真实存在，主体发现它自己获得意识的不适当，或甚至发现在生存中设定它的欲望力量是远远不够的。主体也必须发现"形成意识"的过程不属于它，而属于在它里面形成的意义，通过这个过程，主体把它生存的意义*占有*为欲望和努力。主体必须通过精神，即通过将一种目的赋予这种"形成意识"的角色中介自我意识。除非与一种目的论相对立，不存在任何主体考古学，这个命题导致了一个进一步的命题：除了通过精神的角色，不存在任何目的论，即通过一种新的偏离中心，一种新的剥夺,我把它称为精神,如同我用"无意识"术语来表示那另一种转移的处所,这种转移是将意义的起源转移到我的过去。

如果我在主体哲学的中心理解了主体考古学和它的目的论之间的联系,即理解了对意识的两种剥夺之间的联系,我也理解了两种模式的解释学之间的战争正处在被解决的要点上,而这场战争是我们问题中的主要问题。从外部看,精神分析似乎是还原的、解除神秘的解释学。这样,它与我们描述为恢复的,描述为对神圣回忆的解释学相对立。我们没有看到,而且我们仍然没有看到解释的两种对立模式之间的联系。我们还没有超越单纯的对立,即,一种保持相互外在的对立。理解这些不可还原和相互对立的解释学的补充性的真正哲学基础,是考古学和目的论的辩证法,而这些解释学应用于文化的神话—诗(mytho-poetic)的构造。因此,对最初解释学问题的解决是我们整个事业的视域。然而,直到目前辩证法本身已被理解并被看作是欲望语义学的中心,我们才能充实这些表达式的意义。

读者将成功地使我们止步于这一章的开始,并反对我们完全游离于精神分析问题之外。弗洛伊德明确地陈述说他创立的学科不是综合而是"分析",即,一种分化为成分与回溯到起源的过程,并陈述说精神分析不是通过精神综合来完成的。① 我接受精神分析学者反对的主要部分。但我从事的东西是完全不同的;目前的沉思甚至比我们对考古学概念的研

---

① 《精神分析治疗的发展线索》(1918 年),德文全集版,第十二卷,第 185 页;标准版,第十七卷,第 160 页;法文版,见《论精神分析的技术》,第 133 页。参见以上,第 412 页,注 88(译者注:这里的第 432 页和注 88 为法文原书页码和编码)。

究更广泛,本质上是哲学的。我前面说过,在我对弗洛伊德的解读中,我能达到自我理解的唯一途径就是形成一种主体考古学的观念。现在我说,理解考古学观念的唯一途径就处在与目的论之间的辩证关系中。因此,我在弗洛伊德的著作中——在作为分析的分析中——寻找对它的辩证对立面的指涉。我希望表明这种指涉确实存在于那里,并且分析总是辩证的。因此,我不假装完善弗洛伊德,而是通过理解我自己来理解他。我冒险认为,通过显示反思与弗洛伊德主义两者的辩证方面,我加深了对弗洛伊德和我自己的理解。

那么,我希望证明的东西是:如果弗洛伊德主义是一种明确的主题化的考古学,它通过它概念的辩证本质将自身与一种隐含的未主题化的目的论联系起来。

为了使主题化的考古学与未主题化的目的论之间的这种相互关系变得可理解,我将运用一种迂回。我提出黑格尔现象学的例子——或宁可说反例——*同一问题在那里以相反的秩序呈现出来*。《精神现象学》是获得意识的明确目的论,并因此包含了任何意识目的论的模式。但同时这种目的论出现在生命与欲望的根基上;于是我们可以说,尽管有着这样的事实:这种不可超越性总是早就在精神和真理中被超越,黑格尔本人承认生命与欲望的不可超越的特征。在运用这种迂回时,我根本不打算把弗洛伊德置于黑格尔中以及把黑格尔置于弗洛伊德中,并把一切混合起来。问题差异太大以至不能以那种方式洗牌。而且,我一直认为所有伟大哲学以不同的顺序包含了相同的东西,以致无法接受在一种廉价但荒谬的折中主义中把它们串在一起的愚蠢观点。我的事业尽可能区别于这种折中主义。黑格尔与弗洛伊德每人都代表了一个分离的大陆,且在一个整体和另一个整体之间只存在对应关系。通过在弗洛伊德主义中发现考古学与目的论之间的某种辩证法,我将试图表达其中的一种对应关系,而这种辩证法在黑格尔那里是清晰明确的。相同的联系存在于弗洛伊德那里,但以相反的秩序或比例存在着:我会说,当黑格尔将精神的一种明确的目的论联系到一种生命和欲望的隐含考古学上,弗洛伊德将无意识的主题化的考古学联系到形成意识过程的未被主题化的目的论上。我没有把黑格尔与弗洛伊德混淆起来,但我寻求在弗洛伊德那里发现一种颠倒的黑格尔形象,以在这种图型的帮助下辨认某种*辩证*特征,这种辩证特征尽管在精神分析实践中明显得到运用,它们在理论中还没有发现一个完整系统化的详细阐述①。

1. 意识的目的论模式:黑格尔现象学

黑格尔提供给反思的是一种现象学,不是意识的现象学,而是精神的现象学。让我们把这一点理解为对那些角色、范畴或象征的描述,这些角色、范畴或象征引导着沿着前进综合方向的发展过程。这种间接的方法比直接的发展心理学更富有成果②;意识的发展发生在两种解释体系的接合点上。的

----

① 这整整一章是与赫伯特·马尔库塞的《爱欲与文明》,J.C.弗卢格的《人,道德与社会》;以及菲利普·瑞夫(Philipp Rieff)的《道德家的灵魂》的一种内在讨论或争论。它也面临马赫斯·罗伯特(Marthe Robert)的观点,《精神分析技术的革命》(巴若,1964年)。

② 初一看,似乎"形成意识的过程"是一个简单的问题,我们不必要通过把一种难以处理的观念机制充斥到心理学上的方式来使它复杂化。当然,意识不是一种既定而是一项使命——以经济学术语,所有相关力量的工作或"再工作"。从婴儿向成人生活转变不是通过人格心理学得到充分说明吗?或通过各种新弗洛伊德学派称为自我分析的东西得到说明吗?我不隐瞒我对把精神分析转变成折中体系的这些修正的猜疑。我不

确,精神现象学产生了一种新解释学,它改变意义的中心并不亚于精神分析所为。意义的产生不是出自意识;相反,在意识中存在一种中介它并把它的确定性提升到真理的运动。这里,只有意识允许自己远离中心,它对自己才是可理解的;精神或 *Geist* 就是这种运动,这种角色的辩证法,它使意识成为"自我意识",成为"理性",并且,在辩证法的循环运动的帮助下,最终重新肯定直接意识,但根据中介的完整过程重新肯定了直接意识。剥夺首先出现,重新肯定仅在最后出现;重要的东西发生在两者之间,即,通过重要角色的整个运动:主人与奴隶、思想的斯多葛式放逐、怀疑的漠不关心、苦恼意识、虔敬意识的服务、对自然的观察、启蒙精神等。通过接受这些新形式或角色(它们连续构成了在这个术语的黑格尔意义上的"精神"),人成为成人,成为意识。例如(如果从整个运动中将它孤立出来,这是一个未得到证明的例子),当精神经过主人与奴隶的辩证法时,意识在他者中进入了自我承认的过程,它被重复并成为自我;于是,所有承认的程度产生了通过意义领域的运动,这种运动在原则上不可还原到单纯的冲动的投射,还原到"幻想"。对意识的一种注释将以通过意义所有领域的前进为唯一因素,一种意识必须遭遇和占有这种意义的所有领域,以便把自己反思为自我、人类、成人、有意识的自我。这个过程与内省无关;它也根本不是"自恋",因为自身的家园或中心不是心理学的自我,而相反是黑格尔所说的精

知道这些补充是否给了精神分析学者更多的洞见;他们肯定掩盖了弗洛伊德本人清楚地意识到的理论问题。从对立面获得它的透明性的辩证法总是更喜欢建立在一种无原则经验论上的拼凑的折中主义;而且,如果它们被看作是两种对立方法的辩证产物,精神分析的这些新方面或许将得到更有力地表达。因此,我首先将不在一种人格或自我分析的心理学中,而在一种新现象学中,寻求成长或成熟的心理学过程的意义。

神,即角色自身的辩证法。意识仅仅是这种运动的内在化,这种运动必须在制度、纪念物、艺术作品和文化的客观结构中被重新获得。

在下一章中,我将谈论今天我们可以从这种黑格尔元心理学中获得的东西,我主张将黑格尔元心理学与弗洛伊德的元心理学对照起来,以便通过它们的对方来理解它们。我不认为我们能在一个多世纪后把《精神现象学》恢复成它被撰写时的样子;我们在相同风格的任何新事业中似乎应该把两个先导主题作为我们的指导,这两个主题刻画了精神现象学。

第一个主题与黑格尔辩证法的形式有关;这种辩证法的确构成了一个前进的综合运动,它与精神分析的分析特征和它的经济学解释的"回溯"(在这一语词的技术意义上)特征相对照。在黑格尔的现象学中,每种角色从后续的角色中接受它的意义。因此,斯多葛主义是对主人和奴隶关系的承认的真理;但怀疑主义是斯多葛立场的真理,斯多葛主义把主人与奴隶之间的差别看作是非本质的并且取消了所有这些差别。既定环节的真理存在于下一个环节中;意义总是从结果出发趋向开端。几种后果与这阅读的第一条规则相联系:正是因为真理的这种后退运动,现象学是可能的。如果现象学没有创造意义而仅仅使得意义明晰,如同意义揭示自身一样,这是因为后面的意义内在于每一个它前面的环节中。因此,现象学通过检查先前的意义而使后面的意义明晰;哲学家可以模仿显现的东西,他可以成为一个现象学家;但如果他能陈述显现的东西,这是因为他根据以后的角色看到了这个东西。精神自身的进步构成了先前角色的真理,这个真理不知道自己;这个特性把这种现象学刻画为精神现象学而非意识现象学。因为同样的原因,如此被揭示的意识绝不是先于这种辩证运动的意识。对于不是自己知道自己的见证人而言，在《精神现象学》中，黑格尔用意识这个词来表示世界存在的单纯显现。在自我意识前，意识仅仅是世界的显现。

这第一个特征，有关黑格尔现象学的形式，支配着第二个特征，而第二个特征涉及它的内容（在黑格尔那里，辩证法的形式不能与它的内容分离，因为辩证法是内容的自我产生）。第二个特征能够被陈述如下。在这种现象学中，它是一个自我（Selbst）的产生的问题，自我意识的自我的产生的问题。当我说第一个特征是第二个特征的关键时，我意味着自我的设定与通过一种前进综合的产生不可分割；因此，自我没有而且不能出现在一种场所论中；它不能出现在构成经济学主题的冲动的结果或变化中。

让我们更详细地审视自我如何表明自己并出现在《精神现象学》中。值得注意的是，自我早就在欲望（Begierde）中预示自己并走向自身。在这一点上，黑格尔和弗洛伊德是一致的：文化诞生于欲望运动中。我们可以把这些相同延伸得很远：在黑格尔和弗洛伊德中，对象的放弃或死亡在欲望的教育中扮演了一个重要角色；黑格尔的主人把他的生命置于冒险中并以支配的形式恢复了生命，黑格尔的主人实现了弗洛伊德描述为哀悼行为和将对象吸收进内在本质中的运动。在这种意义上，就不仅仅存在弗洛伊德的认同观念和黑格尔自我构成之间的一种简单相遇。

但如果我们可以增加这种一对一的相符，那么两者发生的方向就完全不同。我们已看到在弗洛伊德的观点中，升华产生新目标，基本上产生了社会目标，它必须在经济学上被理解为从对象利比多返回到自恋利比多。在黑格尔的观点中，精神是生命的真理，一种在欲望设定中仍未意识到自身的真理,但它在对生命的意识中成为自我反思的。"在形成意识的过程中",让·伊波利特(Jean Hyppolite)说,自我意识是"自为和自在的真理的源泉,这种真理通过那些不同的自我意识的中介在历史中构成,而这些自我意识的相互作用与统一构成了精神"①。正因如此,"生命的'不安宁'(Unruhigkeit)首先不是被定义为驱动力与冲动,而是定义为与自我的不符合;这种不安宁早在自身中包含了使它成为他者的否定性,并且在使它成为他者时成为自我。否定在严格意义上属于这种不安宁。"于是,黑格尔能说生命就是自我,但以一种直接形式——在自身中的自我——它仅仅在反思中知道自己,在反思中,自我最终是自为的。用圣·约翰(St.Jean)的语言,生命之光在生命中并通过生命显示自身,但自我意识仍然是真理的诞生地并首先是生命的真理。黑格尔的欲望哲学从这种真理的重复运动中获得了它的所有意义,因为如果人们能说自我意识是欲望,这是因为欲望已经被意识双重化为两个敌对意识的辩证法所阐明。欲望更早的辩证法根据以后主人与奴隶的辩证法有它的真理。仅仅当它是对另一个意识的欲望的欲望时,欲望被揭示为人类欲望。这些活生生的自我意识的分裂为二以外在的方式预示着随后的自我意识在自身中的双重化,最终,"苦恼意识"将是纯粹的自我分裂。因此,不存在对欲望本身固有的可理解性;只有当自我意识在自身前进中把自身假定为欲望时,生命之光才出现。从简单意识(简单意识是世界他性的显现)开始,正是在回归自身的道路上,自我意识把自身设定为欲望。在这个运动中,事物不再仅仅是对象,而是一种正在消失的外表;在这种消失中,意识和它的

① 伊波利特:《黑格尔精神现象学的起源与结构》,第144页。

欲望呈现给了自身。但什么是它的欲望的对象呢？在这种从可感世界中撤回的帮助下——因此，这是一种与自我意识和它自身统一有关的撤回，它正寻找的东西就是它自身。但它仅仅通过与另一个欲望、另一种自我意识的关系而到达自身。在评论这一困难的段落时，伊波利特指向了"辩证的目的论"①："这种辩证目的论逐渐阐述了这种欲望的所有视域，这种欲望是自我意识的开端"②；自我的欲望通过在他者中寻求自身使自己摆脱对事物的欲望；最终，这种欲望是一个人希望被他人承认的欲望，一种只有在它预期自身之后变得明晰的欲望。这种预期使黑格尔能陈述说"通过这种返回到自身，可感的对象已经成为生命"；将欲望对象（作为活生生的东西）和单纯知觉对象区别开来的反思标志不能仅仅通过从前到后的演化而被产生。结果，当黑格尔在欲望的相异性中发现针对另一种欲望的意图，针对另一种意欲意识的意图时（这另一种意欲意识既是对象又是自我意识），他清楚地陈述说，作为走在这个运动之前的哲学家，我们早就拥有了精神的观念。

欲望的现象学是从下到上发生的完全对立面，我们因为它与弗洛伊德理论的密切关系相当详细地思考了它；相反，它就在于将意义和欲望的条件展现为如同以后的环节出现的那样；欲望作为欲望，只是因为生命把自身表现为另一个欲望；这种确定性相应地在反思的双重过程中、在自我意识的双重化中有它的真理。这种双重化是自我意识出现在生命中的条件。反思可以是创造性的，因为每个环节在它的确定性中包

---

① 出处同上，第 155 页。
② 出处同上。

含了一种未被知晓的因素,所有以后的环节中介它并使它清晰。正因如此,黑格尔把无限性概念与这种相互承认的工作联系起来。他说:自我意识概念是"在意识中以及通过意识实现自身的无限"概念。在一种对立中,每一个意识在他者中寻找自身,并"做仅仅因为他者做相同的事而做的事情"①,这种对立就是一种无限运动,因为每一方都超越了自己的界限并成为他者;我们在此认识到喧嚣(Unruhigkeit)、生命不安宁的观念,但这种观念通过对立和斗争被提升到了反思的程度;正是在这种为承认的斗争中,自我把自身揭示为从未简单地是它所是的东西,并因此把自身揭示为是无限的。

如果精神现象学仅是一种目的论,正如目前的沉思显示的那样,并且如果精神分析仅是一种考古学,正如前面的研究已经表明的那样,这两种方式将是简单的互相对立。弗洛伊德的精神分析与黑格尔的现象学将共同形成我所说的反思的对立面。(我在康德在二律背反的研究中给予这一语词的意义上采用"对立"这个词,即,一种未被中介的对立,一种或者不能、或者还没有被中介的对立。)思想的这个阶段,尽管是临时的,是有启发意义的,因为充分显示弗洛伊德思想的考古学特征的唯一事情就是与一种目的论的对立。在弗洛伊德那里,与黑格尔的对立揭示了一种奇怪与深奥的命运哲学,这种命运哲学是追求全部话语的未来绝对性的精神现象学的必要对立面。原我的古老根基和超我的古老根基,自恋的古老根基和死亡冲动的古老根基形成了单一的古老根基,这种古老根基与精神的运动形成了对立。对立的命题能以下列语词加以总结:精神在以后的角色中有它的意义,它是一种总是毁坏

---

① 黑格尔:《精神现象学》,伊波利特译,第一卷,第160页。

它的起点而只是在终点确保自己的运动；无意识本质上意味着可理解性总是来自于更早的角色，无论这种先前性是在严格时间意义上还是在隐喻意义上被理解。人是唯一接受童年摆布的存在者；他是不断被他的童年往回拽的存在者。即使我们弱化了这种建立在过去基础上的解释的极端历史特征，我们仍然面对一种象征的先前性。如果我们把无意识解释为既定的关键能指的王国，这种与所有时间上被解释事件相比较的关键能指的先在性提供给我们更多的先前性的象征观点，但它仍然代表了与精神王国相反的对立极。我们因此用一般术语说：精神是终点的王国；无意识是原初的王国。为了最简明地提出这种对立，我将说：精神是历史，而无意识是命运——童年的早期命运，既定且没完没了重复的象征的早期命运……

2. 生命和欲望的不可超越性

但我们必须超越这种对立：危险是它将导致一种廉价的折中主义，在这种折中主义中，精神现象学与精神分析将以某种模糊方式相互调和。避免这种对辩证法的讽刺的唯一途径是在每种思想学科中表明，就自在和自为而言，每一门学科自身中都有对方的存在。这两个对应的学科不是外在对立的而是内在相互联系的。我主张显示的是弗洛伊德的问题存在于黑格尔那里，这是为了我们将能理解黑格尔的问题存在于弗洛伊德那里。

在黑格尔那里发现弗洛伊德的问题就是发现：欲望的设定处在意识双重化的"精神"过程的中心，并且欲望的满足内在于对自我意识的承认。

让我们回到《精神现象学》中从生命和欲望向自我意识的困难的段落中。我并未打算从早就给予这种段落的解释中收回任何东西,而是打算补充它。不再在这种辩证法之外,而在它的结构的细节中,我们不是能找到我想称的生命与欲望的不可超越性吗?自我意识的目的论不是简单揭示生命被自我意识超越;它也揭示了生命和欲望,作为最初的设定、原初的肯定、直接的扩张,是永远无法超越的。在自我意识的真正核心处,生命就是那种晦涩的稠密,自我意识在它的前进中把生命揭示为自我最初分化的源泉。

生命的这种不可超越性如何把自己显现在被自我意识实现的超越中呢?这种显现以多种方式发生并在自我意识辩证法的多个层面上发生。

首先应该说,紧随欲望辩证法的承认辩证法不是外在于更早的辩证法,相反是它的展开和阐述。将两个环节结合在一起的重要概念就是满足的概念——*Befriedigung*("满足"的德文词——译者注);它扮演了弗洛伊德快乐原则的角色;黑格尔把它与他称为"纯粹自我"的东西相联系。在黑格尔的文本中,纯粹自我是天真的自我意识,它认为它在对对象的抑制中、在对对象的直接消耗中直接达到了自身:"这简单自我就是这个类,或简单的普遍性,诸多差异对于它是无价值的;但只因为是那些具有明确和独立形式的环节的否定本质,它才是这个类。因此,自我意识只有通过扬弃它的对方(这对方对于自我意识展现为一个独立的生命)才能确信它自己的存在;自我意识就是欲望。因为确信对方的不存在,它肯定这种不存在本身就是对方的真性理,它否定独立的对象,因而获得对自己的确信,作为*真实的*确信,一种它已经在客观形式中意识到的确信。"[①]

---

① 黑格尔:《精神现象学》,前引书,第 152 页。

纯粹自我说:我存在,因为我经历了满足,并且在这种满足中我看到那个对象的消失与分解,对象的坚实性已经被世界上的所有物理学向我保证了。

诗人说,如同这种果实消融在享受中。但正在这里,欲望经历了抵制、重生,以及成熟果实不停逃离的折磨人的经验:"但在这种满足中,自我意识经历到对象的独立性。欲望和由欲望的满足而达到的自我确信是以对象的存在为条件的;因为满足是通过取消对方而实现的。为了要实现这种取消,必须有对方存在。自我意识因此不能通过它对对象的否定关系而废弃对象;由于那种关系它毋宁又产生对象并且又产生欲望。"①用弗洛伊德的术语表达,快乐原则遭遇了现实原则性。黑格尔因此继续说:"欲望的本质事实上不同于自我意识,通过这种经验,自我意识便认识到这个真理了。"②用弗洛伊德的语言,那把它想成纯粹自我的东西被揭示为与自身无关,被揭示为匿名的与中性的,被揭示为"原我"。正是在这一点上自我意识发现了对方:对象对欲望的独立性和抵制不能被克服,并且满足只能通过一个对方的帮助而获得,这个对方是另一个人。正如文本明确地说道:"自我意识仅仅在另一个自我意识中达到它的满足。"③因此,承认问题没有以外在的和无关紧要的方式跟随欲望问题,相反是自我的唯我论的展开;它是对自我作为满足来追求的东西的"中介"。我想再一次引述黑格尔的简明文本:"自我意识的概念首先在这三个环节里得到完成:(1)它的最初的直接对象是纯粹无差别的自我。(2)但这种直接性本身就是绝对的间接性;它只

---

① 出处同上,第 152 页。
② 出处同上。
③ 出处同上,第 153 页。

是通过取消那独立的对象而存在;换言之,它就是欲望。欲望的满足诚然是自我意识返回到本身,它是已成为客观真理的确信。(3)但这种确信的真理实际上是双重的反思,自我意识的双重化。"①

因此,以后的辩证法除了中介在生命过程被给予的直接性外,将不做任何事情,生命就是不断被否定的实体,但也不断被保留和被重新肯定。自我不是出现在生命之外而是出现在生命之内。

我在自我意识双重化的所有其他辩证法的层面上发现了这种生命与欲望不可超越的设定。

我们不应该忘记承认——最突出的精神现象——是斗争。为了承认的斗争,可以肯定,不是为了生命的斗争,而是通过斗争的承认。这种斗争意味着欲望的可怕力量以暴力形式转移到了精神领域。获得承认的热情无疑超越了动物为自我保护或统治而进行的斗争,并且"承认"概念是重要的非经济学概念:为承认的斗争不是为生命的斗争;它是一种从对方那里抢夺一种宣示、一种证实、一种证据的斗争,这种宣示就是:我是一种自主的自我意识。但这种为承认的斗争是在生命中反对生命的斗争——通过生命反对生命的斗争。我们可以说统治与奴役的观念(它属于黑格尔的语言)用弗洛伊德的语言就是冲动的结果;统治,因为它冒着死亡的危险并保持与生命的联系,而生命是享受并通过斗争失败者的奴役工作对事物进行摧毁;奴役,因为它热爱直接生命更甚于自我意识,并且用对死亡的畏惧交换奴隶生存的安全,直到通过创立一种面对事物及自然的新样式,工作再次给予奴隶超过主人

———————

① 出处同上。

的优势。于是,生命和欲望一次又一次获得了主动性——或更有力地说,地位的力量——没有这种力量,将既没有主人也没有奴隶。正是生命的运作标示出了辩证法:冒生命危险,交换它——去获得满足,去工作;正是本质环节、生命的相异性(在这一语词的严格意义上)培养并哺育了每种意识和它的对方的对立。

这就是欲望既是可超越又是无法超越的意义。欲望的设定被中介,但不是被根除;它不是我们能放置在一边、取消、消灭的领域。斯多葛的思想自由之幻想正在于设定所有理性存在者的同一性,尽管这些理性存在者有着种种差别,在于把皇帝马可·奥勒留(Marcus Aurelius)与奴隶爱比克泰德(Epictetus)的同一性提升到生活与历史斗争之上。这种单纯的思想解放导致了回到绝对的相异性;斗争的欲望不再拥有自我,而自我不再拥有任何肉体;这是生命的不可超越的意义。而"自我"——Selbst——这个术语宣称:自我的同一性继续被自我的差异、被生命中的不断再现的相异性推动着。正是生命成了对方,在对方中,自我不停地获得自身。

3. 隐含于弗洛伊德主义的目的论

a)操作概念

让我们回到弗洛伊德。我们说,精神分析是一种分析,并且不存在通过综合来完成它的可能性。这一点不能被挑战。然而,我相信我能表明,除非与意识的目的论相对照(这种意识的目的论不是外在于分析,而是分析内在地指涉它),这种分析在它的严格的"回溯"结构中不能得到*理解*。这种我们认为在弗洛伊德思想中看到的隐含的目的论特征是什么呢?

我们没有卷入对弗洛伊德的过度解释吗？我不否认这些特征只有在解读弗洛伊德时结合了对黑格尔的解读才是"明显的"。正是由于这个原因，我已明确区分了我的哲学解释的那些连续环节：认识论环节、反思环节、辩证法环节。但我希望显示，这种程序导致了对弗洛伊德的更好解读和在解读弗洛伊德时对我自己的更好理解。

我们可以通过三种迹象的汇集接近这种隐含的目的论。第一种迹象存在于弗洛伊德理论的某些操作概念中，弗洛伊德使用了这些概念但未将它们主题化。第二种迹象出现于被高度主题化的某些概念中，如认同观念，但这些概念与精神分析支配性的概念框架仍然不协调。第三种间接的目的论迹象呈现在某些问题中，这些问题尽管明确地属于精神分析的范围，仍然是未解决的，如升华问题。这些问题似乎将在辩证法视角中，如果没有发现答案，至少找到一个更好的表达。

每种理论包含着在理论本身中使用但未被反思的概念；取消这些概念将产生完全反思的状态或绝对知识，这与知识的有限性不相容。因此我们不会因为在精神分析中发现操作概念而对精神分析产生抱怨，这些操作概念为了被主题化，需要一种不同于场所论和经济学的概念框架。

这些操作概念让我们将精神分析与科学心理学和现象学区别开来，他们植根于"精神分析领域"的真正的结构中，植根于对话的双重关系的意义中。当元心理学主题化了孤立的心理机制，或者，如我们已经多次提出的，当弗洛伊德的场所论是唯我论时，精神分析的处境直接就是主体间性的。精神分析的处境并不仅仅具有一种与黑格尔双重化意识的辩证法的模糊相似性；在那种辩证法和在精神分析关系中发展起来的意识过程之间，存在着引人注目的结构的相同。整个精神分析关系可以被重新解释为意识的辩证法,这种辩证法从生命到自我意识,从欲望的满足到对其他意识的承认。正如移情的决定性片段教导我们,形成意识的过程不但需要另一个意识——精神分析医生的意识,而且包含一个使人想起为承认而斗争的斗争阶段。这个过程是一种不平等的关系,在这个关系中,病人,就像黑格尔辩证法中的奴隶或农奴,依次把其他意识看成重要的和不重要的;同样地,病人在通过可与奴隶工作相比拟的工作,即精神分析的工作成为主人前,首先在他者中有他的真理。当在精神分析医生那里的真理已成为病人意识的真理时,精神分析结束的信号之一正是获得了两种意识的平等。那时,病人不再异化,不再是另一个人:他已成为一个自我,他已成为他自己。而且,发生在治疗关系(治疗关系是一种两个意识之间斗争的类型)中的事情应该引导我们到更重要的事情:移情。在移情过程中,病人在精神分析的人为环境中,重复他情感生活的重要且有意义的插曲,而移情向我们保证了治疗关系在复活整个系列的环境时充当了镜像,所有这些环境早就是主体间性的。弗洛伊德意义上的欲望或意愿,从来不是单纯的生命冲动,因为从一开始它就被置于主体间的环境中。因此,我们可以说,所有精神分析发现的戏剧位于那从"满足"到"承认"的道路上。儿童的欲望涉及他母亲,然后他发现他对母亲的欲望涉及他父亲;在那里存在着俄狄浦斯冲突的本质。我们关于俄狄浦斯冲突所说的话,黑格尔同样用来谈论欲望直接性的失败:"但在这种满足中,自我意识经历了对象的独立性……"在这一点上,饥饿与爱之间的平行结束了:饥饿在事物中有它的对象,爱在另一个欲望中有它的对象。于是,利比多的所有阶段是自我意识的双重化的阶段。而且,如同治疗关系本身所暗示的,在每一病例中,这些阶段就是意识的分裂在其中并不平等的处境。儿童的意识首先在父亲的形象中有它的真理,而父亲的形象是儿童的第一个榜样或理想;就像奴隶或农奴一样,儿童已经通过一纸协议用它的安全交换依赖,这纸协议如同把奴隶束缚于主人的那纸协议一样是想象的。但这样的依赖是获得独立的手段。①

我们有可能根据操作概念把对弗洛伊德的重新解读推进得多远呢?而这种操作概念与黑格尔现象学的操作概念是对应的。

熟悉黑格尔主义哲学精神的读者会情不自禁地注意到弗洛伊德的概念结构中经常使用对立。三种连续的冲动理论是二分法的理论:性(或利比多)冲动对自我冲动、对象利比多对自我利比多、生命冲动对死亡冲动。诚然,二分法不必然就是辩证法,而且在每种事例中二分法有着不同的意义;但这种对立的风格密切地与意义的产生有关;二分法早就是辩证法了。

相应地,冲动变化或"冲动结果"呈现了一种明显的辩证结构。弗洛伊德把这些变化联合为有意义的对偶:窥阴癖与裸露癖,施虐狂与受虐狂;这些"颠倒"与"回转"过程既需要欲望的动力学又需要意义的动力学,因为正是在这些结果中,主体和对象构成了两极对立。我们可以更深入一步并把场所

① 有关对象—关系的这种讨论应该置于这种辩证领域。参见 M.布韦(M.Bouvet):《强迫性神经症中的自我。对象关系与防御机制》,《法国精神分析评论》,第十七卷(1953年),第 111—196 页;《精神分析的临床教学。对象关系》,《今日精神分析》,第一卷,第 41—121 页;《人格解体与对象关系》,《法国精神分析评论》,第二十四卷(1960年),第 449—611 页。G.古恩伯格(G.Grunberger):《关于口腔阶段与口腔对象关系的思考》,《法国精神分析评论》,第二十三卷(1959年),第 177—204 页;《关于肛门对象关系的研究》,《法国精神分析评论》,第二十四卷(1960年),第 137—168 页。

论本身解释为"系统"的辩证法。在此,重要的是系统之间的关系;但除了冲动的一种更深的辩证法外这些关系是什么呢?况且,弗洛伊德明确把系统的构成与冲动的结果之一,压抑联系起来。冲突的关系是如此原初以致弗洛伊德求助于原初压抑(Urverdrängung)观念作为所有以后压抑或严格意义的压抑的基础。严格意义的压抑预设了某种东西已被压抑;这就意味着人们不知道任何心理机制以纯非压抑方式起作用。用另一个术语,在原初系统与次级系统之间的辩证法本身就是原始的。就欲望从一开始就与另一欲望对抗而言,压抑的这种原始特征就是欲望的结构。

于是,这种辩证结构将在场所论本身中被看到。正如我们知道的,场所论产生于意识与无意识之间的简单对立;我们可以说场所论在空间中展开了一种基本的辩证关系。弗洛伊德的系统化在唯我论的机制中将这些关系客观化了,这些关系把它们的起源归于主体间的处境与意识双重化的过程。因此,甚至在作为一种心理之内的关系的场所论本身中,我们发现了那些形象化地描述了最初主体间性的关系。

我想知道我们是否也不必重新考虑那似乎在元心理学框架中得到很好解决的问题,即无意识严格的非辩证特征,或用1914年后采用的表达,原我的非辩证特征。我在此所说的非辩证的描述是对那个场所的著名描述,这个场所首先被称为无意识,然后被称为原我,它是纯粹肯定的力量,免于否定、时间系列、现实的规训,并盲目地追求快乐。这种绝对的欲望,我想说处于任何关系之外,在自身之外、在另一场所中有时间否定和与现实关系的起源。这种理论在理解的进步中仅仅是抽象的(尽管是必须的)的步骤,这一点可以从欲望一开始就处在主体间处境这一事实中看出。它是与父母亲对抗的欲望,它是与欲望相对抗的欲望;同样地,它从一开始就已进入到否定性的过程中,即自我意识的过程中。

第二场所论提供了对辩证法的一幅更图解式的描述。我们可以说,第一场所论与心理内部的场所有关;第二场所论与角色、人格学的角色有关,在人格学中,非人格、人格与超人格相互对抗。第二场所论就是严格所谓的辩证法,通过这种辩证法,各种冲动二分法和刚刚提到的冲动的对立结果产生了。因为超我问题,出现了使第一场所论自身成为可能的辩证处境,因为这个问题处在心理内部冲突的起源处。欲望有它的他者。结果,第二场所论不只是第一场所论的修正;它产生于利比多与非利比多因素的对抗,这种非利比多因素把自己表明为文化。在这一点上,冲动经济学只是角色辩证法的阴影,它被投射到唯我论投入的层面上。正因如此,自我的依赖关系(回到《自我和原我》第五章的标题)比早期心理机制表象的拓扑关系更加直接是辩证的。而且,自我—原我、自我—超我、自我—世界的对偶系列构成了这些依赖关系,它们都表现为必须被克服的主奴关系,正如在黑格尔的辩证法中那样。

b)认同

在弗洛伊德理论中,超我的产生以第二种方法涉及了未被主题化的目的论辩证法。两者的联系不仅仅通过在连续场所论的建构中运用的操作概念,而且通过一个根本的和被详细说明的概念,这个概念在场所论和经济学观点中没有发现合适的观念基础,仍然处于理论的"外围"。我指的是认同概念,我们在弗洛伊德的作品中已经跟随了它的逐渐形成。认同似乎是与元心理学不协调的概念。

在弗洛伊德的理论中,最主要的外在事实就是权威。权威未被包含在寻找满足的利比多的固有本性中。正是通过禁止,权威深入到冲动领域并对冲动造成一种特别的伤害,阉割的威胁是这种伤害一半真实一半想象的表达。那么,欲望与它的对方之间的相遇如何在经济学平衡表上被解释为快乐与不快乐的支出呢?元心理学以下列的语词陈述了这个问题:如果所有的冲动能量来自原我,这种本能基础如何"分化"自身,即,根据各种各样的禁令,给出它的投入的不同分配呢?权威进入欲望的历史,这种欲望的后天"分化",产生了一种特别类型的语义学:理想的语义学。我在此并不意味着回到这种新语义学产生的辨读和解释问题;我们已经在梦和崇高的标题下处理了那些问题。相反我们目前的兴趣涉及概念结构,在这种结构中,这种"分化"能得到充分地表现。

我的主题就是:这种分化形成了一种与黑格尔的意识双重化过程相同的辩证法;但他人的意识进入到自我中在经济学中没有得到完整的说明,而人们试图将其翻译为一种经济学。有另一个意识作为它的对立面的意识在场所论中不能被当做一种心理区分:就好像元心理学没有在理论上详细说明作为主体间戏剧的精神分析关系,当欲望—快乐关系需要欲望—欲望关系时,它也没有在理论上详细说明欲望的冒险。这种欲望—欲望关系把利比多置于精神现象学的领域,并且,我们必须用黑格尔的术语谈论这种欲望的欲望:"自我意识仅仅在另一个自我意识中获得它的满足。"

弗洛伊德关于认同概念的困惑是这种处境的准确表达。正如我们所说,认同更是一个问题而非一种解答。正如我们从《群体心理学与自我分析》第七章中知道,最终存在两种认同。使我们困惑的那种是先于俄狄浦斯情结并因为俄狄浦斯情结的解体而得到加强的认同。根据这种原初的认同,父亲代表了孩子愿意成为和拥有的东西;他是一种被模仿的榜样。

俄狄浦斯情结源于这种认同和儿童对他母亲的依恋(母亲作为儿童的一种性欲对象)的汇合。因此,对一个存在者的依恋,而这个存在者作为"人们想成为的东西"的榜样,是不可还原到拥有的欲望的;*像的欲望与拥有的欲望*将走到一起并相互交织,但它们仍然是两个不同的过程。当我们说精神分析经常预设意识双重化的主体间过程,而元心理学不能在它的原始本质中说明那个过程,在理论上只是详细说明它在冲动层面上的后果时,我们似乎相当准确地描述了这种处境。在同一文本的其余部分,被经常提到并以经济学的方式加以解释的是认同的回溯方面①;在检查神经官能症背景中的小女孩的俄狄浦斯情结的病例中,弗洛伊德观察到"认同取代对象选择出现了;对象选择已回溯到认同"。当他谈论男性与他母亲同性恋般的认同时,类似的术语得到使用;因为这种认同,年轻人环视四周寻找代替其自己身体的性欲对象,并且他把他从母亲那里体验到爱与关心给予这些对象。在认同这种吸引人的例子中,对被放弃或已失去对象的替代的回溯特征是非常明显的,将对象向内投射到自我的回溯特征也是非常明显的。我们可以将相同的评价应用于忧郁症病例和它的对象向内投射的特征中。我想说,精神分析以认同的名义认识到的东西不过是意识到意识过程的阴影,这个阴影被投射到冲动经济学的层面,并且这个过程必须通过另一种类型的解释而被理解。

尽管精神分析仅仅抓住了这一过程的感情投射,它通过

---

① 《群体心理学》,德文全集版,第十三卷,第116—121页;标准版,第十八卷,第106—110页;法文版,见《精神分析文集》,第119—123页。参见以上,"分析篇",第二部分,第二章,第228—234页(译者注:这里第228—234页为法文原书页码)。

提供给我们一种全新的前沿观点,改变了我们对这个过程的理解。通过对象利比多的解体,因而通过那种利比多的回溯而变得可用的能量,就是使我们向着充满爱意的情感倾向前进并把我们的激情倾注到文化对象中的东西。经济学仅仅抓住了现象学的反面,它把这种反面称为将失去的对象向内投射到或安置在自我中。从意识到意识过程的阴影,当被投射到经济学层面时,总是某种回溯;"用一种认同代替对象投入"是唯一的方法,通过这种方法,爱欲的对象选择能成为自我的改变,或像《自我和原我》中所言,它是控制原我的方法。既然对这些文本已经给出了详细注释①,我在这里不打算重新检查它们。但我建议再次引述《新讲座》,它代表了弗洛伊德对他作品的倒数第二个反思;他没有在别的什么地方如此清楚地表达欲望经济学和不再服从一种冲动经济学的因素之间的差异。没有别的什么地方如此清楚显示了:在一种经济学中,认同仅仅被理解为一种回溯,而作为奠基过程,它逃避了经济学:"如果一个人已经失去了对象或被迫放弃对象,这个人经常通过把自己等同这个对象并通过再一次把这个对象建立在自我中来补偿自己,所以,对象选择在这里回溯到认同。"②在认同在它的广阔维度中得到承认的时刻,本质的东西没有得到说明这一事实被下述的承认证明了:"我自己根

---

① 以上,第234—239页。人们应该在此考虑埃里克松的重要工作,H.埃里克松:《童年与社会》(1950年),《年轻人卢梭》(1958年),《同一性与生命循环》(1960年),《洞见与责任》(1964年)。这种工作可以与J.拉普朗西比较,《荷尔德林与父亲问题》(法兰西大学出版社,1961年),以及与A.沃格特比较,《精神分析,人的科学》(迪萨特,1964年),第三部分,"精神分析与哲学人类学"。

② 《新讲座》,德文全集版,第十五卷,第69页;标准版,第二十二卷,第63页;法文版,第90页。

本不满意这些对认同的评论,但如果你能允许将超我的建立描述为一种与父母力量认同的成功案例,那就足够了。"①

这个文本促使我们把黑格尔自我意识的结构置于弗洛伊德欲望的核心。在此吸引我们的一点是著名的"对象的失去","对象的失去"在相同背景中得到与认同一样多的讨论,并且如在《哀悼与忧郁症》中一样,似乎总是处于回溯的视角中。但对象的失去总是且根本上是一种回溯过程、一种回到自恋吗?相反,它没有表示一种对人类欲望的教育转变,一种不是以偶然的而是以根本和奠基的方式与意识双重化过程相联系的转变吗?那似乎与一种把自我意识的辩证法置于欲望中心的解释相对立的东西就是弗洛伊德对利比多的定义②。因为场所论的系统机制,这个定义似乎从意识双重化的整个过程中被仔细地剥离。但正如我们上面所说的,欲望从一开始就处于主体间的环境中;因此,认同过程不是从外部添加上去的东西,而相反是欲望自身的辩证法。这样的评论彰显了俄狄浦斯情结的深刻意义,用我们前面提到的表达,俄狄浦斯情结被看做"成功的"认同。没有什么东西通过放弃对象的纯粹回溯观念得到说明。当我们说超我是俄狄浦斯情结的继承者时,我们指向了比撤回投入的经济学所意味的东西更广泛的东西:"放弃"俄狄浦斯情结,"对强烈利比多投入的弃绝(他已将这些对象投入沉淀在父母哪里)"仅仅是用投入撤回的术语表明创造过程的经济学影响的方法,这种创造过程就是认同的前进和结构的建立。弗洛伊德并非没有认识到这就是事实:"正是作为对失去对象的补偿,存在着这种与父母亲

---

① 出处同上。
② 《性学三论》,德文全集版,第五卷,第118—120页;标准版,第七卷,第217—219页;法文版,第143—146页。

认同的强化,与父母亲的认同可能已经长时间地出现在他的自我中。这种认同作为已被放弃的对象投入的沉淀,将在以后的儿童生命中经常被重复;但这种转换(Umsetzung)的第一个实例有着特殊的重要性,并且因为它的重要的情感价值,在自我中占据一个特别位置。"①

　　这一文本对于理解对象的失去——利比多投入的放弃,它是利比多的一种结果——与认同(它属于意识双重化的辩证法)之间的密切关系有重要意义。如同在黑格尔那里一样,对满足的寻求一进入认同领域,那种寻求就经历了否定的经验,我们已经把认同认识为与自我意识的双重化同类别。因此,欲望成为辩证的这种事实不再是外在的命运,如同在《元心理学文集》的文本中的例子,《元心理学文集》设定了一种绝对的、没有否定的欲望,并把否定的意向归于审查。审查逃离了看门人或警卫的神话学并且在认同的辩证法中占据了它的位置。至少在一种场合,在他对"哀悼工作"的绝妙描述中,弗洛伊德认识到否定的经验是内在的并且不再外在于欲望本身。我将不回到这些文本,我们已经详细引证和分析过这些文本。我们没有在它们中间发现一种真正欲望辩证法的开端吗?而在这种辩证法中,否定性被置于欲望的中心。我们不是因此被促使重新解释死亡冲动并且把它和否定性联系起来吗?通过否定性,欲望得到了教育并且人性化了。在死亡冲动、欲望的哀悼以及向象征的转变之间不存在深刻的统一吗?

　　因此,从意识双重化的立场出发,重新解读弗洛伊德著作

────────────

　　① 《新讲座》,德文全集版,第十五卷,第70页;标准版,第二十二卷,第64页;法文版,第91页。

的可能性被打开了。这种重读的规则将摇摆于辩证法和经济学之间,摇摆于一种辩证法和一种经济学之间,这种辩证法是朝向自我意识逐渐出现的辩证法,而这种经济学说明了欲望的"安置"与"移置",这种困难的自我意识的出现通过欲望的安置与移置被实现了。我承认这种从意识到意识的辩证法不是精神分析的支配性主题,这种辩证法通过认同发挥作用并在欲望深度中以失去对象的形式产生反响。我宁可说这种辩证法把自身强加给了精神分析,与它的元心理学、场所论和经济学相对立,即,与精神分析为了理解它自己和发展它自己的理论所采用的明确样式相对立。在一门经济学中,意识之间的斗争不被承认为自我的辩证法,而只是一种外在于被快乐原则推动的冲动的命运;正因如此,经济学在根本上是唯我论的。但无论是作为治疗的精神分析,还是它加以反思的任何处境,都不是唯我论的;因此,正是与经济学的对立中,精神分析把黑格尔的欲望历史整合进自身中,在黑格尔的欲望历史中,满足只能通过另一种历史、承认的历史而获得。于是,我们刚提及的重新解读在某种意义上本身与弗洛伊德的经济学相对立。

c) 升华问题

如果弗洛伊德的理论展现了一个认同概念,它仅仅展现了一个关于升华的问题。前面整个问题反映在这个未解决的问题中。与这个未解决问题相联系,是所有其他与伦理领域起源有关的未解决问题,因为这些问题未通过认同概念得到处理。

应被注意的是,我们的"分析篇"没有展现对升华的独立研究。这不是偶然的:在弗洛伊德的著作中,升华的观念既是基本的又是零星的。它被宣布为一种冲动结果,不仅不同于冲动颠倒(Verkehrung)为它们的对立面和倒转(Wendung)对着主体,而且尤其不同于压抑。可是,弗洛伊德没有留给我们处理这种原始命运的完整且独立的作品。而且,正如一位弗洛伊德的批评者指出的①,在《性学三论》中发现的理论梗概除了与去性化和认同的关联外,在 1905 年之后没有明显改变。因此,详细检查 1905 年的文本是值得的。

《性学三论》以四个单独的片段来对待升华。

第一个暗示出现在第一篇论文("性反常")中,它的标题是"关于性目标的偏离",副标题是"临时的性目标"。升华的这种"定位"是有意义的。升华是相对于利比多目标的一种偏离而不是对对象的代替。这种偏离与先于最终性行为的"准备活动"有关;更准确地说,它与源于触摸、观看、隐藏、揭示这些准备行为的感官快乐有关,这些行为能成为代替正常目标的独立目标;这种偏离把升华置于审美领域,也就是文化现象领域:"然而,如果兴趣能从生殖器转移到作为整体的身体外形上,这种性好奇就能转变并处于艺术的方向上(升华)。"②同样,逗留在"注视的中间性欲目标"将升华置于变态的领域,因为变态也是通向最终性行为道路上的一种逗留和偏离。在这第一个文本中,与变态的对比被归于反作用力(羞耻与憎恶),但没有得出升华和压抑之间的任何差别。

第二个背景就是第二篇论文的背景,它是关于幼儿性欲的;因此它是遗传学的背景。因此,升华的环节这次与潜伏阶段有关。比前面的文本更清楚的是,升华因此从文化成就的

① 哈里·B.列维(Harry B.Levey):《升华理论的一种批判》,《精神病学》(1939 年),第 239—270 页。

② 《性学三论》,德文全集版,第五卷,第 55—56 页;标准版,第七卷,第 156—157 页;法文版,第 47—49 页。

观点来看待①。至于它的机制，弗洛伊德把它与"心理堤坝"的角色相联系，他把这些"心理堤坝"列为"憎恶、羞耻和道德"；这些对立力量明确应用于幼儿性欲的变态冲动，而幼儿性欲与身体的性感应区域相联系；这些对立的力量，或反应，利用了一种不快乐，这种不快乐出自于个体以后的发展。因此，在这第二个文本中，升华被再次联系到性感应区域和变态，并且因为反作用力的活动被联系到偏离目标，但仍然没有得出升华和压抑之间的任何差别。

第三个暗示被发现在同一论文的结尾处，在"幼儿性欲起源"的副标题下。当性功能因为它们对性感应区域（弗洛伊德引证了嘴唇的例子：对这种共同区域的性感应功能的干扰可能导致厌食）的共同占有侵占另一种功能时，升华特有的偏离被比作观察到的"转变"或"吸引"："通过这些道路，性的冲动应该转向了非性欲的目标，即性的升华。但我们最后必须承认，尽管它们肯定存在并且可能是可逆的，我们对这些道路确实知之甚少。"②因此，伴随这种偏离目标的压抑特征在这一文本中与更早的文本相比得到了较少的强调。相反，弗洛伊德坚持把升华问题与性感应区域的结果联系起来引起了对这种冲动结果的有限特征的注意。人们可能谈论在这种意义上的人类欲望的有限性，人类欲望根据相对有限选择的感觉性发展着（诚然，性感应区域不是在数目上被限定，而是它们被限定在身体的表面）。

在《性学三论》中对升华的第四个且主要的处理发生在

---

① 出处同上，德文全集版，第五卷，第78—79页；标准版，第七卷，第178—179页；法文版，第81—82页。

② 出处同上，德文全集版，第五卷，第123页；标准版，第七卷，第206页；法文版，第123页。

结束这种本书的最后的综合尝试中;在这一尝试中,升华被看做第三种选择结果,与神经官能症与变态并列。① 我们已经知道变态与神经官能症紧密相联,因为"神经症可以说是变态的否定"②。我们也已经从前面的文本中知道,因为升华与中间目标和性感应区域有着经济学的联系,升华与变态有着密切关系。这次,三种"结局"(它们预示着"冲动的结果")被清楚地区分:变态用准——杰克逊的术语被解释为归因于生殖器区域的整合功能的虚弱;神经官能症是"变态的否定"③,与压抑相联系;升华被设想成在不同于性欲的领域中释放与使用过分强烈的刺激(在这种意义上,升华仍然在反常构造的背景中被对待)。然而,弗洛伊德把"一种心理能力和活动中重要的增长"归结为这些"危险的禀赋":审美创造力就是这些反应的显现之一。更准确地说,艺术禀赋展现了一种功效、变态和神经官能症的可变化的混合。

最后,升华与压抑之间的关系是什么呢? 令人惊奇的是,这最后的文本把压抑作为升华的亚种来对待;与这种亚种相联的是人的"个性特征",我们知道,这些特征源于通过固恋、升华和压抑建立起来的性构造。但弗洛伊德很快补充说:压抑和升华是"我们对它们的内在机制一无所知"④的过程。弗洛伊德把它们看做"构成的禀赋"⑤。我们可以提出合理的反

---

① 出处同上,德文全集版,第五卷,第140—141页;标准版,第七卷,第238—239页;法文版,第177—178页。

② 出处同上,德文全集版,第五卷,第65页;标准版,第七卷,第165页;法文版,第61页。

③ 出处同上,德文全集版,第五卷,第140页;标准版,第七卷,第238页;法文版,第177页。

④ 出处同上,德文全集版,第五卷,第140—141页;标准版,第七卷,第239页;法文版,第178页。

⑤ 《性学三论》,出处同上。

对意见①:不存在支持一种理论的临床证据,这种理论认为,升华从有着强烈反常性构成的个体的婴儿性感应区域中获得能量。这些文本甚至不能使我们形成一种关于升华的机制的明确观点:获取和反应形成的各自角色、或甚至简单的意义是什么呢？这不容易回答;能精确对待的仅有因素是憎恨、羞耻和道德的反应形成。艺术升华被提到但没有被发展;相反,反应形成的一个平行例子得到发展——这就是窥阴癖。最后,没有什么东西允许我们的说:价值、审美或其他的东西将通过这种机制被创造,而能量被引导到或转移到这些价值和审美。创造力似乎被获得了,但它的对象似乎没有被获得。

以后的文本增加了更多的困难而非解答。我们早已在"论自恋"论文中检查了升华—理想化这一对概念。我们回忆起理想化与冲动对象有关,而升华与冲动的方向与目标有关;这种区别使弗洛伊德强调这两种机制之间的差异,因为理想化是通过力量获得的。在这新的背景中,升华与压抑形成了尖锐的对立,但一个与对压抑机制的修正相同的对升华机制的元心理学修正未被提出。弗洛伊德越是将升华与其他机制区分开来,尤其与压抑,甚至与反应形成区分开来,它自己的机制就越是没有得到说明,这个机制就是:升华是能量的转移,而不是能量的压抑;它似乎依赖于一种特别是在艺术家那里明确的能力。

唯一真正新的描述特征在《自我和原我》期间被引入。升华从弗洛伊德对超我元心理学的详细论述的庞大工作中获益。向内投射过程需要的放弃性欲目标既被描述为对象与自我的交换——对象利比多被转变为自恋利比多——又被描述

---

① 列维,第247—249页。

为一种去性化。他补充说："这种去性化因此是一种升华。的确，问题出现了，并值得仔细思考，这个问题就是：这是否不是通向升华的普遍道路，所有升华是否不通过自我的中介发生，这种中介开始于把性对象利比多改变为自恋利比多，然后，或许继续给它另一个目标。"①

那么，革新就是如下两种。一方面，去性化成了更早的文本称为偏离或移置的核心因素；弗洛伊德现在承认了一种中性或可移动能量的存在，这种能量要么被补充到性冲动中，要么被补充到毁灭冲动中。另一方面，自我——在第二场所论意义上——在这种转变中是必要中介；于是，升华与自我改变联系起来，而我们已经把自我改变称为认同；当认同集中于父亲的榜样—意象时，超我被包含在去性化和升华的过程中。我们因此有一个连续的三个项的系列：去性化、认同、升华。在这一点上，我们已经离开了我们最初的基础：升华不再被看作是一种趋向非性欲的乖张的婴儿成分，而是一种俄狄浦斯时期的对象投入，这种投入通过去性化和力量推力被内在化，而去性化和力量推力产生了俄狄浦斯情结的解体。但我们很难说哪种观念构成哪种观念的基础：去性化、升华和认同是首尾相接的三个谜。不幸地，这没有导致一幅清楚的图画。

弗洛伊德没有解决升华问题给了我们反思的材料。升华的空洞概念让我们一方面能概括在弗洛伊德主义隐含的目的论标题下列举出的整个一系列困难，另一方面在非常谨慎和非常初步的标题"走向象征问题"下引入新的思想线索。

的确，升华概念似乎有两个方面。一方面，它与崇高构成

---

① 《自我和原我》，德文全集版，第十三卷，第 258 页；标准版，第十九卷，第 30 页；法文版，第 184—185 页。参见以上，第 220 页（译者注：第 220 页为法文原书页码）。

的那些方面有关,即构成人的较高或最高方面的方面;另一方面,它涉及构成崇高的象征工具。我们在此将把自己限制在崇高问题中,不讨论它的象征表达。

大体上,问题的第一方面对应升华的伦理方面(第二方面一般对应它的美学方面)。通过把升华首先与反应形成(羞耻、谦虚等)联系起来,然后与认同联系起来,弗洛伊德本人赋予这些伦理方面以优先地位。

然而,通过更高心理区分的建构而发挥作用的所有程序或机制,不管它们被称为理想化、认同还是升华,在经济学的框架中仍然是无法理解的。超我理论摇摆于能量一元论(继承自第一场所论)和欲望与权威的二元论之间,根据能量一元论,只存在一个能量来源,原我,或在冲动蓄水池意义上的自恋,而根据欲望与权威的二元论,不可还原为欲望的唯一形象就是父亲形象。从能量的观点看,一切都源于原我的蓄水池;但为了欲望离开自身,为了超我分化为反应形成,权威必须在父亲的伪装下被引入。于是,弗洛伊德用相同的力量来主张两个命题:超我从外部获得,并在这个意义上不是原初的;另一方面,超我是最强大冲动的表达和原我最重要的利比多变化。整个超我经济学被反映在升华概念中;这个概念在两种要求之间暂时形成了一种妥协:内在化一种"外部"的东西(权威,父亲形象,各个层级的主人)和分化一种"内部"的东西(利比多、自恋、原我)。从"较低"向"较高"的升华就是"外部"向内投射的对应方。反应形成,理想的形成,以及升华代表了这种理论妥协的相关样式。但这种妥协是前后一致的吗?除了考古学与目的论的辩证法外,它没有隐藏不可弥补的罅隙吗?就我而言,我怀疑弗洛伊德成功减小了权威外在性和欲望唯我论之间的基本鸿沟。因为弗洛伊德拒绝一种内在于自我设定的伦理基础,他注定接受外在权威,而欲望的唯我论源于他最初的经济学假设,根据这种假设,每种理想的形成最终是原我的分化。弗洛伊德主义缺乏合适的理论工具让欲望与异于欲望东西之间的绝对原始的辩证法变得可理解。

因此,升华理论的失败和认同概念与经济学之间的不协调有相同的意义:我们与弗洛伊德本人一起说,"像的欲望"不可还原到"拥有的欲望"。升华隐藏了相同范围的不可还原性;也可以说它先于并且包含了所有的后天形成,这些后天形成是通过从性感应区域而来的感官快乐的审美转移,或通过俄狄浦斯情结解体期间的利比多的无性化而得到。这些后天的形成中没有一个说明原始认同,或说明升华的原初力量。升华与认同之间的关系使我们在欲望辩证法中把升华的未解之谜与自我意识的起源联系起来。

升华和理想形成之间的关系,如同后者在"论自恋"论文中所设想的,暗示了对所有这些相关机制的相同的辩证再解释。我认识到弗洛伊德把升华与理想化放在一起的目的就是把它们相互区分开;根据理想化的机制,理想一直是"[我们]童年失去的自恋的替代品"。① 然而,理想的这种投射(这种投射源自于自恋),预先假定了这种破产我思的自我包括了最小的伦理意义,预先假定了自我能关注自己、评价自己、谴责自己。从精神分析中知道理想形式源于虚假我思,我们称为理想的东西常常就是那相同的自—爱(在另一语境中,我们把对真理的抵制归于这种自—爱)的投射,这确实不是无

---

① 《论自恋:导言》,德文全集版,第十卷,第 161 页;标准版,第十四卷,第 94 页;法文版,第 24 页。

关紧要的事情。弗洛伊德意义上的理想化因此与尼采的道德谱系学联系在一起;我们早已强调精神分析的这种毋庸置疑的贡献。但贯穿这种理想的自恋身世出现了一个更为根本的问题:自我进行评价,能尊重或谴责,致力于赞同和自我—赞同,不赞同和自我—谴责,这一切意味着什么呢? 在我们展现弗洛伊德的理想化理论时,我们暗示这个过程可能支持理想自我和自我理想之间短暂的和或许无意的差别;这种差别的一个更深基础可能就是将 *Selbstauchtung*、"自尊"①("自尊"最初在自恋本身中得到设定)归于自我。如果自我能害怕阉割,并且以后预期社会谴责和惩罚并将它们内化为道德谴责,这是因为它对不同于身体危险的威胁敏感。因为对阉割的害怕具有伦理意义,对一个人自尊的威胁最初必须区别于其他任何威胁;为了获得谴责与惩罚的意义,对身体整体性的威胁就必须象征对生存整体性的威胁。

因此,不管我们把升华与认同联系起来,还是与理想化联系起来,升华把我们带回到整个弗洛伊德心理区分问题的核心困难:自我、原我和超我。

精神分析能够通过回溯性质的情感处境辨读自我的伦理特征。不但在实践上而且在理论上这一点是真的;正如我们所见,升华可以用经济学术语被表达为只是一种向自恋的回溯;我承认这种被理解为一种经济学概念的回溯与时间回溯不一致,即与回到过去,回到童年(人类或个体的童年)不一致。但甚至当它在最多经济学意义上和最少时间意义上被采用时,当它被理解成一种放弃对象投入和返回自恋蓄水池时,

---

① 出处同上,德文全集版,第十卷,第 160 页;标准版,第十四卷,第 93 页;法文版,第 23 页。

回溯要求一个对立的概念，这个概念似乎在弗洛伊德经济学中没有位置，这就是前进的概念。自恋如何分化自己，转移自己呢？如果这种过程不是通过回溯的前进，认同的沉淀如何把自己安置在自我中并且修正自我呢？前进发挥作用的原则是什么呢？尽管这条原则经常以未主题化的方式被精神分析实践预先假定，它似乎很难用弗洛伊德元心理学的资源详细说明。这些问题一点没有否定精神分析；通过使我们在害怕与畏惧、对自我的自恋依附、憎恨——在我们自己生存的核心对生命的憎恨——甚至一种与死亡的隐秘共谋的不真实样式的背景中提出这些问题，精神分析大大有益于反思。通过揭示我们声称的崇高所具有的古老的、婴儿的和本能的、自恋的和受虐狂的特征，精神分析似乎以否定的方式提出这些问题。

最终，通过更加被详细说明的认同概念和理想化概念，升华的空洞概念指引我们回到弗洛伊德经济学的操作的、未被主题化的概念。我将在形成意识过程的独特任务中总结它们，这个任务界定了精神分析的目的。在《新讲座》中，弗洛伊德写道："原我在哪里，自我也将在哪里。"[①]最终，形成我的任务——一项被置于欲望经济学中的任务，在原则上不可还原到经济学；但这项任务仍然是弗洛伊德理论的未明言的因素；升华的空洞概念是这种未明言因素的最终象征。正因如此，我们已经在弗洛伊德主义隐含的目的论的标题下遭遇的所有困难在这一概念中得到反映。这些困难可以被总结如下：

（1）如果欲望想进入了文化，我们必须假设欲望与外在

---

① 《新讲座》，德文全集版，第十五卷，第 86 页（Wo Es war, soll Ich werden）；标准版，第二十二卷，第 80 页（Whwewid was, there ego shall be）；法文版，第 111 页。

于能量领域的评价源泉之间的原初关系。

（2）如果自我与它的对方的认同是可能的，我们必须假定主体间性的双方。

（3）如果认同想被包含于自我的理想化过程中，一种原初的自尊，原初的 *Selbstachtung* 必须被假定。

（4）最后，在与精神分析在理论上提出的回溯运动直接相反，我们必须假设一种前进的倾向，精神分析实践让这种倾向发挥作用，但精神分析理论没有主题化它。

通过一种根本的辩证法，考古学和目的论的辩证法，我已试图思考前进和回溯的相互作用。因此，我希望我已经不仅仅在理解弗洛伊德上取得进步，而且在理解自己上取得进步：因为承担这种辩证法的思想的反思模式已经处在从抽象反思到具体反思的道路上。这里存在着理解前进和回溯被相同的象征所推动的任务，简言之，象征是前进和回溯之间同一性的领域。理解这一点将进入具体反思。

第四章　解释学:走向象征

　　我们仅仅在现在到达了我们"问题篇"中最有抱负提问的层面;而且也仅在现在我能瞥见对解释学冲突的解决,不再是折中地,而是辩证地解决。我们现在知道解决的原则在于考古学与目的论之间的辩证法。我们还有待于发现具体的"混合结构",我们在这个结构中同时看到了考古学和目的论。这种具体的"混合结构"就是象征。我文责自负地认为,精神分析描述为复因决定的东西在解释的辩证法中发现了它的充分意义,这种辩证法的对立双方由考古学和目的论构成。

　　不经过一种漫长且复杂的迂回,我们不可能理解象征的复因决定;我们不仅不能把这种复因决定作为我们的出发点,我们也不肯定能真正到达复因决定;正因如此,我谈论走向象征。正如我在"问题篇"中所言,普遍解释学仍然不在我们的视野内;这本书仅仅是那个广泛工作的准备。我们自己设定的任务就是把冲突解释学之间的对立整合到反思中。在走过了如此漫长的迂回之路后,我们仅仅站在了我们事业的入口处。让我们转过身并思考我们已走过的道路。

　　a)首先,我们应该经过剥夺的阶段:剥夺意识作为意义的处所与起源。因此,弗洛伊德的精神分析显得是鼓励和贯彻这种反思苦行的最好学科：它的场所论和经济学帮助把意义的场所转移到"无意识"，即转移到我们无法控制的一种起源。这个第一阶段结束于反思的考古学。

b）其次，我们应该穿越反思的反题。在这里，考古学解释显得是意义通过连续角色的前进产生的对立面，在这种前进产生中，每一种角色的意义依赖于后续角色的意义。

c）最终，黑格尔充当一种颠倒的榜样，并帮助我们形成了一种辩证法，不是弗洛伊德与黑格尔之间的辩证法，而是他们每个人中的辩证法。只有当每种解释被看成包含在对方中时，对立不再单纯是对立的冲突，而是过渡到对方的阶段。只有那时，反思真正在考古学中而考古学在目的论中：反思、目的论和考古学相互过渡。

既然我们已经在理论中彻底思考了解释这两条路线的调和，在象征的有意义结构中寻找它们的交叉点的可能性自然就产生了。

在这种意义上，象征是辩证法的具体环节，但它们不是它的直接环节。具体总是中介的完满或顶峰。回归到倾听象征的简单态度是"因思想而得到的奖赏"。我们通过辛勤的接近而触及到的语言具体性是我们对其仅拥有一种前沿知识或初始知识的第二种天真。

哲学家的危险（我说，对哲学家而言，而不是对诗人而言）就是过快地抵达、失去张力、消散在象征的广饶中、消散在意义的丰富中。我没有否认对问题的描述；我继续表明：因为它们特殊的意指结构，因为内在于这种结构的意义的意指运动，象征要求解释。但对这种意指运动的说明需要剥夺、对立、辩证法这三重规训。为了按照象征去思考，我们必须让象征服从一种辩证法；只有那时我们才可能将辩证法置于解释中并回到活生生的言语。这个重新占有的最后阶段构成了向具体反思的转变。在回到倾听语言时,反思进入了仅仅被倾听和被理解的语言丰满中。

让我们不要误解这最后阶段的意义:回到直接性不是回归沉默,相反是回到被言说的语词,回到语言的丰满。它也不是回到最初、直接言语的复杂的谜团,而是回到已经被意义的整个过程教育的言语。因此,这种具体反思没有暗示对非理性或过分热情的任何让步。在它回到言语时,反思继续成为反思,即,对意义的理解;反思成为解释学;这是它能成为具体反思并仍然是反思的唯一道路。第二种天真不是第一种天真;它是后批判的而非前批判的;它是一种博学的天真。

1. 象征的复因决定

我主张的命题是这样的:除非通过两种功能之间的辩证法,精神分析称为复因决定的东西就不能被理解,而这两种功能被思考为相互对立,但象征把它们协调在具体统一中。于是,象征的含糊不是缺乏单义性,相反是具有或产生相反解释的可能性,其中的每一种解释都是自我融贯的。

两种解释学,一种转向属于人类幼儿期的古老意义的复活,另一种转向角色的出现,这些角色预期了我们精神的冒险,在相反的方向上发展了包含在语言中的意义的开端,一种充满了各种谜团的语言,人们为了表达他们的害怕和希望发明并接受了这些谜团。因此,我们应该说象征携带有两个矢量:一方面,象征在所有的童年意义上,年代学的和非年代学的童年意义上,重复了我们的童年;另一方面,它们探索了我们成年人的生活:"哦,我的预言灵魂",哈姆雷特说;但这两种功能不再是完全外在的;它们构成了真实象征的复因决定。通过探索我们的婴儿期并以梦的模式使它复活,象征表现了将我们人类的可能性投射到想象领域中。这些真实象征真正是回溯的—前进的;记忆产生期待;古老根基产生预言。

通过将这种对象征意向结构的分析推进得更深入,我将说回溯与前进之间的对立阐明了被描述为隐藏和显示统一性的矛盾结构,而我们既努力建立回溯与前进之间的对立又努力克服这种对立。真正的象征处于两种功能的十字路口,我们相应地把这两种功能相互对立并相互奠基。这样的象征既伪装又揭示。当它们隐藏了我们的冲动目标时,它们揭示了自我意识的过程。伪装、揭示;隐藏、显示;这两种功能不再相互外在;它们表达了单一象征功能的两个方面。因为它们的复因决定,象征实现了精神的角色前进和回溯到无意识关键能指之间的具体同一性。意义的前进仅仅发生在欲望的投射、无意识的派生物、古老根基的恢复的领域中。我们用欲望滋养我们最少肉欲的象征,这些欲望被抑制,产生偏离和被改变。我们用这些形象来表现我们的理想,它们产生于被纯净的欲望。因此,象征在具体的统一中表现了反思在它的对立阶段被迫分裂为对立解释的东西;对立的解释学分离并分解了具体反思通过回归单纯被倾听和被理解的言语重新组成的东西。如果我的分析是准确的,著名的升华功能就不是一种能被欲望经济学说明的补充程序。它不是一种能置于和其他冲动"结果"相同层面的机制,与"颠倒"、"回转到自身"以及"压抑"为伍。因为揭示与伪装在它里面相一致,我们或许说升华是象征功能本身。反思最初只能打破这种功能。一种经济学在象征功能中孤立了伪装的因素,因为梦掩盖了我们被禁止欲望的秘密意向。那么,为了保存其他的维度并表明象征涉及一种自我的发展(这种发展向象征揭示的东西开放),经济学必须被精神的现象学加以平衡。但我们必须超越这种总是在象征中不断重复的二分法;为了提升它,或在这个词的严格意义上,升华它,我们必须看到象征的第二种功能贯穿了投射功能并重新纳入投射功能;通过伪装和投射,另一种东西出现了,这就是一种发现的功能、揭示的功能,它使人的梦升华了。

在什么程度上这种象征辩证结构的观念保持了与正统的弗洛伊德理论的一种关联呢? 我不否认弗洛伊德将拒绝我们对复因决定的解释①。但在《梦的解析》与《精神分析入门》中对象征的处理对我们的立场并无不利,因为弗洛伊德在那种处理中累积了一些模糊性与未解决的困难。让我们现在把这些困难与升华的那些困难联系起来。

弗洛伊德的象征理论确实令人不安②:一方面,象征的位置在梦的机制中被非常严格地限制,它仅仅覆盖那些流俗的形式,那些流俗的形式通过做梦者的自由联想抵制了对梦辨

---

①　诚然,人们将在弗洛伊德那里发现复因决定与过度解释之间的差异:德文全集版,第二、第三卷,第 253(1)、270(1)、272、528 页;标准版,第四卷,第 248 页,注 1,第 263 页,注 2(1914 年关于俄狄浦斯神话解释的一个补充),第 266、523 页;法文版,第 225(137,注 1)、240(145)、242(147)、519(285)页。但这种过度解释不表示不同于精神分析解释的解释;见以上,"分析篇"第二部分,第二章,注 25(译者注:注 25 为法文原书页码和编号)。

②　除了 J.拉康的著作外(这些著作我们已引证过),见 S.纳赫特(S. Nacht)、P.C.哈伽米尔(P.C.Racamier):《妄想的精神分析理论》,《法国精神分析评论》,第二十二卷(1958 年,4/5),第 418—574 页;R.迪亚特格纳(R.Diatkine)、M.本纳斯(M.Benassy):《幻觉的个体发生》《法国精神分析评论》,第二十八卷(1964 年,2),第 217—234 页;J.拉普朗西、J.B.玻特里斯:《原初幻觉,起源的幻觉,幻觉的起源》,《当代》,第十九卷(1964 年,215),第 1833—1868 页。

读的零碎方法。在这种意义上,不存在严格的象征功能,这种功能能够与浓缩、移置及形象化一样是一种独立的程序。从梦的解释的观点,象征化没有构成一个特殊的问题,因为在梦中被运用的象征已经在其他地方形成了。象征在梦中有一个持久固定的意义,像速记法中的记号一样。结果,它们的解释可以是直接的,不需要长期和艰难的辨读工作。

《精神分析入门》的第五讲证明了这个问题的首要方面:"在梦的象征基础上的比较一劳永逸地就在手边并很完整。"①《梦的解析》出版十五年后,象征问题仍然被置于自由联想方法失败的背景中。象征从属于"固定的"翻译,"就像流行的'梦书'给出现在梦中的一切提供了翻译"②。弗洛伊德明确宣布说:"梦的成分和它的翻译之间的这种固定关系被我们描述为一种'象征'关系,并且梦的成分本身被描述为一种梦的无意识思想的象征。"③于是,象征关系成为除了浓缩、移置和图像化表象外的"第四种"关系④。因此,通过"固定的翻译"对象征进行解释显得是对建立在联想基础上的解释的补充。正如在《梦的解析》中,弗洛伊德对谢尔纳表达了敬意,他是第一个认识到象征本质上是身体的幻化的人。被象征地表现的东西是身体。神经官能症的性病因学仅仅使弗洛伊德把这种象征集中在性欲上,并把这种身体的想象与梦的普遍目的联系起来,即,与它们替代满足的功能联系起来。

如果读者只考虑这种象征主题化的内容,他可能会匆忙

---

① *Vorlesungen zur Einführung in die Psychoanaluse*,德文全集版,第十一卷,第 168 页;标准版,第十五卷,第 165 页;法文版,第 183 页。

② 出处同上,德文全集版,第十一卷,第 151—152 页;标准版,第十五卷,第 150 页;法文版,第 166 页。

③ 出处同上。

④ 出处同上。

得出结论,讲座五没有什么有趣的东西提供。从主题的立场看,人们只能说,首先,被发现的"内容"是单调的,它们总是相同的东西:生殖器、性行为、性关系;其次,象征它们的表象是无数的,我们想说的是:同样的内容几乎可以被一切东西象征。这种象征的多义性值得我们的注意,正是这种多义性提出了"共同成分"的问题,即被设想的*第三对比项*(tertium comparationis)的比较问题①。正是大量象征与内容单调之间的*不相称*②,特别是当"共同成分不被理解"③时,直接提出了象征关系的构成问题。但梦没有建立这种关系;梦发现它早已形成并且利用它。因此,对梦的详细说明没有涉及任何可与被描述为浓缩、移置和形象化的东西相比较的象征化工作。但"我们因而如何知道这些梦的象征的意义呢?"答案是:"我们从不同的源头知道这种意义,从童话和神话,从滑稽与幽默,从民间传说(即,从关于流行的礼仪、风俗、谚语及歌曲的研究中)以及诗与口头语言的使用中知道这种意义。在所有这些方向上,我们遇到了相同的象征,我们能经常毫无困难地理解这些象征。通过检查这些源头,我们将发现如此多梦的象征的相似物,以致我们可以越来越确信我们的解释。"④

因此,不是"梦的工作"构建了象征关系,而是文化工作。这意味着象征关系形成于语言之中。但弗洛伊德没有从这种发现中得出任何结果;神话和梦的类似只是用于证明与证实

———————

① 德文全集版,第十一卷,第153—154页;标准版,第十五卷,第152页;法文版,第169页。

② 出处同上。

③ 德文全集版,第十一卷,第159页;标准版,第十五卷,第157页;法文版,第174页。

④ 德文全集版,第十一卷,第160—161页;标准版,第十五卷,第158—159页;法文版,第175—176页。

我们梦的解释。于是,奥托·兰克(Otto Rank)对"英雄诞生"的研究仅仅提供了梦中发生的诞生的象征表象的"相似物"。通过神话的象征对梦的性象征的证明等于把神话还原为梦,即使神话提供了言语成分,在这些成分中,象征语义学已经真正建立起来了。

有关象征的难题不是轮船代表妇女,而是妇女被意指,并且为了在意象层面上被意指,妇女被语言表达。正是被言说的妇女成了被梦见的妇女;正是被神化的妇女成了梦中的妇女。但我们如何检查神话而不同时检查礼仪和祭仪、符号和纹章图案呢(弗洛伊德提到了法国的鸢尾和西西里的*三曲枝图*以及马恩岛)?弗洛伊德明白在神话、童话、谚语和诗中比梦中有着更多的东西。他本人在他对象征研究的末尾强调了这种事实。但这种事实本身只是为了扩展精神分析,为了表明精神分析是"普遍利益"的学科①,正如他自豪地陈述的,在这种学科中,"精神分析所付出的多于它所接受的"②:"精神分析提供了技术方法和观点,这些观点在这些其他科学的应用应该证明是富有成果的。"③我们有理由担心比较的方法在此被限制在单纯的辩护中。

这种帝国主义不幸被某种有关语言本身的补充的和灾难性的假设加强。弗洛伊德被这种事实打动:在神话中使用的象征比梦的象征更少有性的意味,他以下面的方式来还原这种异常:他设想了一种语言状态,在其中所有的象征都是性象征,在这种状态中,"言语的原初声音为交流观念提供服务,

---

① 德文全集版,第十一卷,第 170—171 页;标准版,第十五卷,第 167—168 页;法文版,第 185—186 页。

② 出处同上。

③ 出处同上。

并召唤性伴侣"。① 以后,性的兴趣依附于工作;但人们只是通过把工作当成性活动的等同物和替代物接受了性兴趣的转移。语言的模糊性开始于这一时期,因为在这一时期,"在工作中说出的相同语词于是拥有两种意义,它们表示性行为,也表示与性行为有联系的工作行为……一些动词词根就这样已经形成,它们都有性的起源的并且以后失去了它们性的意义"②。如果这种假设〔弗洛伊德从斯堪的纳维亚语言学家H.斯博玻(Sperber)那里借用来的〕是正确的,象征关系"将成为古代语词同一性的剩余物"③,而梦比神话更好地保存了这种关系。弗洛伊德为什么采用了这种非分析的假设这一点是很清楚的;它给予我们梦超过神话的优势;尽管神话提供了性象征最广泛的相似物,在梦中,性的象征的排他性被这种"原始语言"证明,而梦将成为这种"原始语言"的有特权的见证者。

　　但即使我们想给这种假设一些语言学的价值,它使我们晕头转向:所有梦的象征被发现和一种语言活动联系在一起,但这种活动的谜仅仅被一种原初语词同一性的假设掩盖着,在这种假设中,相同的语词既指性的方面又指非性的方面。这些古代模糊词根的假设仅是一种权宜之计,凭借这种权宜之计,人们通过把问题投射到一种"基础语言"来解决这个问

---

　　①　德文全集版,第169—170页;标准版,第167页;法文版,第184—185页。这个文本是要接近论文《原始语词的对立意义》,我们在上面已讨论过这篇论文,"辩证法篇",第一章,第386页,注68(译者注:此处第386页,注68为法文原书页码和编码)。

　　②　出处同上。

　　③　出处同上。

题,在这种"基础语言"中,相似性将早就是同一性①。

_____

① 恩斯特·琼斯论述象征论的文章(《象征理论》[1916年],见《精神分析论文集》[第五版,伦敦,廷多与考克斯,1948年],第三章,第87—145页)——无疑是弗洛伊德学派中最值得注意的著作,它建基于《精神分析入门》的第五部分。其最大的兴趣来自三种观点:描述的、发生学的以及批判的。——描述的观点,作者将在精神分析意义上的象征置于通常称为象征的间接表象的一般类别中,象征通过双重意义的角色,通过原初意义与次级意义之间的类似,通过具体性与原初性的属性,通过象征表现隐藏或秘密的观念这种事实,以及通过它们自发地产生这种事实加以描述。为了具体指明"真正象征"的这种特征,琼斯评论并修改了兰克(Rank)与沙赫(Sache)在他们的《精神科学的精神分析意义》(1913年)中所主张的标准:(1)真正的象征总是表现被压抑的无意识主题;(2)它们拥有持续的意义,或者拥有意义变化的有限范围;(3)它们不是仅仅依赖于个体因素;这不是说它们是荣格意义上的原型,而相反它们是那些显示人类原始兴趣的有限且统一的特征的固定形式;(4)它们是古老的;(5)它们拥有语言联系,引人注目地被词源学揭示;(6)它们在神话、民间传说,诗学领域中有相似物。于是象征的范围公开地被限制在那产生于无意识与审查之间的妥协的替代形象;而且所有的象征表现了与身体自我、直接血缘关系,或出生、爱和死亡现象有关的主题。就是这样的,因为这些主题与最早被压抑的功能相符合,这些功能在原始文明中受到了如此高的尊重。琼斯于是继续说明了为何作为象征不变主题的性欲已投入到了语言的各个领域,以及为何联想从性欲到非性欲而从不在反方向上起作用。正是在此,从描述的观点到发生学说明的转换发生了。至于联想联系的起源,它是象征论的基础,它不足以在原始思想中引起一种对没有辨别能力的注意(一种"统觉的不充分"),原始思想在其他方面具有进行区别与分类的能力。跟随着弗洛伊德,琼斯采用了瑞典语言学家斯博玻的性语言和工作语言的一种原初同一性的理论,同样的语词原初地起着呼唤性伴侣以及在工作中提供节奏陪伴这种目的的作用;自那时起武器与工具,种子与被犁耕的土地象征地表达了性的东西。在我的观点中,琼斯的论文强调了这种说明的权宜之计,这种权宜之计通过同一性先于相似性假定了一切。更严重的是,这种说明掩盖了关于爱欲冲动提升到语言的先前的困难与这些冲动能被不确定地象征化这种事实。它不足以完全唤起对"伴侣的呼唤",人们必须继续对什么使得欲望言说进行反思——即内在于本能的缺场和失去的对象与象征化之间的联系。在对关于象征的起源这第二个问题的回答中——为何象征应该仅在一个方向上发生——琼斯假定象征论有着单一的功能,伪装被禁止的主题的功能:"仅那被压抑的东西被象征化;仅被压抑的东西需要被象征化。这种结论就是象征的精神分析理

我认为,这些沉思关闭的道路多于它们打开的道路。通

论的试金石。"(第116页)——这种解答,它排除了任何教条式妥协,导致了琼斯论文的批判部分,这一部分直接有关我自己的事业。这种批判起初针对西里波尔(Silberer),从1909年开始,西里波尔在六篇论文中发展了一种非常详细的象征形成理论。对西里波尔而言,除了伪装性欲主题外(这些主题被审查机制压抑),象征的产生包括其他程序;于是象征可以被组成样式或途径,在其中,思想进行工作(缓慢地、迅速地、轻轻地、沉重地、高高兴兴地、成功地等)。压抑总是成为这些精神功能的样式中的一种。琼斯对这种"功能象征"的主要反对就是"通过抵制几乎不能赢得的无意识的知识,它已把精神分析的发现继续重新解释回到前弗洛伊德经验特有的表面意义"(第117页)。于是琼斯反对使性象征成为其他东西的象征的任何尝试;在我们的术语学中,性总是所指,并且从来不是能指。为什么有这种不妥协呢? 琼斯陈述说,原因就是压抑是在真正象征的形成中扭曲操作的唯一理由。*材料象征进入(主要表现性的东西)功能象征(表现精神功能的样式)本身就是一个被无意识使用的诡计,以及一种我们对象征唯一真实解释抵制的明示。于是,西里波尔的解释是一种防御的或"反作用的"解释。琼斯假定任何非性欲的观点都可以真正地被象征化,但只有它首先与性的主题有某种联系;恰好是隐喻功能通过用具体的属于无害地表达抽象取代了象征,而象征总是建立在被禁止的冲动上;于是大毒蛇,一种性的象征,将成为智慧的隐喻,结婚戒指,女人性器官的象征,将成为忠实的符号,等等。每次功能象征取代材料象征是这种用无害术语重新解释压抑的一个实例。*——无论这种争论的影响力可能多么大,似乎对我而言琼斯的不妥协被证明为合理的;精神分析没有方法证明被压抑冲动就是那能被象征化的东西的唯一源泉。于是在东方宗教中阴茎成为创造力的象征这种观点不能因为精神分析的原因被排除,但对在其他基础上必须被争论的哲学原因来说能被排除。琼斯对象征可能拥有"神秘解释的"意义(西里波尔),一种"节目"意义(阿德勒 Adler),或者一种"预期"意义(荣格 Jung)这种观点的轻蔑拒绝就是有这方面特点的:根据琼斯,这些作者放弃"科学的方法与标准,特别是因果关系观念与决定论"(前引书,第136页)。这种争论不是精神分析的,而是哲学的。但那不是问题的根源;每一种单边的象征理论似乎在一个确切点上崩溃了;这些理论说明了象征的替代或妥协方面,但没有说明它们否认与克服它们自己起源的力量。象征在弗洛伊德意义上表达了升华的失败而不是其进步,正如琼斯乐意地承认:"就象征而言,投入被象征化观念的情感没有证明能够进行那种'升华'术语表示的性质上的修正。"(第139页)而且,当他根据现实原则而不是仅仅在快乐原则的术语中考虑象征论时,琼斯本人引入了象征功能的另一极(第132页以下),并且相当正确地指出"在现实原则线索上前进的每一步不但意味着这种原始联想[在新的知觉表

过一开始接受一切,它们注定了我们以后除了残存物不会遇到任何东西。当我们展现《梦的解析》中的象征理论时,我们问道:在把象征观念限制于普通速记符号时,弗洛伊德是否没有犯下错误;象征仅是残余吗? 或它们不也是意义的黎明吗?我们现在可以根据我们复因决定的辩证观念重拾这个问题。我建议我们区分象征创造力的不同层面(在后面的部分区分象征实际上发生的各种领域之前)。在最低层面,我们遇见沉淀的象征:我们再次发现各种流俗的及片段的象征残余,象征如此平凡和因使用而陈旧,以致它们只有过去。这是梦的象征的层面,也是童话和传奇的层面;在这里,象征化的工作不再发生作用。在第二个层面,我们遇到了在日常生活中起作用的象征;这是些有用的象征和实际被利用的象征,它有过去和现在,并且在既定社会的共时性中充当全部社会协定的保证;结构人类学就在这种层面上发挥作用。前瞻性的象征出现在更高的层面上;这就是意义的创造,它们接受有着多重意义的传统象征并将它们作为新意义的载体。意义的这种创造反映了象征的活的根基,这个根基不是象征的社会沉淀和投入的结果。在这章中,我们稍后将试图表明这种意义的创造如何同时是一种古老幻想的重新获得和对这种幻想根基的一种活的解释。梦仅仅为第一个层面的象征论提供了答案;弗洛伊德在发展他的象征理论时围绕的"典型"之梦没有揭示象征的标准形式而仅仅揭示了它们在被沉淀表达的层面上

象与一些无意识之间的联想]的一种运用,而且意味它的部分放弃"(第133页),然而,在单边象征的观念中,这种放弃仅能成为真实象征的一种弱化,如同原始象征起着促进对象概念或科学普遍化作用的实例中。这种观念没有说明自柏拉图和奥利金(Origen)以来的西方思想所探究的极广的象征范围,仅说明了普通语言的苍白隐喻及其修辞学。

的痕迹。真正的任务因此是在它们的创造环节中掌握象征，而不是当它们到达它们过程结束并在梦中恢复之时，就像有着"永久确定的意义"的速记符号一样。进一步说，正当象征本身是对先前的传奇基础的解释时，《俄狄浦斯王》的悲剧将使我们重新获得象征的诞生。但我们不可能直接到达这种创造源泉的中心。我们必须利用所有可用的中介。

2. 象征的等级秩序

对复因决定概念的辩证解释被理解为一种目的论注释和一种回溯注释的双重可能性，这种辩证解释现在必须对某些明确的问题产生影响。我们把什么作为我们的指导线索呢？《精神现象学》？正如我说过的，我不认为我们能在一个多世纪之后以它被写出的形式恢复《精神现象学》。我主张把等级原则置于反思测试中，我早已在《易有过错的人》中用这条原则澄清情感观念①。这种工作假设是可行的：情感也是"混合的"，柏拉图第一个在《理想国》第四卷 *thumos*（即"心灵"）的标题下探讨"混合的结构"（*thumos* 这个希腊词一般译成"激情"或"心灵"，利科在此将这个词译成"心灵"——译者注）。柏拉图说，"心灵"有时与理性一起以愤慨和勇气的形式战斗，而有时与欲望一起以挑衅、烦躁或发怒的形式战斗。我补充说，心灵是那不知道快乐终止和幸福安宁的不安的心灵，而且我建议这种模糊和脆弱的心灵代表了生命情感和精神情感之间的整个情感生活的中间地带，即形成生活与思考之间，生命（Bios）与逻各斯之间转换的整个活动。我早就注

————————

① 利科:《易犯错的人》，第三章。

意到"正是在这种中间地带,*自我* 被构成为不同于自然存在和其他自我的东西……仅仅因为心灵(thumos),欲望具有了差异性的特征和构成自我的主体性的特征……"①

我希望根据我们两种解释学之间的对立重新检查这种混合结构的问题。我前面在心灵(thumos)标题下研究的相同感情现在将被看成从属于两种注释模式:一种沿着弗洛伊德爱欲的路线,另一种沿着精神现象学的路线。

为了达到这种效果,我主张重新检查基本情感的三部曲,我从康德的人类学中借用了这三部曲,拥有、权力、价值的激情三部曲,并且重新对三种"追求"进行注释,道德家仅仅在被扭曲的堕落形象的外表下了解它们,这些外表是:拥有、支配和自负的"激情",或用另一种语言,贪婪、专制和虚荣(Habsucht,Herrschsucht,Ehrsucht)的"激情"。我们在这三重失常和暴力的欲望(Sucht)后面必须发现的东西,是真实的探索(Suchen);"在这种激情追求之后",我们必须到达"对人性的追求,一种不再疯狂且在束缚中的追求,而是构成人类实践与人类自我的追求"②。

我将表明这种三重追求一方面属于一种黑格尔风格的现象学,另一方面属于一种弗洛伊德风格的性爱。

的确,值得注意的是,人类情感的轨迹从拥有、权力到价值时经过的这三个意义的领域构成了本质上是非利比多的人类意义的领域。不像某些新弗洛伊德主义者说的,它们是"摆脱冲突的领域"③;没有一个人类生存的领域逃避爱与恨的利比多投入;但重要的一点是,不管在拥有、权力和价值场

① 出处同上,第 123 页。
② 出处同上,第 127 页。
③ 海恩兹·哈特曼:《自我心理学与适应问题》,第一章。

合中形成的人际间关系的次级投入是什么,这些意义领域不是由利比多的投入构成的。

那么,它们是由什么构成的呢?对我而言,这似乎是黑格尔方法发挥作用的地方。现代化黑格尔事业的一种途径将是通过前进的综合构成"客观性"环节,当这些环节集中于拥有、权力和价值时,它们引导人类情感。这样的环节的确是客观性环节:理解这些感情因素(我们把它们命名为拥有、支配和价值),就是显示这些情感内化了一系列客体关系,这些客体关系不再属于知觉现象学,而属于经济学、政治学、文化理论。这种客观性构成的进展应当引导对属于人的感情的研究。① 在它们建立与事物的新关系的同时,人对拥有、权力和价值的固有追求建立了与其他人的新关系,通过这种关系,我们能追寻黑格尔的意识双重化过程和自我意识的进步。

让我们从这双重观点出发重新审视三个意义领域的连续构建。

我把*拥有*关系理解为在"缺乏"处境中与占有和工作有关的关系。到今天我们不知道其他人类的拥有的条件。然而,因为这些关系,我们看到新的人类情感出现了,它们不属于生物学领域;这些情感不是出自生命,而是出自返回到人类对新的对象领域的感受性,这个新的对象领域是一种"经济学"客观性的特殊客观性的领域。在这里,人出现为能够有与拥有和异化有关的情感,而异化本质上是非利比多的。这是马克思在他的金钱拜物教理论中描述的异化;马克思表明,正是经济异化能产生"虚假意识"或意识形态思考。于是,人

____

① 正如在《易犯错的人》中,我采用了阿尔弗德·斯特纳(Alfred Stern)的观点,情感内在化了人与世界的关系;于是,客观性的新方面在拥有、权力与价值的情感中被内在化了。

成为成年人,并且在相同的运动中,能够具有成年人的异化;然而,应着重注意的是:这些情感、激情和异化增长的领域是新的对象,交换价值、货币符号、结构和制度。我们那时可以说人成为自我意识,因为他把这种经济客观性经验为他的主体性的新模式,并因此达到了与事物作为事物(这些事物已经被加工和占有)的可用性相关的特定的人类"情感",同时他自己成为一个被剥夺的占有者。这种新的客观性产生了专门的一组冲动、表象和情感。

权力领域应该以相同的方法来审视,即从客观性和这种客观性产生的情感与异化的观点来审视。权力的领域同样在一个客观结构中被构成;因此,黑格尔用"客观精神"这个术语来表示结构和制度,政治权力中基本的命令—服从关系处于结构和制度中并在其中产生自身;正如我们在《法哲学原理》的开篇看到,人通过进入命令—服从关系把自己生成为精神意志。在这里,自我意识的发展相关于"客观性"的发展。集中于这种"对象"(这种"对象"是权力)周围的"情感"是特定的人类情感,如阴谋、野心、屈服、责任;异化也是特定的人类异化,古人早就用"暴君"的形象描述了这些异化。柏拉图清楚地显示了心灵的疾病(它们展示在"暴君"的形象中)从他所说的 dunamis 或权力的中心伸展开,并甚至以"奉承"的形式延伸到语言领域;于是"暴君"产生了"诡辩家"。因此,我们可以说一个人成为人,因为他可以进入政治权力问题,采用围绕权力的感情,并把自己交付给伴随那种权力的恶。因此,在那里出现了特定的罪的成人领域;阿兰(Alain)跟随着柏拉图说,权力导致疯狂。这第二个例子清楚地表明,意识的心理学如何仅仅是这种角色运动被投射的阴影,人们在产生经济客观性、然后政治客观性时经历了这种角色运动。

　　同样的话适用于第三个固有的人类意义领域,**价值**的领域。第三个环节可以被理解如下:自我的构成不是在经济学与政治学中完成,而是继续进入到文化领域中。也是在这里,人格心理学也只是掌握展现在每个人那里的被尊重、赞成和承认为一个人的阴影,即目标。我为自己的生存依赖于这种在他人观点中的自我构成;我可以说,我的"自我"接受自他人的观念;但这种主体的构成,这种通过观点的相互构成,被在新的意义上可说成是"客观的"新角色引导。这些对象不再是事物,如同在拥有领域中的对象一样;它们不总是有相应的**制度**,如同在权力领域中的对象一样。我们将在法律、艺术和文学的作品和纪念物中发现人的这些新角色。对人的可能性的探究延伸到了这种新的客观性中,被恰当地称为文化对象的客观性。甚至当梵·高(Van Gogh)素描椅子时,他同时描绘了人;他投射了人的形象,即这个"拥有"这个被表象世界的人。因此,各种文化表达的样式把"物"的密度给了这些"形象";通过将这些文化表达具体化在"作品"中,这些文化表达使这些形象存在于人与人之间并存在于人们之间。正是通过这些作品和纪念物的媒介作用,一个人的尊严和自尊形成了。最后,这是人们能在其中异化自身、降低自身、愚弄自身、毁灭自身的层面。

　　这似乎就是根据一种方法可能对意识所做的注释,这种方法不是一种意识心理学,而是一种在人的角色的客观运动中有它的起点的反思方法。这种客观运动就是黑格尔所说的精神。反思是从这种运动中获得主体性的方法,在这种客观性产生自身的同时,主体性自我构成了。

　　很清楚的是,这条通向意识的间接的、中介的道路与一种意识的直接在场,一种直接的自我确定性没有任何关系。

但一旦我们已经注意到经济的、政治的和文化的客观性的特征,以及相关人类情感的特征,我们就不得不采取相反的道路并指出通过弗洛伊德称为"无意识的派生物"的东西对这些意义领域进行逐渐投入。我们已经审视过的三个领域,像整个文明的生命,被卷入一种冲动历史中;没有任何精神现象学的角色逃脱利比多的投入,并因此逃脱内在于冲动处境的回溯的可能性。我们将在拥有与权力的层面上简要概述两种解释学的辩证法,并为严格文化领域的象征保留更深入的分析。

弗洛伊德提出了对拥有的一种利比多解释,这种解释完全与允许在政治经济学意义上的经济学领域有它自己特征的一种解释相容。众所周知,弗洛伊德及其后继者尝试从利比多经过的连续阶段中得出与事物和人的明显非利比多的关系,利比多经过的阶段是:口腔阶段、肛门阶段、阴茎阶段、生殖器阶段。弗洛伊德用"转换"①(Umsetzung)这个术语表示冲动激情从某些性感区域向似乎非常不同的对象转移。因此,弗洛伊德从亚伯拉罕那里借用了这种观点:在人的排泄物对他已失去了它的价值以后,"这种强迫的兴趣转移到能被当成礼物的对象上。……在此之后,与发生在语言发展中的意义的相似变化完全一致,这种古老的兴趣被转变为对金子或金钱的高度评价中,并且也对婴儿与阴茎的情感投入作出贡献……如果一个人没有意识到这些深刻的联系,他就不可能理解人类的幻觉、人类被无意识影响的观念、和他们的症状语言。粪便——金钱——礼物——婴儿在这里被当成有相同

---

① 《新讲座》,德文全集版,第十五卷,第106—107页;标准版,第二十二卷,第100—101页;法文版,第137—138页。

的意义,并且它们也被相同的象征所表现"。弗洛伊德在谈论"性格形成"时用了相同的术语,而"性格形成"开始于利比多的性器官成熟前的阶段,他把整洁、节俭及固执的三位一体与肛门性爱联系起来:"我们因而谈一种'肛门性格',在这种性格中,我们发现这种引人注目的结合,并且我们在某种程度上将肛门性格和未被修正的肛门性欲对立起来。"①

　　这个例子是引人注目的,因为我们可以既看到这种解释类型的有效性的理由又看到其界限。弗洛伊德的解释提供了某种情感原素(hyletic)[在此我采用胡塞尔术语意义上的hylê(感性原素——译者注)或"质料"②];它使我们提出了人类主要情感的谱系并建立它们派生物的列表;它证明了康德的只存在一种"欲求能力"的洞见;我们说,我们对金钱的喜爱与我们作为婴儿对我们粪便的爱是同一个爱。但同时我们认识到,这种对我们情感的基础结构的探索没有代替经济学对象的建构。我们爱的回溯产生没有替代与意义、价值、象征有关的前进产生。正因如此,弗洛伊德谈论"冲动的转变"。但情感投入的动力学不能说明内在于这种转变中的意义变革或进步。

　　同样的话可以用于政治领域,正如我们看到的,政治领域构成了人类之间关系的一个特定领域和人类对象的一个原始层面。我们完全可能在这种单一的情感情结上建立两种解释:一种是根据精神现象学的角色的解释,而另一种是弗洛伊

---

　　①　《新讲座》,出处同上。

　　②　胡塞尔:《观念Ⅰ》§85,97。在胡塞尔那里形式(Formung)、意见(Meinung)与解释(Deutung)这些语词指明了意向行为与质料之间的关系,这一点值得注意;意向"解释"质料,就像亚里士多德那里话语是对心灵情感(pathê)的解释(hermêneia)。这种比较是较为显著的,因为对胡塞尔来说,原素(hylê)既包括情感或感情又包括感觉。

德在 1921 年在《群体心理学与自我分析》中详细说明的解释;"暗示"概念被归并到利比多概念中,而 20 世纪初的社会心理学就依靠这个概念的庇护。他宣布说,正是爱欲"把世界中的一切都团结起来"①。他自信地写了讨论军队和教会的利比多结构的一章。我们不应对这样一种事业从未达到对群体进行结构分析的层面感到惊奇。这里充当指导观念的是与首领的具体联系和同性的投入。各种观念或原因或许把群体或机构凝聚在一起,它们被看做来自人际间的联系,而这些人际间的联系最终植根于不可见的领导。弗洛伊德承认"我们在此与爱的冲动有关,它们已经偏离了它们原初的目标,尽管它们没有失去多少能量"。② 对首领单纯的精神分析不能达到社会联系的基本构造没有阻止解释是非常有洞察力的。

这种研究不可避免地把我们带回到认同概念;正如我们所知,弗洛伊德正是因为这一研究,写下了关于认同的最重要著作《群体心理学与自我分析》的第七章;他写道:"这种最初的群体就是许多把同一个对象置于他们自我理想中,并因此在他们自我中把自身相互等同的个体。"③但弗洛伊德本人指出了他的工作的局限。最终,他的研究很少与社会群体的形成与发展有关,更多与勒·邦(Le Bon)在世纪转折时描述的群体的回溯特征有关:即"它们的成员缺乏独立和主动性,他们所有人有着相似的反应,可以说,他们还原到群体个人的层面";在作为一个整体的群体的层面,"理智活动的软弱,缺乏

---

① 《群体心理学与自我分析》,德文全集版,第十三卷,第 100 页;标准版,第十八卷,第 92 页;法文版,第 102 页。

② 出处同上,德文全集版,第十三卷,第 113 页;标准版,第十八卷,第 103 页;法文版,第 115 页。

③ 出处同上,德文全集版,第十三卷,第 128 页;标准版,第十八卷,第 116 页;法文版,第 130 页。

情感限制,不能自我节制和自制,在情感表达中超越每种界限的倾向并在行动中把它完全排除的倾向"。①

　　甚至当他把他的研究延伸到他称为"人工群体"——军队或教会时——他仍然是根据利比多的联系进行说明,这些利比多联系把群体或假设的原始游牧部落聚集在一起:"群体形成的神秘与强制特征(这些特征在伴随它们的暗示现象中显现出来),因此可以公正地回溯到它们起源于原始游牧部落的事实。群体的领袖仍然是被畏惧的原始父亲;群体仍然希望被不受限制的力量统治;它对权威有特别的热情;在勒·邦的短语中,它渴望服从。原始父亲是群体的理想,在占据了自我理想的位置后,他统治个人。"②在总结中,弗洛伊德陈述说:"我们意识到,我们能够对说明群体的利比多结构有贡献的东西返回到了*自我*与*自我理想*之间的差别,并且回到了这使之成为可能双重类型的联系——认同,和把[外在的利比多]对象置于自我理想的位置中。"③

　　但如果我们问精神分析:什么构成了政治联系的特征?它唯一的答案就是求助于目标的"偏离"、"改变"。

　　在相同文本中,弗洛伊德承认"对这种符合元心理学要求的目标偏离进行描述有些困难④"。他补充说:"如果我们选择,我们可能在这种偏离目标中承认一种性冲动升华的开

---

　　①　出处同上,德文全集版,第十三卷,第 129 页;标准版,第十八卷,第 117 页;法文版,第 131 页。

　　②　出处同上,德文全集版,第十三卷,第 142 页;标准版,第十八卷,第 127 页;法文版,第 143 页。

　　③　出处同上,德文全集版,第十三卷,第 145 页;标准版,第十八卷,第 130 页;法文版,第 146 页。

　　④　出处同上,德文全集版,第十三卷,第 155 页(目标转移);标准版,第十八卷,第 138 页;法文版,第 156 页。

始,或另一方面我们可能把升华的界限推延得更远。"①这不就是升华是一种混合概念的迹象吗?这种混合概念既表示能量的来源又表示意义的变革。能量的来源证明:只存在一种利比多和那种利比多的单纯的各种结果,但意义的革新需要另一种解释学。

3. 升华问题和文化对象的辩证重审

现在我希望显示,在一种确切的例子中,一种辩证的注释如何可能应用于属于人们探索(Suchen)的第三个领域的象征。我将从审美领域中撷取这种例子,因为弗洛伊德的解释在审美领域中比他在宗教象征领域中具有较少的还原性。正是在这里,两种解释学(回溯的解释学和前进的解释学)的深刻同一可以被显示得最清楚和最有力。正是在这里,意识的目的论将出现在考古学本身的详细结构中,并且人类冒险的目的将被显示在对神话和我们童年及出生的隐藏秘密的无休止注释中。

这个优先的例子,这个典型的例子,将是索福克勒斯的《俄狄浦斯王》。

索福克勒斯悲剧围绕一个梦的解释所熟知的幻觉而建立,在这个幻觉中,我们度过了我们称为俄狄浦斯情结的童年戏剧。在这个意义上,我们可以赞成弗洛伊德说,在索福克勒斯创造的艺术作品背后只存在一个梦。从一开始,弗洛伊德就拒绝将《俄狄浦斯王》作为命运悲剧的经典解释:这种悲剧的效果存在于神的全能和遭受厄运打击的人类空洞努力之间

---

① 出处同上。

的对照中。他认为,这种冲突类型不再打动当代观众,但观众仍然被《俄狄浦斯王》所感动。感动我们的东西不是命运和自由之间的冲突,而是"这种"命运的特殊本质,我们承认了这个本质但又不知道它:"他的命运感动我们,因为它可能是我们的命运,因为在我们出生前,神谕把同样的诅咒降临到我们身上。"①弗洛伊德把传说和戏剧与使我们愤怒的相同的梦相比较。"俄狄浦斯王,他杀死了他父亲并娶了他母亲,只是实现了我们童年的愿望……我们看到俄狄浦斯王实现了我们儿时愿望这一幕十分惊恐,从那时起,我们使用压抑来反对这些欲望,我们的惊恐从压抑中获得了全部力量。"②如同在梦中,这一场景伴随着厌恶的情感,我们因此顺从审查,并使梦成为可接受的。弗洛伊德说:"于是,这个传说应该在内容本身中包括恐惧和谴责。"③因此,著名的悲剧的恐惧(phobos)将仅仅表达我们自己反对复活儿童愿望的压抑的暴力。弗洛伊德补充说:"其余的东西出自一种次级修正和一种误解",④弗洛伊德将有关神意与人类自由之间冲突的神学解释置于这个随意的名目下。

在这一点上,我想以第二种解释加以回击,这种解释事实上因为俄狄浦斯象征的复因决定被包含在前一种解释中。

这种解释不再与乱伦和弑父的戏剧有关,当悲剧开始时,这部戏剧已经发生,而相反与真理的悲剧有关。索福克勒斯创作的目标似乎不是在观众的思想中复活俄狄浦斯情结;在

① 《梦的解析》,德文全集版,第二、三卷,第 269 页;标准版,第四卷,第 262 页;法文版,第 198(145)页。
② 出处同上。
③ 出处同上。
④ 出处同上。

第一部戏剧的基础上(乱伦与弑父的戏剧),索福克勒斯已经创造了第二部戏剧,自我意识悲剧的戏剧,自我承认的戏剧。同时,俄狄浦斯进入第二种罪,一个成人的罪,这种罪被表达在英雄的傲慢和愤怒中。在戏剧的开始,俄狄浦斯诅咒了那位尚不被知晓的对瘟疫负责的人,但他排除了那个人可能事实上就是他自己的可能性。整部戏剧就在于对这种自负的抵制和最终瓦解。因此,俄狄浦斯应该通过苦难崩溃在他的骄傲中;这种假设不再是儿童该受责备的欲望,而是王的骄傲;悲剧不是作为儿童的俄狄浦斯的悲剧,而是俄狄浦斯王的悲剧。因为这种有关真理的不纯洁激情,他的*傲慢*与普罗米修斯(Prometheus)的傲慢交汇在一起:把他引向灾难的东西是对于无知的热情。他的罪不再处于利比多领域中,而在自我意识的领域中:它是作为非真理力量的人的愤怒。因此,恰恰因为他从罪行中免除自身的自负,俄狄浦斯成为有罪的,在这个词的伦理意义上,他实际上没有犯下那个罪行。

因此,我们有可能把我们所说的反思的对立应用到索福克勒斯戏剧中。通过说出最初的戏剧在斯芬克斯(sphynx)那里有它的对手,人们或许能够说明这两种戏剧之间的对立和两种罪之间的对立,最初的戏剧进入了精神分析的领域,斯芬克斯则代表了出生之谜,根据弗洛伊德,出生是所有童年的奇怪事件的起源;而第二层级的戏剧在*先知忒瑞西阿斯*(Tiresias)那里有它的对手,弗洛伊德似乎把第二个戏剧还原到了第二次修正的地位,甚至还原到错误观念的地位,尽管它确实构成了真正的悲剧。用我们的对立语言,斯芬克斯代表了无意识的立场,先知代表了精神的立场。如同在黑格尔的辩证法中一样,俄狄浦斯不是真理源自于的中心;最初的控制权必须被打破,因为它仅仅是自负和骄傲;真理源自于的形象

不是他自己,而是先知,索福克勒斯把先知称为"真理的力
量"①。这种形象不再是悲剧的形象;它代表和显示了对整体
的看法。先知和伊丽莎白悲剧的小丑很相似,是悲剧中的喜
剧形象,俄狄浦斯将只是通过磨难和痛苦与这种形象重新汇
合起来。俄狄浦斯的愤怒和真理力量之间的根本联系因此是
真正悲剧的核心。我们可以说,这个核心不是性问题,而是光
线问题。先知在肉体的眼睛上是个盲人,但他依靠精神的光
明看到了真理。正因如此,俄狄浦斯看到了白天的光明,但对
自身却是盲目的,俄狄浦斯只有通过成为眼盲的先知才能获
得自我意识,这种眼盲的先知是感觉的黑夜、理解的黑夜,意
志的黑夜:没有看到更多的东西,没有喜爱更多的东西,没有
享受更多的东西。"停止成为主人",克瑞翁(Creon)咆哮着,
"你操纵了一生的控制权不再给你提供帮助。"

　　这是对《俄狄浦斯王》的相反解读;但我们现在应该把两
种解读结合到象征和它的伪装与揭示力量的统一中。我将从
我们忽视的弗洛伊德的一种评论开始,它关注的不是戏剧的
"材料"问题(我们被告知戏剧的材料与梦的材料相同②),而
是关注戏剧的构思本身。他说:"戏剧行为无非就是揭示俄
狄浦斯本人就是拉伊俄斯的凶手,但他更是被杀之人与乔卡
斯塔的儿子的过程,这个过程是一个逐渐展开和巧妙审慎的
过程,并能被联系到精神分析的工作中。"③但我们早已说过,
精神分析作为一种治疗活动,作为一种双重化意识的过程,复
活了主人与奴隶的整个历史。因此,精神分析的解释暗示了

----

①　索福克勒斯:《俄狄浦斯王》,第 356 诗节。
②　《梦的解析》,德文全集版,第二、三卷,第 269 页;标准版,第四
卷,第 263 页;法文版,第 199(145)页。
③　出处同上。

其他戏剧,愤怒和非真理的戏剧,因为它本身是为承认的斗争并因此是为真理的斗争,是自我意识的运动。正因如此,弗洛伊德本人不满足于说俄狄浦斯"实现了我们童年的愿望";这是"戏剧的梦的"功能。他补充说:"当诗人揭示俄狄浦斯的过错时,他同时迫使我们审视我们自己,并且在我们身上发现了这些冲动,这些冲动尽管被压抑着,仍然一直存在。谢幕的合唱队让我们面对的对比——*看着这位俄狄浦斯,他猜中了著名的谜团。这个人这样有力量,公民中谁不嫉妒他的成功?现在他陷入了苦海,被吞没在可怕的浪潮中……*——作为警告打动了我们自己和我们的骄傲,打动了自从我们童年在我们自己眼中已成长得如此聪明和如此有力的我们。"①弗洛伊德没有清楚地区别梦中童年愿望的单纯复活和这种"警告",这种"警告"向我们中的成年人发出,并且真理的戏剧就结束于这种"警告"。一种对立的方法被要求把索福克勒斯戏剧的这种双重功能推到前台。只有那时,我们能看到超越双重性的必要性。

在这方面,关于索福克勒斯创造的象征特别引人注目和打动人;的确,令人惊奇的是真理的戏剧恰恰集中于出生的神秘。相应地,俄狄浦斯处境立即显示了真理过程所发展的所有"精神的"寓意:好奇心、抵制、骄傲、悲痛、智慧。一个秘密联盟形成于父亲问题和真理问题之间,这个联盟居于象征自身的复因决定中。父亲远非父亲,而且父亲问题远非对我自己父亲的探究。父亲毕竟从未在父亲身份中*被看出*,仅仅被

---

① 出处同上——关于幻想、神话以及悲剧的俄狄浦斯,见 C.斯顿(C.Stein),《关于俄狄浦斯死亡的注释:一种精神分析的人类学预备性分析》,《法国精神分析评论》,第二十三卷(1959年),第735—756页;C.列维-斯特劳斯(Lévi-Strauss):《结构人类学》,巴黎,普隆,1958年,第11章。

推测;追问的全部力量被包含在这种推测的幻觉中。产生的象征包括了所有与产生、发生、起源、发展有关的问题。但如果童年俄狄浦斯的戏剧早就潜在地是真理的悲剧,我们应该在相反的意义上说,索福克勒斯的真理悲剧不是重叠于起源的戏剧上;因为正如弗洛伊德所说,那个悲剧的"材料"与梦的材料相同。第二个悲剧属于原初的悲剧,从戏剧的模糊的和被复因决定的结果中就可清楚看出这一点。俄狄浦斯的罪行在对因为非——真理的愤怒造成的毁伤的惩罚中达到了顶峰。性悲剧中的惩罚在真理最终悲剧中是感觉的黑夜。如果我们从结尾回到戏剧的开始部分,我们发现国王对先知的愤怒从源于俄狄浦斯处境和童年情结解体的抵制中获得它的能量。

对索福克勒斯《俄狄浦斯王》的注释使我们现在完成对升华和文化对象的平行分析,文化对象在一种意义上是升华的意向相关物。

我们在拥有与权力领域中开始对升华的辩证解释,在那里我们看到了升华深刻的对立本性。我们说过,我们在属于不同利比多阶段的感情基础上形成了情感和相应的意义,这些意义将我们建立在一个经济和政治秩序中。但是像索福克勒斯悲剧这样的优秀创作的例子揭示了比对立更多的东西;它在艺术作品本身中揭示了伪装与揭露的深刻统一,这种统一在已经成为文化对象的象征的特别结构中得到确认。

我们因此可能把梦与诗定位在相同的象征尺度上。根据象征强调的主要重点是伪装还是揭示,是扭曲还是显露,梦的产生和艺术作品的创造代表了这个尺度的两端。通过这种表达式,我试图既说明梦和创造力之间功能的统一,又说明把我们梦的单纯产物从成为人类文化遗产一部分的持久作品中分离出来的价值上的差异。在梦与艺术创造力之间存在着功能的连续，因为伪装和揭示在两者中都起作用，但以一种相反的比例。正因如此，弗洛伊德通过一系列感觉不到的转变从一个转到另一个被认为是合理的，正如他在"创造性作家和白日梦"中所做的。① 从夜间的梦到白日梦，从白日梦到戏剧和幽默，然后到民间传说和传奇，最终到艺术作品，他证明，通过这种不断接近的类似，所有创造都涉及相同的经济学功能，并实施了与梦与神经官能症的妥协形式相同的满足替代。但问题仍然是：通过功能的类似，经济学能说明神话—诗（mytho-poetic）的力量的日益普遍吗？这种力量把梦置于言语创造的领域，而言语自身植根于神圣的圣显和宇宙要素的象征中。弗洛伊德只承认了这种其他功能的很小一部分，他把这形容为"审美刺激"，并且它下降为通过艺术作品的技巧在安排材料时所产生的纯形式快乐。这种"诱惑"作为一种前快乐被归并到欲望的经济学中："我们将诱惑利益或前快乐的名称赋予像这样的快乐产生，这种快乐提供给我们是为了释放产生于更深心理源泉的更大快乐。"②于是，说明的经济学框架将把整个康德的趣味判断分析还原到"享乐主义"。弗洛伊德很好地说明了梦与艺术创造的功能统一，但他没有说明它们在性质上的差异，"目标"上的差异，这种"目标"使得冲动成为辩证的；正因如此，升华问题仍未得到解决。

---

① 参见以上，"分析篇"第二部分，第一章，第165—168页（译者注：此处页码为法文原书页码）。关于梦与诗之间的关系，见 P. 卢格（P. Lu-quet）:《艺术家与精神分析的开端；自我的美学功能》，《法国精神分析评论》，第二十七卷（1963年），第585—618页；也见塞西斯的十年作品，《艺术与精神分析》。

② 德文全集版，第七卷，第223页；标准版，第九卷，第153页；法文版，第81页。

　　艺术作品（我们白天持久的可记忆的创造）和梦（我们夜晚短暂的无结果的产物）是相同性质的心理表达，我们因此看到在什么意义上这一点是真的，在什么意义上这一点不是真的。它们的统一性被它们分享了相同的"原素"，相同的欲望"材料"这样的事实确保。但它们的差别与精神角色的过程紧密相联，弗洛伊德本人把这种差别描述为"目标的转化"，"目标的偏离"，"升华"。我们因此把弗洛伊德与柏拉图相联系，与《伊安篇》和《会饮篇》的柏拉图相联系，他设定了诗与爱欲的根本统一性，他把哲学的癫狂或疯狂重新置于所有狂热和兴奋形式的多重统一中。在它们的意向结构中，象征既有原素内容的统一，也有目标和意向的性质差异，并伴随着要么强调对原素的伪装，要么强调一种更深的、精神意义的揭示。如果梦仍然是丢失在睡眠孤独中的私人表达，这是因为它们缺乏艺术家工作的中介，艺术家的工作将幻觉具体表现在固体材料中，并把它传达给公众。这种艺术家工作的中介和这种传达只使那些同时携带能够推进意识对自己新理解的价值的梦受益。如果米开朗基罗的摩西，索福克勒斯的俄狄浦斯王，以及莎士比亚的哈姆雷特是创作，这是因为它们不是艺术家冲突的单纯投射，而且也是这种冲突解决的梗概。因为它们强调伪装，梦更多地面向过去，面向童年。但艺术作品强调的是揭示，因此，艺术作品倾向于人的个人综合和人类未来的前瞻性象征，而不仅仅是艺术家未解决冲突的回溯症状。对揭示的同样强调是我们作为艺术观察者的快乐不是我们自己冲突的简单复活的理由，这种简单复活甚至伴随着一种刺激的奖励，而是分享通过英雄而产生的真理的作品的快乐。

　　通向象征的意向统一已经使我们克服回溯和前进之间留

下的距离。从现在起,回溯与前进不代表两种真正对立的过程,相反,它们是被用来表示单一的象征化尺度的两个终端的抽象术语。根据神经官能症方面使梦倾向于重复和古老根基,或梦自己处于被自我对它自身实施的治疗行为的道路上,梦难道不是摇摆于这两种功能之间的一种妥协吗? 相反,存在着艺术或文学创造的任何伟大的象征而这些象征不是植根于我们个体童年或集体童年的冲突和戏剧的古老根基吗? 艺术家、作家或思想家能产生的最革新的角色唤起最初投入在古代角色中的古老能量;但在激活这些角色时(这些角色可与梦和神经官能症的症状相比较),创造者揭示了人最开放和最根本的可能性,并把这些可能性建立到自我意识困苦的新象征中。

但正如在梦中存在着尺度,或许在诗中也存在着尺度。超现实主义很好地显示了:当审美创造力给予强迫幻觉以自由,围绕着重复的主题组织自身,或甚至回溯到自动写作时,诗如何能回到梦,或甚至倾向于复制神经官能症。于是,不但艺术作品与梦处在象征化单一尺度的两端,而且这些产物的每一种将根据一种颠倒的模型调和梦与诗。

只有对伪装和揭示功能之间的这些具体关系的研究,对它们之间的重点转移和角色颠倒的研究,能够克服在回溯和前进之间的对立中仍然是抽象的东西。至少,我们已经显示,这种具体辩证法在其中必须被产生出的领域就是语言和它的象征功能的领域。

"文化对象"的相似结构相应于升华的这种辩证结构,这些文化对象是升华的相关物。

这些对象属于情感的第三个领域,我们已经把它们描述为"价值"的领域;这些感情似乎形成了不可还原为政治经济学或政治学的意义领域。人在这种情感中获得意识的过程没有被限制于自我和拥有之间的关系,没有被限制于占有和相互剥夺的关系中,或交换、分享、给予的关系中;它也没有被限制于支配和服从的关系中,或许限制于阶层和分享影响的关系中。对承认的要求也延伸到了对相互尊重和赞成的要求。我的为我生存因此依赖别人看待我的方式;自我被他人认可的观点所塑造。这种通过观点的相互构成仍然被对象引导,但这些对象不再是商品、货物和拥有领域的服务这种意义上的东西;它们也没有如同在权力领域中的相应的制度;这些对象是纪念物和法律、艺术、文学、哲学的作品。对人的可能性的探索延伸到了这种新的客观性、恰当地称为作品或文化对象的客观性中。绘画、雕塑或书写作品给这些"人的形象"以物的密度,现实的稳定;通过将"人的形象"具体化在石头、颜色、音乐乐谱或书写语词的材料中,它们使这些形象存在于人与人之间和存在于人中间。正是通过这些作品或纪念物的中介,人的一种"尊严"形成了,它是意识双重化过程的工具和踪迹,是自我在另一个自我中得到承认的工具和踪迹。

　　然而,这些作品或文化对象不能通过一种简单的对立得到说明,这种对立将创造性过程和情感材料分裂开来,人的人性发展展现于这种创造性过程中,而精神的历史对情感材料进行了加工。唯一公正对待文化经济学和精神现象学的东西是建立在象征复因决定基础上的辩证法。我因此主张,文化现象应当被解释为客观的媒介,升华的伟大事业连同它的伪装和揭示的双重价值沉淀在了这种媒介中。我们不是因此发现了一些很好的同义表达的意义吗? 因此,"教育"这一术语表示人被带出他的童年的运动;这种运动在严格意义上是一种"博学",通过这种"博学",人超越过了他的古老过去;但它也是一种*教化*（Bildung），在一种启发和一种*图像*（Bilder）或"人的形象"出现的双重意义上的教化，"人的形象"标志了自我意识的发展并且向人展示了他们揭示的东西。这种教育、这种博学、这种教化作为第二本性起作用，因为它们重新塑造人的第一本性；哈维松（Ravaisson）用习性的有限例子很好地描述的运动在它们中被实现了；这种运动通过在文化作品中重新获得欲望同时是从自由回归自然①。因为象征的复因决定，这些作品与我们的经验世界紧密相连：的确，原我在哪里，自我就将在哪里；通过动员我们所有的童年阶段，我们所有的古老根基，通过把自身表现在梦中，诗歌阻止人的文化生存仅仅成为一种巨大的技巧，一种无用的"人工制品"，一头没有本性和反对本性的利维坦（Leviathan）。

4. 信仰与宗教：神圣的暧昧不清

我们已回到我们出发点的开始：对宗教象征的解释。然而，我们应该承认：我们的思想方法未能使我们以根本方式解决宗教象征问题，而仅仅给了我们这种象征的前沿观点。

我不希望给人这种印象：通过逐渐扩展反思思想，我们可以到达宗教象征的根本起源。我将不使用那种推论的狡猾方法。我坦率地声明：我无法证明存在一种真正的信仰问题，这个问题开始于或多或少仿效黑格尔现象学的精神现象学；我甚至主动承认，这一问题超越了一种反思哲学的资源，前述的辩证法已经极大扩展了这种反思哲学，但没有达到使反思哲学超越内在性哲学的程度。如果存在信仰的真实问题，它属

① 利科：《自然与自由》，见《人性》，《哲学研究》（1962年）。

于我前面在不同的哲学背景中描述为"意志诗学"的一种新维度,因为它关涉到我意愿的根本起源,即关涉到意愿行为有效性的源泉。在目前的工作背景中,我把这种新维度描述为一种召唤、一种宣教(kerygma)、一种向我宣讲的言语。在这种意义上,我忠实于卡尔·巴特(Karl Barth)对神学问题的设定。信仰的起源存在于信仰对象对人的恳求中。因此,我将不使用从我思(Cogito)的考古学中推断根本起源问题的策略,或从目的论中推断最终目的问题的策略。考古学仅仅指向已存在于那里的东西,早已在设定自身的我思中被设定的东西;目的论仅仅指向一种隐秘的意义,这种隐秘的意义将精神角色更早的意义悬置起来;但这种隐秘的意义总能被理解为精神的自身发展,理解为它的自身投射到目的中。与这种我自己的考古学和这种我自己的目的论相比较,创世论与末世论是全然—他者。确实,我谈论全然—他者仅仅是因为它向我言说自身;宣教、福音恰恰是它向我言说自身并停止成为全然—他者。我根本不了解绝对的全然—他者。但通过它的接近方式,降临方式,它显示自身是不同于始基(archê)和目的的全然他者,而我可以通过反思的方式设想始基和目的。它通过消灭它的根本的相异性来显示自己为全然—他者。

但如果信仰问题有不同的起源,其显现的领域是我们一直探索的领域。一种安瑟伦式的程序,即从信仰到理解的运动,必然遭遇反思的辩证法,并在反思的辩证法中寻找它的表达工具。正是在这里,信仰问题成为一个解释学问题;因为在我们肉体中消灭自己的是作为逻各斯的全然—他者。因此,它成为了人类的言语事件并且只能在这种人类言语的解释运动中被承认。"解释学循环"诞生了:相信就是倾听召唤,但为了听到召唤,我们必须解释讯息。因此,我们必须为了理解而相信,为了相信而理解①。

于是,通过使自身"内在于"人类言语,全然—他者在目的论与考古学的辩证法中并通过目的论与考古学的辩证法成为可辨别的。尽管它完全不同于任何通过反思可归属的起源,根本起源现在在我的考古学问题中变得可辨别;尽管它完全不同于我能作出的任何对我自己的预期,最终目的通过我的目的论问题成为可认知的。创世论和末世论把它们展现为我的考古学的视域和我的目的论的视域。视域是接近但始终无法拥有的对象的隐喻。开端和结尾作为我的根基的视域和我的目标的视域接近反思;它是根本的根本,至上的至上。这是莱乌(Van der Leeuw)和伊利亚德(Eliade)意义上的神圣现象学,与巴特和布尔特曼(我不认为他们在这一点上是不同的)意义上的一种宣教注释学结合在一起,能对反思有所帮助并把新的象征表达提供给沉思思想的地方,这种新的象征表达位于全然—他者与我们话语之间的破裂点与缝合点上。

这种关系把自身作为一种破裂展现给反思:诚然,神圣现象学不是精神现象学的继续;黑格尔风格的目的论没有将神话、仪式和信仰包含的神圣作为它的*末世*,或最后期限。这种目的论自身的目标不在于信仰而在于绝对知识;绝对知识没有展现任何超越,而是将所有超越重新吸收进一种完全中介的自我知识中。因此,我们不能不对绝对知识的主张提出挑战就把这种神圣现象学嵌入末世论的位置并嵌入视域的结构中。但如果反思不能自身产生在这种"接近"中预示的意义——上帝的王国已经离你不远——它至少可以理解为什么

----

① 利科:《恶的象征》,结论。

它不能自我封闭并用它自己的资源获得它适当的意义。这种失败的"原因"，是恶的存在。挑战的领域是话语的领域，也将是初步理解的领域，在话语的领域中，恶的象征被建构在文化世界的连续角色上。

我们为什么事实上拒绝说"终结"是绝对知识，是在整体中、在毫无保留的全体性中的所有中介的实现呢？用《神学政治论》中的语言，我们为什么说这种终结只是"通过预言"被预示、被许诺呢？我们为什么把被绝对知识霸占的位置再给予神圣呢？我们为什么拒绝把信仰转变为真知（gnosis）呢？和其他原因一起，绝对知识为什么是不可能的理由是恶的问题，这个问题构成了我们的出发点，并且最近显得是提出象征和解释学问题的简单场合。在这个旅程的终点，我们将发现关于恶的本质和起源的重要象征不仅仅是许多象征中的一组象征，而是有优先权的象征。正如我们在"问题篇"所说，人们甚至不满足说恶的象征对应于拯救的象征，而拯救的象征关系到人的命运。这些象征教给我们有关从精神现象学过渡到神圣现象学的决定性东西。这些象征事实上抵制任何向理性知识的还原；所有神正论的失败，所有关于恶的体系的失败，见证了黑格尔意义上的绝对知识的失败。象征产生思想，恶的象征以示范的方式表明在神话和象征中总是比我们所有哲学中存在着更多的东西，并且表明对象征的一种哲学解释将决不会成为绝对知识。简言之，恶的问题迫使我们从黑格尔回到康德，我想说的是，从将恶的问题消解在辩证法中回到承认恶出现为难解的东西，并因此作为不能在一种思辨中、在一种整体且绝对的知识中捕获的东西。于是，恶的象征证明了所有象征不可超越的特征；当告诉了我们生存的失败和我们生存力量的失败时，它们也宣告了将象征吞没在绝对知识中的思想体系的失败。

恶的象征也是一种调和的象征。无疑,这种调和仅仅在那些是它的承诺的符号中被给出;但正是一种调和总是促使人们对信仰的理解进行思考,我在前面将信仰的理解描述为一种初步的理解;这种理解没有取消它的象征起源;它不是一种寓言化的理解;它是一种根据象征进行思考的理解。纳贝尔说,思想总是处在"通达理由"的途中。我将主张三种表达式来表达作为无法辩护的恶和作为调和的神圣之间的这种联系。在三种表达式中,我辨认出既是象征的又是合理的,既是预言的又是明智的一种末世论的轮廓,尽管反思哲学实际上不能包含这种末世论,但它可以在意识目的论的视域中接近它。

首先,每一种调和被"尽管"期望着,尽管恶。这种"尽管",这种"然而",这种"甚至如此",构成了希望的第一个范畴,失望的范畴。但不存在这种"尽管"的证据,只有符号;这种范畴产生作用的领域不是逻辑领域而是历史领域,一个必须不断在承诺、福音、宣教的符号中被辨读的领域。接着,这种"尽管"是一种"因为":事物的原则从恶中引出了善。最终的失望也是被隐藏的教导;圣奥古斯丁说,*即使是罪恶*(etiam peccata),这句话似乎是*绸面拖鞋*上的题文。"最坏的不总是确实的",克洛德(Claudel)用曲言法回答道;在引用葡萄牙谚语时,他补充说:"上帝用曲线画出直线。"不存在"尽管"的绝对知识,也不存在"因为"的绝对知识。有关这种合理历史的第三个范畴的绝对知识就更少:"恶充盈的地方,仁慈更加充盈",圣保罗(St.Paul)说:这种过剩的奇怪法则,表达在这种"更何况"中,表达在使徒的*更何况*(πολλώ μάλλον)中,这种法则包含和纳入了"尽管"和"因为"。但这种"更何况"不可转变为知识;在古老神正论中仅仅是虚假知识的权宜之计谨慎地成了对希望的理解。"尽管"、"因为"、"更何况",这些是末世论通过这种初步理解产生的最高理性象征。

我没有掩盖在一种反思哲学中这种在精神角色和神圣象征之间关系的脆弱性。从反思哲学的观点看(反思哲学是一种内在性哲学),神圣的象征仅仅出现为混杂在精神角色中的文化因素;但同时这些象征代表了一种文化活动没有包含的现实对文化的冲击;这些象征谈论全然—他者,谈论超越所有历史的全然—他者;它们以这种方式实施了一种对整个系列的文化角色的吸引和召唤。正是在这个意义上,我谈论预言或末世论。仅仅通过与这些文化角色的内在目的论关系,神圣与这种哲学有关;神圣是它的末世论;它是反思没有理解、没有包括的视域,反思只能将视域致意为在远处静静展现自身的东西。于是我思或自我的另一种依赖性被揭示了,这种依赖性首先不是在它出生的象征中被发现,而是在一种末世的象征、终极的象征中被发现,精神的角色指向这样的象征。我思对终极的依赖,正如对它的出生、本性、欲望的依赖一样,只是通过象征被揭示。

我现在希望显示这种解释学如何在它明显的破除神秘的形式下能够进入与宗教的精神分析的争论中,这种解释学因为它的视域功能总是在反思哲学中处于危险处境。

这里的危险就是重新沦落到纯对立的解释学观念中,并因此失去我们辛勤的辩证法利益而屈从于一种我们不断试着根除的折中主义。因此,重要的是显示信仰问题必然暗含了一种破除神秘的解释学。

我将从视域功能开始,我们已经把视域归于与任何反思的纯内在领域相关的开端和结尾。这样一种领域通过一种巨大的转变似乎不可避免地倾向于转变为对象。康德是第一个教导我们把幻想看作是一种对无条件性思考的必要结构的人。先验的*假象*（Schein）不是一个单纯的错误，思想史上的一个纯粹偶然；它是一个*必然*的幻想。在我看来，这是每个"虚假意识"的根本起源，每个幻想问题的起源，超越了社会谎言、生命谎言、被压抑的回溯。马克思、弗洛伊德和尼采早就在幻想的次级和派生形式层面上进行运作；正因如此，他们的问题是部分的和相互竞争的。同样的话适用于费尔巴哈（Feuerbach）：人掏空自己进入到超验的运动与他为了客观化它和拥有它而掌握全然—他者的运动相比，是第二位的；人把自己投射到全然他者的理由是为了掌握它并因此填满了他的未觉察的虚空。

这种客观化过程既是形而上学的起源又是宗教的起源；形而上学使上帝成为一种最高存在，宗教把神圣当成在内在性世界（客观精神的领域）中的对象、制度和权力的新领域，并且与经济、政治和文化领域的对象、制度和权力并列。我们可以说，客体的第四个领域已经出现在人类精神领域中。从今以后，存在着神圣的*对象*而非仅仅神圣的*符号*；除了文化世界外的神圣对象。

这种巨大的转变使宗教成了信仰的实体化和异化；因此通过进入幻想领域，宗教变得易受还原解释学的打击。在我们今天，这种还原的解释学不再是一件私人事业；它已经变成一个公共过程，一种文化现象；无论我们称它为破除神话学化（当它出现在既定宗教中时），还是破除神秘（当它从外部产生时），目标是相同的：形而上学对象和宗教对象的死亡。弗洛伊德主义是通往这种死亡的道路之一。

然而，我认为，这种文化运动似乎在它们作为视域守卫的真实功能中不能且不必保持外在于对全然—他者的符号的恢复。今天,除了无情运用还原解释学外,我们不再能听到和阅读全然—他者接近的符号,这就是我们的无助以及也许我们的好运与快乐。信仰是视域功能不断衰退为对象功能的象征领域,于是出现了偶像,那相同幻想的宗教形象,在形而上学中,这种幻想产生最高存在的概念,第一实体的概念,绝对思想的概念。偶像是视域实体化为事物,是符号下降为一种超自然和超文化的客体。

从此,人们不停地区分宗教信仰和对宗教对象的信仰,宗教信仰是对临近的全然—他者的信仰,而对宗教对象的信仰成为我们文化的另一个对象并因此成为我们自己领域的一个部分。神圣是这场战斗的场所,因为它表示分离、在另外一边。神圣可以是不属于我们的东西的符号,全然—他者的符号;它也可以是在我们人类文化世界中的独立对象的领域并与世俗领域并列。神圣可以是我们称为临近的全然—他者特有的视域结构的有意义承担者,或者它可以是偶像崇拜的现实,我们把我们文化中的一个独立位置给了这种现实,因此产生了宗教异化。含糊无疑是不可避免的:因为如果全然—他者临近了,它在神圣的符号中临近;但象征马上转变为偶像。因此,我们人类领域的文化对象分裂为二,一半是世俗的,另一半是神圣的:先知说,木雕工砍下了香柏,或柏树、或橡树:"在火中他燃烧了一半;他在炭火上烘烤肉,他吃着烤肉并得到了满足;他同样得到了温暖并说:'啊,我很温暖,我已看到了火!'他把它的另一半变成神,他的偶像,他跪拜它和崇拜它,他向它祈祷说,'解救我,因为你是我的神!'他们不知道,他们也不理解……"(《以赛亚书》44,16—18)

因此,偶像必须死亡,这样,象征可以长存。

5. 一种宗教精神分析的价值与界限

根据信仰本身的要求,一种破坏性解释学的原则的合法性没有暗示:我们将对宗教的精神分析完全引入如此被概述的框架内。相反,我们必须最后一次与弗洛伊德较量,我必须将他的解释学与伊利亚德、莱乌、巴特和布尔特曼的解释学对立起来,这样,我们可以毫不妥协地构建关于宗教的精神分析可以肯定地谈论的东西和否定性地谈论的东西。

a) 宗教与冲动

我看到了讨论的三个连续焦点。第一个涉及宗教的冲动基础。据说"神是通过害怕被创造的",弗洛伊德用新鲜的精神分析资源重复了这种评论并补充说:通过害怕和欲望。它关于宗教与和神经官能症的类似所说的一切占据了这个讨论的第一层面。① 的确,把宗教置于神经官能症领域的一切,也因为伴随症状的替代满足的价值将宗教置于欲望领域中。

我回想起弗洛伊德的出发点是宗教服从的现象与强迫性神经官能症的仪式之间的平行关系;这种在纯描述和临床层面上的平行使他把宗教描述为"人类普遍的强迫性神经官能症"。从1908年的论文到1939年的《摩西与一神教》,类似性不断被延伸与加强。因此,正是按照偏执狂的模式,《图腾与禁忌》设想了在利比多的自恋阶段中欲望的全能投射到神的形象中。他还在宗教中看到了所有个体的被压抑欲望的避难所,这些被压抑的欲望包括了憎恨、妒忌、迫害和毁灭,教会

---

① 见以上,"分析篇",第二部分,第三章。参见 R.黑德(R.Held):《对宗教现象的精神分析式研究的贡献》,《法国精神分析评论》,第二十七卷(1962),第211—266页。

制度使个体将这些欲望针对了宗教群体的敌人。但当他将宗教更多作为一种安慰的功能而非对禁止的支持时,弗洛伊德无疑更具教益。这是宗教和欲望之间的关系最明显的地方。正如大家所知道的,一切围绕着父亲核心,渴望父亲。宗教在生物学上建立在人类童年固有的依赖和无助的状况的基础上。现在作为参考点的神经官能症是儿童经历过的参考点,并且它在一个潜伏阶段后随后在成人那里复活。于是,宗教也是痛苦记忆的重复,人种学的说明持续把痛苦记忆与一种原始杀戮相联系,而原始杀戮相对于原始人类就好像俄狄浦斯情结相对于个人的童年。

如果我们把人种学说明暂时放在一边(这种说明允许弗洛伊德从描述的类似转到结构的同一),仍然存在着与三个童年状况的基本阶段的类似:神经症阶段、潜伏阶段、被压抑的回溯。

在讨论的第一个层面,关键的任务似乎是保持宗教现象与病理现象之间单纯的类似特征,反对任何教条地还原到同一性,并反思这种类似的条件。这一种程序未能使我们避免弗洛伊德的批评,而相反将我们暴露给了它的最鲜明观点。《图腾与禁忌》的人种学和《摩西与一神教》的圣经科学是如此脆弱,以致如果人们过快把社会学的论证和临床描述结合起来,人们只能削弱弗洛伊德的命题,社会学的论证宣称提供了同一性的理由,而类比思考就建立在临床描述的基础上。最好不要有原初犯罪的"历史"基础,并保持在宗教现象的经济学和神经官能症经济学之间类比的层面上,把原初犯罪的幻觉问题留待进一步的讨论。

这种类比的意义似乎仍然是并必须仍然是不确定的。我们能说的一切是:人能够有神经官能症,就好像他能有宗教,反过亦然;相同的原因——生活的艰难,由自然、他的身体和其他人给予个人的三重苦难——产生相同的反应——神经官能症的礼仪和宗教礼仪,对安慰的要求和对上帝的求助——并获得可比较的后果——妥协形式,疾病的次要利益和罪感的释放、替代满足。

但类比意味着什么呢? 精神分析作为分析对此没有说什么。精神分析从侧面阐述了我们所说的偶像诞生;但它无法决定那是否就是信仰所是的一切,仪式是否原初地在它的原始功能上是强迫的仪式,信仰是否仅仅是以童年为模式的安慰。精神分析能向信仰宗教的人显示他的漫画模仿,但它给他留下了沉思不类似于他被扭曲形象的*可能性*的任务。因为它真正涉及的是一个扭曲问题,涉及的是通过扭曲的自我理解的问题;婴儿的扭曲,神经官能症的扭曲,原始的扭曲(或所谓原始人的扭曲,原始人被解释为神经官能症和儿童的类似者)。

类比的价值,因此也是类比的限度,似乎取决于一个关键点:宗教信仰的情感动力学有*战胜*它自己古老根基的必要手段吗? 这个问题只能在宗教冲动层面的研究背景中获得部分解答,并且这个问题必然与原初谋杀的幻觉问题相联系,并且更普遍地与父亲情结的意义相联系。至少,在我们目前有限的框架内,我们可以通过对我们"分析篇"中描述为宗教历史的缺场进行严肃质疑而走得相当远。

对于弗洛伊德,宗教是它自身起源的单调重复。它永远行走在它自己古老根基的土地上。"被压抑的回归"主题不意味其他的东西:基督教圣餐重复着图腾会餐,正如基督的死亡重复摩西先知的死亡一样,而摩西的死亡重复着对父亲的原初杀害。然而,弗洛伊德对重复的特别关注变成了拒绝考虑宗教感情的一种可能渐成论，即一种欲望和害怕的转化。这种拒绝似乎没有建立在精神分析的基础上，仅仅表达了弗洛伊德个人的不相信。

在阅读弗洛伊德作品时，每当宗教情感打算超越它被限制的范围时，我们可能观察到这种情感的减少。

首先，存在着被瞥见的然而被根除的整个前俄狄浦斯的基础。当他把秃鹰的幻觉和埃及的穆特神（穆特神被描述为有阴茎的秃鹰头的母性神）相比较时，弗洛伊德在《达·芬奇》中触及了这一点。现在弗洛伊德看到这种表象的丰富意义，但通过将达·芬奇的童年幻觉和两性神的表象重新引回母性阴茎的幼儿性理论，他马上缩小了它的范围。以后，我们将讨论同样的表象在其中既可被看作回溯幻觉又被看作神圣角色的共同源泉的意义。现在让我们牢记除了父亲情结外还有其他情感根基。通过将"人类的原初生活"和我们贬低性欲的文明态度相对照，弗洛伊德本人暗示原始人神圣化了性欲，并且所有其他的人类行为通过将性转向非性的东西而分享了它的神圣本性。以后，弗洛伊德承认他不知道在他的宗教幻想的产生中什么位置分配给女性神。

这不是一种可能的生活宗教、一种爱的宗教的迹象吗？至少在两种场合，弗洛伊德触及了这种工作假设，只不过马上把它排除了。在著名的原初谋杀的神话中，弗洛伊德遭遇了仍未被说明的插曲，尽管这个插曲最终是戏剧的中心点：这一插曲就是兄弟盟约的形成，因为这一盟约，他们赞同自身中不重复对父亲的谋杀。这一盟约是非常重要的，因为它终结了重复的弑父行为。通过禁止兄弟相残，盟约产生了一种历史。但弗洛伊德更关注图腾聚餐中谋杀的象征重复，而非兄弟之间的和好，这种和好使得从今以后与铭记在人们心中的父亲形象的调和成为可能。为什么不把信仰的命运与这种兄弟的和好,而相反与弑父的永久重复相联系呢?但弗洛伊德已经决定儿子宗教不是一种真正超越父亲情结的进步:儿子是反叛首领的这种虚构,并因此是一种谋杀者的形象,立即关闭了半开的门。

《摩西与一神教》的第一篇论文不是面临着一个相似的困难吗?"如果摩西是一个埃及人",他必定从早就建立的宗教中获得了他的伦理神。但阿腾崇拜据说建立在仁慈的阿肯那顿(Akhenaten)王子模型上,提出了一个"政治"神的巨大谜团,所谓"政治神",我指的是建立社会契约的神,它因此出现在欲望和害怕的根基上,并与兄弟间的和好有更紧密的联系,而非与对父亲的谋杀有更紧密的联系。

但尤其冲动的最后理论或许是对宗教现象一种新研究的场合。[1] 这样的研究没有发生。相反,这是弗洛伊德强化他对宗教敌视的时期,也是准备写作《一个幻想的未来》的时期。然而,通过把爱若斯与死亡相对立,弗洛伊德重新获得了被德国浪漫主义传统保存的某种神话基础;通过德国浪漫主义传统,他能够回到柏拉图和恩培多克勒(Empedocles),并把爱若斯描述为"把一切凝聚起来的力量"。但他从未猜测这种爱若斯神话可能涉及宗教情感的渐成论,当先知用歌曲在沙漠里庆祝订婚时,他也未猜测爱若斯可能是约翰福音中上帝的别名,再往回追溯,可能是申命记中上帝的别名,再进一步,是何西阿书中上帝的别名。为什么"我们的逻各斯神,它

---

① 见以上,"分析篇",第三部分,第三章。参见 F.帕稀(F.Pasche):《弗洛伊德与犹太—基督教传统》,《法国精神分析评论》,第二十五卷(1961),第55—88页;A.沃格特:《面向理性和必要性的父性宗教》,《精神分析,人类科学》,第223—257页。

没有承诺安慰,它的声音柔软但逐渐被我们倾听",不能是——尽管弗洛伊德在这种场合中的讽刺腔调——在生活与光明的象征的深刻统一中的爱若斯的别名呢?弗洛伊德似乎没有理由地(我指没有任何精神分析的理由)排除这种可能性:信仰分享了爱若斯的源泉,并因此与对我们身体内的儿童进行安慰无关,而是与爱的力量有关;他排除了这种可能性:信仰在面对内在和外在于我们的憎恨时——在面对死亡时,努力使得这种力量成熟。唯一能逃避弗洛伊德批评的东西是作为爱的宣教的信仰:"上帝如此热爱世界……";但作为回报,他的批判能帮助我辨认这种爱的宣教排除的东西:一种刑罚的基督论和一位道德的上帝,并帮助我辨认它暗示的东西:约伯(Job)的悲剧上帝和约翰的吟唱上帝的某种一致。

b)宗教与幻觉

宗教非回溯、非寻古的来源问题导致了对一种表象核心的一种批判性审视,弗洛伊德认为他已通过临床描述和人种学的会聚途径确定了这种表象核心,这个表象核心是弑父的幻觉。对于弗洛伊德,被压抑的回归既是害怕和爱、焦虑和安慰的情感的回归,也是在神的替代形象下的幻觉本身的回归。这种替代形象是那依附于冲动根基的"表象"的遥远"派生物"。从此,我们所有关于宗教情感的一种可能渐成论的评论仅仅通过在表象层面上的一种渐成论的中介而变得有意义。

然而,因为被给予谋杀原始父亲的幻觉的地位,这种渐成论在弗洛伊德主义那里被简单排除了。弗洛伊德解释的一种基本要素是:这种谋杀实际发生于过去一次或者几次,并且存在着被铭刻在人类世袭遗产中的对它的一种真实记忆。的确,个人的俄狄浦斯情结太简单且太模糊以致不能产生诸神;

没有一种属于我们系统发生的过去的祖先罪行,对父亲的渴望是不可理解的;这位父亲不是我的父亲。随着光阴流转,弗洛伊德不仅没有减弱,还不断加强原始谋杀的真实记忆的特征。这方面的最明确陈述是《摩西与一神教》中的那些陈述,我们在"分析篇"中已引用很多。那么,对于弗洛伊德,如果宗教是古老的和重复的,这在很大程度上是因为宗教被一种谋杀的记忆往回拽,而谋杀的记忆属于它的史前史并构成了《摩西与一神教》称为"宗教中的真理"的东西。真理居于记忆中;通过想象增加的东西是扭曲,正如在梦中一样;通过理性思想增加的东西是第二次修正、理性化和迷信,同样如在梦中一样。于是,弗洛伊德故意背弃"破除神话学化的"解释,从谢林(Schelling)到布尔特曼,这种解释剥夺了神话所有病源学的功能,以恢复它们的能够导致反思或思辨的神话—诗的功能。

然而,我们很奇怪地知道:为了说明宗教,弗洛伊德保留了他在神经官能症理论中被迫放弃的观念。我们回想起俄狄浦斯情结的真正解释是在与儿童受成人真实引诱的错误理论的对立中获得的。不幸地,俄狄浦斯插曲在相同的位置上被代替,而弗洛伊德通过一种诱惑场景的颠倒意义发现了这一插曲;俄狄浦斯情结变成了真实记忆的踪迹或痕迹(我们回想起,这种痕迹的功能是使弗洛伊德在《梦的解析》第七章中把形式回溯和记忆踪迹的准幻觉恢复等同起来的东西)。甚至超越个体的俄狄浦斯情结,人类的集体情结被看成是情感和表象的一种痕迹回归。

然而,弗洛伊德本人提供了描绘问题的另一种方式。在弗洛伊德那里存在着一种"原初场景"的观念,想象的非痕迹的观念在这种"原初场景"中被勾画出来。弗洛伊德在《达·

芬奇》中注意到,这种"有着秃鹰的场景将不是达·芬奇的一种记忆而是一种幻觉,他在以后的时光中形成了这种幻觉并把它移置到他的童年"。正是在这种情况下,弗洛伊德暗示说,古代民族的历史书写可能产生于相同的方法,"当人类获得自我意识"感受到"需要了解他们源自何处和他们如何发展":"因此,历史早就开始紧随并记录过去的事件,它也回眸过往,收集传统和传说,解释存在于民俗与习惯中的古代踪迹,并以这种方法创造了一种古老过去的历史。"①这种"民族早期的生活史,它以后被有目的地汇编起来"②,它没有包含*意义*的创造,这种意义能够标志和容纳我们已称的宗教情感的渐成论吗? 这种原初场景的幻觉难道不能将意义的第一层面提供给对起源的想象吗? 而对起源的想象不断地与它的婴儿和准—神经官能症功能的重复相分离,并且不断为人类命运的根本意义的研究提供服务。

不是当他谈论宗教而是当他谈论艺术时,弗洛伊德遭遇到了这种想象的非痕迹的产物,这种新意义的载体。让我们回想我们对蒙娜丽莎微笑的注释。我们说,已失去的母亲的记忆通过艺术工作被重新创造出来;它不是被埋在地下的东西,像单纯被覆盖的真实地层;严格地说,它是一种创造,只是因为被呈现在油画中才存在③。

---

①　《达·芬奇与他童年的一个记忆》,德文全集版,第八卷,第151页;标准版,第十一卷,第83—84页;法文版,第67页;在1919年补充的一个脚注中(同上,注2),弗洛伊德抵制了哈夫洛克·埃利斯,哈夫洛克·埃利斯在对达·芬奇有利的一个评论中(1910年),反对达·芬奇的记忆可能已经有一种现实基础。弗洛伊德继续强调秃鹰场景的幻觉特征:即使这种场景产生于一个真实事件的记忆,但这种幻觉使这种"真实的微不足道的事情"(die reale Nichtigkeit)变形了。

②　出处同上。

③　参见以上,"分析篇",第二部分,第一章。

从此,同一个幻觉能携带两个相反的矢量:一个回溯的矢量,它使幻觉服从于过去;另一个是前进的矢量,它使幻觉成为意义的指示器。回溯与前进的功能可以在相同的幻觉中共存这一点在弗洛伊德术语中是可以理解的;达·芬奇的秃鹰幻想是过去痕迹的第一个变形;更何况,像蒙娜丽莎那样的真正的艺术作品是一种创造,用弗洛伊德自己的话,过去在创造中被"拒绝与克服"①了。

然而,弗洛伊德承认他没有理解这种创造功能:"既然艺术才能和工作能力密切地与升华联系在一起,我们应该承认我们按照精神分析的思路也难以接近艺术功能的本质。"②

让我们把这个评论应用到原初犯罪的幻觉中。弗洛伊德在《达·芬奇》中写道:"精神分析已经使我们认识到父亲情结和对上帝的信仰之间的密切联系,它已向我们显示一种人格上帝在心理学上只不过是改头换面的父亲……全能和公正的上帝,仁慈的自然似乎作为父亲和母亲的伟大升华而出现,或更作为婴儿的最初知觉的复活或恢复而出现。"③为何这种"改头换面"不应包含相同的含糊性,包含梦的复活和文化创造的相同的双重价值呢?如果宗教想实现它的普遍的而非仅仅个体的功能,如果它想获得文化的重要性并具有一种保护、安慰、调和的功能,以某种方式,这一定如此,甚至在弗洛伊德解释的框架内也是如此。那么,父亲形象,作为被宗教和信仰表现的父亲形象,能仅仅是一个隐藏在信徒祈求中的拼图,就

---

① 参见以上。
② 德文全集版,第八卷,第 209 页;标准版,第十一卷,第 136 页;法文版,第 212 页。
③ 德文全集版,第八卷,第 195 页;标准版,第十一卷,第 123 页;法文版,第 177—178 页。

好像达·芬奇的秃鹰隐藏在少女长袍的裙褶中吗? 在我看来,我们不能把父亲形象当成一个孤立的形象并对它有特别的注释;它仅仅是在神话—诗的星座中的一个成分,诚然,如同我们将进一步说的,是中心成分,而神话—诗的星座首先必须被看做是一个整体。

　　我建议探究下面的路径:使得宗教象征具有力量的,是宗教象征重新获得一种原初场景的幻觉并把幻觉转变成一种发现与探究起源的工具。通过这些"探测器"的表象,人讲述了他的人性的确立。因此,赫西俄德(Hesiod)和巴比伦文学对战争的叙述,奥尔弗斯(Orphic)文学对堕落的叙述,希伯来文学对原初犯罪和放逐的叙述①,的确可以以奥托·兰克的方式被当成一种集体的梦,但这种梦不是对史前史的记录;相反,通过它们的痕迹功能,这些象征在操作中显示了对起源的想象,而起源可以被说成是历史的、*geschichtlich*,因为它告知一种出现,一种来临,但不是基于史实的历史的、*historisch*(*geschichtlich* 、*historisch* 两个词在德文中均表示"历史的",但含义上有差别。前者指对人类过去活动的记录,后者指人类精神或意识中的"历史本身"——译者注),因为它没有年代次序的含义。用胡塞尔的术语,我将说弗洛伊德探索的幻觉形成了这种神话—诗想象的原素。正是"根据"一些原始场景的幻觉,人"形成"、"解释"、"意指"另一个次序的意义,这个意义能够成为神圣的符号,反思哲学只能在它的考古学和目的论的视域中承认和颂扬这种神圣。这种新的意向性产生于幻觉的真正特征中,因为幻觉谈论失去的起源、失去的古

---

　　① 《恶的象征》,第二部分。论宗教与幻觉,参见 J.拉普朗西、J.B.庞泰里斯:《原初幻觉,起源的幻觉,幻觉的起源》,《当代》,第十九卷,215(1964 年),第 1833—1868 页。

老对象、内在于欲望的缺乏,而幻觉通过新的意向性被象征地解释;引起解释的无限运动的东西不是记忆的丰满而是它的空虚,它的开放。人种学、比较神话学、圣经注释全都证实了这一点:每种神话都是刘早期叙述的一种重新解释;这些解释的解释因此完全能在属于利比多不同年龄和阶段的幻觉上进行操作。但重要的因素不是这种"印象材料",而是解释的运动,解释运动被包含在意义的前进中并构成了"材料"的意向转变。正因如此,*解释技术*(hermêneutikê technê)能被应用到神话;一种神话早就是*解释*(hermêneia),对它自己根基的解释和重新解释①。如果神话接受一种神学意义,正如我们在有关起源的叙述中看到的,神话是通过无止境的修正过程成为一致的,然后成为系统的。

因此,父亲的形象不能离开神话—诗的功能被考虑,它被嵌入神话—诗的功能中。诚然,这种形象特别具有支配力,因为它提供了神祇的原型,并通过多神教和一神教指向了唯一的父亲形象。只有父亲的形象呈现了这种"投射"特征。这是真的。但当弗洛伊德与有关"向内投射"和"认同"的困难斗争时,他没有与有关"投射"的困难做斗争。将父亲移置到图腾动物和图腾神没有使他感到非常困惑。动物恐惧和偏执狂的类似使他免于进一步探寻。我们在达·芬奇的蒙娜丽莎那里提出的有关母亲形象的相同问题难道不应该出现在这里吗?父亲的形象难道不是如同它被"重复"一样被"拒绝与克服"吗?当我已经在神祇的表象中发现——或神化——父亲形象时,我已经理解了什么呢?我更好地理解了两者吗?但

---

① 在此我间接提到了解释学的两个历史根源:符号、梦和不可交流的言语的解释者的"诠释技术",以及"解释"或诠释,根据亚里士多德,它通常是有意义的话语的工作。见上面,"问题篇",第二章。

我不知道父亲意味着什么。原初场景的幻觉使我求助一个不真实的父亲,一个从我们个体和集体历史中消失的父亲;这是我在其中把上帝想象为父亲的幻觉;我对父亲的无知是如此之大,以致我能说作为文化主题的父亲在梦幻觉的基础上被神话学创造出来。在父亲的形象产生了他的整个派生系列之前,我不知道父亲是什么。将父亲构成为一种起源神话的是解释,通过解释,原初场景的幻觉获得了一种新意向;直到我能祈祷:"我们的父亲,你在天国……"用神话的前哲学语言陈述,天国的象征和父亲的象征使起源的象征清晰起来,古老的幻觉因为它的固有"对象"的缺场、缺乏、失落和空虚潜在地包含了起源的象征。

为什么父亲形象有着母亲形象没有的优先性呢? 它的优先地位无疑归于它极其丰富的象征潜力,特别是它的"超越"的潜能。在象征中,父亲出现为命名者与法律制定者,而不是等同于母亲的生育者;弗洛伊德关于与一个榜样认同的评论可以适用于这里,而榜样的认同区别于利比多的认同:人不拥有认同的父亲,不仅仅因为他是失落的古老对象,而且因为他区别于每一个古老对象。这样,除了作为一种文化的主题,他不能"回来"或"回归";认同的父亲是表象的任务,因为父亲从一开始就不是欲望的对象,而是制度的起源。父亲是一种独特的非现实,他从一开始就是一种语言的存在。因为他是命名者,他是名称问题,正如希伯来人首先设想的。因此,父亲形象比起母亲形象一定有着更丰富的和更清晰的命运。通过被认同描绘的升华,父亲的象征能够与"君主"的象征和"天堂"的象征结合在一起以形成一种等级的、智慧的和正义的超越的象征,正如米尔卡·伊利亚德在他的《比较宗教史》的第一章所勾勒的。

那么,父亲形象不仅仅是一种被压抑的回溯,相反,它是一种真实的创造过程的结果。这种意义的创造构成了真实象征的真正"复因决定",这种复因决定相应地为两种解释学的可能性奠定基础,其中之一揭示了它的幻觉材料的古老根基,而另一个发现了激发材料内容的新意向。两种解释学的调和存在于象征本身。因为,我们不能止步于一种对立,这种对立将区别"道德和宗教的两个起源",因为意识的预言并非外在于它的考古学。

人们甚至可能说,因为它们复因决定的结构,象征成功地倒转了起源幻觉的时间符号。原始父亲意指末世、"来临的上帝";产生意指再产生;诞生类似地代表了新的诞生;童年——在我身后的童年——意指另外的童年、"第二天真"。形成意识的过程最终是看到在自己身前的童年和在自己身后的死亡的过程:"从前,你们死亡了……";"除非你们成为小孩……"在出生与死亡的这种交换中,来临的上帝的象征已经接收并证明了原始父亲的形象。

但如果象征是已经被拒绝和被克服的幻觉,它们从来不是已经被废弃的幻觉。正因如此,人们从未肯定一个被给予的神圣象征不是简单的"被压抑的回溯";相反,可以肯定的是,每一种神圣象征同时也是婴儿和古老象征的一种复活;象征的两种功能仍然是不可分的;最接近神学与哲学思辨的象征意义总是涉及古代神话的一些踪迹。古老根基和预言的这种紧密联盟产生了宗教象征的丰富性;它也构成它的暧昧不清。"象征产生思想",但它们也是偶像的诞生。正因如此,对偶像的批判仍然是获得象征的条件。

c)*信仰与言语*

这种首先对冲动的讨论,然后对幻觉的讨论似乎导致了第三个问题领域。言语是这种意义的提升在其中展开的基本因素,我们只认识到意义的提升被投射在本能和幻觉中的阴影或痕迹。如果一种冲动和幻觉的渐成论是可能的,这是因为言语是诠释或"解释"的工具,甚至在象征自身被注释者"解释"之前,象征就运用与幻觉有关的这种工具。

情感与幻觉的上升辩证法因此被一种在象征中的语言的上升辩证法所推动;但这种意义的创造暗示了神话—诗的想象功能与新生的言语有更紧密的关系,而不是与在一种单纯知觉复活意义上的意象有更紧密的关系。不幸地,弗洛伊德的语言观念不是很充分;语词的意义是听觉意象的复活;这样,语言本身是知觉的"踪迹";这种语言的痕迹观念不能为一种意义渐成论提供任何支持。如果幻觉只可能在语言要素中发展它的各种程度这一点是真的,我们仍然需要区分"被听到的东西"和"被看到的东西";但"被听到的东西"首先是"被说出的东西";在起源与终结的神话中,"被说出的东西"是踪迹或痕迹的真正对立面。为了在神圣中谈论人的处境,被说出的东西解释了某些原初场景的幻觉。

我相信,弗洛伊德的语言哲学的不适充分性说明了似乎是弗洛伊德宗教理论中的最大缺点:他认为他能构造一种直接的超我心理学,并在此基础上构造一种信仰和信徒的直接心理学,因此规避一种对文本的注释,在文本注释中并通过文本注释,信仰宗教的人在前面提到的教化(Bildung)意义上已经"形成"并"教育"了他的信仰。然而,远离一种对文化产物的解释和理解(信仰的对象把自己显示在这种文化产物中),我们不可能构建一种信仰的精神分析。

我们关于人的"形成意识"的过程通常所说的话特别应当应用于他的"形成宗教"。对人而言,形成意识是通过一系列将他设置和构建为人的角色使他远离他的古老根基。因此,离开那些记录他的信仰的文本的意义,不存在重新掌握信仰宗教的人的意义问题。狄尔泰在他 1900 年的著名论文"解释学发展史"（Die Entstehung der Hermeneutik）中非常清楚地建立了这一论点。他说，直到"生命表达"固定在服从技艺规则的客观性中，理解或解释才真正开始："我们把这种对持久固定的生命表达的符合技艺的理解称为注释或解释。"①如果文学是这种解释过程的优先领域——尽管人们也可能合理地谈论雕塑或油画的解释学——这是因为语言是人类内在性唯一的完全、彻底、客观可理解的表达。狄尔泰继续说道："正因如此，理解的艺术围绕着对人类生存的书写证据的注释或解释。"②

几乎没有任何必要宣称《摩西与一神教》没有在旧约的注释层面上操作，并宣称它一点没有满足适应文本的一种解释学的最基本要求。因此，我们不能说弗洛伊德真正进行，或甚至开始进行一种"对宗教表象的分析"，而在美学层面上，米开朗基罗的"摩西"被真正当做一件独立的作品并被详细分析，并且未对一种艺术家和他的创造活动的直接心理学作出让步。宗教作品、信仰的纪念物既没有以同样的同情对待，也没有以同样的严格对待；相反，我们面对着宗教主题和父亲原型之间一种模糊的关系。弗洛伊德已经一劳永逸地认定：真正的宗教表象是明显源于这种原型的观念。一种强大的存在，他统治作为一个帝国的自然，他取消死亡并补偿这种生活的痛苦——如果上帝将成为上帝，这就是他能成为的一切；民众的淳朴宗教是真正的宗教。哲学宗教或海洋宗教③是那些指向父亲原型的派生物或第二次理性化，在这两种宗教中，上

---

① 狄尔泰：《解释学发展史》，见《全集》，第五卷，第 319 页；法文版，见《精神世界》，第 321 页。

② 出处同上。

③ 《文明及其不满》，第一章。

帝的人格已经被弱化、被置换、或被放弃。

我将表明,位于弗洛伊德问题中心的两个特定主题的案例中——罪行和安慰的主题——一条弗洛伊德已经关闭的道路如何可能被重新开启。

第一个主题与宗教作为伦理世界观的顶点有关;第二主题与宗教产生于伦理的悬置有关。这些主题是宗教意识的两个焦点,正如弗洛伊德本人通过把宗教看做禁止形式与作为安慰形式所承认的。

可是,弗洛伊德对或许被称为"罪行感"的渐成论的东西根本没有什么兴趣,这种渐成论将被不断精致的象征所引导。罪行感似乎没有超越俄狄浦斯情结和它的解体的历史。它仍然是有关防止预期惩罚的一套程序。在弗洛伊德的文学中,罪行感在这种古老意义上被一贯地理解。但罪行的渐成论不能被超我心理学直接建立起来;它只能通过对忏悔文学的文本注释这种间接方法加以辨读。在这种文学中,"良心"(Gewissen)的典型历史构成了。当他根据这种典型历史的形象理解自己时,人达到了成年的、正常的、伦理的罪行。就我而言,我已经试图通过一种狄尔泰意义上的注释研究污点、罪和罪行的观念①。我发现罪行越过两个门槛而前行:第一个

---

① 《恶的象征》,第一部分。也可见我的研究:《无罪的道德或无道德主义的罪》,《精神》,二月号,1954 年(对 A.赫斯纳德的《过错的病态世界和无罪的道德》的一个评论)。我也回答了罗伊 S.李(Roy S.Lee)的评论,《弗洛伊德与基督教》(伦敦,詹姆士克拉克有限公司,1948 年),第 93页:"宗教比起无意识及原我的功能来更确切地讲是一种自我功能。"关于弗洛伊德与罪,见 C.沃迪尔(C.Odier):《道德生活的意识与无意识双重源泉》,纳沙泰尔,巴孔涅赫,1949 年;赫斯纳德:《过错的病态世界》,法兰西大学出版社,1949 年)以及《无罪的道德》(法兰西大学出版社,1954 年);C.诺德(C.Nodet):《精神分析与罪的意义》,《法国精神分析评论》,第二十一卷(1957 年),第 791—805 页。

门槛是不公正的开端——在犹太先知意义上和柏拉图意义上;害怕不公正,为一直不公正而悔恨,早就不再是禁忌害怕;对人际间关系的破坏,对另一个人的伤害,将人当成手段而非目的,意味着比阉割威胁的情感更多的东西。因此,通过与害怕复仇、与害怕被惩罚相比较,不公正的意识标志着意义的创造。第二个门槛是正义之人的罪的门槛,严格意义的公正的恶的门槛;在此,意识发现影响每一个格言、甚至善良人的格言的根本恶。

我们前面关于幻觉功能所说的一切在此获得了意义。意识的前进在其中得到表达的神话肯定被建立在从属于超我焦虑的原始场景的幻觉上;正因如此,罪行是一个陷阱,一种停滞的场合,固恋于前道德的场合,停滞于古老根基的场合;但神话意向性存在于一系列的解释和重新解释中,通过这些解释,神话修正了它自己的古老基础。于是恶的象征构成了,它们激发了思想,并且我在这些象征基础上能形成坏的或奴隶意志的观念。在精神分析意义上的"罪行感"和康德意义上的根本恶之间延伸着一系列的角色,每一个形象占据了前面一个角色的位置以"拒绝"和"克服"它,正如弗洛伊德说到艺术作品时那样。显示这种罪行的"前进的"意识如何跟随象征领域的前进将成为反思思想的任务,我们在这章的第一部分已勾勒了象征领域的前进。有助于标划出情感路径的相同角色——占有、支配、评价的角色——也是我们异化的连续领域。这是可以理解的:因为如果这些角色是我们易错性的象征,它们也是我们已经堕落的象征。自由在异化它自己的经济、政治、文化的中介时被异化了;我们或许补充说,奴隶意志经过所有我们无助的角色中介自己,这些角色表达和客观化我们的生存的力量。

这种间接的方法可以是详细说明我们罪行的非幼儿、非古老、非神经官能症起源的观念的方法。但正如欲望侵入了这些连续的领域并把它的衍生物和自我的非性爱功能相混合,罪行情感的古老根基也延伸到了异化占有、无限的权力、贪图财富的所有领域。正因如此,罪行仍然是模糊的和可疑的。为了打破它的虚假声望,我们必须一直将一种破除神秘的解释和一种恢复的解释的双重阐释聚焦于它,破除神秘的解释揭露它的古老根基,而恢复的解释把恶的产生置于精神本身中。

我已经把罪行的例子作为一种模糊表象的首要例证,这个模糊观念既在起源上是古老的,又允许对意义的无限创造。这种相同的含糊性被写进了宗教的核心,因为拯救的象征处在与恶的象征相同层面上并且具有相同的性质。我们可以发现,拯救的形象对应着所有谴责的形象。结果,宗教的核心形象只有当它经过所有与那些罪行相称的程度时,才完成它自己的产生,而精神分析告诉我们宗教形象产生自父亲原型。因此,对上帝的象征中的父亲幻觉的解释延伸到了谴责和拯救的所有领域。

但如果上帝的象征表象与恶和罪行的象征平行发展,它没有完成在这种相关性中。正如弗洛伊德很好地看到,宗教与其说是父亲的谴责的不确定咒语,不如说是忍受生活艰辛的艺术。这种安慰的文化功能把宗教不再仅仅置于害怕领域,而是置于欲望领域。柏拉图已在《斐多篇》中说过,在我们每个人身上还存在有待安慰的婴儿。

问题在于,安慰的功能是否只是婴儿的,或是否不也存在我现在应该称作安慰的渐成论或上升辩证法的东西。

再一次,文学作品标划出了这种安慰修正的进展。我们将提出异议说:对古老报应的法则的批判不是宗教的一部分吗? 而这一批判早被巴比伦的智者或更多被希伯来的典籍提及。但那时我们必须进入另一个问题,弗洛伊德主义似乎不知道这个问题,这个问题就是信仰与宗教之间的内在冲突:是约伯的信仰而非他的朋友们的宗教应该对抗弗洛伊德的偶像破坏理论。人们不是说;这种信仰完成了弗洛伊德分配给任何想"放弃父亲"的人(达·芬奇)的任务吗? 约伯事实上没有接受对他的苦难的任何说明;他仅仅被显示了某种大全的伟大和秩序,他的欲望的有限观点没有直接接受有关大全的任何意义。他的信仰更接近斯宾诺莎意义上的"第三种"知识,而不是上帝的宗教。一条道路因此被打开了,一条非自恋的和解道路:我放弃我的观点;我爱大全;我准备说:"心灵对上帝的理智之爱是无限的爱的一部分,上帝因这种爱而爱自己。"(quo Deus seipsum amat①)通过戒律和报应的双重道路,信仰引起了伦理的一种单一与唯一的悬置。通过揭示正义之人的罪,信仰之人超越了正义的伦理学;通过失去他自恋的直接安慰,他超越了世上任何伦理观点。

通过这种双重道路他战胜了父亲形象;但在失去作为偶像的父亲形象时,他或许发现了作为象征的父亲形象。父亲象征是被斯宾诺莎定理*自身*(se ipsum)意指的意义过剩。父亲的象征不是我能拥有的父亲的象征;在这方面,父亲是非父亲。相反,父亲的象征是父亲的相似,与这种相似一致,放弃欲望不再是死亡而是爱,这再一次是在斯宾诺莎定理的推论意义上如此:"上帝对人的爱与心灵对上帝的理智之爱是同一件事情。"

---

① 《伦理学》,第五部分,命题 36 和推论。

我们这里已经到达了似乎是无法超越的点。它不是静止点而是充满张力的点;因为行宽恕的上帝的"人格"与*上帝或自然*(Deus sive natura)的"非人格"如何能一致这一点仍然不明显。当我们被斯宾诺莎的*上帝爱自己*(Deus seipsum amat)引导着去思考,并且"上帝"与"神祇"之间的辩证法(这种辩证法构成了整个西方神学的基础)证明这一点,我只能说两种悬置伦理的方式(基尔凯戈尔的和斯宾诺莎的)可能是相同的;但我不知道它们是相同的。

从这一极点开始,与弗洛伊德的最终对立可能被提出。直到真正的结尾,我们应该拒绝在两种陈词滥调之间进行选择:辩护者的陈词滥调,它完全拒绝弗洛伊德的偶像破坏,折中者的陈词滥调,它将宗教的偶像破坏与信仰的象征并置起来。就我而言,我将把赞同和否定的辩证法作为最后和最终的手段应用到现实性原则中。最后,这是根据信仰的"安慰的渐成论"与根据弗洛伊德主义的"顺从必然性"在其上相互对立的层面。

我不隐瞒这样的事实:对弗洛伊德的解读帮助我把对自恋的批判扩展到关于宗教渴望安慰的最极端的结果,我已不断地把自恋称为虚假的我思,或破产的我思;对弗洛伊德的解读帮助我把"放弃父亲"置于信仰问题的核心。相应地,我不隐瞒我不满弗洛伊德对现实性原则的解释。弗洛伊德的科学主义阻止了他将在《达·芬奇》中瞥见的某种路径贯彻到底,即使这是弗洛伊德最尖刻的反对宗教的著作。

正如我们所说,现实不是单纯的一组可观察事实和可证实规律;用精神分析的术语,现实也是事物的世界与人的世界,就像那个世界出现在已经放弃快乐原则的人类欲望前一样,即人类欲望已经使它的观点从属于大全。但我问道,那时,现实只是必然性吗?现实仅仅是提供给我的恭顺的必然性吗?它也不是对爱的力量开放的可能性吗?通过弗洛伊德本人提出的关于达·芬奇命运的问题,我冒险阐明了这个问题:"我们可以问:将理智好奇转变为享受生活——我们必须把这种转变看作浮士德戏剧中的基础——是否处于可能的现实中。但甚至没有涉及这个问题,我们可以声称,达·芬奇的精神发展接近斯宾诺莎的思考模式。"①弗洛伊德进一步说:"迷失在赞美中并充满真正的谦逊,他太容易忘记他自身是那些积极力量的一部分,并且,与他个人力量的范围相一致,他应该试着改变世界命定过程的一小部分,在这个世界中,小天地与大世界一样精彩和重要。"②但《达·芬奇》的最后几行文字能是什么意义呢……?"我们对*自然*仍然显示了太少的尊重,自然(在达芬奇的含糊语词中,这些语词使人回想起哈姆雷特的几行文字)'充满了无数从未进入经验的理由。'(La natura è piena d'infinite ragioni che non furono mai in isperiena)。我们人类的每一个人对应着无数尝试中的一个,在这些尝试中,这些自然*理由*强行进入经验。"③我在这些线索中看到一种把现实等同于自然并把自然等同于爱若斯的从容邀请。这些"积极力量",这些"无数从未进入经验的理由",这些"无数的尝试"(在这些尝试中,那些理由"强行进入经验")——这些不是被观察到的事实,而是力量,自然和生命的多样化的力量。但我除了在创造的神话中不能理解这种力

---

① 《达·芬奇与他童年的一个记忆》,德文全集版,第八卷,第142页;标准版,第十一卷,第75页;法文版,第46—48页。

② 出处同上。

③ 出处同上。德文全集版,第八卷,第211页;标准版,第十一卷,第137页;法文版,第216页。

量。这不就是意象、理想和偶像的破坏者通过将与幻想对立的现实神话化而终止他们活动的原因吗？这些破坏者把幻想描述为狄奥尼索斯(Dionysus)、变化的天真、永恒轮回,把现实描述为必然性、逻各斯。这种重新神话化不是现实的规训没有想象的恩典便一无所是的一种符号吗？不是对必然性的思考没有唤起可能性便一无所是的一种符号吗？通过这些问题,弗洛伊德的解释学能与另一种解释学相联系,这种解释学处理神话—诗的功能,并把神话不看做寓言,即虚假的、不真实的,幻想的故事,而看做对我们与存在者和存在之间关系的象征探索。具有这种神话—诗功能的东西是语言的另一种力量,一种不再是欲望的要求、保护的要求、天佑的要求的力量,而是一种我在其中停止了所有要求并侧耳倾听的召唤。

因此,我直到最后尝试构建赞同和否定,我对宗教的精神分析作出了赞同和否定的判断。信徒的信仰不能不受这种对抗的影响,但弗洛伊德的现实性观念也不能不受影响。与这条裂缝相对的,是另一条裂缝。对弗洛伊德的赞同将裂缝引入了信徒信仰的核心,这条裂缝将偶像和象征区分开来,对弗洛伊德的否定将另一条裂缝引入了弗洛伊德现实性原则的核心,这条裂缝把单纯的对必然性的恭顺与对创世的热爱区分开来。

主要人名对照表

Abraham	亚伯拉罕
Adam	亚当
Adler, A.	阿德勒
Alain	阿兰
Amos	阿摩司
Anne, S.	圣安娜
Anselm, S.	安瑟伦
Anzieu, Didier	安杰伊·迪迪埃
Aristophane	阿里斯托芬
Aristote	亚里士多德
Arnaud	阿诺德
Aschyle	埃斯库罗斯
Atkinson	阿特金森
Aton	阿腾
Augustin	奥古斯丁
Bachelard	巴什拉
Barth. K.	巴特
Benveniste, E.	邦弗尼斯特
Bernfeld. S	贝赫费尔德
Brentano, F.	布伦塔诺
Breuer	布洛伊尔
Bridgman	布里奇曼
Brücke, E.	布吕克
Bultmann, R.	布尔特曼

Carnap, R.	卡尔纳普
Cassirer, E.	卡西尔
Catherina	卡特琳娜
Cendrillon	灰姑娘
Christ	基督
Columbus, Christopher	哥伦布
Comte, A.	孔德
Copernicus, N	哥白尼
Cornélia	考狄利娅
Créon	克瑞翁
Roland Dalbiez	达尔比耶·罗朗
Darwin, C.	达尔文
De Lubac	德吕巴克
Descartes	笛卡尔
Deutéronome	申命记
de Vinci, L,	达·芬奇
de Waelhens	德·威尔汉斯
Dionysos	狄奥尼索斯
Dilthey, W.	狄尔泰
Eliade, M.	伊利亚德
Empédocle	恩培多克勒
Engels, Friedrich	恩格斯
Erich Fromm	弗罗姆
Ézéchiel	以西结
Faust	浮士德
Fechener	费希纳
Ferenczi	费伦茨
Feuerbach	费尔巴哈
Fichte	费希特
Fink, E.	芬克
Flew, A.	弗律
Fliess, W.	佛里斯
Frazer, J.G	弗雷泽
Freud, S.	弗洛伊德
Goethe	歌德
Gradiva(Jensen)	格拉迪沃(詹森)
Groddeck, G.	格德克

Luther	路德
Madison, P.	麦迪逊
Malebranche	马勒布朗士
Marc Aurèle	马可·奥勒留
Marcuse, H.	马尔库塞
Marduk,	马杜克
Marx	马克思
Mayer, R.	迈耶
Méphistophélès	摩菲斯特
Merleau-Ponty	梅洛-庞蒂
Michelange	米开朗基罗
Mona Lisa	蒙娜丽莎
Moïse	摩西
Mout,	穆特
Nabert, J.	纳贝尔
Nagel, E.	纳格尔
Newton, Isaac	牛顿
Nietzsche	尼采
Œdipe	俄狄浦斯
Origène,	奥利金
Osée	何西阿
Otto, R.	奥托
Paris	帕里斯
Paul, S.	圣保罗
Pelagius	贝拉基
Piaget	皮亚杰
Platon	柏拉图
Politzer	波利策
Pape	教皇
Popper, K.	卡尔·波普
Prometheus,	普罗米修斯
Rank, O.	兰克
Rapaport	拉帕波特
Rousseau	卢梭
Ryle, G.	赖尔
Sartre, J,	萨特
Saussure	索绪尔

主要术语对照表

absence	缺场
adaptation	适应
adéquation	适当性
agressivité	侵略性
alienation	异化
altérité	相异性
ambivalence	情感矛盾
analogie	类比
âme	心灵、灵魂
amour	爱
analyst	精神分析医生、精神分析学者
Ananké	必然性
Animisme	泛灵论
anorexie	厌食
anti-phénoménologie	反现象学
apperception	统觉
aphasie	失语症
apodicticité	必然性
appétition	欲求
appropriation	占有
a priori	先天
articulation	连接、表达
attention	关注
autorité	权威

autre	他者、对方
aveu	供认
avoir	拥有
besoin	需要
Bible	圣经
bi-sexualité,	两性倾向
Ça	原我
caractère anal	肛门性格
castration	阉割
catharsis	宣泄
cause	原因
censure	审查
charge en affect	情感负荷
civilization	文明
Cogito	我思
complexe d'Œdipe	俄狄浦斯情结
complexepaternal	父亲情结
Compulsion de repetition	强迫重复
conatus	努力
condensation	浓缩
conflit	冲突
conscience	意识
contagion affective	情感感染
contre-investissement	反投入
corps	身体
co-visé	被共同—意向
credo	信条
critique	批判
culpabilité	罪行
culture	文化
defense	防卫
démon	恶魔
dédoublement de la conscience	意识的双重化
demystification	破除神秘
demythologization	破除神话学化
déplacement	移置
désexualisation	去性化

désir	欲望
destructivité	破坏癖
deuil	哀悼
dialectique	辩证法
dialectique du maître et de l'esclave	主人与奴隶的辩证法
dieu	神、神祇
Dieu	上帝
dimension	维度
discours	话语
distorsion	扭曲
domination	支配
dynamique	动力、动力学
éclectisme	折中主义
économie	经济学
education à la réalité	现实性教育
ego	自我
ego ideal	自我理想
ego-instinct	自我—本能
ego-libido	自我—利比多
Église	教会
empathie	移情
épigénèse	渐成论
épistémologie	认识论
Epochê	悬置
épreuve de la réalité	现实性检验
Erôs	爱若斯、爱神
eschatology	末世论
eschaton	末世
esprit	精神
éthique	伦理学
ethnologie	人种学
être	存在
evidence	明证性
exégèse	注释
exhibitionnisme	暴露癖
exogamie	异族通婚
explanation	说明

explicitation	阐明
expression	表达
extériorité	外在性
faillibilité	易错性
fantasmes	幻觉
figure	角色、形象
figuration	形象化
filiation	血缘关系
fixation	固恋
foi	信仰
force	力量
généalogie	谱系
genèse	发生
genèse passive	被动发生
genèse active	主动发生
gnose	真知
haine	恨
hallucination	幻觉
herméneutique	解释学
hiérophanie	显圣
horizon	视域
hylê	感性原素
hypnose	催眠
hystérie	歇斯底里
iconoclasme	破除偶像
idea	观念
ideal	理想
idealization	理想化
identification	认同
idole	偶像
illusion	幻想
image	意象
imagination	想象
imitation	模仿
incest	乱伦
inconscient	无意识
inhibition	抑制

instance	心理区分
intelligence	理智、理解
intention	意向
intentionnalité	意向性
interpretation	解释
intersubjectivité	主体间性
introjection，	向内投射
intuition	直觉
investissement	投入
jeu	游戏
justification	证明
Kérygme	宣教
Krisis	危机
langage	语言
liberté	自由
libido	利比多
linguistique	语言学
logique	逻辑
logique formelle	形式逻辑
logique symbolique	符号逻辑
logique transcendantale	先验逻辑
logos	逻各斯
mal	恶
masochisme	受虐狂
mediation	中介
mélancholie	忧郁
metaphysique	形而上学
métaphore	隐喻
metonymie	转喻
métapsychologie	元心理学
monade	单子
Monadologie	单子论
moralité	道德
mort	死亡
motif	动机
moi	自我
mythes	神话

mythologie	神话
narcissisme	自恋
nature	本性、自然
nécessité	必然性
négativité	否定性
névrose obsessionnelle	强迫性神经官能症
Nirvana	涅槃
noème	意向内容
noèse	意向行为
objet	对象
ontogénèse	个体发生
opérationnaliste	操作主义者
paranoia	偏执狂
parole	言语
parricide	弑父
paternité	父子关系
pathologie	病理学
pensée	思想
perception	知觉
personne	人格、人
perversion	变态
phenomenology	现象学
philosophie linguistique	语言哲学
phonologie	音位学
phylogenèse	种系发生
physiologie	生理学
positif	肯定的、实证的
postulat	假设
pouvoir	权力
préconscient	前意识
préscence	在场
presentation	表现
principe	原则
principe de constance	守恒原则
principe d'inertie	惯性原则
principe du plaisir	快乐原则
principe de réalité	现实性原则

prise de conscience	形成意识
processus primaire	第一过程
processus secondaire	第二过程
progression	前进
projection	投射
Providence	上帝
psychanalyse	精神分析
psychisme	心理现象
psychologie	心理学
pulsion	冲动
pulsion de mort	死亡冲动
qualité	质量
quantité	数量
raison	理性
raison pure	纯粹理性
raison pratique	实践理性
réalité	现实、现实性
reappropriation	重新占有
récit	叙述、叙事
recognition	承认
récollection du sens	意义的回想
reduction	还原
réflexion	反思
refoulement	压抑
regression	回溯
religion	宗教
remplissement	充实
renoncement	弃绝
representation	表象
repression	压抑
rêve	梦
revelation	显示、启示
rhétorique	修辞学
Roi Lear	李尔王
Sacré	神圣
Sadisme	虐待狂
salut	拯救

savoir	知识
savoir absolu	绝对知识
scepticisme	怀疑论
schema	图型
schizophrène	精神分裂症
sémantique	语义学
sémantique désir	欲望语义学
sens	意义
sens incarné	具体化的意义
signe	符号
significant	能指
signification	意指
signifié	所意指
soi	自我
solipsism	唯我论
structure	结构
subjectivité	主体性
sublimation	升华
substance	实体
sujet	主体
surdétermination	复因决定
surinvestissment	过度投入
surmoi	超我
surréalisme	超现实主义
symbole	象征
symbolique du mal	恶的象征
symptöme	症状
système	系统
tabou	禁忌
Thanatos	死亡本能
teleology	目的
texte	文本
topique	场所论
totémisme	图腾崇拜
transcendental	先验的
transfert	移情
transposition.	转移

travail de rêve	梦的工作
travail de deuil	哀悼的工作
universalité	普遍性
validité	有效性
valoir	价值
vécu	经历的
vérité	真理
vie	生命
vise	目标
volontaire	自愿的,意愿的
volonté	意志
volonté de pouvoir	权力意志
voyeurisme	偷窥癖

责任编辑:洪　琼

图书在版编目(CIP)数据

论解释:评弗洛伊德/[法]利科 著;汪堂家,李之喆,姚满林 译. —北京:
　人民出版社,2018.9
　(当代西方学术经典译丛)
　ISBN 978－7－01－019087－7

Ⅰ.①论… Ⅱ.①利…②汪…③李…④姚… Ⅲ.①弗洛伊德(Freud,
　Sigmmund 1856－1939)－精神分析－研究 Ⅳ.①B84－065

中国版本图书馆 CIP 数据核字(2018)第 050520 号

原书名:De l'interprétation—Essai sur Freud

原作者:Paul Ricœur

原出版社:du Seuil,1965

版权登记号:01－2008－4021

论 解 释
LUN JIESHI
——评弗洛伊德

[法]利 科　著　汪堂家　李之喆　姚满林　译

人民出版社 出版发行
(100706　北京市东城区隆福寺街 99 号)

北京中科印刷有限公司印刷　新华书店经销

2018 年 9 月第 1 版　2018 年 9 月北京第 1 次印刷
开本:710 毫米×1000 毫米 1/16　印张:39.25
字数:450 千字

ISBN 978－7－01－019087－7　定价:179.00 元

邮购地址 100706　北京市东城区隆福寺街 99 号
人民东方图书销售中心　电话 (010)65250042　65289539